凤凰架构

构建可靠的大型分布式系统

周志明 ◎ 著

FENIX ARCHITECTURE

BUILDING A RELIABLE LARGE-SCALE DISTRIBUTED SYSTEM

机械工业出版社

CHINA MACHINE PRESS

图书在版编目（CIP）数据

凤凰架构：构建可靠的大型分布式系统 / 周志明著 . -- 北京：机械工业出版社，2021.6
（2025.1 重印）
ISBN 978-7-111-68391-9

I. ①凤⋯ II. ①周⋯ III. ①分布式操作系统－研究 IV. ① TP316.4

中国版本图书馆 CIP 数据核字（2021）第 097309 号

凤凰架构：构建可靠的大型分布式系统

出版发行：机械工业出版社（北京市西城区百万庄大街 22 号 邮政编码：100037）

责任编辑：韩 蕊 李 艺   责任校对：殷 虹

印　　刷：北京机工印刷厂有限公司   版　次：2025 年 1 月第 1 版第 9 次印刷

开　　本：186mm×240mm 1/16   印　张：26.75

书　　号：ISBN 978-7-111-68391-9   定　价：99.00 元

客服电话：（010）88361066 68326294

一本好的技术书不仅能告诉你某个技术点怎么做、为什么这么做，还会让你明白所有技术点如何协同配合，最终构建出一个完整的技术体系。本书很好地兼顾了技术细节和宏观体系两方面，从分布式服务的基础功能到高级治理能力，结合作者的思考，层层推进、娓娓道来，引人深思。相信深入钻研此书的读者必定能在架构能力方面得到如凤凰涅槃般的升华。

——李鑫　天弘基金线上渠道技术负责人 /

《微服务治理：体系、架构及实践》作者

从大型机到单体架构，从微服务架构到无服务架构，每一次架构模式的演进都是一次涅槃。每一个软件系统都是由大量服务构成的生态体系，个体服务的"死亡"和"重生"是整个系统能否持续可靠运行的关键因素。本书从 5 个方面全面剖析了如何构建一个可靠的分布式系统，同时给出了 Spring Boot、Spring Cloud、Kubernetes、Istio、AWS Lambda 五种架构风格的样例工程。推荐阅读。

——刘志勇　新浪微博平台研发部架构师

随着 IT 系统复杂度不断增加，无论是为了降低团队的知识负载，还是为了最大化利用云原生的弹性能力，分布式架构已经成为处理新一代复杂系统的默认架构模式。但它的引入也同样大幅提高了架构的复杂性，导致系统可靠性降低。如何构建既可靠又灵活的大型分布式架构，成为新的难点与课题。本书系统、全面且深入浅出地讲解了分布式架构的方方面面，对大家了解并驾驭大型分布式架构非常有帮助，强烈推荐。

——王健　ThoughtWorks 首席咨询师

　　用"凤凰"这个词来诠释分布式架构,让人不禁联想到每一种架构都是一只浴火重生的凤凰,仔细想来,确实如此。从小型系统迭代到大型系统,从单体走向分布式,每一个成功的系统都会经历一次次"涅槃重生",从失败中站起来,从故障里爬出来,从经验中成长起来。本书从"架构演进"出发,以"架构师视角"展开,详细讲述了分布式架构的原理、基础设施、设计理念等,是一本很好的可以让架构"浴火重生"的经验宝典。

　　　　　　　　　　　　　　　　　　　　——王晓波　同程旅行机票事业群 CTO

流水不腐，户枢不蠹

"Phoenix"（凤凰）这个词在东方的技术书中不常用，但在西方的软件工程读物中，尤其是在关于敏捷、DevOps 话题的作品中时常出现。软件工程小说《凤凰项目》（见图 1）讲述了徘徊在死亡边缘的凤凰项目在精益方法下浴火重生的故事；Martin Fowler 在诠释"持续交付"时，曾多次提到"Phoenix Server"（凤凰服务器，取其能够"涅槃重生"之意）与"Snowflake Server"（雪花服务器，取其"世界上没有相同的两片雪花"之意）的优劣比对。也许是东西方文化的差异，尽管有"失败是成功之母"这样的谚语，但我们东方人的骨子里更注重的还是一次把事做对、做好，尽量别出乱子；而西方人则要"更看得开"一些，把出错看作正常甚至是必需的发展过程，只要出了问题能够兜底使其重回正轨便好。

图 1　《凤凰项目》

在软件工程里，任何产品的研发，如果持续时间很长，人总免不了疏忽、犯错，导致代码存在缺陷，电脑宕机崩溃，网络堵塞中断……如果一项工程需要大量的人员共同研发某个大规模的软件产品，并使其分布在网络中的大量的服务器节点中同时运行，随着项目规模增大、运作时间变长，其必然会受到墨菲定律的无情打击。

为了得到高质量的软件产品，我们是应该把精力更多地集中在提升其中每一个人员、过程、产出物的能力和质量上？还是应该把更多精力放在整体流程和架构上？

笔者对这个问题先给一个"和稀泥"式的回答：这两者都重要。前者重术，后者重道；前者更多与编码能力相关，后者更多与软件架构相关；前者主要由开发者个体的水平决定，后者主要由技术决策者的水平决定。

然而，笔者也必须强调此问题的另外一面：这两者的理解路径和抽象程度是不一样的。如何学习一项具体的语言、框架、工具，譬如 Java、Spring、Vue.js 等，是相对具象的，不论其蕴含的内容多少，复杂程度高低，它至少是能看得见、摸得着的。而如何学习某一种风格的架构方法，譬如单体、微服务、服务网格、无服务、云原生等，则是相对抽象的，谈论它们可能要面临"一千个人眼中有一千个哈姆雷特"的困境。谈这方面的话题，若要言之有物，就不能是单纯的经验陈述。回到这些架构根本的出发点和问题上，笔者认为，真正去使用这些不同风格的架构方法来实现某些需求，解决某些问题，然后在实践中观察它们的异同优劣，会是一种很好的也许是最好的讲述方式。笔者想说一下这些架构，而且想说得透彻明白，就需要代码与文字的配合，于是便有了这本书，以及与它配套的实践项目。

可靠的系统

让我们再来思考一个问题，构建一个大规模但依然可靠的软件系统，是否可行？

这个问题听起来的第一感觉也许会有点荒谬。如果这个事情从理论上来说就是根本不可能的，那我们这些软件开发人员在瞎忙活些什么？但你再仔细想想，前面才提到的"墨菲定律"和在"大规模"这个前提下必然会遇到各种"不靠谱"的人员、代码、硬件、网络等因素，从中能得出一个听起来颇为合理的推论：如果一项工作要经过多个"不靠谱"的过程相互协作完成，其中的误差应会不断累积叠加，导致最终结果必然不能收敛稳定。

这个问题也并非杞人忧天、庸人自扰式的瞎操心，计算机之父冯·诺依曼在 20 世纪 40 年代末期，曾经花费大约两年时间，研究这个问题并且得出了一个理论——自复制自动机（Self-Reproducing Automata）（见图 2）。这个理论以机器应该如何从基本的部件中构造出与自身相同的另一台机器引出，其目的并不是想单纯地模拟或者理解生物体的自我复制，也并不是想简单地制造自我复制的计算机，而是想回答一个理论问题：如何用一些"不可靠"部件构造出一个可靠的系统。

图2　当时自复制自动机的艺术表示（图片来自维基百科）

自复制自动机恰好就是一个最好的用"不可靠"部件构造可靠系统的例子。这里，"不可靠"部件可以理解为构成生命的大量细胞，甚至是分子。由于热力学扰动、生物复制差错等因素干扰，这些分子本身并不可靠。但是生命系统之所以可靠，恰是因为它可以使用"不可靠"部件来完成遗传迭代。这其中的关键点便是承认细胞等零部件可能会出错，某个具体的零部件可能会崩溃消亡，但在存续生命的微生态系统中其后代一定会出现，重新代替该零部件，实现它的作用，以维持系统的整体稳定。在这个微生态里，每一个部件都可以看作一只"不死鸟"（Phoenix），它会老迈，又能涅槃重生。

架构的演进

从大型机（Mainframe）、原始分布式（Distributed）、大型单体（Monolithic）、面向服务（Service-Oriented）、微服务（Microservice）、服务网格（Service Mesh）到无服务（Serverless）等，技术架构确实呈现出"从大到小"的发展趋势。近年来，自微服务兴起以后，涌现出各类文章去总结、赞美微服务带来的种种好处，诸如简化部署、逻辑拆分更清晰、便于技术异构、易于伸缩拓展以提供更高的性能等，这些当然都是重要优点和动力。可是，如果不拘泥于特定系统或特定某个问题，以更宏观的角度来看，前面所列的种种好处都只能算是"锦上添花"，是属于让系统"活得更好"的动因，肯定比不上系统如何"确保生存"的需求更关键、更贴近本质。在笔者看来，架构演变最重要的驱动力，或者说这种"从大到小"的变化趋势的最根本驱动力，始终都是为了方便某个服务能够顺利地"死去"与"重生"。个体服务的生死更迭，是关系到整个系统能否可靠存续的关键因素。

举个例子，某企业中应用的单体架构的 Java 系统，其更新、升级都必须要有固定的停机计划，必须在特定的时间窗口内才能按时开始，且必须按时结束。如果出现了非计划的宕机，那便是生产事故。但是软件的缺陷不会遵循定下的停机计划来"安排时间出错"。为了应对缺陷与变化，做到不停机地检修，Java 曾经制定了 OSGi 和 JVMTI Instrumentation 等复杂的 HotSwap 方案，以实现"给奔跑中的汽车更换轮胎"这种匪夷所思却又无可奈何的需求。而在微服务架构的视角下，所谓系统检修，不过只是一次在线服务更新而已，先停掉 1/3 的机器，升级新的软件版本，再有条不紊地导流、测试、做金丝雀发布，一切都显得如此理所当然、平淡寻常。在无服务架构的视角下，我们甚至都不需要关心服务所运行的基础设施，连机器是哪台都不必知道，停机升级就更无须关注了。

流水不腐。有老朽，有消亡，有重生，有更迭，才是生态运行的合理规律。设想一下，如果你的系统中的每个部件都符合"Phoenix"的特性，哪怕其中某些部件采用了由"极不靠谱"的人员所开发的"极不靠谱"的程序，哪怕存在严重的内存泄漏问题，哪怕最多只能服务三分钟就会崩溃，只要在整体架构设计有恰当且自动化的错误熔断、服务淘汰和重建机制，从系统外部来观察，架构仍然有可能表现出稳定和健壮的服务能力。

凤凰架构

在企业软件开发的历史中，一项新技术发布时，常有伴以该技术开发的"宠物店"（PetStore）作为演示的传统（如 J2EE PetStore、.NET PetShop、Spring PetClinic 等）。在对不同架构风格的演示中，笔者本也希望能遵循此传统，却无奈从来没养过宠物，遂改行开了书店（Fenix's Bookstore），里面出售了几本笔者的著作，算是夹带一点私货，同时也避免了使用素材时的版权隐患。

尽管相信没有人会误解，但笔者最后还是多强调一句，Oracle、Microsoft、Pivotal 等公司设计"宠物店"的目的绝不是为了日后能在网上贩卖"宠物"，而是纯粹为了演示技术。所以也请勿以"实现这种学生毕业设计复杂度的需求，引入如此规模的架构或框架，纯属大炮打苍蝇，肯定是过度设计"的眼光来看待接下来的"Fenix's Bookstore"项目。相反，如果可能的话，笔者会在有新的技术、框架发布时，持续更新，以恰当的形式添加到项目的不同版本中，其技术栈可能越来越复杂。笔者希望把这些新的、不断发展的知识，融入已有的知识框架之中，便于自己学习、理解、思考，同时能将这些技术连同自己的观点和看法分享给更多感兴趣的人。

也算是缘分，网名"IcyFenix"是二十多年前笔者从中学时代开始使用的，它源自暴雪公司的即时战略游戏《星际争霸》的 Protoss 英雄 Fenix。如名字预示的那样，他曾经是 Zealot，牺牲后以 Dragoon 的形式重生，带领 Protoss 与刀锋女王 Kerrigan 继续抗争。尽管中学时期我已经笃定自己未来肯定会从事信息技术相关的工作，但显然不可能预计到二十年后我会写下这些文字。

所以，既然我们要开始一段关于"Phoenix"的代码与故事，那便叫它"凤凰架构"，如何？

Preface 前　言

　　本书是一本以"如何构建一套可靠的大型分布式系统"为叙述主线的技术手册。笔者十多年来一直从事大型企业级软件的架构研发工作，较完整地经历了从最早的大型单体系统到如今基于云原生基础设施的架构演变过程，希望借此机会，系统性地整理相关知识，查漏补缺，将它们都融入既有的知识框架之中，也希望能将这些知识与大家分享讨论。笔者相信要深入理解一门技术，不仅要去看、去读、去想、去用，更要去说、去写。将自己"认为掌握了的"知识叙述出来，尽量将知识说得条理清晰，让他人听得明白，释去心中疑惑，同时把自己的观点交予别人审视，乃至质疑，在此过程之中，自己也会挖掘出很多潜藏在"已知"背后的"未知"。

如何阅读本书

　　本书一共分为演进中的架构、架构师的视角、分布式的基石、不可变基础设施和技术方法论五部分，每一部分都有相对明确的主题与目标，建议按顺序阅读各部分以获得更有逻辑性的阅读体验。不过每部分内各章节之间并没有明显的前后依赖关系，读者从任何一个感兴趣的章节开始阅读都可以。

　　笔者并没有假定本书的所有读者都在架构方面具备特别专业的技术水平，因此在讲解各个知识点时，会力求在保证逻辑完整、描述准确的前提下，尽量用通俗的语言和案例去讲述架构中与开发关系最为密切的内容。但本书的主题毕竟是软件架构，这就不可避免地需要读者有一定的技术基础。本书依然主要面向中、高级程序员群体，一些常用的开发框架、类库和语法等基础知识点，均假设读者已有所了解。书中虽然会涉及这些工具、类库、框架的使用案例，但本书并不是它们的操作指南，只是借助它们去讲解技术原理。

　　学习任何知识都不应该脱离实践去空谈理论。为了讲清楚不同架构风格下的工程实现差异，也为了尽量少在书中贴代码，将宝贵的版面空间节省出来，笔者在 GitHub 上分别建立了基于 Spring Boot、Spring Cloud、Kubernetes、Istio 和 AWS Lambda 的五种架构风格的样例工程。如果你阅读之前对架构并没有太深刻的理解，建议先阅读一遍本书附录 A 的内容。如果你是一名驾驶初学者，最合理的学习路径应该是先把汽车发动，然后慢慢行驶起来，而不是先从"引擎动力原理""变速箱构造"入手去深刻地了解一辆汽车。计算机技术也是同理，先从运行程序开始，看看效果，搭建好开发、调试环境，对即将学习的内容先有一个整体的认知是很有好处的。

最后，笔者再简要介绍下本书每一部分的读者对象、目标和价值。

第一部分 演进中的架构

这部分只有第 1 章，适合所有开发者，但尤其推荐刚刚从单体架构向微服务架构转型的开发者阅读。

第一部分既是全书的绪论，也是对后续将用到的大量名词概念所做的铺垫。这部分没有谈论过于具体的技术，只是着重介绍了软件开发历史中多种主流架构出现的契机、解决的问题以及带来的新缺陷。

第二部分 架构师的视角

这部分包括第 2 ~ 5 章，适合所有技术架构师、系统设计与开发人员，主要讨论与风格无关的架构知识。

"架构师"这个词的外延非常宽泛，不同语境中有不同含义。本书中的技术架构师特指企业架构中面向技术模型的系统设计者，这意味着讨论范围不会涉及贴近企业战略、业务流程的系统分析、信息战略设计等内容，而是聚焦于贴近一线研发人员的技术方案设计者。这部分将介绍一名架构师应该在架构设计时思考哪些问题，有哪些主流的解决方案和行业标准做法，各种方案有什么优缺点，不同的解决方法会带来什么不同的影响，等等，以达到将"架构设计"这种听起来抽象的工作具体化、具象化的目的。

作为后续实践的基础，第二部分的内容与具体的架构风格无关，讨论的是普适的架构技术与使用技巧。无论你是否关注微服务、云原生这些概念，无论你从事架构设计还是编码开发，了解这里所列的基础知识，都是有实用价值的。

第三部分 分布式的基石

这部分包括第 6 ~ 10 章，主要面向使用分布式架构的开发人员。

只要选择了分布式架构，无论是 SOA、微服务、服务网格或者其他架构风格，涉及与远程服务的交互时，服务的注册发现、跟踪治理、负载均衡、故障隔离、认证授权、伸缩扩展、传输通信、事务处理等一系列问题都是不可避免的。不同的架构风格，其区别是到底要在技术规范上提供统一的解决方案，由应用系统自行解决，还是在基础设施层面将这类问题隔离掉。第三部分将重点讨论这类问题的解决思路、方法和常见工具。

第四部分 不可变基础设施

这部分包括第 11 ~ 15 章，主要面向基础设施的运维人员、技术平台的开发人员。

"不可变基础设施"这个概念由来已久。2012 年 Martin Fowler 设想的"凤凰服务器⊖"与 2013 年 Chad Fowler 正式提出的"不可变基础设施⊖",都阐明了基础设施不变性带来的益处。在云原生基金会(Cloud Native Computing Foundation,CNCF)所定义的"云原生"概念中,"不可变基础设施"被提升到与微服务平级的重要程度,此时它已不再局限于方便运维、程序升级和部署的手段,而是升华为向应用代码隐藏分布式架构复杂度、让分布式架构得以成为一种可普遍推广的普适架构风格的必要前提。在云原生时代、后微服务时代,软件与硬件之间的界线已经彻底模糊,无论是基础设施的运维人员,抑或是技术平台的开发人员,都有必要深入理解基础设施不变性的目的、原理与实现途径。

第五部分 技术方法论

这部分包括第 16 章,主要面向企业中重要技术的决策者。

本书的主体内容是务实的,偏重具体技术,而非方向理论。但在第 16 章会集中讨论几点与分布式、微服务、架构等相关的相对务虚的话题。

笔者认为,对于一个技术人员,成长的主要驱动力是实践,是在开发程序、解决问题中增长知识,再将知识归纳、总结、升华成为理论,所以笔者将本章安排到全书的末尾,也是希望大家能先去实践,再谈理论。同时,笔者也认为,对于一名研究人员或者企业中技术方向的决策者,理论与实践都不可缺少,在涉及决策的场景中,成体系的理论知识甚至比实践经验还要关键,因为执行力再强,也必须用在正确的方向上才有价值。如果你对自己的规划是有朝一日从一名技术人员发展成研究或者管理人员,补充这部分知识是必不可少的。

联系作者

在本书交稿的时候,笔者并没有想象中的那样兴奋或轻松,写作之时那种"战战兢兢、如履薄冰"的感觉依然萦绕在心头。在每一章、每一节落笔之时,笔者都在考虑如何才能把各个知识点更有条理地讲述出来,都在担心会不会由于自己理解有偏差而误导了大家。囿于写作水平和写作时间,书中难免存在不妥之处,后续的勘误会在本书的网站(https://icyfenix.cn)上贴出,大家如有任何意见或建议,都欢迎在此网站上留言。相信写书与写程序一样,作品一定都是不完美的,因为不完美,我们才有不断追求完美的动力。

致谢

首先要感谢我的家人,是家人在本书写作期间对我的悉心照顾,才让我能够全身心地

⊖ 参见 https://martinfowler.com/bliki/PhoenixServer.html。

⊖ 参见 http://chadfowler.com/2013/06/23/immutable-deployments.html。

投入写作之中，而无后顾之忧。

同时要感谢我的工作单位远光软件，公司为我提供了宝贵的工作、学习和实践环境，书中的许多知识点都来自工作之中；也感谢与我一起工作的同事们，非常荣幸能与你们一起在这个富有激情的团队中共同奋斗。

最后，感谢机械工业出版社的编辑，本书能够顺利出版，离不开他们的敬业精神和一丝不苟的工作态度。

周志明

第五部分 技术方法论

演进中的架构

服务架构演进史

架构并不是被发明出来的，而是持续演进的结果。本章我们暂且放下代码与技术，借讨论历史之名，来梳理软件架构发展历程中出现过的名词术语，以全局的视角，从这些概念的起源去分析它们是什么，它们取代了什么，它们为什么能够在竞争中取得成功，为什么变得不可或缺，以及它们为什么会失败，在斗争中被淘汰，逐渐湮灭于历史的烟尘当中。

1.1　原始分布式时代

可能与绝大多数人的认知有些差异，"使用多个独立的分布式服务共同构建一个更大型系统"的设想与实际尝试，其实要比今天大家所了解的大型单体系统出现的时间更早。

在 20 世纪 70 年代末期到 80 年代初，计算机科学刚经历了从以大型机为主向以微型机为主的蜕变，计算机逐渐从一种存在于研究机构、实验室当中的科研设备，转变为存在于商业企业中的生产设备，甚至是面向家庭、个人用户的娱乐设备。此时的微型计算机系统通常具有 16 位寻址能力、不足 5MHz 时钟频率的处理器和 128KB 左右的内存地址空间。譬如著名的英特尔处理器的鼻祖 Intel 8086 处理器，就是在 1978 年研制成功，流行于 80 年代中期，甚至一直持续到 90 年代初期仍在生产销售。

计算机硬件有限的运算处理能力，已直接影响到了单台计算机上信息系统软件能够达到的最大规模。为突破硬件算力的限制，高校、研究机构、软硬件厂商开始分头探索，寻找使用多台计算机共同协作来支撑同一套软件系统的可行方案。这一阶段是对分布式架构最原始的探索，从结果来看，历史局限决定了它不可能一蹴而就地解决分布式的难题，但从过程来看，这个阶段的探索称得上成绩斐然，研究过程中的很多成果都对今天计算机科学的诸多领域产生了深远影响，并直接推动了后续软件架构的演化进程。譬如，惠普公司（及后来被惠普收购的 Apollo）提出的网络运算架构（Network Computing Architecture，NCA）是未来远程服务调用的雏形；卡内基·梅隆大学提出的 AFS（Andrew File System，Andrew 文件系统）是日后分布式文件系统的最早实现（Andrew 意为纪念 Andrew Carnegie 和 Andrew Mellon）；麻省理工学院提出的 Kerberos 协议是服务认证和访问控制的基础性协议，也是分布式服务安全性的重要支撑，目前仍被用于实现包括 Windows 和 Mac OS 在内的众多操作系统的登录、认证功能等。

为了避免 UNIX 系统的版本战争⊖在分布式领域中重演，负责制定 UNIX 系统技术标准的"开放软件基金会"（Open Software Foundation，OSF，也即后来的"国际开放标准组织"）邀请了当时业界主流的计算机厂商一起参与，共同制订了名为"分布式运算环境⊖"（Distributed Computing Environment，DCE）的分布式技术体系。DCE 包含一套相对完整的分布式服务组件规范与参考实现，譬如源自 NCA 的远程服务调用规范（Remote Procedure Call，RPC），当时被称为 DCE/RPC，它与后来 Sun 公司向互联网工程任务组（Internet Engineering Task Force，IETF）提交的基于通用 TCP/IP 协议的远程服务标准 ONC RPC 被认为是现代 RPC 的共同鼻祖；源自 AFS 的分布式文件系统（Distributed File System，DFS）规范，当时被称为 DCE/DFS；源自 Kerberos 的服务认证规范；还有时间服务、命名与目录服务，甚至现在程序中很常用的通用唯一识别符（Universally Unique Identifier，UUID）也是在 DCE 中发明出来的。

📷 额外知识　**UNIX 的分布式设计哲学**
保持接口与实现的简单性，比系统的任何其他属性，包括准确性、一致性和完整性，都来得更加重要。

——Richard P. Gabriel，The Rise of Worse is Better，1991

由于 OSF 本身的 UNIX 背景，当时对这些技术的研究都带着浓厚的 UNIX 设计风格，有一个预设的重要原则是要使分布式环境中的服务调用、资源访问、数据存储等操作尽可能透明化、简单化，从而使开发人员不必过于关注他们访问的方法或其他资源是位于本地还是远程。这样的设计主旨非常符合 UNIX 一贯的设计哲学，然而这个过于理想化的目标背后其实蕴含着彼时根本不可能完美解决的技术困难。关于 UNIX 设计哲学，有几个不同的版本，这里指的是 Common Lisp 的作者 Richard P. Gabriel 提出的简单优先原则，即"Worse is Better"。

尽管"调用远程方法"与"调用本地方法"只有两字之差，但若要兼顾简单、透明、性能、正确、鲁棒、一致等特点，两者的复杂度就完全不可同日而语了。且不说远程方法不能再依靠本地方法那些以内联为代表的传统编译优化来提升速度，光是"远程"二字带

⊖　UNIX 系统的版本战争：https://en.wikipedia.org/wiki/Unix_wars。
⊖　分布式运算环境：https://en.wikipedia.org/wiki/Distributed_Computing_Environment。

来的网络环境下的新问题，譬如，远程的服务在哪里（服务发现），有多少个（负载均衡），网络出现分区、超时或者服务出错了怎么办（熔断、隔离、降级），方法的参数与返回结果如何表示（序列化协议），信息如何传输（传输协议），服务权限如何管理（认证、授权），如何保证通信安全（网络安全层），如何令调用不同机器的服务返回相同的结果（分布式数据一致性）等一系列问题，全都需要设计者耗费大量精力。

面对重重困难与压力，DCE 不仅从零开始、从无到有地回答了其中大部分问题，构建出大量的分布式基础组件与协议，而且真的尽力做到了相对"透明"，譬如在 DFS 上访问文件，如果不考虑性能差异，很难感受到它与本地磁盘文件系统有什么不同。可是，一旦考虑性能差异，那远程和本地的鸿沟是无比深刻的，两者的速度往往有着数量级上的差距，完全不可调和。尤其是在那个时代的机器硬件条件下，为了让程序在运行效率上可被用户接受，开发者只能在方法本身运行时间很长、可以相对忽略远程调用成本时的情况下考虑分布式。如果方法本身运行时间不够长，就要人为用各种 Tricks 刻意构造出这样的场景，譬如将几个原本毫无关系的方法打包到一个方法体内，一起进行远程调用。一方面，这种长耗时方法本身就与期望用分布式来突破硬件算力限制、提升性能的初衷相悖；另一方面，此时的开发人员实际上仍然必须每时每刻都意识到自己是在编写分布式程序，不可轻易踏过本地与远程的界限。设计向性能做出的妥协，令 DCE "尽量简单透明"的努力几乎全部付诸东流，无论是从编码、设计、部署还是从运行效率上看，远程与本地都有着天壤之别。开发一个能良好运作的分布式应用，需要极高的编程技巧和各方面的专业知识去支撑，这时候反而是人本身对软件规模的约束超过了机器算力上的约束。

对 DCE 的研究是计算机科学第一次对分布式有组织领导、有标准可循、有巨大投入的尝试，但无论是 DCE 还是稍后出现的 CORBA，从结果来看，都不能称得上成功，因为将一个系统拆分到不同的机器中运行，为解决这样做带来的服务发现、跟踪、通信、容错、隔离、配置、传输、数据一致性和编码复杂度等方面的问题所付出的代价已远远超过了分布式所取得的收益。亲身经历过那个年代的计算机科学家、IBM 院士 Kyle Brown 事后曾评价道，"这次尝试最大的收获就是对 RPC、DFS 等概念的开创，以及得到了一个价值千金的教训：**某个功能能够进行分布式，并不意味着它就应该进行分布式，强行追求透明的分布式操作，只会自寻苦果。**"

🔍 额外
知识　**原始分布式时代的教训**

某个功能能够进行分布式，并不意味着它就应该进行分布式，强行追求透明的分布式操作，只会自寻苦果。

—— Kyle Brown，IBM Fellow，Beyond Buzzwords: A Brief History of
Microservices Patterns，2016

以上结论是有违 UNIX 设计哲学的，却是当时现实情况下不得不做出的让步。摆在计算机科学面前有两条通往更大规模软件系统的道路：一条是尽快提升单机的处理能力，以避免

分布式带来的种种问题；另一条是找到更完美的、解决如何构建分布式系统的解决方案。

　　20 世纪 80 年代正是摩尔定律开始稳定发挥作用的黄金时期，微型计算机的性能以每两年增长一倍的惊人速度提升，硬件算力束缚软件规模的链条很快变得松动，信息系统进入以单台或少量几台计算机即可作为服务器来支撑大型信息系统运作的单体时代，且在很长的一段时间内，单体都将是软件架构的绝对主流。尽管如此，对于另外一条路，即对分布式计算、远程服务调用的探索也从未中断。关于远程服务调用这个关键问题的历史、发展与现状，笔者还会在第 2 章中以现代 RPC 和 RESTful 为主角来进行更详细的讲述。那些在原始分布式时代中遇到的各种分布式问题，也还会在软件架构演进后面几个时代里被人们反复提起。

　　原始分布式时代提出的构建符合 UNIX 设计哲学的、如同本地调用一般简单透明的分布式系统的这个目标，是软件开发者对分布式系统最初的美好愿景，但迫于现实，它会在一定时期内被妥协、被舍弃。换句话说，分布式将会经过一段越来越复杂的发展过程。不过，在三十多年后的 21 世纪 10 年代⊖，随着分布式架构逐渐成熟、完善，并取代单体成为大型软件的主流架构风格以后，这个美好的愿景终将会重新被开发者拾起。

1.2　单体系统时代

　　单体架构是今天绝大多数软件开发者都学习、实践过的一种软件架构，许多介绍微服务的图书和技术资料中也常把这种架构风格的应用称作"巨石系统"（Monolithic Application）。"单体架构"在整个软件架构演进的历史进程里，是出现时间最早、应用范围最广、使用人数最多、统治历史最长的一种架构风格，但"单体"这个名称，却是在微服务开始流行之后才"事后追认"所形成的概念。此前，并没有多少人将"单体"看作一种架构，如果你去查找软件架构的开发资料，可以轻易地找出大量以微服务为主题的图书和文章，却很难找出专门教你如何开发单体架构的任何形式的材料，这一方面体现了单体架构本身的简单性，另一方面也体现出在相当长的时间里，大家都已经习惯了软件架构就应该是单体这种样子。

　　剖析单体架构之前，我们有必要先厘清一个概念误区，在许多微服务的资料里，单体系统往往是以"反派角色"的身份登场的，譬如著名的微服务入门书《微服务架构设计模式》，第 1 章的名字就是"逃离单体的地狱"。这些材料所讲的单体系统，其实都有一个隐含定语：**大型的单体系统**。对于小型系统，单台机器就足以支撑其良好运行的系统，不仅易于开发、测试、部署，且由于系统中各个功能、模块、方法的调用过程都是进程内调用，不会发生进程间通信（Inter-Process Communication，IPC⊖），因此连运行效率也是最高

⊖　20 世纪 80 年代的三十多年之后。这里是指服务网格提出后，重新崛起的透明通信。
⊖　广义上讲，可以认为 RPC 是 IPC 的一种特例，但请注意这两个词里的"PC"不是同个单词的缩写。

的，所以此时的单体架构完全不应该被贴上"反派角色"的标签，反倒是那些爱赶技术潮流却不顾需求现状的微服务吹捧者更像是个反派。单体系统的不足，必须在软件的性能需求超过了单机、软件的开发人员规模明显超过了"2 Pizza Team"⊖范畴的前提下才有讨论的价值，因此，本书后续讨论中所说的单体，均特指"大型的单体系统"。也正是因此，本节中说到"单体是出现最早的架构风格"，与上一节开篇提到的"使用多个独立的分布式服务共同构建一个更大型系统的设想与实际尝试，反而要比今天大家所了解的大型单体系统出现的时间更早"实际并无矛盾。

🔟 额外知识　Monolith means composed all in one piece. The Monolithic application describes a single-tiered software application in which different components combined into a single program from a single platform.

单体意味着自包含。单体应用描述了一种由同一技术平台的不同组件构成的单层软件。

——Wikipedia

　　尽管"Monolithic"这个词语本身的意思，"巨石"，确实带有一些"不可拆分"的隐含意味，但人们也不应该简单粗暴地把单体系统在维基百科上的定义"all in one piece"翻译成"铁板一块"，它其实更接近于"自给自足"(Self-Contained，在计算机中译为"自包含")的含义。不过，这种"铁板一块"的译法不能全算作段子，笔者相信肯定有一部分人说起单体架构、巨石系统时，在脑海中闪过的第一个缺点就是它的不可拆分、难以扩展，因此才不能支撑越来越大的软件规模。这种想法看似合理，其实是有失偏颇的，至少不完整。

　　从纵向角度来看，笔者在实际生产环境里从未见过哪个大型现代信息系统是完全不分层的。分层架构（Layered Architecture）已是现在所有信息系统建设中普遍认可、采用的软件设计方法，无论是单体还是微服务，抑或是其他架构风格，都会对代码进行纵向层次划分，收到的外部请求在各层之间以不同形式的数据结构进行流转传递，触及最末端的数据库后按相反的顺序回馈响应，如图 1-1 所示。对于这个意义上的"可拆分"，单体架构完全不会展露出丝毫的弱势，反而可能会因更容易开发、部署、测试而获得更好的便捷性。

　　从横向角度来看，单体架构也支持按照技术、功能、职责等维度，将软件拆分为各种模块，以便重用和管理代码。单体系统并不意味着只能有一个整体的程序封装形式，如果需要，它完全可以由多个 JAR、WAR、DLL、Assembly 或者其他模块格式来构成。即使是从横向扩展（Scale Horizontally）的角度来衡量，在负载均衡器之后同时部署若干个相同的单体系统副本，以达到分摊流量压力的效果，也是非常常见的需求。

　　在"拆分"这方面，单体系统的真正缺陷不在如何拆分，而在拆分之后的自治与隔离能力上。由于所有代码都运行在同一个进程内，所有模块、方法的调用都无须考虑网络分

　　⊖　由亚马逊创始人 Jeff Bezos 提出的衡量团队大小的"量词"。指两个 Pizza 能喂饱的人数，大概是 6 ~ 12 人。

区、对象复制这些麻烦的事和性能损失，但在获得进程内调用的简单、高效等好处的同时，也意味着如果任何一部分代码出现缺陷，过度消耗了进程空间内的资源，所造成的影响也是全局性的、难以隔离的。譬如内存泄漏、线程爆炸、阻塞、死循环等问题，都将会影响整个程序，而不仅仅是影响某一个功能、模块本身的正常运作。如果出现问题的是某些更高层次的公共资源，譬如端口号或者数据库连接池泄漏，还将会影响整台机器甚至集群中其他单体副本的正常工作。

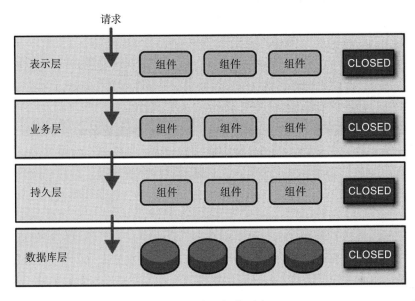

图 1-1　分层架构示意

同样，由于所有代码都共享同一个进程，不能隔离，也就无法（其实还是有办法的，譬如使用 OSGi 这种运行时模块化框架，但是很别扭、很复杂）做到单独停止、更新、升级某一部分代码，因为不可能有"停掉半个进程，重启 1/4 个程序"这样不合逻辑的操作，所以从可维护性来说，单体系统也是不占优势的。对于单体系统，在对程序升级、修改时往往需要制定专门的停机更新计划，做灰度发布、A/B 测试也相对更复杂。

如果说共享同一进程获得简单、高效的代价是同时损失了各个功能模块的自治与隔离能力，那这两者孰轻孰重呢？这个问题的潜台词似乎是在比较微服务、单体架构哪种更好用、更优秀。笔者认为"好用和优秀"不会是放之四海皆准的，这点不妨举一个浅显的例子加以说明。譬如，沃尔玛将超市分为仓储部、采购部、安保部、库存管理部、巡检部、质量管理部、市场营销部等，划清职责，明确边界，让管理能力能支持企业的成长规模。但如果是你家楼下开的小卖部，爸、妈加儿子，再算上看家的中华田园犬小黄一共也就只有四名员工，再去追求"先进管理"，划分仓储部、采购部、库存管理部……那纯粹是给自己找麻烦。单体架构下，哪怕是信息系统中两个相互毫无关联的子系统，也依然会部署在同一个进程中。当系统规模小的时候，这是优势，但当系统规模大或程序需要修改的时候，其部署的成本、技术升级的迁移成本都会变得非常昂贵。继续以前面的例子来比喻，当公司小时，让安保部和质检部这两个不相干的部门在同一栋大楼中办公是节约资源；但当公司人数增加，办公室已经拥挤不堪时，最多只能在楼顶加盖新楼层（相当于增强硬件性能）来解决办公问题，而不能让安保部和质检部分开地方办公，这便是缺陷所在。

由于隔离能力的缺失，单体除了难以阻断错误传播、不便于动态更新程序以外，还面临难以技术异构的困难，每个模块的代码通常都需要使用一样的程序语言，乃至一样的编程框架去开发。单体系统的技术栈异构并非一定做不到，譬如 JNI 就可以让 Java 混用 C 或 C++ 实现，但这通常是迫不得已的，并不是优雅的选择。

不过，以上列举的这些问题都还不是今天以微服务取代单体系统成为潮流趋势的根本原因，笔者认为最重要的原因是：单体系统很难兼容"Phoenix"的特性。这种架构风格潜在的要求是希望系统的每一个部件、每一处代码都尽量可靠，尽量不出或少出缺陷。然而战术层面再优秀，也很难弥补战略层面的不足。单体系统靠高质量来保证高可靠性的思路，在小规模软件上还能运作良好，但当系统规模越来越大时，交付一个可靠的单体系统就变得越来越具有挑战性。如本书前言所说，正是随着软件架构演进，构建可靠系统的观念从"追求尽量不出错"到正视"出错是必然"的转变，才是微服务架构得以挑战并逐步取代单体架构的底气所在。

为了允许程序出错，获得自治与隔离的能力，以及实现可以技术异构等目标，是继性能与算力之后，让程序再次选择分布式的理由。然而，开发分布式程序也并不意味着一定要依靠今天的微服务架构才能实现。在新旧世纪之交，人们曾经探索过几种服务拆分方法，将一个大的单体系统拆分为若干个更小的、不运行在同一个进程的独立服务，这些服务拆分方法后来带来了面向服务架构（Service-Oriented Architecture）的一段兴盛期，我们称其为"SOA 时代"。

1.3 SOA 时代

为了对大型的单体系统进行拆分，让每一个子系统都能独立地部署、运行、更新，开发者们尝试过很多种方案，这里列举三种较有代表性的架构模式，具体如下。

❑ **烟囱式架构**（Information Silo Architecture）：信息烟囱又名信息孤岛（Information Island），使用这种架构的系统也被称为孤岛式信息系统或者烟囱式信息系统。它指的是一种与其他相关信息系统完全没有互操作或者协调工作的设计模式。这样的系统其实并没有什么"架构设计"可言。接着上一节中企业与部门的例子来说，如果两个部门真的完全没有任何交互，就没有什么理由强迫它们必须在同一栋楼里办公。两个不发生交互的信息系统，让它们使用独立的数据库和服务器即可实现拆分，而唯一的问题，也是致命的问题是，企业中真的存在完全没有交互的部门吗？对于两个信息系统来说，哪怕真的毫无业务往来关系，但系统的人员、组织、权限等主数据会是完全独立、没有任何重叠的吗？这样"独立拆分""老死不相往来"的系统，显然不可能是企业所希望见到的。

❑ **微内核架构**（Microkernel Architecture）：微内核架构也被称为插件式架构（Plug-in Architecture）。既然在烟囱式架构中，没有业务往来关系的系统也可能需要共享人员、组织、权限等一些公共的主数据，那不妨就将这些主数据，连同其他可能被各子系统用到的公共服务、数据、资源集中到一块，组成一个被所有业务系统共同依赖的核心（Kernel，也称为 Core System），具体的业务系统以插件模块（Plug-in Module）的形式存在，这样也可提供可扩展的、灵活的、天然隔离的功能特性，即微内核架构，如图 1-2 所示。

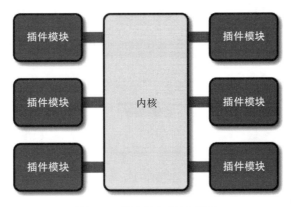

图 1-2　微内核架构示意图

这种模式很适合桌面应用程序，也经常在 Web 应用程序中使用。任何计算机系统都是由各种软件互相配合来实现具体功能的，本节列举的不同架构实现的软件，都可视作整个系统的某种插件。对于平台型应用来说，如果我们希望将新特性或者新功能及时加入系统，微内核架构会是一种不错的选择。微内核架构也可以嵌入其他架构模式中，通过插件的方式来提供新功能的定制开发能力。如果你准备实现一个能够支持二次开发的软件系统，微内核也会是一种不错的选择。

不过，微内核架构也有局限性，它假设系统中各个插件模块之间互不认识，且不可预知系统将安装哪些模块，因此这些插件可以访问内核中一些公共的资源，但不会直接交互。可是，无论是企业信息系统还是互联网应用，这一假设在许多场景中并不成立，所以我们必须找到办法，既能拆分出独立的系统，也能让拆分后的子系统之间顺畅地相互通信。

❑ **事件驱动架构**（Event-Driven Architecture）：为了能让子系统互相通信，一种可行的方案是在子系统之间建立一套事件队列管道（Event Queue），来自系统外部的消息将以事件的形式发送至管道中，各个子系统可以从管道里获取自己感兴趣、能够处理的事件消息，也可以为事件新增或者修改其中的附加信息，甚至可以自己发布一些新的事件到管道队列中去。如此，每一条消息的处理者都是独立的、高度解耦的，但又能与其他处理者（如果存在其他消息处理者的话）通过事件管道进行交互，如图 1-3 所示。

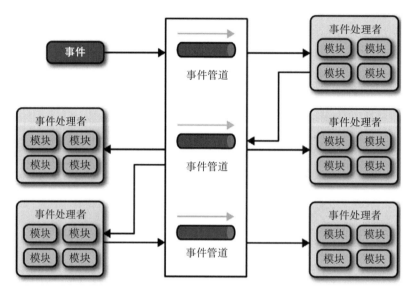

图 1-3　事件驱动架构示意图

当架构演化至事件驱动架构时，在 1.1 节提到的第二条通往更大规模软件的路径，即仍在并行发展的远程服务调用也迎来了 SOAP 协议的诞生（详见第 2 章），此时面向服务的架构（Service Oriented Architecture，SOA）已经有了登上软件架构舞台所需要的全部前置条件。

SOA 的概念最早由 Gartner 公司在 1994 年提出，当时的 SOA 还不具备发展的条件，直至 2006 年 IBM、Oracle、SAP 等公司共同成立了 OSOA（Open Service Oriented Architecture）联盟，用于联合制定和推进 SOA 相关行业标准之后，情况才有所变化。2007 年，在结构化资讯标准促进组织（Organization for the Advancement of Structured Information Standard，OASIS）的倡议与支持下，OSOA 由一个软件厂商组成的松散联盟，转变为一个制定行业标准的国际组织，并联合 OASIS 共同新成立了 Open CSA（Open Composite Service Architecture）组织，这便是 SOA 的官方管理机构。

软件架构来到 SOA 时代，其包含的许多概念、思想都已经能在今天的微服务中找到对应的身影了，譬如服务之间的松散耦合、注册、发现、治理，隔离、编排等。这些在微服务中耳熟能详的概念，大多数也是在分布式服务刚被提出时就已经可以预见的困难点。SOA 针对这些问题，甚至是针对"软件开发"这件事情本身，都进行了更具体、更系统的探索。

❑ "更具体"体现在尽管 SOA 本身还属于抽象概念,而不是特指某一种具体的技术,但它比单体架构和前面所列举的三种架构模式的操作性更强,已经不能简单视为一种架构风格,而是一套软件设计的基础平台。它拥有领导制定技术标准的组织 Open CSA;有清晰的软件设计的指导原则,譬如服务的封装性、自治、松耦合、可重用、可组合、无状态,等等;明确了采用 SOAP 作为远程调用协议,依靠 SOAP 协议族(WSDL、UDDI 和 WS-* 协议)来完成服务的发布、发现和治理;利用企业服务总线(Enterprise Service Bus,ESB)的消息管道来实现各个子系统之间的交互,令各服务在 ESB 的调度下无须相互依赖就能相互通信,实现了服务松耦合,也为以后进一步实施业务流程编排(Business Process Management,BPM)提供了基础;使用服务数据对象(Service Data Object,SDO)来访问和表示数据,使用服务组件架构(Service Component Architecture,SCA)来定义服务封装的形式和服务运行的容器,等等。在这一套成体系的可以相互精密协作的技术组件支持下,若仅从技术可行性这一个角度来评判的话,SOA 可以算是已经成功解决了分布式环境中出现的主要技术问题。

❑ "更系统"指的是 SOA 的宏大理想,它的终极目标是希望总结出一套自上而下的软件研发方法论,做到企业只需要跟着 SOA 的思路,就能够一揽子解决掉软件开发过程中的全部问题,譬如该如何挖掘需求、如何将需求分解为业务能力、如何编排已有服务、如何开发 / 测试 / 部署新的功能,等等。这些技术问题确实是重点和难点,但也仅仅是其中的一个方面,SOA 不仅关注技术,还关注研发过程中涉及的需求、管理、流程和组织。如果这个目标真的能够达成,软件开发就有可能从此迈进工业化大生产的阶段。试想如果有一天开发符合客户需求的软件会像写八股文一样有迹可循、有法可依,那对软件开发者来说也许是无趣的,但整个社会实施信息化的效率肯定会大幅提升。

SOA 在 21 世纪最初的十年里曾盛行一时,有 IBM 等一众行业巨头厂商为其呐喊冲锋,吸引了不少软件开发商,尤其是企业级软件开发商,但最终还是偃旗息鼓,沉寂了下去。在后面的 2.1 节中,笔者会提到 SOAP 协议被逐渐边缘化的本质原因:过于严格的规范定义带来过度的复杂性,而构建在 SOAP 基础之上的 ESB、BPM、SCA、SDO 等诸多上层建筑,进一步加剧了这种复杂性。开发信息系统毕竟不是作八股文章,过于精密的流程和理论需要懂得复杂概念的专业人员才能够驾驭。SOA 自诞生的那一天起,就已经注定只能是少数系统阳春白雪式的精致奢侈品,它可以实现多个异构大型系统之间的复杂集成交互,却很难作为一种具有广泛普适性的软件架构风格来推广。SOA 最终没有获得成功的致命伤与当年的 EJB 如出一辙,尽管有 Sun 和 IBM 等一众巨头在背后力挺,EJB 仍然败于以 Spring、Hibernate 为代表的"草根框架",可见一旦脱离人民群众,终究会淹没在群众的海洋之中,连信息技术也不曾例外。

读到这里,你不妨回想下"如何使用多个独立的分布式服务共同构建一个更大型的系统"这个问题，再回想下 1.1 节中 UNIX DCE 中提出的分布式服务的设计主旨："开发人员不必关心服务是远程还是本地，都能够透明地调用服务或者访问资源"。经过三十年的技术发展，信息系统经历了巨石、烟囱、插件、事件、SOA 等架构模式，应用受架构复杂度的牵绊却越来越大，已经距离"透明"二字越来越远了，这是否算不自觉间忘掉了当年的初心呢？接下来我们所谈论的微服务时代，似乎正是带着这样的自省式的问句而开启的。

1.4　微服务时代

"微服务"这个技术名词最早在 2005 年就已经被提出，由 Peter Rodgers 博士在 2005 年的云计算博览会（Web Services Edge 2005）上首次使用，当时的说法是"Micro-Web-Service"，指的是一种专注于单一职责的、与语言无关的细粒度 Web 服务（Granular Web Service）。"微服务"一词并不是 Peter Rodgers 凭空创造出来的概念，它最初可以说是 SOA 发展时催生的产物，就如同 EJB 推广过程中催生了 Spring 和 Hibernate 那样，这一阶段的微服务是作为 SOA 的一种轻量化的补救方案而被提出的。时至今日，在英文版的维基百科上，仍然将微服务定义为 SOA 的一种变体，所以微服务在最初阶段与 SOA、Web Service 这些概念有所牵扯也完全可以理解，但现在来看，维基百科对微服务的定义已经颇有些过时了。

 额外知识　微服务是一种软件开发技术，是 SOA 的一种变体。

—— Wikipedia

微服务的概念提出后，在将近十年的时间里面，它并没有受到太多追捧。如果只是对现有 SOA 架构的修修补补，确实难以唤起广大技术人员的更多关注。不过，在这十年时间里，微服务本身也在不断蜕变。2012 年，在波兰克拉科夫举行的"33rd Degree Conference"大会上，Thoughtworks 首席咨询师 James Lewis 做了题为"Microservices - Java, the UNIX Way"[一]的主题演讲，其中提到了单一服务职责、康威定律、自动扩展、领域驱动设计等原则，却只字未提 SOA，反而号召应该重拾 UNIX 的设计哲学（As Well Behaved UNIX Service），这点仿佛与笔者在 1.3 节所说的"初心与自省"遥相呼应。微服务已经迫不及待地要脱离 SOA 的附庸，成为一种独立的架构风格，也许，未来还将是 SOA 的革命者。

微服务真正崛起是在 2014 年，相信阅读此文的大多数读者，也是从 Martin Fowler 与 James Lewis 合写的文章"Microservices：A Definition of This New Architectural Term"[二] 中首次了解微服务的。当然，这并不是指各位一定读过这篇文章，应该准确地说——今天大家所了解的"微服务"就是这篇文章中定义的"微服务"。此文首先给出了现代微服务

的概念："微服务是一种通过多个小型服务组合来构建单个应用的架构风格，这些服务围绕业务能力而非特定的技术标准来构建。各个服务可以采用不同的编程语言、不同的数据存储技术，运行在不同的进程之中。服务采取轻量级的通信机制和自动化的部署机制实现通信与运维。"此外，文中列举了微服务的九个核心的业务与技术特征，下面将其一一列出并解读。

- ❑ **围绕业务能力构建**（Organized around Business Capability）。这里再次强调了康威定律的重要性，有怎样结构、规模、能力的团队，就会产生对应结构、规模、能力的产品。这个结论不是某个团队、某个公司遇到的巧合，而是必然的演化结果。如果本应该归属同一个产品内的功能被划分在不同团队中，必然会产生大量的跨团队沟通协作，而跨越团队边界无论在管理、沟通、工作安排上都有更高昂的成本，因此高效的团队自然会针对其进行改进，当团队、产品磨合稳定之后，团队与产品就会拥有一致的结构。

- ❑ **分散治理**（Decentralized Governance）。这里是指服务对应的开发团队有直接对服务运行质量负责的责任，也有不受外界干预地掌控服务各个方面的权力，譬如选择与其他服务异构的技术来实现自己的服务。这一点在真正实践时多少存有宽松的处理余地，大多数公司都不会在某一个服务使用 Java，另一个服务用 Python，再下一个服务用 Go，而是通常会用统一的主流语言，乃至统一的技术栈或专有的技术平台。微服务不提倡也并不反对这种"统一"，只要负责提供和维护基础技术栈的团队有被各方依赖的觉悟，有"经常被凌晨 3 点的闹钟吵醒"的心理准备就好。微服务更加强调的是在确实需要技术异构时，应能够有选择"不统一"的权利，譬如不应该强迫 Node.js 去开发报表页面，要做人工智能训练模型时可以选择 Python，等等。

- ❑ **通过服务来实现独立自治的组件**（Componentization via Service）。之所以强调通过"服务"（Service）而不是"类库"（Library）来构建组件，是因为类库在编译期静态链接到程序中，通过本地调用来提供功能，而服务是进程外组件，通过远程调用来提供功能。前文我们也已经分析过，尽管远程服务有更高昂的调用成本，但这是为组件带来自治与隔离能力的必要代价。

- ❑ **产品化思维**（Product not Project）。避免把软件研发视作要去完成某种功能，而是视作一种持续改进、提升的过程。譬如，不应该把运维只看作运维团队的事，把开发只看作开发团队的事，团队应该为软件产品的整个生命周期负责，开发者不仅应该知道软件如何开发，还应该知道它如何运作，用户如何反馈，乃至售后支持工作是怎样进行的。注意，这里服务的用户不一定是最终用户，也可能是消费这个服务的另外一个服务。以前在单体架构下，程序的规模决定了无法让全部成员都关注完整的产品，如开发、运维、支持等不同职责的成员只关注自己的工作，但在微服务下，要求开发团队中每个人都具有产品化思维，关心整个产品的全部方面是具有可行性的。

- **数据去中心化**（Decentralized Data Management）。微服务明确提倡数据应该按领域分散管理、更新、维护、存储。在单体服务中，一个系统的各个功能模块通常会使用同一个数据库。诚然，中心化的存储天生就更容易避免一致性问题，但是，同一个数据实体在不同服务的视角里，它的抽象形态往往是不同的。譬如，Bookstore 应用中的书本，在销售领域中关注的是价格，在仓储领域中关注的是库存数量，在商品展示领域中关注的是书的介绍信息，如果使用中心化存储，所有领域都必须修改和映射到同一个实体之中，这很可能使不同服务相互影响而丧失独立性。尽管在分布式中处理好一致性问题也相当困难，很多时候都没办法使用传统的事务处理来保证，但是两害相权取其轻，即使有一些必要的代价，但仍是值得使用的。

- **强终端弱管道**（Smart Endpoint and Dumb Pipe）。弱管道（Dumb Pipe）几乎是直接反对 SOAP 和 ESB 的通信机制。ESB 可以处理消息的编码加工、业务规则转换等；BPM 可以集中编排企业业务服务；SOAP 有几十个 WS-* 协议族在处理事务、一致性、认证授权等一系列工作，这些构建在通信管道上的功能也许对某个系统中的某一部分服务是有必要的，但对于另外更多的服务则是强加进来的负担。如果服务需要上面的额外通信能力，就应该在服务自己的 Endpoint 上解决，而不是在通信管道上一揽子处理。微服务提倡使用类似于经典 UNIX 过滤器那样简单直接的通信方式，所以 RESTful 风格的通信在微服务中会是更合适的选择。

- **容错性设计**（Design for Failure）。不再虚幻地追求服务永远稳定，而是接受服务总会出错的现实，要求在微服务的设计中，能够有自动的机制对其依赖的服务进行快速故障检测，在持续出错的时候进行隔离，在服务恢复的时候重新联通。所以"断路器"这类设施，对实际生产环境中的微服务来说并不是可选的外围组件，而是一个必需的支撑点，如果没有容错性设计，系统很容易被一两个服务崩溃所带来的雪崩效应淹没。可靠系统完全可能由会出错的服务组成，这是微服务最大的价值所在，也是本书前言中所说的"凤凰架构"的含义。

- **演进式设计**（Evolutionary Design）。容错性设计承认服务会出错，演进式设计则承认服务会被报废淘汰。一个设计良好的服务，应该是能够报废的，而不是期望得到长存永生。假如系统中出现不可更改、无可替代的服务，这并不能说明这个服务多么优秀、多么重要，反而是一种系统设计上脆弱的表现，微服务所追求的自治、隔离，也是反对这种脆弱性的表现。

- **基础设施自动化**（Infrastructure Automation）。基础设施自动化，如 CI/CD 的长足发展，显著减少了构建、发布、运维工作的复杂性。由于微服务架构下运维对象数量是单体架构运维对象数量的数量级倍，使用微服务的团队更加依赖于基础设施的自动化，人工是很难支撑成百上千乃至上万级别的服务的。

"Microservices"一文中对微服务特征的描写已经相当具体了，文中除了定义微服务是什么，还专门申明了微服务不是什么——微服务不是 SOA 的变体或衍生品，应该明确地与 SOA 划清界限，不再贴上任何 SOA 的标签。如此，微服务的概念才算是一种真正丰满、独立的架构风格，为它在未来几年时间里如明星一般闪耀崛起于技术舞台铺下了理论基础。

> 🔘 额外知识　**微服务与 SOA**
>
> 由于与 SOA 具有一致的表现形式，这让微服务的支持者更加迫切地拒绝微服务再被打上 SOA 的标签，尽管有一些人坚持认为微服务就是 SOA 的一种变体，也许从面向服务方面来说是对的，但无论如何，SOA 与微服务都是两种不同的东西，正因如此，使用一个别的名称来简明地定义这种架构风格就显得更有必要。
>
> —— Martin Fowler / James Lewis

从以上微服务的定义和特征中，你应该可以明显地感觉到微服务追求的是更加自由的架构风格，摒弃了几乎所有 SOA 里可以抛弃的约束和规定，提倡以"实践标准"代替"规范标准"。可是，如果没有了统一的规范和约束，以前 SOA 解决的那些分布式服务的问题，不也就一下子都重新出现了吗？的确如此，对于服务的注册发现、跟踪治理、负载均衡、故障隔离、认证授权、伸缩扩展、传输通信、事务处理等问题，微服务中将不再有统一的解决方案。即使只讨论 Java 范围内会使用到的微服务，仅一个服务间远程调用问题，可以列入解决方案的候选清单的就有 RMI（Sun/Oracle）、Thrift（Facebook）、Dubbo（阿里巴巴）、gRPC（Google）、Motan2（新浪）、Finagle（Twitter）、brpc（百度）、Arvo（Hadoop）、JSON-RPC、REST，等等；仅一个服务发现问题，可以选择的就有 Eureka（Netflix）、Consul（HashiCorp）、Nacos（阿里巴巴）、ZooKeeper（Apache）、etcd（CoreOS）、CoreDNS（CNCF），等等。其他领域也与此类似。

微服务所带来的自由是一把双刃开锋的宝剑，当软件架构者拿起这把宝剑，一刃指向 SOA 定下的复杂技术标准，将选择的权力夺回的同一时刻，另外一刃也正朝着自己映出冷冷的寒光。在微服务时代，软件研发本身的复杂度确实有所降低。一个简单服务，并不见得会同时面临分布式中的所有问题，也就没有必要背上 SOA 那百宝袋般沉重的技术包袱。需要解决什么问题，就引入什么工具；团队熟悉什么技术，就使用什么框架。此外，像 Spring Cloud 这样胶水式的全家桶工具集，通过一致的接口、声明和配置，进一步屏蔽了源自具体工具、框架的复杂性，降低了在不同工具、框架之间切换的成本，所以，作为一个普通的服务开发者，作为一个"螺丝钉"式的程序员，微服务架构是友善的。可是，微服务对架构者却是满满的"恶意"，对架构能力的要求已提升到史无前例的程度。笔者在本书的多处反复强调过，技术架构者的第一职责就是决策权衡，有利有弊才需要决策，有取有舍才需要权衡，如果架构者本身的知识面不足以覆盖所需要决策的内容，不清楚其中利弊，恐怕将无可避免地陷入选择困难症的境遇之中。

微服务时代充满着自由的气息，微服务时代充斥着迷茫的选择。软件架构不会止步于自由，微服务仍不是架构探索的终点，如果有下一个时代，笔者希望是信息系统拥有微服务的自由权利，围绕业务能力构建自己的服务而不受技术规范管束，但又不用以承担自行解决分布式的问题的责任为代价。管他什么利弊权衡！小孩子才做选择题，成年人全部都要！

1.5 后微服务时代

上节提到的分布式架构中出现的问题，如注册发现、跟踪治理、负载均衡、传输通信等，其实在 SOA 时代甚至从原始分布式时代起就已经存在了，只要是分布式架构的系统，就无法完全避免，但我们不妨换个思路来想一下，这些问题一定要由软件系统自己来解决吗？

如果不局限于采用软件的方式，这些问题几乎都有对应的硬件解决方案。譬如，某个系统需要伸缩扩容，通常会购买新的服务器，部署若干副本实例来分担压力；如果某个系统需要解决负载均衡问题，通常会布置负载均衡器，选择恰当的均衡算法来分流；如果需要解决传输安全问题，通常会布置 TLS 传输链路，配置好 CA 证书以保证通信不被窃听篡改；如果需要解决服务发现问题，通常会设置 DNS 服务器，让服务访问依赖稳定的记录名而不是易变的 IP 地址，等等。随着计算机科学多年的发展，这些问题大多有了专职化的基础设施去解决，而在微服务时代，人们之所以选择在软件的代码层面而不是硬件的基础设施层面去解决这些分布式问题，很大程度上是因为由硬件构成的基础设施跟不上由软件构成的应用服务的灵活性的无奈之举。软件可以只使用键盘命令就拆分出不同的服务，只通过拷贝、启动就能够实现伸缩扩容服务，硬件难道就不可以通过键盘命令变出相应的应用服务器、负载均衡器、DNS 服务器、网络链路这些设施吗？

至此，估计大家已经听出下面要说的是虚拟化技术和容器化技术了。微服务时代所取得的成就，本身就离不开以 Docker 为代表的早期容器化技术的巨大贡献。在此之前，笔者从来没有提过"容器"二字，这并不是刻意冷落，而是早期的容器只被简单地视为一种可快速启动的服务运行环境，目的是方便程序的分发部署，在这个阶段，针对单个应用进行封装的容器并未真正解决分布式架构问题。尽管 2014 年微服务开始崛起的时候，Docker Swarm（2013 年）和 Apache Mesos（2012 年）就已经存在，更早之前也出现了软件定义网络（Software-Defined Networking，SDN）、软件定义存储（Software-Defined Storage，SDS）等技术，但是，被业界广泛认可、普遍采用的通过虚拟化基础设施去解决分布式架构问题的开端，应该要从 2017 年 Kubernetes 取得容器战争的胜利开始算起。

2017 年是容器生态发展历史中具有里程碑意义的一年。在这一年，长期作为 Docker 竞争对手的 RKT 容器一派的领导者 CoreOS 宣布放弃自己的容器管理系统 Fleet，并将会在未来把所有容器管理的功能移至 Kubernetes 之上去实现。在这一年，容器管理领域的独角兽 Rancher Labs 宣布放弃其内置了数年的容器管理系统 Cattle，提出"All-in-Kubernetes"战略，把 1.x 版本就能够支持多种容器编排系统的管理工具 Rancher，从 2.0 版本开始"反向升级"为完全绑定于 Kubernetes 这一系统。在这一年，Kubernetes 的主要竞争者 Apache

Mesos 在 9 月正式宣布了"Kubernetes on Mesos"集成计划，由竞争关系转为对 Kubernetes 提供支持，使其能够与 Mesos 的其他一级框架（如 HDFS、Spark 和 Chronos 等）进行集群资源动态共享、分配与隔离。在这一年，Kubernetes 的最大竞争者 Docker Swarm 的母公司 Docker，终于在 10 月被迫宣布 Docker 要同时支持 Swarm 与 Kubernetes 两套容器管理系统，也即在事实上承认了 Kubernetes 的统治地位。这场已经持续了三年时间，以 Docker Swarm、Apache Mesos 与 Kubernetes 为主要竞争者的"容器编排战争"终于有了明确的结果。Kubernetes 登基加冕是容器发展中一个时代的终章，也将是软件架构发展下一个纪元的开端。笔者在表 1-1 中列出了针对同一个分布式服务问题，Kubernetes 中提供的基础设施层面的解决方案与传统 Spring Cloud 中提供的应用层面的解决方案的对比，尽管因为各自出发点不同，解决问题的方法和效果都有所差异，但这无疑是提供了一条全新的、前途更加广阔的解题思路。

表 1-1　Kubernetes 与传统 Spring Cloud 提供的解决方案对比

	Kubernetes	Spring Cloud
弹性伸缩	Autoscaling	N/A
服务发现	KubeDNS / CoreDNS	Spring Cloud Eureka
配置中心	ConfigMap / Secret	Spring Cloud Config
服务网关	Ingress Controller	Spring Cloud Zuul
负载均衡	Load Balancer	Spring Cloud Ribbon
服务安全	RBAC API	Spring Cloud Security
跟踪监控	Metrics API / Dashboard	Spring Cloud Turbine
降级熔断	N/A	Spring Cloud Hystrix

"前途广阔"不仅仅是一句恭维赞赏的客气话，当虚拟化的基础设施从单个服务的容器扩展至由多个容器构成的服务集群、通信网络和存储设施时，软件与硬件的界限便已模糊。一旦虚拟化的硬件能够跟上软件的灵活性，那些与业务无关的技术性问题便有可能从软件层面剥离，悄无声息地在硬件基础设施之内解决，让软件得以只专注业务，真正围绕业务能力构建团队与产品。如此，DCE 中未能实现的"透明的分布式应用"成为可能，Martin Flower 设想的"凤凰服务器⊖"成为可能，Chad Fowler 提出的"不可变基础设施⊜"也成为可能。从软件层面独立应对分布式架构所带来的各种问题，发展到应用代码与基础设施软、硬一体，合力应对架构问题，这个新的时代现在常被媒体冠以"云原生"这个颇为抽象的名字加以宣传。云原生时代追求的目标与此前微服务时代追求的目标并没有本质改变，都是在服务架构演进的历史进程中，所以笔者更愿意称云原生时代为"后微服务时代"。

⊖　凤凰服务器：https://martinfowler.com/bliki/PhoenixServer.html。
⊜　不可变基础设施：http://chadfowler.com/2013/06/23/immutable-deployments.html。

Kubernetes 成为容器战争胜利者标志着后微服务时代的开启，但 Kubernetes 仍然没能完美解决全部的分布式问题——"不完美"的意思是，仅从功能上看，单纯的 Kubernetes 反而不如之前的 Spring Cloud 方案。这是因为有一些问题处于应用系统与基础设施的边缘，使得很难完全在基础设施层面中精细化地处理。举个例子，如图 1-4 所示，微服务 A 调用了微服务 B 的两个服务，称为 B1 和 B2，假设 B1 表现正常但 B2 出现了持续的 500 错，那在达到一定阈值之后就应该对 B2 进行熔断，以避免产生雪崩效应。如果仅在基础设施层面来处理，这会遇到一个两难问题，切断 A 到 B 的网络通路会影响 B1 的正常调用，不切断则会持续受 B2 的错误影响。

图 1-4　是否要熔断对服务 B 的访问

以上问题在通过 Spring Cloud 这类应用代码实现的微服务中并不难处理，既然是使用程序代码来解决问题，只要合乎逻辑，想要实现什么功能，只受限于开发人员的想象力与技术能力，但基础设施是针对整个容器来管理的，粒度相对粗犷，只能到容器层面，对单个远程服务则很难有效管控。类似的，在服务的监控、认证、授权、安全、负载均衡等方面都有可能面临细化管理的需求，譬如服务调用时的负载均衡，往往需要根据流量特征，调整负载均衡的层次、算法等，而 DNS 虽然能实现一定程度的负载均衡，但通常并不能满足这些额外的需求。

为了解决这一类问题，虚拟化的基础设施很快完成了第二次进化，引入了今天被称为"服务网格"(Service Mesh) 的"边车代理模式"(Sidecar Proxy)，如图 1-5 所示。所谓"边车"是一种带垮斗的三轮摩托车，笔者小时候还算常见，现在基本就只在影视剧中才会看到了。在虚拟化场景中的边车指的是由系统自动在服务容器（通常是指 Kubernetes 的 Pod）中注入一个通信代理服务器，相当于那个挎斗，以类似网络安全里中间人攻击的方式进行流量劫持，在应用毫无感知的情况下，悄然接管应用所有对外通信。这个代理除了实现正常的服务间通信外（称为数据平面通信），还接收来自控制器的指令（称为控制平面通信），根据控制平面中的配置，对数据平面通信的内容进行分析处理，以实现熔断、认证、度量、监控、负载均衡等各种附加功能。通过边车代理模式，便实现了既不需要在应用层面加入额外的处理代码，也提供了几乎不亚于程序代码的精细管理能力。

我们很难从概念上判定清楚一个与应用系统运行于同一资源容器之内的代理服务到底应该算软件还是基础设施，但它对应用是透明的，不需要改动任何软件代码就可以实现服务治理，这便足够了。服务网格在 2018 年才火起来，今天它仍然是个新潮的概念，未完全成熟，甚至连 Kubernetes 也还算是个新生事物。但笔者相信，未来 Kubernetes 将会成为服务器端的标准运行环境，如同现在的 Linux 系统；服务网格也将会成为微服务之间通信交互的主流模式，把"选择什么通信协议""怎样调度流量""如何认证授权"之类的技术问题隔离于程序代码之外，取代今天 Spring Cloud 全家桶中大部分组件的功能。微服务只需要考虑业务本身的逻辑，这才是最理想的智能终端解决方案。

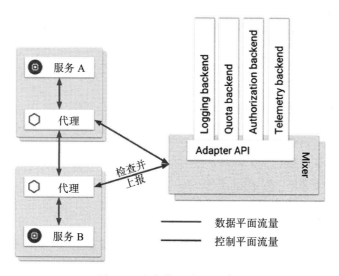

图 1-5　边车代理流量示意⊖

业务与技术完全分离，远程与本地完全透明，也许这就是最好的时代了吧？

1.6　无服务时代

人们研究分布式架构，最初是因为单台机器的性能无法满足系统的运行需求，尽管在后来架构演进过程中，容错能力、技术异构、职责划分等各方面因素都成为架构需要考虑的问题，但获得更好的性能在架构设计需求中依然占很大的比重。对软件研发而言，不去做分布式无疑是最简单的，如果单台服务器的性能可以是无限的，那架构演进的结果肯定会与今天有很大差别，分布式也好，容器化也好，微服务也好，恐怕都未必会如期出现，最起码一定不是今天这个样子。

绝对意义上的无限性能必然是不存在的，但在云计算落地已有十余年的今天，相对意义的无限性能已经成为现实。

在工业界，2012 年 Iron.io 公司率先提出了"无服务"（Serverless，应该翻译为"无服

⊖　图来自 Istio 的配置文档，图中的 Mixer 在 Istio 1.5 之后已经取消，这里仅作示意。

务器"才合适,但现在称"无服务"已形成习惯了)的概念;2014 年,亚马逊发布了名为 Lambda 的商业化无服务计算平台,并在后续的几年里逐步得到开发者认可,发展为目前世界上最大的无服务运行平台;到了 2018 年,中国的阿里云、腾讯云等厂商也开始跟进,发布了旗下的无服务产品,"无服务"成为近期技术圈里的"新网红"之一。

在学术界,2009 年,云计算概念刚提出的早期,在加州大学伯克利分校曾发表的论文"Above the Clouds: A Berkeley View of Cloud Computing"⊖中预言的云计算的价值、演进和普及在接下来的十年里一一得到验证。2019 年,加州大学伯克利分校发表的第二篇有着相同命名风格的论文"Cloud Programming Simplified: A Berkeley View on Serverless Computing"⊜再次预言"无服务将会发展成为未来云计算的主要形式"。由此来看,"无服务"也同样是被主流学术界所认可的发展方向之一。

> **额外知识** 我们预测无服务将会发展成为未来云计算的主要形式。
>
> —— Cloud Programming Simplified: A Berkeley View on Serverless
> Computing, 2019

无服务现在还没有一个特别权威的"官方"定义,但它的概念并没有前面提到的各种架构那么复杂,本来无服务也是以"简单"为主要卖点的,它只涉及两块内容:后端设施(Backend)和函数(Function)。

- □ **后端设施**是指数据库、消息队列、日志、存储等这类用于支撑业务逻辑运行,但本身无业务含义的技术组件,这些后端设施都运行在云中,在无服务中将它们称为"后端即服务"(Backend as a Service,BaaS)。

- □ **函数**是指业务逻辑代码,这里函数的概念与粒度都已经很接近于程序编码角度的函数了,其区别是无服务中的函数运行在云端,不必考虑算力问题,也不必考虑容量规划(从技术角度可以不考虑,从计费的角度还是要掂量一下的),在无服务中将其称为"函数即服务"(Function as a Service,FaaS)。

无服务的愿景是让开发者只需要纯粹地关注业务:不需要考虑技术组件,后端的技术组件是现成的,可以直接取用,没有采购、版权和选型的烦恼;不需要考虑如何部署,部署过程完全托管到云端,由云端自动完成;不需要考虑算力,有整个数据中心支撑,算力可以认为是无限的;不需要操心运维,维护系统持续平稳运行是云计算服务商的责任而不再是开发者的责任。在 UC Berkeley 的论文中,把无服务架构下开发者不再关心这些技术层面的细节,类比成当年软件开发从汇编语言踏进高级语言的发展过程,开发者可以不去关注寄存器、信号、中断等与机器底层相关的细节,从而令生产力得到极大解放。

无服务架构的远期前景看起来是很美好的,但笔者自己对无服务架构短期内的发展并

⊖ 论文地址:https://www2.eecs.berkeley.edu/Pubs/TechRpts/2009/EECS-2009-28.pdf。
⊜ 论文地址:https://arxiv.org/abs/1902.03383。

没有那么乐观。与单体架构、微服务架构不同，无服务架构有一些天生的特点决定了它现在不是，以后如果没有重大变革的话，估计也很难成为一种普适性的架构模式。无服务架构确实能够降低一些应用的开发和运维环节的成本，譬如不需要交互的离线大规模计算，又譬如多数 Web 资讯类网站、小程序、公共 API 服务、移动应用服务端等都契合于无服务架构所擅长的短链接、无状态、适合事件驱动的交互形式。但另一方面，对于那些信息管理系统、网络游戏等应用，或者说对于具有业务逻辑复杂、依赖服务端状态、响应速度要求较高、需要长链接等特征的应用，至少目前是相对不那么适合的。这是因为无服务天生"无限算力"的假设决定了它必须要按使用量（函数运算的时间和占用的内存）计费以控制消耗的算力的规模，因而函数不会一直以活动状态常驻服务器，请求到了才会开始运行，这就导致了函数不便依赖服务端状态，也导致了函数会有冷启动时间，响应的性能可能不太好。目前无服务的冷启动过程大概是在数十到百毫秒级别，对于 Java 这类启动性能差的应用，甚至是接近秒的级别。

无论如何，云计算毕竟是大势所趋，今天信息系统建设的概念和观点，在（较长尺度的）明天都是会转变成适应云端的，笔者并不怀疑 Serverless+API 的设计方式会成为以后其中一种主流的软件形式，届时无服务还会有更广阔的应用空间。

如果说微服务架构是分布式系统这条路当前所能做到的极致，那无服务架构，也许就是"不分布式"的云端系统这条路的起点。虽然在顺序上笔者将"无服务"安排到了"微服务"和"云原生"时代之后，但它们并没有继承替代关系，强调这点是为了避免有读者从两者的名称与安排的顺序中产生"无服务就会比微服务更加先进"的错误想法。笔者相信软件开发的未来不会只存在某一种"最先进的"架构风格，多种具有针对性的架构风格并存，是软件产业更有生命力的形态。笔者同样相信在软件开发的未来，多种架构风格将会融合互补，"分布式"与"不分布式"的边界将逐渐模糊，两条路线将在云端的数据中心中交汇。今天已经能初步看见一些使用无服务的云函数去实现微服务架构的苗头了，将无服务作为技术层面的架构，将微服务视为应用层面的架构，把它们组合起来使用是完全合理可行的。以后，无论是物理机、虚拟机、容器，抑或是无服务云函数，都会是微服务实现方案的候选项之一。

本节是架构演进历史的最后一节，如本章引言所说，我们谈历史，重点不在考古，而是借历史之名，理解每种架构出现的意义与淘汰的原因，为的是更好地解决今天的现实问题，寻找出未来架构演进的发展道路。

对于架构演进的未来发展，2014 年，Martin Fowler 与 James Lewis 在"Microservices"的结束语中曾写到，他们对于微服务日后能否被大范围推广，最多只持有谨慎乐观的态度。在无服务方兴未艾的今天，与那时微服务的情况十分相近，笔者对无服务日后的推广同样持谨慎乐观的态度。软件开发的最大挑战就在于只能在不完备的信息下决定当前要处理的问题。时至今日，依然很难预想在架构演进之路的前方，微服务和无服务之后还会出现何种形式的架构风格，但这也契合了图灵的那句名言：尽管目光所及之处，只是不远的前方，即使如此，依然可以看到那里有许多值得去完成的工作在等待我们。

额外知识 尽管目光所及之处，只是不远的前方，即使如此，依然可以看到那里有许多值得去完成的工作在等待我们。

—— Alan Turing, Computing Machinery and Intelligence, 1950

第二部分 *Part 2*

架构师的视角

Chapter 2 | 第 2 章

访问远程服务

远程服务将计算机程序的工作范围从单机扩展至网络，从本地延伸至远程，是构建分布式系统的首要基础。而远程服务又不仅仅是为分布式系统服务的，在网络时代，浏览器、移动设备、桌面应用和服务端的程序，普遍都有与其他设备交互的需求，所以今天已经很难找到没有开发和使用过远程服务的程序员了，但是没有正确理解远程服务的程序员却不少。

2.1 远程服务调用

远程服务调用（Remote Procedure Call，RPC）在计算机科学中已经存在超过四十年时间，但在今天仍然可以在各种论坛、技术网站上遇见"什么是 RPC""如何评价某某 RPC 技术""RPC 更好还是 REST 更好"之类的问题，仍然有新的不同形状的 RPC 轮子被发明制造出来，仍然有层出不穷的文章去比对 Google gRPC、Facebook Thrift 等各家的 RPC 组件库的优劣。

像计算机科学这种快速更迭的领域，一项四十岁高龄的技术能有如此关注度，可算是相当罕见的现象，这一方面是由于微服务风潮带来的热度，另一方面，也不得不承认，确实有不少开发者对 RPC 本身解决什么问题、如何解决这些问题、为什么要这样解决存在认知模糊的情况。本节，笔者会从历史到现状，从现象到本质，尽可能深入地解释清楚 RPC 的来龙去脉。

2.1.1 进程间通信

尽管今天的大多数 RPC 技术已经不再追求这个目标了，但不可否认，RPC 出现的最初目的，就是为了让计算机能够与调用本地方法一样去调用远程方法。所以，我们先来看一下调用本地方法时，计算机是如何处理的。笔者通过以下这段 Java 风格的伪代码来定义几个稍后要用到的概念：

```
// Caller      : 调用者，代码里的main()
// Callee      : 被调用者，代码里的println()
// Call Site   : 调用点，即发生方法调用的指令流位置
// Parameter   : 参数，由Caller传递给Callee的数据，即 "hello world"
// Retval      : 返回值，由Callee传递给Caller的数据，如果方法能够正常结束，它是void，
//   如果方法异常完成，它是对应的异常
public static void main(String[] args) {
    System.out.println("hello world");
}
```

在完全不考虑编译器优化的前提下，程序运行至调用 println() 方法输出 hello world 这行时，计算机（物理机或者虚拟机）要完成以下几项工作。

1）**传递方法参数**：将字符串 hello world 的引用地址压栈。

2）**确定方法版本**：根据 println() 方法的签名，确定其执行版本。这其实并不是一个简单的过程，无论是编译时静态解析，还是运行时动态分派，都必须根据某些语言规范中明确定义的原则，找到明确的 Callee，"明确" 是指唯一的一个 Callee，或者有严格优先级的多个 Callee，譬如不同的重载版本。笔者曾在《深入理解 Java 虚拟机》的第 8 章介绍该过程，有兴趣的读者可以参考，这里不再赘述。

3）**执行被调方法**：从栈中弹出 Parameter 的值或引用，并以此为输入，执行 Callee 内部的逻辑。这里我们只关心方法是如何调用的，而不关心方法内部具体是如何执行的。

4）**返回执行结果**：将 Callee 的执行结果压栈，并将程序的指令流恢复到 Call Site 的下一条指令，继续向下执行。

我们再来考虑如果 println() 方法不在当前进程的内存地址空间中会发生什么问题。不难想到，这样会至少面临两个直接的障碍。首先，第一步和第四步所做的传递参数、传回结果都依赖于栈内存，如果 Caller 与 Callee 分属不同的进程，就不会拥有相同的栈内存，此时将参数在 Caller 进程的内存中压栈，对于 Callee 进程的执行毫无意义。其次，第二步的方法版本选择依赖于语言规则，如果 Caller 与 Callee 不是同一种语言实现的程序，方法版本选择就将是一项模糊的不可知行为。

为了简化讨论，我们暂时忽略第二个障碍，假设 Caller 与 Callee 是使用同一种语言实现的，先来解决两个进程之间如何交换数据的问题，这件事情在计算机科学中被称为 "进程间通信"（Inter-Process Communication，IPC）。可以考虑的解决办法有以下几种。

- ❑ **管道**（Pipe）或者**具名管道**（Named Pipe）：管道类似于两个进程间的桥梁，可通过管道在进程间传递少量的字符流或字节流。普通管道只用于有亲缘关系的进程（由一个进程启动的另外一个进程）间的通信，具名管道摆脱了普通管道没有名字的限制，除具有管道的所有功能外，它还允许无亲缘关系的进程间的通信。管道典型的

应用就是命令行中的"|"操作符,譬如:

```
ps -ef | grep java
```

ps 与 grep 都有独立的进程,以上命令就是通过管道操作符"|"将 ps 命令的标准输出连接到 grep 命令的标准输入上。

❑ **信号**(Signal):信号用于通知目标进程有某种事件发生。除了进程间通信外,进程还可以给进程自身发送信号。信号的典型应用是 kill 命令,譬如:

```
kill -9 pid
```

以上命令即表示由 Shell 进程向指定 PID 的进程发送 SIGKILL 信号。

❑ **信号量**(Semaphore):信号量用于在两个进程之间同步协作手段,它相当于操作系统提供的一个特殊变量,程序可以在上面进行 wait() 和 notify() 操作。

❑ **消息队列**(Message Queue):以上三种方式只适合传递少量消息,POSIX 标准中定义了可用于进程间数据量较多的通信的消息队列。进程可以向队列添加消息,被赋予读权限的进程还可以从队列消费消息。消息队列克服了信号承载信息量少、管道只能用于无格式字节流以及缓冲区大小受限等缺点,但实时性相对受限。

❑ **共享内存**(Shared Memory):允许多个进程访问同一块公共内存空间,这是效率最高的进程间通信形式。原本每个进程的内存地址空间都是相互隔离的,但操作系统提供了让进程主动创建、映射、分离、控制某一块内存的程序接口。当一块内存被多进程共享时,各个进程往往会与其他通信机制,譬如与信号量结合使用,来达到进程间同步及互斥的协调操作。

❑ **本地套接字接口**(IPC Socket):消息队列与共享内存只适合单机多进程间的通信,套接字接口则是更普适的进程间通信机制,可用于不同机器之间的进程通信。套接字(Socket)起初是由 UNIX 系统的 BSD 分支开发出来的,现在已经移植到所有主流的操作系统上。出于效率考虑,当仅限于本机进程间通信时,套接字接口是被优化过的,不会经过网络协议栈,不需要打包拆包、计算校验和、维护序号和应答等操作,只是简单地将应用层数据从一个进程复制到另一个进程,这种进程间通信方式即本地套接字接口(UNIX Domain Socket),又叫作 IPC Socket。

2.1.2 通信的成本

之所以花费那么多篇幅来介绍 IPC 的手段,是因为最初计算机科学家们的想法,就是将 RPC 作为 IPC 的一种特例来看待,这个观点在今天,仅从分类上说也仍然合理,只是到具体操作手段上就不合适了。

请特别注意最后一种基于套接字接口的通信方式(IPC Socket),它不仅适用于本地相同机器的不同进程间通信,由于 Socket 是网络栈的统一接口,它也能支持基于网络的跨机进程间通信。譬如 Linux 系统的图形化界面、X Window 服务器和 GUI 程序之间的交互就是由这套机制来实现的。这样做的好处是，由于 Socket 是各个操作系统都提供的标准接口，完全有可能把远程方法调用的通信细节隐藏在操作系统底层，从应用层面上来看可以做到远程调用与本地的进程间通信在编码上完全一致。事实上，在原始分布式时代的早期确实是奔着这个目标去做的，但这种透明的调用形式反而给程序员带来通信无成本的假象，因而被滥用，以致于显著降低了分布式系统的性能。1987 年，在"透明的 RPC 调用"一度成为主流范式的时候，Andrew Tanenbaum 教授曾发表论文"A Critique of The Remote Procedure Call Paradigm"[一]，对这种透明的 RPC 范式提出一系列质问。

- 两个进程通信，谁作为服务端，谁作为客户端？
- 怎样进行异常处理？异常该如何让调用者获知？
- 服务端出现多线程竞争之后怎么办？
- 如何提高网络利用的效率？连接是否可被多个请求复用以减少开销？是否支持多播？
- 参数、返回值如何表示？应该有怎样的字节序？
- 如何保证网络的可靠性？调用期间某个链接忽然断开了怎么办？
- 发送的请求服务端收不到回复怎么办？

论文的中心观点是：把本地调用与远程调用当作同样的调用来处理，这是犯了方向性的错误，把系统间的调用透明化，反而会增加程序员工作的复杂度。此后几年，关于 RPC 应该如何发展、如何实现的论文层出不穷，透明通信的支持者有之，反对者有之，冷静分析者有之，狂热唾骂者也有之，但历史逐渐证明 Andrew Tanenbaum 的预言是正确的。最终，到 1994 年至 1997 年间，由 ACM 和 Sun 院士 Peter Deutsch、套接字接口发明者 Bill Joy、Java 之父 James Gosling 等一众在 Sun 公司工作的专家们共同总结了通过网络进行分布式运算的八宗罪（8 Fallacies of Distributed Computing）[二]。

1）The network is reliable. —— 网络是可靠的。

2）Latency is zero. —— 延迟是不存在的。

3）Bandwidth is infinite. —— 带宽是无限的。

4）The network is secure. —— 网络是安全的。

5）Topology doesn't change. —— 拓扑结构是一成不变的。

6）There is one administrator. —— 总会有一个管理员。

7）Transport cost is zero. —— 不必考虑传输成本。

8）The network is homogeneous. —— 网络都是同质化的。

以上这八条反话被认为是程序员在网络编程中经常忽略的八大问题，潜台词就是如果远程服务调用要透明化，就必须为这些罪过埋单，这算是给 RPC 能否等同于 IPC 来**暂时**定

[一] 下载地址：https://www.cs.vu.nl/~ast/Publications/Papers/euteco-1988.pdf。
[二] 详见：https://en.wikipedia.org/wiki/Fallacies_of_distributed_computing。

下了一个具有公信力的结论。至此，"RPC 应该是一种高层次的或者说语言层次的特征，而不是像 IPC 那样，是低层次的或者说系统层次的特征"的观点成为工业界、学术界的主流观点。

在 20 世纪 80 年代初期，传奇的施乐 Palo Alto 研究中心发布了基于 Cedar 语言的 RPC 框架——Lupine，并实现了世界上第一个基于 RPC 的商业应用——Courier，这里施乐 Palo Alto 研究中心所定义的"远程服务调用"的概念就是完全符合以上对 RPC 的结论的，所以，尽管此前已经有用其他名词指代"调用远程服务"的操作，一般仍认为 RPC 的概念最早是由施乐公司提出的。

🖱️ **额外知识** **首次提出远程服务调用的定义**

远程服务调用是指位于互不重合的内存地址空间中的两个程序，在语言层面上，以同步的方式使用带宽有限的信道来传输程序控制信息。

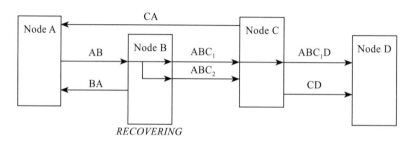

—— Bruce Jay Nelson，Remote Procedure Call，Xerox PARC，1981

2.1.3 三个基本问题

20 世纪 80 年代中后期，惠普和 Apollo 提出了网络运算架构（Network Computing Architecture，NCA）的设想，并随后在 DCE 项目中将其发展成在 UNIX 系统下的远程服务调用框架 DCE/RPC。笔者曾经在 1.1 节中介绍过 DCE，这是历史上第一次对分布式的有组织的探索尝试，由于 DCE 本身是基于 UNIX 操作系统的，所以 DCE/RPC 通常也仅适合在 UNIX 系统程序之间使用。（微软 COM/DCOM 的前身 MS RPC 算是 DCE 的一种变体，把这些派生版算进去的话就要普适一些。）在 1988 年，Sun 公司起草并向互联网工程任务组（Internet Engineering Task Force，IETF）提交了 RFC 1050 规范，此规范中设计了一套面向广域网或混合网络环境的、基于 TCP/IP 的、支持 C 语言的 RPC 协议，后被称为 ONC RPC（Open Network Computing RPC，也被称为 Sun RPC），这两套 RPC 协议就算是如今各种 RPC 协议和框架的鼻祖了，从它们开始，直至接下来这几十年所有流行过的 RPC 协议，都不外乎变着花样使用各种手段来解决以下三个基本问题。

1. 如何表示数据

这里的数据包括传递给方法的参数以及方法执行后的返回值。无论是将参数传递给另外一个进程，还是从另外一个进程中取回执行结果，都涉及数据表示问题。对于进程内的方法调用，使用程序语言预置和程序员自定义的数据类型，就很容易解决数据表示问题；对于远程方法调用，则完全可能面临交互双方各自使用不同程序语言的情况，即使只支持一种程序语言的 RPC 协议，在不同硬件指令集、不同操作系统下，同样的数据类型也完全可能有不一样的表现细节，譬如数据宽度、字节序的差异等。有效的做法是将交互双方所涉及的数据转换为某种事先约定好的中立数据流格式来进行传输，将数据流转换回不同语言中对应的数据类型来使用。这个过程说起来拗口，但相信大家一定很熟悉，就是序列化与反序列化。每种 RPC 协议都应该要有对应的序列化协议，譬如：

- ONC RPC 的外部数据表示（External Data Representation，XDR）
- CORBA 的通用数据表示（Common Data Representation，CDR）
- Java RMI 的 Java 对象序列化流协议（Java Object Serialization Stream Protocol）
- gRPC 的 Protocol Buffers
- Web Service 的 XML 序列化
- 众多轻量级 RPC 支持的 JSON 序列化

2. 如何传递数据

如何传递数据，准确地说，是指如何通过网络，在两个服务的 Endpoint 之间相互操作、交换数据。这里"交换数据"通常指的是应用层协议，实际传输一般是基于 TCP、UDP 等标准的传输层协议来完成的。两个服务交互不是只扔个序列化数据流来表示参数和结果就行，许多在此之外的信息，譬如异常、超时、安全、认证、授权、事务等，都可能产生双方需要交换信息的需求。在计算机科学中，专门有一个名词"Wire Protocol"来表示这种两个 Endpoint 之间交换这类数据的行为，常见的 Wire Protocol 如下。

- Java RMI 的 Java 远程消息交换协议（Java Remote Message Protocol，JRMP，也支持 RMI-IIOP）
- CORBA 的互联网 ORB 间协议（Internet Inter ORB Protocol，IIOP，是 GIOP 协议在 IP 协议上的实现版本）
- DDS 的实时发布订阅协议（Real Time Publish Subscribe Protocol，RTPS）
- Web Service 的简单对象访问协议（Simple Object Access Protocol，SOAP）
- 如果要求足够简单，双方都是 HTTP Endpoint，直接使用 HTTP 协议也是可以的（如 JSON-RPC）

3. 如何表示方法

确定表示方法在本地方法调用中并不是太大的问题，编译器或者解释器会根据语言规范，将调用的方法签名转换为进程空间中子过程入口位置的指针。不过一旦要考虑不同语言，事情又立刻麻烦起来，每种语言的方法签名都可能有差别，所以"如何表示同一个方法""如何找到对应的方法"还是需要一个统一的跨语言的标准才行。这个标准可以非常简单，譬如直接给程序的每个方法都规定一个唯一的、在任何机器上都绝不重复的编号，调用时压根不管它是什么方法、签名是如何定义的，直接传这个编号就能找到对应的方法。这种听起既粗鲁又寒碜的办法，还真的就是 DCE/RPC 当初准备的解决方案。虽然最终 DCE 还是弄出了一套与语言无关的接口描述语言（Interface Description Language，IDL），成为此后许多 RPC 参考或依赖的基础（如 CORBA 的 OMG IDL），但那个唯一的绝不重复的编码方案 UUID（Universally Unique Identifier）也被保留且广为流传开来，并被广泛应用于程序开发的方方面面。类似地，用于表示方法的协议还有：

- ❑ Android 的 Android 接口定义语言（Android Interface Definition Language，AIDL）
- ❑ CORBA 的 OMG 接口定义语言（OMG Interface Definition Language，OMG IDL）
- ❑ Web Service 的 Web 服务描述语言（Web Service Description Language，WSDL）
- ❑ JSON-RPC 的 JSON Web 服务协议（JSON Web Service Protocol，JSON-WSP）

以上 RPC 中的三个基本问题，全部都可以在本地方法调用过程中找到对应的解决方案。RPC 的设计始于本地方法调用，尽管早已不再追求实现与本地方法调用完全一致的目的，但其设计思路仍然带有本地方法调用的深刻烙印，抓住两者间的联系来类比，对我们更深刻地理解 RPC 的本质会很有帮助。

2.1.4 统一的 RPC

虽然 DCE/RPC 与 ONC RPC 都有很浓厚的 UNIX 痕迹，但是它们并没有真正在 UNIX 系统以外大规模流行过，而且它们还有一个"大问题"：只支持传递值而不支持传递对象。尽管 ONC RPC 的 XDR 的序列化器能用于序列化结构体，但结构体毕竟不是对象，这两种 RPC 协议都是面向 C 语言设计的，根本就没有对象的概念。然而 20 世纪 90 年代正好又是面向对象编程（Object-Oriented Programming，OOP）风头正盛的年代，所以在 1991 年，对象管理组织（Object Management Group，OMG）发布了跨进程的、面向异构语言的、支持面向对象的服务调用协议：CORBA 1.0（Common Object Request Broker Architecture）。CORBA 的 1.0 和 1.1 版本只提供了 C、C++ 语言的支持，到了末代的 CORBA 3.0 版本，不仅支持 C、C++、Java、Object Pascal、Python、Ruby 等多种主流编程语言，还支持 Lisp、Smalltalk、Ada、COBOL 等非主流语言，阵营不可谓不强大。CORBA 是一套由国际标准组织牵头，由多家软件提供商共同参与制定的分布式规范，论影响力，当时只有微软私有的 DCOM 能够与之稍微抗衡，但微软的 DCOM 与 DCE 一样，是受限于操作系统的（尽管 DCOM 比 DCE 更强大些，能跨多语言），所以同时支持跨系统、跨语言的 CORBA 原本是最有机会统一 RPC 这个领域的有力竞争者。

但无奈 CORBA 本身设计得实在太过于烦琐，甚至有些规定简直到了荒谬的程度——写一个对象请求代理（ORB，这是 CORBA 中的核心概念）大概要 200 行代码，其中大概有 170 行都是纯粹无用的废话——这句话是 CORBA 的首席科学家 Michi Henning 在文章 "The Rise and Fall of CORBA" ⊖中提出的愤怒批评。另一方面，为 CORBA 制定规范的专家逐渐脱离实际，使得 CORBA 规范晦涩难懂，各家语言的厂商都有自己的解读，导致 CORBA 实现互不兼容，实在是对 CORBA 号称支持众多异构语言的莫大讽刺。这也间接导致稍后 W3C Web Service 出现后，CORBA 与 Web Service 竞争时犹如十八路诸侯讨伐董卓，互乱阵脚，一触即溃，最终惨败。CORBA 的最终归宿是与 DCOM 一同被扫进计算机历史的博物馆中。

CORBA 没有把握住统一 RPC 的大好时机，很快另外一个更有希望的机会降临。1998 年，XML 1.0 发布，并成为万维网联盟（World Wide Web Consortium，W3C）的推荐标准。1999 年末，SOAP 1.0（Simple Object Access Protocol）规范的发布，标志着一种被称为 "Web Service" 的全新的 RPC 协议的诞生。Web Service 是由微软和 DevelopMentor 公司共同起草的远程服务协议，随后提交给 W3C 投票成为国际标准，所以 Web Service 也被称为 W3C Web Service。Web Service 采用 XML 作为远程过程调用的序列化、接口描述、服务发现等所有编码的载体，当时 XML 是计算机工业最新的银弹，只要是定义为 XML 的东西几乎都被认为是好的，风头一时无两，连微软自己都主动宣布放弃 DCOM，迅速转投 Web Service 的怀抱。

交给 W3C 管理后，Web Service 再没有天生属于哪家公司的烙印，商业运作非常成功，大量的厂商都想分一杯羹。但从技术角度来看，它设计得并不优秀，甚至同样可以说是有显著缺陷的。对于开发者而言，Web Service 的一大缺点是它过于严格的数据和接口定义所带来的性能问题，尽管 Web Service 吸取了 CORBA 失败的教训，不需要程序员手工编写对象的描述和服务代理，可是，XML 作为一门描述性语言本身信息密度就相对低下，（都不用与二进制协议比，与今天的 JSON 或 YAML 比一下就知道了。）Web Service 又是跨语言的 RPC 协议，这使得一个简单的字段，为了在不同语言中不会产生歧义，要以 XML 严谨描述的话，往往需要比原本存储这个字段值多出十几倍、几十倍乃至上百倍的空间。这个特点一方面导致了使用 Web Service 必须要专门的客户端去调用和解析 SOAP 内容，也需要专门的服务去部署（如 Java 中的 Apache Axis/CXF），更关键的是导致了每一次数据交互都包含大量的冗余信息，性能奇差。

如果只是需要客户端，传输性能差也就算了，又不是不能用。既然选择了 XML，获得自描述能力，本来就没有打算把性能放到第一位，但 Web Service 还有另外一个缺点：贪婪。"贪婪" 是指它希望在一套协议上一揽子解决分布式计算中可能遇到的所有问题，这促使 Web Service 生出了整个家族的协议——去网上搜索一下就知道这句话不是拟人修辞⊖。Web Service 协议家族中，除它本身包括的 SOAP、WSDL、UDDI 协议外，还有一堆数不清的，

⊖　下载地址：https://dl.acm.org/doi/pdf/10.1145/1142031.1142044。
⊖　维基百科中收录了部分 WS-* 的子协议：https://en.wikipedia.org/wiki/List_of_web_service_specifications。

以 WS-* 命名的，用于解决事务、一致性、事件、通知、业务描述、安全、防重放等子功能的协议，让开发者学习负担沉重。

当程序员们对 Web Service 的热情迅速兴起，又逐渐冷却之后，自己也不禁开始反思：那些面向透明的、简单的 RPC 协议，如 DCE/RPC、DCOM、Java RMI，要么依赖于操作系统，要么依赖于特定语言，总有一些先天约束；那些面向通用的、普适的 RPC 协议，如 CORBA，就无法逃过使用复杂性的困扰，CORBA 烦琐的 OMG IDL、ORB 都是很好的佐证；而那些意图通过技术手段来屏蔽复杂性的 RPC 协议，如 Web Service，又不免受到性能问题的束缚。简单、普适、高性能这三点，似乎真的很难同时满足。

2.1.5　分裂的 RPC

由于一直没有一个同时满足以上三点的"完美 RPC 协议"出现，所以远程服务器调用这个小小的领域，逐渐进入群雄混战、百家争鸣的战国时代，距离"统一"越来越远，并一直延续至今。现在，已经相继出现过 RMI（Sun/Oracle）、Thrift（Facebook/Apache）、Dubbo（阿里巴巴 /Apache）、gRPC（Google）、Motan1/2（新浪）、Finagle（Twitter）、brpc（百度 /Apache）、.NET Remoting（微软）、Arvo（Hadoop）、JSON-RPC 2.0（公开规范，JSON-RPC 工作组）等难以穷举的协议和框架。这些 RPC 功能、特点不尽相同，有的是某种语言私有，有的支持跨越多种语言，有的运行在应用层 HTTP 协议之上，有的直接运行于传输层 TCP/UDP 协议之上，但并不存在哪一款是"最完美的 RPC"。今时今日，任何一款具有生命力的 RPC 框架，都不再去追求大而全的"完美"，而是以某个具有针对性的特点作为主要的发展方向，举例分析如下。

- ❑ 朝着**面向对象**发展，不满足于 RPC 将面向过程的编码方式带到分布式，希望在分布式系统中也能够进行跨进程的面向对象编程，代表为 RMI、.NET Remoting，之前的 CORBA 和 DCOM 也可以归入这类。这种方式有一个别名叫作分布式对象（Distributed Object）。

- ❑ 朝着**性能**发展，代表为 gRPC 和 Thrift。决定 RPC 性能的主要因素有两个：序列化效率和信息密度。序列化效率很好理解，序列化输出结果的容量越小，速度越快，效率自然越高；信息密度则取决于协议中有效负载（Payload）所占总传输数据的比例大小，使用传输协议的层次越高，信息密度就越低，SOAP 使用 XML 拙劣的性能表现就是前车之鉴。gRPC 和 Thrift 都有自己优秀的专有序列化器，而传输协议方面，gRPC 是基于 HTTP/2 的，支持多路复用和 Header 压缩，Thrift 则直接基于传输层的 TCP 协议来实现，省去了应用层协议的额外开销。

- ❑ 朝着**简化**发展，代表为 JSON-RPC，说要选功能最强、速度最快的 RPC 可能会很有争议，但选功能弱的、速度慢的，JSON-RPC 肯定会是候选人之一。牺牲了功能和效率，换来的是协议的简单轻便，接口与格式都更为通用，尤其适合用于 Web 浏览器这类一般不会有额外协议支持、额外客户端支持的应用场合。

经历了 RPC 框架的"战国时代"，开发者们终于认可了不同的 RPC 框架所提供的特性或多或少是有矛盾的，很难有某一种框架能满足所有需求。若要朝着面向对象发展，就注定不会太简单，如建 Stub、Skeleton 就很烦了，即使由 IDL 生成也很麻烦；功能多起来，协议就会更复杂，效率一般也会受影响；要简单易用，那很多事情就必须遵循约定而不是自行配置；要重视效率，那就需要采用二进制的序列化器和较底层的传输协议，支持的语言范围容易受限。也正是每一种 RPC 框架都有不完美的地方，所以才导致不断有新的 RPC 轮子出现，也决定了在选择框架时，在获得一些利益的同时，要付出另外一些代价。

到了最近几年，RPC 框架有明显向更高层次（不仅仅负责调用远程服务，还管理远程服务）与插件化方向发展的趋势，不再追求独立地解决 RPC 的全部三个问题（表示数据、传递数据、表示方法），而是将一部分功能设计成扩展点，让用户自己选择。框架聚焦于提供核心的、更高层次的能力，譬如提供负载均衡、服务注册、可观察性等方面的支持。这一类框架的代表有 Facebook 的 Thrift 与阿里的 Dubbo，尤其是断更多年后重启的 Dubbo 表现得更为明显。Dubbo 默认有自己的传输协议（Dubbo 协议），同时也支持其他协议；默认采用 Hessian 2 作为序列化器，如果你有 JSON 的需求，可以替换为 Fastjson，如果你对性能有更高的追求，可以替换为 Kryo、FST、Protocol Buffers 等效率更好的序列化器，如果你不想依赖其他组件库，也可以直接使用 JDK 自带的序列化器。这种设计在一定程度上缓和了 RPC 框架必须取舍、难以完美的缺憾。

最后，笔者提个问题，大家不妨来反思一下：开发一个分布式系统，是不是就一定要用 RPC 呢？ RPC 的三大问题源自于对本地方法调用的类比模拟，如果我们把思维从"方法调用"的约束中挣脱，那在解决参数与结果如何表示、数据如何传递、方法如何表示这些问题时都会有焕然一新的视角。但是我们写程序，真的可能不面向方法来编程吗？这就是笔者下一节准备谈的话题了。

后记

前文提及 DCOM、CORBA、Web Service 的失败时，可能笔者的口吻多少有一些戏谑，这只是落笔行文的方式。这些框架即使没有成功，但作为早期的探索先驱，并没有什么该去讽刺的地方。而且它们的后续发展，都称得上是知耻后勇，都值得我们赞赏。譬如说到 CORBA 的消亡，OMG 痛定思痛之后，提出了基于 RTPS 协议栈的"数据分发服务"（Data Distribution Service，DDS）商业标准（就是要付费使用的意思），如今主要流行于物联网领域，能够做到微秒级延时，还能支持大规模并发通信。譬如说到 DCOM 的失败和 Web Service 的式微，微软在它们的基础上推出的 .NET WCF（Windows Communication Foundation，Windows 通信基础），不仅同时将 REST、TCP、SOAP 等不同形式的调用自动封装为完全一致的如同本地方法调用一般的程序接口，还依靠自家的"地表最强 IDE"Visual Studio 将工作量减少到只需要指定一个远程服务地址，就可以获取服务描述、绑定各种特性（譬如安全传输）、自动生成客户端调用代码，甚至还能选择同步或者异步之类细节的程度。尽管.NET WCF 只支持.NET 平台，而且与传统 Web Service 一样采用 XML 描述，但使用体验异常畅快，能挽回 Web Service 中得罪开发者丢掉的全部印象分。

2.2 REST 设计风格

很多人会拿 REST 与 RPC 相比较，其实，REST 无论是在思想上、在概念上，还是在使用范围上，与 RPC 都不尽相同，充其量只能算是有一些相似，应用会有一部分重合之处，但本质上并不是同一类型的东西。

REST 与 RPC 在思想上差异的核心是抽象的目标不一样，即面向过程的编程思想与面向资源的编程思想两者之间的区别。面向过程编程、面向对象编程想必大家都听说过，但什么是面向资源编程呢？这个问题等介绍完 REST 的特征之后我们再细说。

REST 与 RPC 在概念上的不同是指 REST 并不是一种远程服务调用协议，甚至可以把定语也去掉，它就不是一种协议。协议都带有一定的规范性和强制性，最起码也有一个规约文档，譬如 JSON-RPC，哪怕再简单，也有《JSON-RPC 规范》[⊖]来规定协议的格式细节、异常、响应码等信息，但是 REST 并没有定义这些内容，尽管有一些指导原则，但实际上并不受任何强制的约束。常有人批评某个系统接口"设计得不够 RESTful"，其实这句话本身就有些争议，REST 只能说是风格而不是规范、协议，并且能完全符合 REST 所有指导原则的系统也是不多见的，这一点我们同样将在后文中详细讨论。

至于使用范围，REST 与 RPC 作为主流的两种远程调用方式，在使用上确有重合，但重合区域的大小就见仁见智了。上一节提到了当前的 RPC 协议框架各有侧重点，并且列举了 RPC 的一些发展方向，如分布式对象、提升调用效率、简化调用复杂性，等等。这里面分布式对象的应用与 REST 可以说是毫无关联；而能够重视远程服务调用效率的应用场景，就基本排除了 REST 应用得最多的供浏览器端消费的远程服务，因为以浏览器作为前端，对于传输协议、序列化器的可选择性不多，哪怕想要更高效率也有心无力。而在移动端、桌面端或者分布式服务端的节点之间通信这一块，REST 虽然有宽阔的用武之地，只要支持 HTTP 就可以用于任何语言之间的交互，不过通常都会以网络没有成为性能瓶颈为使用前提，在需要追求传输效率的场景里，REST 提升传输效率的潜力有限，死磕 REST 又想要好的网络性能，一般不会有好的效果；对追求简化调用的场景——前面提到的浏览器端就属于这一类的典型，众多 RPC 里也只有 JSON-RPC 有机会与 REST 竞争，其他 RPC 协议与框架，哪怕能够支持 HTTP 协议，提供了 JavaScript 版本的客户端（如 gRPC-Web），也只是具备前端使用的理论可行性，很少有实际项目把它们真正用到浏览器上。

⊖ JSON-RPC 2.0 规范地址：https://www.jsonrpc.org/specification。

尽管有着种种不同，REST 与 RPC 还是引发了很频繁的比较与争论，这两种分别面向资源和过程的远程调用方式，就如同当年面向对象与过程的编程思想一样，非得分出高低不可。

2.2.1　理解 REST

个人会有好恶偏爱，但计算机科学是务实的，有了 RPC，还会提出 REST，有了面向过程编程之后还会产生面向资源编程，并引起广泛的关注、使用和讨论，说明后者一定是有一些前者没有的闪光点，或者解决、避免了一些前者的缺陷。我们不妨先去理解 REST 为什么会出现，再来讨论评价它。

REST 源于 Roy Thomas Fielding 在 2000 年发表的博士论文 "Architectural Styles and the Design of Network-based Software Architectures"[⊖]，此文的确是 REST 的源头，但我们不应该忽略 Fielding 的身份和他此前的工作背景，这些信息对理解 REST 的设计思想至关重要。

首先，Fielding 是一名很优秀的软件工程师，他是 Apache 服务器的核心开发者，后来成为著名的 Apache 软件基金会的联合创始人；同时，Fielding 也是 HTTP 1.0 协议（1996 年发布）的专家组成员，后来还晋升为 HTTP 1.1 协议（1999 年发布）的负责人。HTTP 1.1 协议设计得极为成功，以至于在发布之后长达十年的时间里，都没有收到多少修订的意见。用来指导 HTTP 1.1 协议设计的理论和思想，最初是以备忘录的形式供专家组成员之间交流，除了 IETF、W3C 的专家外，并没有在外界广泛流传。

从时间上看，对 HTTP 1.1 协议的设计工作贯穿了 Fielding 的整个博士研究生涯，当起草 HTTP 1.1 协议的工作完成后，Fielding 回到了加州大学欧文分校继续攻读自己的博士学位。第二年，他更为系统、严谨地阐述了这套理论框架，同时以这套理论框架导出了一种新的编程思想，并为这种程序设计风格取了一个很多人难以理解，但是今天已经广为人知的名字——REST（Representational State Transfer，表征状态转移）。

哪怕对编程和网络都很熟悉的同学，也不太可能直接从名字弄明白什么叫"表征"、什么东西的"状态"、从哪"转移"到哪。尽管在论文中确有论述这些概念，但写得相当晦涩[⊖]，所以笔者比较推荐先理解什么是 HTTP，再配合一些实际例子来对两者进行类比，以更清楚地了解 REST，你会发现 REST 实际上是 "HTT"（Hypertext Transfer）的进一步抽象，两者的关系就如同接口与实现类的关系一般。

HTTP 中使用的"超文本"（Hypertext）一词是美国社会学家 Theodor Holm Nelson 在 1967 年于 "Brief Words on the Hypertext" 一文里提出的，下面引用的是他本人在 1992 年修正后的定义：

⊖　下载地址：https://www.ics.uci.edu/~fielding/pubs/dissertation/top.htm。
⊖　不想读英文的同学从此处获得中文翻译版本：https://www.infoq.cn/article/2007/07/dlee-fielding-rest/。

> 现在，"超文本"一词已被普遍接受，它指的是能够进行分支判断和差异响应的文本，相应地，"超媒体"一词指的是能够进行分支判断和差异响应的图像、电影和声音（也包括文本）的复合体。
>
> —— Theodor Holm Nelson，*Literary Machines*，1992

以上定义描述的"超文本（或超媒体）"是一种"能够对操作进行判断和响应的文本（或声音、图像等）"，这个概念在 20 世纪 60 年代提出时应该还属于科幻的范畴，但是今天大众已经完全接受了它，互联网中一段文字可以点击、可以触发脚本执行、可以调用服务端已毫不稀奇。下面我们继续尝试从"超文本"或者"超媒体"的含义来理解什么是"表征"以及 REST 中的其他关键概念，这里使用一个具体事例将其描述如下。

- ❑ **资源**（Resource）：譬如你现在正在阅读一篇名为《REST 设计风格》的文章，这篇文章的内容本身（你可以将其理解为蕴含的信息、数据）称之为"资源"。无论你是通过阅读购买的图书、浏览器上的网页还是打印出来的文稿，无论是在电脑屏幕上阅读还是在手机上阅读，尽管呈现的样子各不相同，但其中的信息是不变的，你所阅读的仍是同一份"资源"。

- ❑ **表征**（Representation）：当你通过浏览器阅读此文章时，浏览器会向服务端发出"我需要这个资源的 HTML 格式"的请求，服务端向浏览器返回的这个 HTML 就被称为"表征"，你也可以通过其他方式拿到本文的 PDF、Markdown、RSS 等其他形式的版本，它们同样是一个资源的多种表征。可见"表征"是指信息与用户交互时的表示形式，这与我们软件分层架构中常说的"表示层"（Presentation Layer）的语义其实是一致的。

- ❑ **状态**（State）：当你读完了这篇文章，想看后面是什么内容时，你向服务端发出"给我下一篇文章"的请求。但是"下一篇"是个相对概念，必须依赖"当前你正在阅读的文章是哪一篇"才能正确回应，这类在特定语境中才能产生的上下文信息被称为"状态"。我们所说的有状态（Stateful）抑或是无状态（Stateless），都是只相对于服务端来说的，服务端要完成"取下一篇"的请求，要么自己记住用户的状态，如这个用户现在阅读的是哪一篇文章，这称为有状态；要么由客户端来记住状态，在请求的时候明确告诉服务端，如我正在阅读某某文章，现在要读它的下一篇，这称为无状态。

- ❑ **转移**（Transfer）：无论状态是由服务端还是由客户端来提供，"取下一篇文章"这个行为逻辑只能由服务端来提供，因为只有服务端拥有该资源及其表征形式。服务端通过某种方式，把"用户当前阅读的文章"转变成"下一篇文章"，这就被称为"表征状态转移"。

通过"阅读文章"这个例子，相信你应该能够理解"表征状态转移"的含义了。借着这个故事的上下文状态，笔者再继续介绍几个现在不涉及但稍后要用到的概念。

- **统一接口**（Uniform Interface）：上面说的服务端"通过某种方式"让表征状态转移，那具体是什么方式呢？如果你真的是用浏览器阅读本文电子版的话，请把本文滚动到结尾处，右下角有下一篇文章的 URI 超链接地址，这是服务端渲染这篇文章时就预置好的，点击它让页面跳转到下一篇，就是所谓"某种方式"的其中一种方式。任何人都不会对点击超链接网页出现跳转感到奇怪，但你细想一下，URI 的含义是统一资源标识符，是一个名词，如何能表达出"转移"动作的含义呢？答案是HTTP 协议中已经提前约定好了一套"统一接口"，它包括 GET、HEAD、POST、PUT、DELETE、TRACE、OPTIONS 七种基本操作，任何一个支持 HTTP 协议的服务器都会遵守这套规定，对特定的 URI 采取这些操作，服务器就会触发相应的表征状态转移。

- **超文本驱动**（Hypertext Driven）：尽管表征状态转移是由浏览器主动向服务器发出请求所引发的，该请求导致了"在浏览器屏幕上显示出了下一篇文章的内容"的结果。但是，我们都清楚这不可能真的是浏览器的主动意图，浏览器是根据用户输入的 URI 地址来找到网站首页，读取服务器给予的首页超文本内容后，浏览器再通过超文本内部的链接来导航到这篇文章，阅读结束时，也是通过超文本内部的链接再导航到下一篇。浏览器作为所有网站的通用的客户端，任何网站的导航（状态转移）行为都不可能是预置于浏览器代码之中，而是由服务器发出的请求响应信息（超文本）来驱动的。这点与其他带有客户端的软件有十分本质的区别，在那些软件中，业务逻辑往往是预置于程序代码之中的，有专门的页面控制器（无论在服务端还是在客户端中）来驱动页面的状态转移。

- **自描述消息**（Self-Descriptive Message）：由于资源的表征可能存在多种不同形态，在消息中应当有明确的信息来告知客户端该消息的类型以及应如何处理这条消息。一种被广泛采用的自描述方法是在名为"Content-Type"的 HTTP Header 中标识出互联网媒体类型（MIME type），譬如"Content-Type : application/json; charset=utf-8"说明该资源会以 JSON 的格式来返回，请使用 UTF-8 字符集进行处理。

除了以上列出的这些概念外，在理解 REST 的过程中，还有一个常见的误区值得注意：Fielding 提出 REST 时所谈论的范围是"架构风格与网络的软件架构设计"（Architectural Styles and Design of Network-based Software Architecture），而不是现在被人们所狭义理解的一种"远程服务设计风格"，这两者的范围差别就好比本书所谈论的话题"软件架构"与本章谈论话题"访问远程服务"的关系那样，前者是后者的一个很大的超集，尽管基于本节的主题和多数人的关注点考虑，我们确实会以"远程服务设计风格"作为讨论的重点，但至少应该说清楚它们范围上的差别。

2.2.2　RESTful 的系统

如果你已经理解了上面这些概念，我们就可以开始讨论面向资源的编程思想与 Fielding

所提出的几个具体的软件架构设计原则了。Fielding 认为，一套理想的、完全满足 REST 风格的系统应该满足以下六大原则。

1. 客户端与服务端分离（Client-Server）

将用户界面所关注的逻辑和数据存储所关注的逻辑分离开来，有助于提高用户界面的跨平台的可移植性，也越来越受到广大开发者所认可，以前完全基于服务端控制和渲染（如 JSF 这类）框架的实际用户已甚少，而在服务端进行界面控制（Controller），通过服务端或者客户端的模板渲染引擎来进行界面渲染的框架（如 Struts、SpringMVC 这类）也受到了颇大冲击。这一点与 REST 可能关系并不大，前端技术（从 ES 规范，到语言实现，再到前端框架等）在近年来的高速发展，使得前端表达能力大幅度加强才是真正的幕后推手。由于前端的日渐强势，现在还流行起由前端代码反过来驱动服务端进行渲染的 SSR（Server-Side Rendering）技术，在 Serverless、SEO 等场景中已经占领了一席之地。

2. 无状态（Stateless）

无状态是 REST 的一条核心原则，部分开发者在做服务接口规划时，觉得 REST 风格的服务怎么设计都感觉别扭，很可能的一个原因是服务端持有比较重的状态。REST 希望服务端不用负责维护状态，每一次从客户端发送的请求中，应包括所有必要的上下文信息，会话信息也由客户端负责保存维护，服务端只依据客户端传递的状态来执行业务处理逻辑，驱动整个应用的状态变迁。客户端承担状态维护职责以后，会产生一些新的问题，譬如身份认证、授权等可信问题，它们都应有针对性的解决方案⊖。

但必须承认的是，目前大多数系统都达不到这个要求，且越复杂、越大型的系统越是如此。服务端无状态可以在分布式计算中获得非常高价值的回报，但大型系统的上下文状态数量完全可能膨胀到客户端无法承受的程度，在服务端的内存、会话、数据库或者缓存等地方持有一定的状态成为一种事实上存在，并将长期存在、被广泛使用的主流方案。

3. 可缓存（Cacheability）

无状态服务虽然提升了系统的可见性、可靠性和可伸缩性，但降低了系统的网络性。"降低网络性"的通俗解释是某个功能使用有状态的设计时只需要一次（或少量）请求就能完成，使用无状态的设计时则可能会需要多次请求，或者在请求中带有额外冗余的信息。为了缓解这个矛盾，REST 希望软件系统能够如同万维网一样，允许客户端和中间的通信传递者（譬如代理）将部分服务端的应答缓存起来。当然，为了缓存能够正确地运作，服务端的应答中必须直接或者间接地表明本身是否可以进行缓存、可以缓存多长时间，以避免客户端在将来进行请求的时候得到过时的数据。运作良好的缓存机制可以减少客户端、服务端之间的交互，甚至有些场景中可以完全避免交互，这就进一步提高了性能。

⊖　这部分内容可参见本书第 5 章。

4. 分层系统（Layered System）

这里所指的分层并不是表示层、服务层、持久层这种意义上的分层，而是指客户端一般不需要知道是否直接连接到了最终的服务器，抑或连接到路径上的中间服务器。中间服务器可以通过负载均衡和共享缓存的机制提高系统的可扩展性，这样也便于缓存、伸缩和安全策略的部署。该原则的典型应用是内容分发网络（Content Distribution Network，CDN）。如果你是通过网站浏览到这篇文章的话，你所发出的请求一般（假设你在中国境内的话）并不是直接访问位于 GitHub Pages 的源服务器，而是访问了位于国内的 CDN 服务器，但作为用户，你完全不需要感知到这一点。我们将在第 4 章讨论如何构建自动、可缓存的分层系统。

5. 统一接口（Uniform Interface）

这是 REST 的另一条核心原则，REST 希望开发者面向资源编程，希望软件系统设计的重点放在抽象系统该有哪些资源，而不是抽象系统该有哪些行为（服务）上。这条原则你可以类比计算机中对文件管理的操作来理解，管理文件可能会涉及创建、修改、删除、移动等操作，这些操作数量是可数的，而且对所有文件都是固定、统一的。如果面向资源来设计系统，同样会具有类似的操作特征，由于 REST 并没有设计新的协议，所以这些操作都借用了 HTTP 协议中固有的操作命令来完成。

统一接口也是 REST 最容易陷入争论的地方，基于网络的软件系统，到底是面向资源合适，还是面向服务更合适，这个问题恐怕在很长时间里都不会有定论，也许永远都没有。但是，已经有一个基本清晰的结论是：面向资源编程的抽象程度通常更高。抽象程度高带来的坏处是距离人类的思维方式往往会更远，而好处是通用程度往往会更好。用这样的语言去诠释 REST，还是有些抽象，下面以一个例子来说明：譬如，对于几乎每个系统都有的登录和注销功能，如果你理解成登录对应于 login() 服务，注销对应于 logout() 服务这样两个独立服务，这是"符合人类思维"的；如果你理解成登录是 PUT Session，注销是 DELETE Session，这样你只需要设计一种"Session 资源"即可满足需求，甚至以后对 Session 的其他需求，如查询登录用户的信息，就是 GET Session 而已，其他操作如修改用户信息等也都可以被这同一套设计囊括在内，这便是"抽象程度更高"带来的好处。

如果想要在架构设计中合理恰当地利用统一接口，Fielding 建议系统应能做到每次请求中都包含资源的 ID，所有操作均通过资源 ID 来进行；建议每个资源都应该是自描述的消息；建议通过超文本来驱动应用状态的转移。

6. 按需代码（Code-On-Demand）

按需代码被 Fielding 列为一条可选原则。它是指任何按照客户端（譬如浏览器）的请求，将可执行的软件程序从服务端发送到客户端的技术。按需代码赋予了客户端无须事先知道所有来自服务端的信息应该如何处理、如何运行的宽容度。举个具体例子，以前的 Java Applet 技术，今天的 WebAssembly 等都属于典型的按需代码，蕴含着具体执行逻辑的代码是存放在服务端，只有当客户端请求了某个 Java Applet 之后，代码才会被传输并在客户端机器中运行，结束后通常也会随即在客户端中被销毁。将按需代码列为可选原则的原因并非是它特别难以达到，更多是出于必要性和性价比的实际考虑。

至此，REST 中的主要概念与思想原则已经介绍完毕，我们再回过头来讨论本节开篇提出的 REST 与 RPC 在思想上的差异。REST 的基本思想是面向资源来抽象问题，它与此前流行的编程思想——面向过程的编程在抽象主体上有本质的差别。在 REST 提出以前，人们设计分布式系统服务的唯一方案就只有 RPC，RPC 是将本地的方法调用思路迁移到远程方法调用上，开发者是围绕"远程方法"去设计两个系统间交互的，譬如 CORBA、RMI、DCOM，等等。这样做的坏处不仅使"如何在异构系统间表示一个方法""如何获得接口能够提供的方法清单"成为需要专门协议去解决的问题（RPC 的三大基本问题之一），而且对于服务使用者来说，由于服务的每个方法都是完全独立的，他们必须逐个学习才能正确地使用这些方法。Google 在"Google API Design Guide"⊖中曾经写下这样一段话。

> 📑 **额外知识**　以前，人们面向方法去设计 RPC API，譬如 CORBA 和 DCOM，随着时间推移，接口与方法越来越多却又各不相同，开发人员必须了解每一个方法才能正确使用它们，这样既耗时又容易出错。
>
> —— Google API Design Guide，2017

REST 提出以资源为主体的服务设计风格，可以带来不少好处。（自然也有坏处，笔者将在下一节集中谈论 REST 的不足与争议。）

- ❑ 降低服务接口的学习成本。统一接口是 REST 的重要标志，它将对资源的标准操作都映射到标准的 HTTP 方法上去，这些方法对于每个资源的用法都是一致的，语义都是类似的，不需要刻意去学习，更不需要有诸如 IDL 之类的协议存在。
- ❑ 资源天然具有集合与层次结构。以方法为中心抽象的接口，由于方法是动词，逻辑上决定了每个接口都是互相独立的；但以资源为中心抽象的接口，由于资源是名词，天然就可以产生集合与层次结构。举个具体例子，假设一个商城用户中心的接口设计：用户资源会拥有多个不同的下级的资源，譬如若干条短消息资源、一份用户资料资源、一辆购物车资源，购物车中又会有自己的下级资源，譬如多本图书资源。你很容易在程序接口中构造出这些资源的集合关系与层次关系，而且这些关系是符合人们长期在单机或网络环境中管理数据的经验的。相信你不需要专门阅读接口说明书，就能轻易推断出获取用户 icyfenix 的购物车中的第 2 本书的 REST 接口应该表示为：

```
GET /users/icyfenix/cart/2
```

- ❑ REST 绑定于 HTTP 协议。面向资源编程不是必须构筑在 HTTP 之上，但 REST 是，

⊖ 地址：https://cloud.google.com/apis/design。

这是缺点，也是优点。因为 HTTP 本来就是面向资源设计的网络协议，纯粹只用 HTTP（而不是 SOAP over HTTP 那样再构筑协议）带来的好处是无须考虑 RPC 中的 Wire Protocol 问题，REST 将复用 HTTP 协议中已经定义的概念和相关基础支持来解决问题。HTTP 协议已经有效运作了三十年，其相关的技术基础设施已是千锤百炼，无比成熟。而坏处自然是，当你想去考虑那些 HTTP 不提供的特性时，便会彻底束手无策。

以上列举了一些面向资源编程的优点，但笔者并非要证明它比面向过程、面向对象编程更优秀，是否选用 REST 的 API 设计风格，需要结合你的需求场景、你团队的设计和开发人员是否能够适应面向资源的思想来设计软件来权衡。在互联网中，面向资源进行网络传输是这三十年来 HTTP 协议精心培养出来的用户习惯，如果开发者能够适应 REST 这种不太符合人类思维习惯的抽象方式，使用 REST 匹配在 HTTP 基础上构建的互联网，相信在效率与扩展性方面会有可观的收益。

2.2.3　RMM

前面我们花费大量篇幅讨论了 REST 的思想、概念和指导原则等理论方面的内容，在本节中，我们将把重心放在实践上，把目光从整个软件架构设计进一步聚焦到 REST 接口设计上，以切合 2.2 节的标题，也顺带填了前面埋下的"如何评价服务是否 RESTful"的坑。

RESTful Web APIs 和 *RESTful Web Services* 的作者 Leonard Richardson 曾提出一个衡量"服务有多么 REST"的 Richardson 成熟度模型（Richardson Maturity Model，RMM），以便让那些原本不使用 REST 的系统，能够逐步地导入 REST。Richardson 将服务接口"REST 的程度"从低到高，分为 0 至 3 级。

- 第 0 级（The Swamp of Plain Old XML）：完全不 REST。
- 第 1 级（Resources）：开始引入资源的概念。
- 第 2 级（HTTP Verbs）：引入统一接口，映射到 HTTP 协议的方法上。
- 第 3 级（Hypermedia Controls）：超媒体控制，在本文里面的说法是"超文本驱动"，在 Fielding 论文里的说法是" Hypertext As The Engine Of Application State，HATEOAS"，其实都是指同一件事情。

下面笔者借用 Martin Fowler 撰写的关于 RMM 的文章中的实际例子（原文是 XML 写的，这里简化为 JSON 表示），来具体展示一下四种不同程度的 REST 反映到实际接口中会是怎样的。假设你是一名软件工程师，接到的需求（原文中的需求复杂一些，这里简化了）描述是这样的：

医生预约系统

作为一名病人，我想要从系统中得知指定日期内我熟悉的医生是否具有空闲时间，以便于我向该医生预约就诊。

第 0 级

医院开放了一个 /appointmentService 的 Web API，传入日期、医生姓名等参数，可以得到该时间段内该名医生的空闲时间，该 API 的一次 HTTP 调用如下所示：

```
POST /appointmentService?action=query HTTP/1.1

{date: "2020-03-04", doctor: "mjones"}
```

然后服务器会传回一个包含了所需信息的回应：

```
HTTP/1.1 200 OK

[
    {start:"14:00", end: "14:50", doctor: "mjones"},
    {start:"16:00", end: "16:50", doctor: "mjones"}
]
```

得到了医生空闲的结果后，笔者觉得 14:00 比较合适，于是进行预约确认，并提交了个人基本信息：

```
POST /appointmentService?action=confirm HTTP/1.1

{
    appointment: {date: "2020-03-04", start:"14:00", doctor: "mjones"},
    patient: {name: icyfenix, age: 30, ……}
}
```

如果预约成功，那我能够收到一个预约成功的响应：

```
HTTP/1.1 200 OK

{
    code: 0,
    message: "Successful confirmation of appointment"
}
```

如果出现问题，譬如有人在我前面抢先预约了，那么我会在响应中收到某种错误消息：

```
HTTP/1.1 200 OK

{
    code: 1,
    message: "doctor not available"
}
```

至此，整个预约服务宣告完成，直接明了，我们采用的是非常直观的基于 RPC 风格的服务设计，似乎很容易就解决了所有问题，但真的是这样吗？

第 1 级

第 0 级是 RPC 的风格，如果需求永远不会变化，那它完全可以良好地工作下去。但是，如果你不想为预约医生之外的其他操作、为获取空闲时间之外的其他信息去编写额外的方法，或者改动现有方法的接口，那还是应该考虑一下如何使用 REST 来抽象资源。

通往 REST 的第一步是引入资源的概念，在 API 中的基本体现是围绕资源而不是过程来设计服务，说得直白一点，可以理解为服务的 Endpoint 应该是一个名词而不是动词。此外，每次请求中都应包含资源的 ID，所有操作均通过资源 ID 来进行，譬如，获取医生指定时间的空闲档期：

```
POST /doctors/mjones HTTP/1.1

{date: "2020-03-04"}
```

然后服务器传回一组包含了 ID 信息的档期清单，注意，ID 是资源的唯一编号，有 ID 即代表"医生的档期"被视为一种资源：

```
HTTP/1.1 200 OK

[
    {id: 1234, start:"14:00", end: "14:50", doctor: "mjones"},
    {id: 5678, start:"16:00", end: "16:50", doctor: "mjones"}
]
```

笔者还是觉得 14:00 的时间比较合适，于是又进行预约确认，并提交了个人基本信息：

```
POST /schedules/1234 HTTP/1.1

{name: icyfenix, age: 30, ……}
```

后面预约成功或者失败的响应消息在这个级别里面与之前一致，就不重复了。比起第 0 级，第 1 级的特征是引入了资源，通过资源 ID 作为主要线索与服务交互，但第 1 级至少还有三个问题没有解决：一是只处理了查询和预约，如果临时想换个时间，要调整预约，或者病忽然好了，想删除预约，这都需要提供新的服务接口；二是处理结果响应时，只能依靠结果中的 code、message 这些字段做分支判断，每一套服务都要设计可能发生错误的 code，这很难考虑全面，而且也不利于对某些通用的错误做统一处理；三是没有考虑认证授权等安全方面的内容，譬如要求只有登录用户才允许查询医生档期时间，某些医生可能只对 VIP 开放，需要特定级别的病人才能预约，等等。

第 2 级

第 1 级遗留的三个问题都可以通过引入统一接口来解决。HTTP 协议的七个标准方法是经过精心设计的，只要架构师的抽象能力够用，它们几乎能涵盖资源可能遇到的所有操作场景。REST 的具体做法是：把不同业务需求抽象为对资源的增加、修改、删除等操作来解决第一个问题；使用 HTTP 协议的 Status Code，它可以涵盖大多数资源操作可能出现的异常，也可以自定义扩展，以此解决第二个问题；依靠 HTTP Header 中携带的额外认证、授权信息来解决第三个问题，这个在实战中并没有体现，后文会在 5.3 节中介绍相关内容。

按这个思路，获取医生档期，应采用具有查询语义的 GET 操作进行：

```
GET /doctors/mjones/schedule?date=2020-03-04&status=open HTTP/1.1
```

然后服务器会传回一个包含了所需信息的回应：

```
HTTP/1.1 200 OK

[
    {id: 1234, start:"14:00", end: "14:50", doctor: "mjones"},
    {id: 5678, start:"16:00", end: "16:50", doctor: "mjones"}
]
```

笔者仍然觉得 14:00 的时间比较合适，于是进行预约确认，并提交了个人基本信息，用以创建预约，这是符合 POST 的语义的：

```
POST /schedules/1234 HTTP/1.1

{name: icyfenix, age: 30, ......}
```

如果预约成功，那笔者能够收到一个预约成功的响应：

```
HTTP/1.1 201 Created

Successful confirmation of appointment
```

如果出现问题，譬如有人抢先预约了，那么笔者会在响应中收到某种错误消息：

```
HTTP/1.1 409 Conflict

doctor not available
```

第 3 级

第 2 级是目前绝大多数系统所到达的 REST 级别，但仍不是完美的，至少还存在一个问题：你是如何知道预约 mjones 医生的档期是需要访问 "/schedules/1234" 这个服务 Endpoint 的？也许你第一时间甚至无法理解为何我会有这样的疑问，这当然是程序代码写的呀！但 REST 并不认同这种已烙在程序员脑海中许久的想法。RMM 中的超文本控制、Fielding 论文中的 HATEOAS 和现在提的比较多的 "超文本驱动"，所希望的是除了第一个请求是由你在浏览器地址栏输入驱动之外，其他的请求都应该能够自己描述清楚后续可能发生的状态转移，由超文本自身来驱动。所以，当你输入了查询的指令之后：

```
GET /doctors/mjones/schedule?date=2020-03-04&status=open HTTP/1.1
```

服务器传回的响应信息应该包括诸如如何预约档期、如何了解医生信息等可能的后续操作：

```
HTTP/1.1 200 OK

{
    schedules: [
        {
            id: 1234, start:"14:00", end: "14:50", doctor: "mjones",
            links: [
                {rel: "comfirm schedule", href: "/schedules/1234"}
            ]
```

```
        },
        {
            id: 5678, start:"16:00", end: "16:50", doctor: "mjones",
            links: [
                {rel: "comfirm schedule", href: "/schedules/5678"}
            ]
        }
    ],
    links: [
        {rel: "doctor info", href: "/doctors/mjones/info"}
    ]
}
```

如果做到了第 3 级 REST，那服务端的 API 和客户端也是完全解耦的，此时如果你要调整服务数量，或者对同一个服务做 API 升级时将会变得非常简单。

2.2.4 不足与争议

以下是笔者所见过的关于 REST 能否在实践中真正良好应用的部分争议问题，笔者将自己的观点总结如下。

1）面向资源的编程思想只适合做 CRUD，面向过程、面向对象编程才能处理真正复杂的业务逻辑。

这是遇到最多的一个问题。HTTP 的四个最基础的命令 POST、GET、PUT 和 DELETE 很容易让人直接联想到 CRUD 操作，以至于在脑海中自然产生了直接的对应。REST 所能涵盖的范围当然远不止于此，不过要说 POST、GET、PUT 和 DELETE 对应于 CRUD 其实也没什么不对，只是这个 CRUD 必须泛化去理解。这些命令涵盖了信息在客户端与服务端之间流动的几种主要方式，所有基于网络的操作逻辑，都可以对应到信息在服务端与客户端之间如何流动来理解，有的场景比较直观，而有的场景则可能比较抽象。

针对那些比较抽象的场景，如果真不能把 HTTP 方法映射为资源的所需操作，REST 也并非刻板的教条，用户是可以使用自定义方法的，按 Google 推荐的 REST API 风格，自定义方法应该放在资源路径末尾，嵌入冒号加自定义动词的后缀。譬如，可以把删除操作映射到标准 DELETE 方法上，如果还要提供一个恢复删除的 API，那它可能会被设计为：

```
POST /user/user_id/cart/book_id:undelete
```

如果你不想使用自定义方法，那就设计一个回收站的资源，在那里保留还能被恢复的商品，将恢复删除视为对该资源某个状态值的修改，映射到 PUT 或者 PATCH 方法上，这也是一种完全可行的设计。

最后，笔者再重复一遍，面向资源的编程思想与另外两种主流编程思想只是抽象问题时所处的立场不同，只有选择不同，没有高下之分。

- ❑ 面向过程编程时，为什么要以算法和处理过程为中心，输入数据，输出结果？当然是为了符合计算机世界中主流的交互方式。

- 面向对象编程时，为什么要将数据和行为统一起来、封装成对象？当然是为了符合现实世界的主流的交互方式。
- 面向资源编程时，为什么要将数据（资源）作为抽象的主体，把行为看作统一的接口？当然是为了符合网络世界的主流的交互方式。

2）REST 与 HTTP 完全绑定，不适合应用于要求高性能传输的场景中。

笔者很大程度上赞同此观点，但并不认为这是 REST 的缺陷，正如锤子不能当扳手用并不是锤子的质量有问题。面向资源编程与协议无关，但是 REST（特指 Fielding 论文中所定义的 REST，而不是泛指面向资源的思想）的确依赖着 HTTP 协议的标准方法、状态码、协议头等各个方面。HTTP 并不是传输层协议，它是应用层协议，如果仅将 HTTP 用于传输是不恰当的。对于需要直接控制传输，如二进制细节、编码形式、报文格式、连接方式等细节的场景，REST 确实不合适，这些场景往往存在于服务集群的内部节点之间，这也是之前笔者曾提及的，REST 和 RPC 尽管应用确有所重合，但重合范围的大小就是见仁见智的事情。

3）REST 不利于事务支持。

这个问题首先要看你怎么看待"事务（Transaction）"这个概念。如果"事务"指的是数据库那种狭义的刚性 ACID 事务，那除非完全不持有状态，否则分布式系统本身与此就是有矛盾的（CAP 不可兼得），这是分布式的问题而不是 REST 的问题。如果"事务"是指通过服务协议或架构，在分布式服务中，获得对多个数据同时提交的统一协调能力（2PC/3PC），譬如 WS-AtomicTransaction、WS-Coordination 这样的功能性协议，REST 是不支持的，假如你理解了这样做的代价，仍坚持要这样做的话，Web Service 是比较好的选择。如果"事务"只是指希望保障数据的最终一致性，说明你已经放弃刚性事务了，这才是分布式系统中的正常交互方式，使用 REST 肯定不会有什么阻碍，更谈不上"不利于"。当然，对此 REST 也并没有什么帮助，这完全取决于你的系统的事务设计，我们在第 3 章中再详细讨论。

4）REST 没有传输可靠性支持。

是的，并没有。在 HTTP 中发送一个请求，你通常会收到一个与之相对的响应，譬如 HTTP/1.1 200 OK 或者 HTTP/1.1 404 Not Found 等。但如果你没有收到任何响应，那就无法确定消息是没有发送出去，抑或是没有从服务端返回，这其中的关键差别是服务端是否被触发了某些处理？应对传输可靠性最简单粗暴的做法是把消息再重发一遍。这种简单处理能够成立的前提是服务应具有幂等性（Idempotency），即服务被重复执行多次的效果与执行一次是相等的。HTTP 协议要求 GET、PUT 和 DELETE 应具有幂等性，我们把 REST 服务映射到这些方法时，也应当保证幂等性。对于 POST 方法，曾经有过一些专门的提案，如 POE（POST Once Exactly），但并未得到 IETF 的认可。对于 POST 的重复提交，浏览器会出现相应警告，如 Chrome 中"确认重新提交表单"的提示，对于服务端，就应该做预校验，如果发现可能重复，则返回 HTTP/1.1 425 Too Early。另外，Web Service 中有 WS-ReliableMessaging 功能协议用于支持消息可靠投递。类似的，由于 REST 没有采用额外的

Wire Protocol，所以除了事务、可靠传输这些功能以外，一定还可以在 WS-* 协议中找到很多 REST 不支持的特性。

5）REST 缺乏对资源进行"部分"和"批量"处理的能力。

这个观点笔者是认同的，这很可能是未来面向资源的思想和 API 设计风格的发展方向。REST 开创了面向资源的服务风格，但它并不完美。以 HTTP 协议为基础给 REST 带来了极大的便捷（不需要额外协议，不需要重复解决一堆基础网络问题，等等），但也使 HTTP 本身成了束缚 REST 的无形牢笼。这里仍通过具体例子来解释 REST 这方面的局限性。譬如你仅仅想获得某个用户的姓名，如果是 RPC 风格，可以设计一个 " getUsernameById" 的服务，返回一个字符串，尽管这种服务的通用性实在称不上 "设计" 二字，但确实可以工作；而如果是 REST 风格，你将向服务端请求整个用户对象，然后丢弃掉返回结果中该用户除用户名外的其他属性，这便是一种过度获取（Overfetching）。REST 的应对手段是通过位于中间节点或客户端的缓存来解决这种问题，但此缺陷的本质是由于 HTTP 协议完全没有对请求资源的结构化描述能力（但有非结构化的部分内容获取能力，即今天多用于断点续传的 Range Header），所以返回资源的哪些内容、以什么数据类型返回等，都不可能得到协议层面的支持，要做就只能自己在 GET 方法的 Endpoint 上设计各种参数来实现。另外一方面，与此相对的缺陷是对资源的批量操作的支持，有时候我们不得不为此而专门设计一些抽象的资源才能应对。譬如你准备给某个用户的名字增加一个 " VIP" 前缀，提交一个 PUT 请求修改这个用户的名称即可，而你要给 1000 个用户加 VIP 前缀时，如果真的去调用 1000 次 PUT，浏览器会回应 HTTP/1.1 429 Too Many Requests。此时，你就不得不先创建一个任务资源（如名为 " VIP-Modify-Task"），把 1000 个用户的 ID 交给这个任务，然后驱动任务进入执行状态。又譬如你去网店买东西，下单、冻结库存、支付、加积分、扣减库存这一系列步骤会涉及多个资源的变化，你可能面临不得不创建一种 "事务" 的抽象资源，或者用某种具体的资源（譬如 "结算单"）贯穿这个过程的始终，每次操作其他资源时都带着事务或者结算单的 ID。HTTP 协议由于本身的无状态性，会相对不适合（并非不能够）处理这类业务场景。

目前，一种理论上较优秀的可以解决以上这几类问题的方案是 GraphQL，它是由 Facebook 提出并开源的一种面向资源 API 的数据查询语言，如同 SQL 一样，挂了个 "查询语言" 的名字，但其实 CRUD 都做。比起依赖 HTTP 无协议的 REST，GraphQL 可以说是另一种有协议的、更彻底地面向资源的服务方式。然而凡事都有两面性，离开了 HTTP，它又面临几乎所有 RPC 框架所遇到的那个如何推广交互接口的问题。

Chapter 3 | 第 3 章

事务处理

事务处理几乎在每一个信息系统中都会涉及，它存在的意义是为了保证系统中所有的数据都是符合期望的，且相互关联的数据之间不会产生矛盾，即数据状态的**一致性**（Consistency）。按照数据库的经典理论，要达成这个目标，需要三方面共同努力来保障。

- **原子性**（Atomic）：在同一项业务处理过程中，事务保证了对多个数据的修改，要么同时成功，要么同时被撤销。

- **隔离性**（Isolation）：在不同的业务处理过程中，事务保证了各业务正在读、写的数据相互独立，不会彼此影响。

- **持久性**（Durability）：事务应当保证所有成功被提交的数据修改都能够正确地被持久化，不丢失数据。

以上四种属性即事务的"ACID"特性，但笔者对这种说法其实不太认同，因为这四种特性并不正交，A、I、D 是手段，C 是目的，前者是因，后者是果，弄到一块去完全是为了拼凑个单词缩写。

事务的概念虽然最初起源于数据库系统，但今天已经有所延伸，不再局限于数据库本身了。所有需要保证数据一致性的应用场景，包括但不限于数据库、事务内存、缓存、消息队列、分布式存储，等等，都有可能用到事务，后文里笔者会使用"数据源"来泛指所有这些场景中提供与存储数据的逻辑设备，但是上述场景所说的事务和一致性含义可能并不完全一致，说明如下。

- 当一个服务只使用一个数据源时，通过 A、I、D 来获得一致性是最经典的做法，也是相对容易的。此时，多个并发事务所读写的数据能够被数据源感知是否存在冲突，并发事务的读写在时间线上的最终顺序是由数据源来确定的，这种事务间一致性被称为"内部一致性"。

❑ 当一个服务使用到多个不同的数据源，甚至多个不同服务同时涉及多个不同的数据源时，问题就变得困难了许多。此时，并发执行甚至是先后执行的多个事务，在时间线上的顺序并不由任何一个数据源来决定，这种涉及多个数据源的事务间一致性被称为"外部一致性"[⊖]。

外部一致性问题通常很难使用 A、I、D 来解决，因为这样需要付出很大甚至不切实际的代价；但是外部一致性又是分布式系统中必然会遇到且必须要解决的问题，为此我们要转变观念，将一致性从"是或否"的二元属性转变为可以按不同强度分开讨论的多元属性，在确保代价可承受的前提下获得强度尽可能高的一致性保障，也正因如此，事务处理才从一个具体操作上的"编程问题"上升成一个需要全局权衡的"架构问题"。

人们在探索这些解决方案的过程中，产生了许多新的思路和概念，有一些概念看上去并不那么直观，在本章，笔者会通过同一个场景事例讲解如何在不同的事务方案中贯穿、理顺这些概念。

> **额外知识 场景事例**
>
> Fenix's Bookstore 是一个在线书店。当一本书被成功售出时，需要确保以下三件事情被正确地处理：
>
> ❑ 用户的账号扣减相应的商品款项；
> ❑ 商品仓库中扣减库存，将商品标识为待配送状态；
> ❑ 商家的账号增加相应的商品款项。

接下来，笔者将逐一介绍在"单个服务使用单个数据源""单个服务使用多个数据源""多个服务使用单个数据源"以及"多个服务使用多个数据源"下，可以采用哪些手段来保证数据在以上场景中被正确地读写。

3.1 本地事务

本地事务（Local Transaction）其实应该翻译成"局部事务"才好与稍后的"全局事务"相对应，不过现在"本地事务"的译法似乎已经成为主流，这里也就不去纠结名称了。本地事务是指仅操作单一事务资源的、不需要全局事务管理器进行协调的事务。在没有介绍什么是"全局事务管理器"前，很难从概念入手去讲解"本地事务"，所以这里先暂且将概念放下，等读完 3.2 节后再来对比理解。

本地事务是一种最基础的事务解决方案，只适用于单个服务使用单个数据源的场景。从应用角度看，它是直接依赖于数据源本身提供的事务能力来工作的，在程序代码层面，

⊖ 外部一致性的定义起源于 Google 的 Spanner 的论文，地址为 https://cloud.google.com/spanner/docs/true-time-external-consistency。

最多只能对事务接口做一层标准化的包装（如 JDBC 接口），并不能深入参与到事务的运作过程中，事务的开启、终止、提交、回滚、嵌套、设置隔离级别，乃至与应用代码贴近的事务传播方式，全部都要依赖底层数据源的支持才能工作，这一点与后续介绍的 XA、TCC、SAGA 等主要靠应用程序代码来实现的事务有着十分明显的区别。举个例子，假设你的代码调用了 JDBC 中的 Transaction::rollback() 方法，方法的成功执行也并不一定代表事务就已经被成功回滚，如果数据表采用的引擎是 MyISAM，那 rollback() 方法便是一项没有意义的空操作。因此，我们要想深入讨论本地事务，便不得不越过应用代码的层次，去了解一些数据库本身的事务实现原理，弄明白传统数据库管理系统是如何通过 ACID 来实现事务的。

如今研究事务的实现原理，必定会追溯到 ARIES 理论⊖（Algorithms for Recovery and Isolation Exploiting Semantic，ARIES），直接翻译过来是"基于语义的恢复与隔离算法"。

ARIES 是现代数据库的基础理论，就算不能称所有的数据库都实现了 ARIES，至少可以称现代的主流关系型数据库（Oracle、MS SQLServer、MySQL/InnoDB、IBM DB2、PostgreSQL，等等）在事务实现上都深受该理论的影响。在 20 世纪 90 年代，IBM Almaden 研究院总结了研发原型数据库系统"IBM System R"的经验，发表了 ARIES 理论中最主要的三篇论文⊖，其中"ARIES: A Transaction Recovery Method Supporting Fine-Granularity Locking and Partial Rollbacks Using Write-Ahead Logging"⊜着重解决了 ACID 的两个属性——原子性（A）和持久性（D）在算法层面上的实现问题。而另一篇"ARIES/KVL: A Key-Value Locking Method for Concurrency Control of Multiaction Transactions Operating on B-Tree Indexes"⊕则是现代数据库隔离性（I）奠基式的文章。下面，我们先从原子性和持久性说起。

3.1.1 实现原子性和持久性

原子性和持久性在事务里是密切相关的两个属性：原子性保证了事务的多个操作要么都生效要么都不生效，不会存在中间状态；持久性保证了一旦事务生效，就不会再因为任何原因而导致其修改的内容被撤销或丢失。

众所周知，数据必须要成功写入磁盘、磁带等持久化存储器后才能拥有持久性，只存储在内存中的数据，一旦遇到应用程序忽然崩溃，或者数据库、操作系统一侧崩溃，甚至是机器突然断电宕机等情况就会丢失，后文我们将这些意外情况都统称为"崩溃"（Crash）。实现原子性和持久性的最大困难是"写入磁盘"这个操作并不是原子的，不仅有"写入"

⊖ ARIES 理论：https://en.wikipedia.org/wiki/Algorithms_for_Recovery_and_Isolation_Exploiting_Semantics。
⊖ 这个系列的第三篇是"ARIES/IM: An Efficient and High Concurrency Index Management Method Using Write-Ahead Logging"，本文不会涉及。
⊜ 下载地址：https://cs.stanford.edu/people/chrismre/cs345/rl/aries.pdf。
⊕ 下载地址：http://vldb.org/conf/1990/P392.PDF。

与"未写入"状态，还客观存在着"正在写"的中间状态。由于写入中间状态与崩溃都不可能消除，所以如果不做额外保障措施的话，将内存中的数据写入磁盘，并不能保证原子性与持久性。下面通过具体事例来说明。

按照前面预设的场景事例，从 Fenix's Bookstore 购买一本书需要修改三个数据：在用户账户中减去货款、在商家账户中增加货款、在商品仓库中标记一本书为配送状态。由于写入存在中间状态，所以可能出现以下情形。

- ❑ **未提交事务，写入后崩溃**：程序还没修改完三个数据，但数据库已经将其中一个或两个数据的变动写入磁盘，若此时出现崩溃，一旦重启之后，数据库必须要有办法得知崩溃前发生过一次不完整的购物操作，将已经修改过的数据从磁盘中恢复成没有改过的样子，以保证原子性。

- ❑ **已提交事务，写入前崩溃**：程序已经修改完三个数据，但数据库还未将全部三个数据的变动都写入磁盘，若此时出现崩溃，一旦重启之后，数据库必须要有办法得知崩溃前发生过一次完整的购物操作，将还没来得及写入磁盘的那部分数据重新写入，以保证持久性。

由于写入中间状态与崩溃都是无法避免的，为了保证原子性和持久性，就只能在崩溃后采取恢复的补救措施，这种数据恢复操作被称为"崩溃恢复"（Crash Recovery，也有资料称作 Failure Recovery 或 Transaction Recovery）。

为了能够顺利地完成崩溃恢复，在磁盘中写入数据就不能像程序修改内存中的变量值那样，直接改变某表某行某列的某个值，而是必须将修改数据这个操作所需的全部信息，包括修改什么数据、数据物理上位于哪个内存页和磁盘块中、从什么值改成什么值，等等，以日志的形式——即以仅进行顺序追加的文件写入的形式（这是最高效的写入方式）先记录到磁盘中。只有在日志记录全部安全落盘，数据库在日志中看到代表事务成功提交的"提交记录"（Commit Record）后，才会根据日志上的信息对真正的数据进行修改，修改完成后，再在日志中加入一条"结束记录"（End Record）表示事务已完成持久化，这种事务实现方法被称为"提交日志"（Commit Logging）。

额外知识　**Shadow Paging**

通过日志实现事务的原子性和持久性是当今的主流方案，但并不是唯一的选择。除日志外，还有另外一种称为"Shadow Paging"（有中文资料翻译为"影子分页"）的事务实现机制，常用的轻量级数据库 SQLite Version 3 采用的事务机制就是 Shadow Paging。

Shadow Paging 的大体思路是对数据的变动会写到硬盘的数据中，但不是直接就地修改原先的数据，而是先复制一份副本，保留原数据，修改副本数据。在事务处理过程中，被修改的数据会同时存在两份，一份是修改前的数据，一份是修改后的数据，这也是"影子"（Shadow）这个名字的由来。当事务成功提交，所有数据的修改都成功持久化之后，最后一步是修改数据的引用指针，将引用从原数据改为新复制并修改后的副本，最后的"修改指针"这个操作将被认为是原子操作，现代磁盘的写操作的作用可以认为是保证了在硬件上不会出现"改了半个值"的现象。所以 Shadow Paging 也可以保证原子性和持久性。Shadow Paging 实现事务要比 Commit Logging 更加简单，但涉及隔离性与并发锁时，Shadow Paging 实现的事务并发能力就相对有限，因此在高性能的数据库中应用不多。

Commit Logging 保障数据持久性、原子性的原理并不难理解：首先，日志一旦成功写入 Commit Record，那整个事务就是成功的，即使真正修改数据时崩溃了，重启后根据已经写入磁盘的日志信息恢复现场、继续修改数据即可，这保证了持久性；其次，如果日志没有成功写入 Commit Record 就发生崩溃，那整个事务就是失败的，系统重启后会看到一部分没有 Commit Record 的日志，将这部分日志标记为回滚状态即可，整个事务就像完全没有发生过一样，这保证了原子性。

Commit Logging 的原理很清晰，也确实有一些数据库就是直接采用 Commit Logging 机制来实现事务的，譬如较具代表性的是阿里的 OceanBase。但是，Commit Logging 存在一个巨大的先天缺陷：所有对数据的真实修改都必须发生在事务提交以后，即日志写入了 Commit Record 之后。在此之前，即使磁盘 I/O 有足够空闲，即使某个事务修改的数据量非常庞大，占用了大量的内存缓冲区，无论何种理由，都决不允许在事务提交之前就修改磁盘上的数据，这一点是 Commit Logging 成立的前提，却对提升数据库的性能十分不利。为此，ARIES 提出了"提前写入日志"（Write-Ahead Logging）的日志改进方案，所谓"提前写入"（Write-Ahead），就是允许在事务提交之前写入变动数据的意思。

Write-Ahead Logging 按照事务提交时点，将何时写入变动数据划分为 FORCE 和 STEAL 两类情况。

- ❏ FORCE：当事务提交后，要求变动数据必须同时完成写入则称为 FORCE，如果不强制变动数据必须同时完成写入则称为 NO-FORCE。现实中绝大多数数据库采用的都是 NO-FORCE 策略，因为只要有了日志，变动数据随时可以持久化，从优化磁盘 I/O 性能考虑，没有必要强制数据写入时立即进行。
- ❏ STEAL：在事务提交前，允许变动数据提前写入则称为 STEAL，不允许则称为 NO-STEAL。从优化磁盘 I/O 性能考虑，允许数据提前写入，有利于利用空闲 I/O 资源，也有利于节省数据库缓存区的内存。

Commit Logging 允许 NO-FORCE，但不允许 STEAL。因为假如事务提交前就有部分变动数据写入磁盘，那一旦事务要回滚，或者发生了崩溃，这些提前写入的变动数据就都成了错误。

Write-Ahead Logging 允许 NO-FORCE，也允许 STEAL，它给出的解决办法是增加了另一种被称为 Undo Log 的日志类型，当变动数据写入磁盘前，必须先记录 Undo Log，注明修改了哪个位置的数据、从什么值改成什么值等，以便在事务回滚或者崩溃恢复时根据 Undo Log 对提前写入的数据变动进行擦除。Undo Log 现在一般被翻译为"回滚日志"，此前记录的用于崩溃恢复时重演数据变动的日志就相应被命名为 Redo Log，一般翻译为"重做日志"。由于 Undo Log 的加入，Write-Ahead Logging 在崩溃恢复时会经历以下三个阶段。

- ❏ **分析阶段**（Analysis）：该阶段从最后一次检查点（Checkpoint，可理解为在这个点之前所有应该持久化的变动都已安全落盘）开始扫描日志，找出所有没有 End Record 的事务，组成待恢复的事务集合，这个集合至少会包括事务表（Transaction Table）和脏页表（Dirty Page Table）两个组成部分。
- ❏ **重做阶段**（Redo）：该阶段依据分析阶段中产生的待恢复的事务集合来重演历史（Repeat History），具体操作是找出所有包含 Commit Record 的日志，将这些日志修改的数据写入磁盘，写入完成后在日志中增加一条 End Record，然后移出待恢复事务集合。
- ❏ **回滚阶段**（Undo）：该阶段处理经过分析、重做阶段后剩余的恢复事务集合，此时剩下的都是需要回滚的事务，它们被称为 Loser，根据 Undo Log 中的信息，将已经提前写入磁盘的信息重新改写回去，以达到回滚这些 Loser 事务的目的。

重做阶段和回滚阶段的操作都应该设计为幂等的。为了追求高 I/O 性能，以上三个阶段无可避免地会涉及非常烦琐的概念和细节（如 Redo Log、Undo Log 的具体数据结构等），囿于篇幅限制，笔者并不打算具体介绍这些内容，感兴趣的读者可以阅读本节开头引用的那两篇论文进行了解。Write-Ahead Logging 是 ARIES 理论的一部分，整套 ARIES 拥有严谨、高性能等诸多优点，但这些也是以高度复杂为代价的。数据库按照是否允许 FORCE 和 STEAL 可以产生四种组合，从优化磁盘 I/O 的角度看，NO-FORCE 加 STEAL 的组合的性能无疑是最高的；从算法实现与日志的角度看，NO-FORCE 加 STEAL 的组合的复杂度无疑也是最高的。这四种组合与 Undo Log、Redo Log 之间的具体关系如图 3-1 所示。

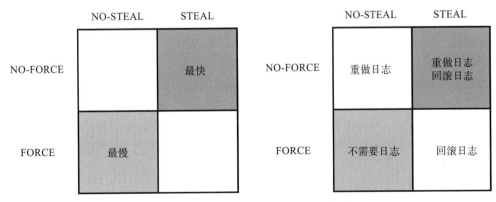

图 3-1　FORCE 和 STEAL 的四种组合关系

3.1.2 实现隔离性

本节我们来探讨数据库是如何实现隔离性的。隔离性保证了每个事务各自读、写的数据互相独立，不会彼此影响。只从定义上就能嗅出隔离性肯定与并发密切相关，因为如果没有并发，所有事务全都是串行的，那就不需要任何隔离，或者说这样的访问具备了天然的隔离性。但现实情况是不可能没有并发，那么，要如何在并发下实现串行的数据访问呢？几乎所有程序员都会回答：加锁同步呀！正确，现代数据库均提供了以下三种锁。

❏ **写锁**（Write Lock，也叫作排他锁，eXclusive Lock，简写为 X-Lock）：如果数据有加写锁，就只有持有写锁的事务才能对数据进行写入操作，数据加持着写锁时，其他事务不能写入数据，也不能施加读锁。

❏ **读锁**（Read Lock，也叫作共享锁，Shared Lock，简写为 S-Lock）：多个事务可以对同一个数据添加多个读锁，数据被加上读锁后就不能再被加上写锁，所以其他事务不能对该数据进行写入，但仍然可以读取。对于持有读锁的事务，如果该数据只有它自己一个事务加了读锁，则允许直接将其升级为写锁，然后写入数据。

❏ **范围锁**（Range Lock）：对于某个范围直接加排他锁，在这个范围内的数据不能被写入。如下语句是典型的加范围锁的例子：

```
SELECT * FROM books WHERE price < 100 FOR UPDATE;
```

请注意"范围不能被写入"与"一批数据不能被写入"的差别，即不要把范围锁理解成一组排他锁的集合。加了范围锁后，不仅不能修改该范围内已有的数据，也不能在该范围内新增或删除任何数据，后者是一组排他锁的集合无法做到的。

串行化访问提供了最高强度的隔离性，ANSI/ISO SQL-92 ⊖中定义的最高等级的隔离级别便是可串行化（Serializable）。可串行化完全符合普通程序员对数据竞争加锁的理解，如果不考虑性能优化的话，对事务所有读、写的数据全都加上读锁、写锁和范围锁即可做到可串行化，"即可"是简化理解，实际还是很复杂的，要分成加锁（Expanding）和解锁（Shrinking）两阶段去处理读锁、写锁与数据间的关系，称为两阶段锁（Two-Phase Lock，2PL）。但数据库不考虑性能肯定是不行的，并发控制（Concurrency Control）理论⊜决定了隔离程度与并发能力是相互抵触的，隔离程度越高，并发访问时的吞吐量就越低。现代数据库一定会提供除可串行化以外的其他隔离级别供用户使用，让用户自主调节隔离级别，根本目的是让用户可以调节数据库的加锁方式，取得隔离性与吞吐量之间的平衡。

可串行化的下一个隔离级别是可重复读（Repeatable Read），可重复读对事务所涉及的数据加读锁和写锁，且一直持有至事务结束，但不再加范围锁。可重复读比可串行化弱化的地方在于幻读问题（Phantom Read），它是指在事务执行过程中，两个完全相同的范围查询得到了不同的结果集。譬如现在要准备统计一下 Fenix's Bookstore 中售价小于 100 元的

⊖ SQL-92 标准：https://en.wikipedia.org/wiki/SQL-92。

⊜ 并发控制理论：https://en.wikipedia.org/wiki/Concurrency_control。

书的本数，可以执行以下第一条 SQL 语句：

```
SELECT count(1) FROM books WHERE price < 100  /* 时间顺序: 1，事务: T1 */
INSERT INTO books(name,price) VALUES ('深入理解Java虚拟机',90)/* 时间顺序: 2，事务: T2 */
SELECT count(1) FROM books WHERE price < 100   /* 时间顺序: 3，事务: T1 */
```

根据前面对范围锁、读锁和写锁的定义可知，假如这条 SQL 语句在同一个事务中重复执行了两次，且这两次执行之间恰好有另外一个事务在数据库插入了一本小于 100 元的书，这是会被允许的，那这两次相同的 SQL 查询就会得到不一样的结果，原因是可重复读没有范围锁来禁止在该范围内插入新的数据，这是一个事务受到其他事务影响，隔离性被破坏的表现。

注意，这里的介绍是以 ARIES 理论为讨论目标，具体的数据库并不一定要完全遵照理论去实现。一个例子是 MySQL/InnoDB 的默认隔离级别为可重复读，但它在只读事务中可以完全避免幻读问题，譬如上面例子中事务 T1 只有查询语句，是一个只读事务，所以上述问题在 MySQL 中并不会出现。但在读写事务中，MySQL 仍然会出现幻读问题，譬如例子中事务 T1 如果在其他事务插入新书后，不是重新查询一次数量，而是将所有小于 100 元的书改名，那就依然会受到新插入书的影响。

可重复读的下一个隔离级别是读已提交（Read Committed），读已提交对事务涉及的数据加的写锁会一直持续到事务结束，但加的读锁在查询操作完成后会马上释放。读已提交比可重复读弱化的地方在于不可重复读问题（Non-Repeatable Read），它是指在事务执行过程中，对同一行数据的两次查询得到了不同的结果。譬如笔者要获取 Fenix's Bookstore 中《深入理解 Java 虚拟机》这本书的售价，同样执行了两条 SQL 语句，在此两条语句执行之间，恰好有另外一个事务修改了这本书的价格，将书的价格从 90 元调整到了 110 元，如下 SQL 所示：

```
SELECT * FROM books WHERE id = 1; /* 时间顺序: 1，事务: T1 */
UPDATE books SET price = 110 WHERE id = 1; COMMIT; /* 时间顺序: 2，事务: T2 */
SELECT * FROM books WHERE id = 1; COMMIT; /* 时间顺序: 3，事务: T1 */
```

如果隔离级别是读已提交，这两次重复执行的查询结果就会不一样，原因是读已提交的隔离级别缺乏贯穿整个事务周期的读锁，无法禁止读取过的数据发生变化，此时事务 T2 中的更新语句可以马上提交成功，这也是一个事务受到其他事务影响，隔离性被破坏的表现。假如隔离级别是可重复读，由于数据已被事务 T1 施加了读锁且读取后不会马上释放，所以事务 T2 无法获取到写锁，更新就会被阻塞，直至事务 T1 被提交或回滚后才能提交。

读已提交的下一个级别是读未提交（Read Uncommitted），它只会对事务涉及的数据加写锁，且一直持续到事务结束，但完全不加读锁。读未提交比读已提交弱化的地方在于脏读问题（Dirty Read），它是指在事务执行过程中，一个事务读取到了另一个事务未提交的数据。譬如笔者觉得《深入理解 Java 虚拟机》从 90 元涨价到 110 元是损害消费者利益的行为，又执行了一条更新语句把价格改回了 90 元，在提交事务之前，同事说这并不是随便涨价，而是印刷成本上升导致的，按 90 元卖要亏本，于是笔者随即回滚了事务，如下 SQL 所示：

```
SELECT * FROM books WHERE id = 1; /* 时间顺序：1，事务：T1 */
/* 注意没有COMMIT */
UPDATE books SET price = 90 WHERE id = 1; /* 时间顺序：2，事务：T2 */
/* 这条SELECT模拟购书的操作的逻辑 */
SELECT * FROM books WHERE id = 1; /* 时间顺序：3，事务：T1 */
ROLLBACK;/* 时间顺序：4，事务：T2 */
```

不过，在之前修改价格后，事务 T1 已经按 90 元的价格卖出了几本。原因是读未提交在数据上完全不加读锁，这反而令它能读到其他事务加了写锁的数据，即上述事务 T1 中两条查询语句得到的结果并不相同。如果你不能理解这句话中的"反而"二字，请再读一次写锁的定义：写锁禁止其他事务施加读锁，而不是禁止事务读取数据，如果事务 T1 读取数据前并不需要加读锁的话，就会导致事务 T2 未提交的数据也马上能被事务 T1 所读到。这同样是一个事务受到其他事务影响，隔离性被破坏的表现。假如隔离级别是读已提交的话，由于事务 T2 持有数据的写锁，所以事务 T1 的第二次查询就无法获得读锁，而读已提交级别是要求先加读锁后读数据的，因此 T1 中的查询就会被阻塞，直至事务 T2 被提交或者回滚后才能得到结果。

理论上还存在更低的隔离级别，就是"完全不隔离"，即读、写锁都不加。读未提交会有脏读问题，但不会有脏写问题（Dirty Write），即一个事务没提交之前的修改可以被另外一个事务的修改覆盖掉。脏写已经不单纯是隔离性上的问题了，它将导致事务的原子性都无法实现，所以一般谈论隔离级别时不会将完全不隔离纳入讨论范围内，而是将读未提交视为最低级的隔离级别。

以上四种隔离级别属于数据库理论的基础知识，多数大学的计算机课程应该都会讲到，可惜的是不少教材、资料将它们当作数据库的某种固有属性或设定来讲解，导致很多同学只能对这些现象死记硬背。其实不同隔离级别以及幻读、不可重复读、脏读等问题都只是表面现象，是各种锁在不同加锁时间上组合应用所产生的结果，以锁为手段来实现隔离性才是数据库表现出不同隔离级别的根本原因。

除了都以锁来实现外，以上四种隔离级别还有另外一个共同特点，就是幻读、不可重复读、脏读等问题都是由于一个事务在读数据的过程中，受另外一个写数据的事务影响而破坏了隔离性。针对这种"一个事务读 + 另一个事务写"的隔离问题，近年来有一种名为"多版本并发控制⊖"（Multi-Version Concurrency Control，MVCC）的无锁优化方案被主流的商业数据库广泛采用。MVCC 是一种读取优化策略，它的"无锁"特指读取时不需要加锁。MVCC 的基本思路是对数据库的任何修改都不会直接覆盖之前的数据，而是产生一个新版本与老版本共存，以此达到读取时可以完全不加锁的目的。在这句话中，"版本"是

⊖ MVCC：https://en.wikipedia.org/wiki/Multiversion_concurrency_control。

个关键词，你不妨将版本理解为数据库中每一行记录都存在两个看不见的字段：CREATE_ VERSION 和 DELETE_VERSION，这两个字段记录的值都是事务 ID，事务 ID 是一个全局严格递增的数值，然后根据以下规则写入数据。

- 插入数据时：CREATE_VERSION 记录插入数据的事务 ID，DELETE_VERSION 为空。
- 删除数据时：DELETE_VERSION 记录删除数据的事务 ID，CREATE_VERSION 为空。
- 修改数据时：将修改数据视为"删除旧数据，插入新数据"的组合，即先将原有数据复制一份，原有数据的 DELETE_VERSION 记录修改数据的事务 ID，CREATE_ VERSION 为空。复制后的新数据的 CREATE_VERSION 记录修改数据的事务 ID，DELETE_VERSION 为空。

此时，如有另外一个事务要读取这些发生了变化的数据，将根据隔离级别来决定到底应该读取哪个版本的数据。

- 隔离级别是可重复读：总是读取 CREATE_VERSION 小于或等于当前事务 ID 的记录，在这个前提下，如果数据仍有多个版本，则取最新（事务 ID 最大的）的。
- 隔离级别是读已提交：总是取最新的版本即可，即最近被提交的那个版本的数据记录。

另外两个隔离级别都没有必要用到 MVCC，因为读未提交直接修改原始数据即可，其他事务查看数据的时候立刻可以看到，根本无须版本字段。可串行化本来的语义就是要阻塞其他事务的读取操作，而 MVCC 是做读取时的无锁优化的，自然不会放到一起用。

MVCC 是只针对"读 + 写"场景的优化，如果是两个事务同时修改数据，即"写 + 写"的情况，那就没有多少优化的空间了，此时加锁几乎是唯一可行的解决方案，稍微有点讨论余地的是加锁策略是选"乐观加锁"（Optimistic Locking）还是选"悲观加锁"（Pessimistic Locking）。前面笔者介绍的加锁都属于悲观加锁策略，即认为如果不先加锁再访问数据，就肯定会出现问题。相对地，乐观加锁策略认为事务之间数据存在竞争是偶然情况，没有竞争才是普遍情况，这样就不应该在一开始就加锁，而是应当在出现竞争时再找补救措施。这种思路也被称为"乐观并发控制"（Optimistic Concurrency Control，OCC），囿于篇幅与主题，这里就不再展开了，不过笔者提醒一句，没有必要迷信什么乐观锁要比悲观锁更快的说法，这纯粹看竞争的激烈程度，如果竞争激烈的话，乐观锁反而更慢。

3.2　全局事务

与本地事务相对的是全局事务（Global Transaction），在一些资料中也将其称为外部事务（External Transaction），在本节里，全局事务被限定为一种适用于单个服务使用多个数据源场景的事务解决方案。请注意，理论上真正的全局事务并没有"单个服务"的约束，它本来就是 DTP（Distributed Transaction Processing，分布式事务处理）模型⊖中的概念，但本节讨论的是一种在分布式环境中仍追求强一致性的事务处理方案，对于多节点而且互相调用彼此服务的场合（典型的就是现在的微服务系统）是极不合适的，当前它几乎只实际应用于单服务多数据源的场合中，为了避免与后续介绍的放弃了 ACID 的弱一致性事务处理方式混淆，所以这里的全局事务的范围有所缩减，后续涉及多服务多数据源的事务，笔者将称其为"分布式事务"。

1991 年，为了解决分布式事务的一致性问题，X/Open 组织（后来并入了 The Open Group）提出了一套名为 X/Open XA(XA 是 eXtended Architecture 的缩写) 的处理事务架构，其核心内容是定义了全局的事务管理器（Transaction Manager，用于协调全局事务）和局部的资源管理器（Resource Manager，用于驱动本地事务）之间的通信接口。XA 接口是双向的，能在一个事务管理器和多个资源管理器（Resource Manager）之间形成通信桥梁，通过协调多个数据源的一致动作，实现全局事务的统一提交或者统一回滚，现在我们在 Java 代码中还偶尔能看见的 XADataSource、XAResource 都源于此。

不过，XA 并不是 Java 的技术规范（XA 提出那时还没有 Java），而是一套语言无关的通用规范，所以 Java 中专门定义了 JSR 907 Java Transaction API，基于 XA 模式在 Java 语言中实现了全局事务处理的标准，这也是我们现在所熟知的 JTA。JTA 最主要的两个接口如下。

- 事务管理器的接口：javax.transaction.TransactionManager。这套接口用于为 Java EE 服务器提供容器事务（由容器自动负责事务管理）。JTA 还提供了另外一套 javax.transaction.UserTransaction 接口，用于通过程序代码手动开启、提交和回滚事务。
- 满足 XA 规范的资源定义接口：javax.transaction.xa.XAResource。任何资源（JDBC、JMS 等）如果想要支持 JTA，只要实现 XAResource 接口中的方法即可。

JTA 原本是 Java EE 中的技术，一般情况下应该由 JBoss、WebSphere、WebLogic 这些 Java EE 容器来提供支持，但现在 Bittronix、Atomikos 和 JBossTM（以前叫 Arjuna）都以 JAR 包的形式实现了 JTA 的接口，称为 JOTM（Java Open Transaction Manager，Java 开源事务管理器），使得我们也能够在 Tomcat、Jetty 这样的 Java SE 环境下使用 JTA。

现在，我们对本章的场景事例做另外一种假设：如果书店的用户、商家、仓库分别处于不同的数据库中，其他条件仍与之前相同，那情况会发生什么变化呢？假如你平时以声明式事务来编码，那它与本地事务看起来可能没什么区别，都是标一个 @Transactional 注解而已，但如果以编程式事务来实现的话，就能在写法上看出差异，伪代码如下所示：

```
public void buyBook(PaymentBill bill) {
    userTransaction.begin();
    warehouseTransaction.begin();
    businessTransaction.begin();
    try {
```

⊖　DTP 模型：https://en.wikipedia.org/wiki/Distributed_transaction。

```
            userAccountService.pay(bill.getMoney());
            warehouseService.deliver(bill.getItems());
            businessAccountService.receipt(bill.getMoney());
            userTransaction.commit();
            warehouseTransaction.commit();
            businessTransaction.commit();
    } catch(Exception e) {
            userTransaction.rollback();
            warehouseTransaction.rollback();
            businessTransaction.rollback();
    }
}
```

从代码可以看出，程序的目的是做三次事务提交，但实际上代码并不能这样写，试想一下，如果在 businessTransaction.commit() 中出现错误，代码转到 catch 块中执行，此时 userTransaction 和 warehouseTransaction 已经完成提交，再去调用 rollback() 方法已经无济于事，这将导致一部分数据被提交，另一部分被回滚，整个事务的一致性也就无法保证了。为了解决这个问题，XA 将事务提交拆分成两阶段。

□ **准备阶段**：又叫作投票阶段，在这一阶段，协调者询问事务的所有参与者是否准备好提交，参与者如果已经准备好提交则回复 Prepared，否则回复 Non-Prepared。这里所说的准备操作跟人类语言中通常理解的准备不同，对于数据库来说，准备操作是在重做日志中记录全部事务提交操作所要做的内容，它与本地事务中真正提交的区别只是暂不写入最后一条 Commit Record 而已，这意味着在做完数据持久化后并不立即释放隔离性，即仍继续持有锁，维持数据对其他非事务内观察者的隔离状态。

□ **提交阶段**：又叫作执行阶段，协调者如果在上一阶段收到所有事务参与者回复的 Prepared 消息，则先自己在本地持久化事务状态为 Commit，然后向所有参与者发送 Commit 指令，让所有参与者立即执行提交操作；否则，任意一个参与者回复了 Non-Prepared 消息，或任意一个参与者超时未回复时，协调者将在自己完成事务状态为 Abort 持久化后，向所有参与者发送 Abort 指令，让参与者立即执行回滚操作。对于数据库来说，这个阶段的提交操作应是很轻量的，仅仅是持久化一条 Commit Record 而已，通常能够快速完成，只有收到 Abort 指令时，才需要根据回滚日志清理已提交的数据，这可能是相对重负载的操作。

以上这两个过程被称为"两段式提交"（2 Phase Commit，2PC）协议，而它能够成功保证一致性还需要一些其他前提条件。

□ 必须假设网络在提交阶段的短时间内是可靠的，即提交阶段不会丢失消息。同时也假设网络通信在全过程都不会出现误差，即可以丢失消息，但不会传递错误的消息，XA 的设计目标并不是解决诸如拜占庭将军一类的问题。在两段式提交中，投票阶段失败了可以补救（回滚），提交阶段失败了则无法补救（不再改变提交或回滚的结果，只能等崩溃的节点重新恢复），因而此阶段耗时应尽可能短，这也是为了尽量控制网络风险。

☐ 必须假设因为网络分区、机器崩溃或者其他原因而导致失联的节点最终能够恢复，不会永久性地处于失联状态。由于在准备阶段已经写入了完整的重做日志，所以当失联机器一旦恢复，就能够从日志中找出已准备妥当但并未提交的事务数据，进而向协调者查询该事务的状态，确定下一步应该进行提交还是回滚操作。

请注意，上面所说的协调者、参与者通常都是由数据库自己来扮演的，不需要应用程序介入。协调者一般是在参与者之间选举产生，而应用程序对于数据库来说只扮演客户端的角色。两段式提交的交互时序示意图如图 3-2 所示。

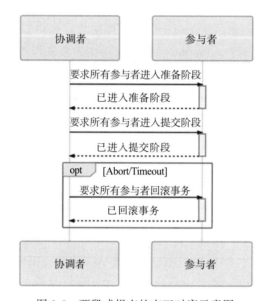

图 3-2　两段式提交的交互时序示意图

两段式提交原理简单，并不难实现，但有几个非常显著的缺点。

☐ **单点问题**：协调者在两段式提交中具有举足轻重的作用，协调者等待参与者回复时可以有超时机制，允许参与者宕机，但参与者等待协调者指令时无法做超时处理。一旦宕机的不是其中某个参与者，而是协调者的话，所有参与者都会受到影响。如果协调者一直没有恢复，没有正常发送 Commit 或者 Rollback 的指令，那所有参与者都必须一直等待。

☐ **性能问题**：在两段式提交过程中，所有参与者相当于被绑定为一个统一调度的整体，期间要经过两次远程服务调用，三次数据持久化（准备阶段写重做日志，协调者做状态持久化，提交阶段在日志写入提交记录），整个过程将持续到参与者集群中最慢的那一个处理操作结束为止，这决定了两段式提交的性能通常都较差。

☐ **一致性风险**：前面已经提到，两段式提交的成立是有前提条件的，当网络稳定性和宕机恢复能力的假设不成立时，仍可能出现一致性问题。宕机恢复能力这一点不必多谈，1985 年 Fischer、Lynch、Paterson 提出了"FLP 不可能原理"，证明了如果宕机最后不能恢复，那就不存在任何一种分布式协议可以正确地达成一致性结果。该原理在分布式中是与 CAP 不可兼得原理齐名的理论。而网络稳定性带来的一致性风险是指：尽管提交阶段时间很短，但这仍是一段明确存在的危险期，如果协调者在发出准备指令后，根据收到各个参与者发回的信息确定事务状态是可以提交的，协调者会先持久化事务状态，并提交自己的事务，如果这时候网络忽然断开，无法再通过网络向所有参与者发出 Commit 指令的话，就会导致部分数据（协调者的）已提交，但部分数据（参与者的）未提交，且没有办法回滚，产生数据不一致的问题。

为了缓解两段式提交协议的一部分缺陷，具体地说是协调者的单点问题和准备阶段的性能问题，后续又发展出了"三段式提交"（3 Phase Commit，3PC）协议。三段式提交把原本的两段式提交的准备阶段再细分为两个阶段，分别称为 CanCommit、PreCommit，把提交阶段改称为 DoCommit 阶段。其中，新增的 CanCommit 是一个询问阶段，即协调者让每个参与的数据库根据自身状态，评估该事务是否有可能顺利完成。将准备阶段一分为二的理由是这个阶段是重负载的操作，一旦协调者发出开始准备的消息，每个参与者都将马上开始写重做日志，它们所涉及的数据资源即被锁住，如果此时某一个参与者宣告无法完成提交，相当于大家都做了一轮无用功。所以，增加一轮询问阶段，如果都得到了正面的响应，那事务能够成功提交的把握就比较大了，这也意味着因某个参与者提交时发生崩溃而导致大家全部回滚的风险相对变小。因此，在事务需要回滚的场景中，三段式提交的性能通常要比两段式提交好很多，但在事务能够正常提交的场景中，两者的性能都很差，甚至三段式因为多了一次询问，还要稍微更差一些。

同样也是由于事务失败回滚概率变小，在三段式提交中，如果在 PreCommit 阶段之后发生了协调者宕机，即参与者没有等到 DoCommit 的消息的话，默认的操作策略将是提交事务而不是回滚事务或者持续等待，这就相当于避免了协调者单点问题的风险。三段式提交的操作时序如图 3-3 所示。

从以上过程可以看出，三段式提交对单点问题和回滚时的性能问题有所改善，但是对一致性风险问题并未有任何改进，甚至是略有增加的。譬如，进入 PreCommit 阶段之后，协调者发出的指令不是 Ack 而是 Abort，而此时因网络问题，有部分参与者直至超时都未能收到协调者的 Abort 指令的话，这些参与者将会错误地提交事务，这就产生了不同参与者之间数据不一致的问题。

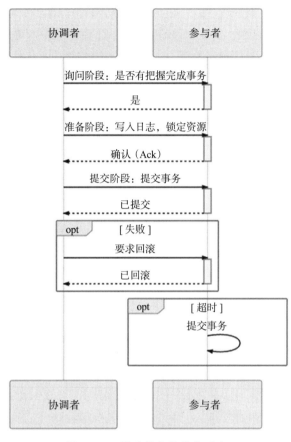

图 3-3 三段式提交的操作时序

3.3 共享事务

与全局事务里讨论的单个服务使用多个数据源正好相反，共享事务（Share Transaction）是指多个服务共用同一个数据源。这里有必要再强调一次"数据源"与"数据库"的区别：数据源是指提供数据的逻辑设备，不必与物理设备一一对应。在部署应用集群时最常采用的模式是将同一套程序部署到多个中间件服务器上，构成多个副本实例来分担流量压力。它们虽然连接了同一个数据库，但每个节点配有自己的专属数据源，通常是中间件以 JNDI 的形式开放给程序代码使用。在这种情况下，所有副本实例的数据访问都是完全独立的，并没有任何交集，每个节点使用的仍是最简单的本地事务。而本节讨论的是多个服务之间会产生业务交集的场景，举个具体例子，在 Fenix's Bookstore 的场景事例中，假设用户账户、商家账户和商品仓库都存储于同一个数据库之中，但用户、商家和仓库都部署了独立的微服务，此时一次购书的业务操作将贯穿三个微服务，且它们都要在数据库中修改数据。如果我们直接将不同数据源视为不同数据库，那上一节所讲的全局事务和下一节要讲的分布式事务都是可行的，不过，针对这种每个数据源连接的都是同一个物理数据库的特例，共享事务很有可能成为另一条提高性能、降低复杂度的途径，当然，也很有可能是一个伪需求。

　　一种**理论可行**的方案是直接让各个服务共享数据库连接，在同一个应用进程中的不同持久化工具（JDBC、ORM、JMS 等）中共享数据库连接并不困难，某些中间件服务器，譬如 WebSphere 会内置"可共享连接"功能来专门给予这方面的支持。但这种共享的前提是数据源的使用者都在同一个进程内，由于数据库连接的基础是网络连接，它是与 IP 地址和端口号绑定的，字面意义上的"不同服务节点共享数据库连接"很难做到，所以为了实现共享事务，就必须新增一个"交易服务器"的中间角色，无论是用户服务、商家服务还是仓库服务，都通过同一台交易服务器来与数据库打交道。如果按照 JDBC 规范来实现交易服务器的对外接口的话，那它完全可以作为一个独立于各个服务的远程数据库连接池，或者直接作为数据库代理来看待。此时三个服务所发出的交易请求就有可能做到由交易服务器上的同一个数据库连接，通过本地事务的方式完成。譬如，交易服务器根据不同服务节点传来的同一个事务 ID，使用同一个数据库连接来处理跨越多个服务的交易事务，如图 3-4 所示。

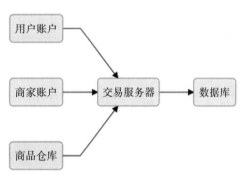

图 3-4　使用同一个数据库处理多个交易服务

　　之所以强调理论可行，是因为该方案是与实际生产系统中的压力方向相悖的，一个服务集群里数据库才是压力最大而又最不容易伸缩拓展的"重灾区"，所以现实中只有类似 ProxySQL、MaxScale 这样用于对多个数据库实例做负载均衡的数据库代理（其实用 ProxySQL 代理单个数据库，再启用 Connection Multiplexing，已经接近于前面所提及的交易服务器方案了），而几乎没有反过来代理一个数据库为多个应用提供事务协调的交易服务代理。这也是说它更有可能是个伪需求的原因，如果你有充足理由让多个微服务去共享数据库，就必须找到更加站得住脚的理由来向团队解释拆分微服务的目的是什么才行。

　　在日常开发中，上述方案还存在一类更为常见的变种形式：使用消息队列服务器来代替交易服务器，当用户、商家、仓库的服务操作业务时，通过消息将所有对数据库的改动传送到消息队列服务器，通过消息的消费者来统一完成由本地事务来保障的持久化操作。这被称作"单个数据库的消息驱动更新"（Message-Driven Update of a Single Database）。

　　"共享事务"的提法和这里所列的两种处理方式在实际应用中并不值得提倡，鲜有采用这种方式的成功案例，能够查询到的资料几乎都发源于十余年前 Spring 的核心开发者 Dave Syer 撰写的文章" Distributed Transactions in Spring, with and without XA"[⊖]。笔者把共享

　　⊖　文章地址：https://www.javaworld.com/article/2077963/distributed-transactions-in-spring--with-and-without-xa.html。

事务列为本章介绍的四种事务类型之一只是为了叙述逻辑的完备,尽管拆分微服务后仍然共享数据库的情况在现实中并不少见,但笔者个人不赞同将共享事务作为一种常规的解决方案来考量。

3.4 分布式事务

本节所说的分布式事务(Distributed Transaction)特指多个服务同时访问多个数据源的事务处理机制,请注意它与 DTP 模型中"分布式事务"的差异。DTP 模型中的"分布式"是相对于数据源而言的,并不涉及服务,这部分内容已经在 3.2 节里讨论过。本节所指的"分布式"是相对于服务而言的,如果严谨地说,它更应该被称为"在分布式服务环境下的事务处理机制"。

在 2000 年以前,人们曾经希望 XA 的事务机制在本节所说的分布式环境中也能良好应用,但这个美好的愿望今天已经被 CAP 理论彻底击碎了,接下来就先从 CAP 与 ACID 的矛盾说起。

3.4.1 CAP 与 ACID

CAP 定理(Consistency、Availability、Partition Tolerance Theorem),也称为 Brewer 定理,起源于 2000 年 7 月,是加州大学伯克利分校的 Eric Brewer 教授于"ACM 分布式计算原理研讨会(PODC)"上提出的一个猜想,如图 3-5 所示。

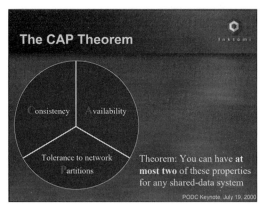

图 3-5　CAP 理论原稿(那时候还只是猜想)⊖

两年后,麻省理工学院的 Seth Gilbert 和 Nancy Lynch 以严谨的数学推理证明了 CAP 猜想。自此,CAP 正式从猜想变为分布式计算领域所公认的著名定理。这个定理描述了在

⊖　图片来源:https://people.eecs.berkeley.edu/~brewer/cs262b-2004/PODC-keynote.pdf。

一个分布式系统中，涉及共享数据问题时，以下三个特性最多只能同时满足其中两个。

❏ **一致性**（Consistency）：代表数据在任何时刻、任何分布式节点中所看到的都是符合预期的。一致性在分布式研究中是有严肃定义、有多种细分类型的概念，以后讨论分布式共识算法时，我们还会提到一致性，但那种面向副本复制的一致性与这里面向数据库状态的一致性从严格意义来说并不完全等同，具体差别我们将在第 6 章再作探讨。

❏ **可用性**（Availability）：代表系统不间断地提供服务的能力。理解可用性要先理解与其密切相关的两个指标：可靠性（Reliability）和可维护性（Serviceability）。可靠性使用平均无故障时间（Mean Time Between Failure，MTBF）来度量；可维护性使用平均可修复时间（Mean Time To Repair，MTTR）来度量。可用性衡量系统可以正常使用的时间与总时间之比，其表征为：A=MTBF/（MTBF+MTTR），即可用性是由可靠性和可维护性计算得出的比例值，譬如 99.9999% 可用，即代表平均年故障修复时间为 32 秒。

❏ **分区容忍性**（Partition Tolerance）：代表分布式环境中部分节点因网络原因而彼此失联后，即与其他节点形成"网络分区"时，系统仍能正确地提供服务的能力。

单纯只列概念，CAP 是比较抽象的，笔者仍以本章开头所列的场景事例来说明这三种特性对分布式系统来说将意味着什么。假设 Fenix's Bookstore 的服务拓扑如图 3-6 所示，一个来自最终用户的交易请求，将交由账号、商家和仓库服务集群中的某一个节点来完成响应。

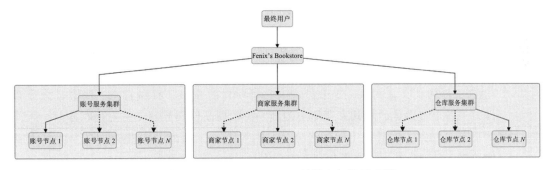

图 3-6　Fenix's Bookstore 的服务拓扑示意图

在这套系统中，每一个单独的服务节点都有自己的数据库[⊖]，假设某次交易请求分别由"账号节点 1""商家节点 2""仓库节点 N"联合进行响应。当用户购买一件价值 100 元的商品后，账号节点 1 首先应给该用户账号扣减 100 元货款，它在自己数据库扣减 100 元很容易，但它还要把这次交易变动告知本集群的节点 2 到节点 N，并要确保能正确变更商家和仓库集群其他账号节点中的关联数据，此时将可能面临以下情况。

⊖　这里的假设是为了便于说明问题，在实际生产系统中，一般应避免将用户余额这样的数据存储在多个可写的数据库中。

- 如果该变动信息没有及时同步给其他账号节点，将有可能导致用户购买另一商品时，被分配给另一个节点处理，由于看到账号上有不正确的余额而错误地发生了原本无法进行的交易，此为一致性问题。

- 如果由于要把该变动信息同步给其他账号节点，必须暂时停止对该用户的交易服务，直至数据同步一致后再重新恢复，将可能导致用户在下一次购买商品时，因系统暂时无法提供服务而被拒绝交易，此为可用性问题。

- 如果由于账号服务集群中某一部分节点因网络问题，无法正常与另一部分节点交换账号变动信息，此时服务集群中无论哪一部分节点对外提供的服务都可能是不正确的。整个集群不能承受由于部分节点之间的连接中断而不断继续正确地提供服务，此为分区容忍性问题。

以上仅仅分析了用户服务集群自身的 CAP 问题，对于整个 Fenix's Bookstore 站点来说，它更是面临着来自于用户、商家和仓库服务集群带来的 CAP 问题。譬如，用户账号扣款后，由于未及时通知仓库服务中的全部节点，导致另一次交易中看到仓库里有不正确的库存数据而发生超售。又譬如因涉及仓库中某个商品的交易正在进行，为了同步用户、商家和仓库的交易变动，而暂时锁定该商品的交易服务，导致可用性问题，等等。

由于 CAP 定理已有严格的证明，本节不去探讨为何 CAP 不可兼得，而是直接分析舍弃 C、A、P 时所带来的不同影响。

- **如果放弃分区容忍性**（CA without P），意味着我们将假设节点之间的通信永远是可靠的。永远可靠的通信在分布式系统中必定是不成立的，这不是你想不想的问题，而是只要用到网络来共享数据，分区现象就始终存在。在现实中，最容易找到放弃分区容忍性的例子便是传统的关系数据库集群，这样的集群虽然依然采用由网络连接的多个节点来协同工作，但数据却不是通过网络来实现共享的。以 Oracle 的 RAC 集群为例，它的每一个节点均有自己独立的 SGA、重做日志、回滚日志等部件，但各个节点是通过共享存储中的同一份数据文件和控制文件来获取数据，通过共享磁盘的方式来避免出现网络分区。因而 Oracle RAC 虽然也是由多个实例组成的数据库，但它并不能称作分布式数据库。

- **如果放弃可用性**（CP without A），意味着我们将假设一旦网络发生分区，节点之间的信息同步时间可以无限制地延长，此时，问题相当于退化到前面 3.2 节讨论的一个系统使用多个数据源的场景之中，我们可以通过 2PC/3PC 等手段，同时获得分区容忍性和一致性。在现实中，选择放弃可用性的情况一般出现在对数据质量要求很高的场合中，除了 DTP 模型的分布式数据库事务外，著名的 HBase 也属于 CP 系统。以 HBase 集群为例，假如某个 RegionServer 宕机了，这个 RegionServer 持有的所有键值范围都将离线，直到数据恢复过程完成为止，这个过程要消耗的时间是无法预先估计的。

- **如果放弃一致性**（AP without C），意味着我们将假设一旦发生分区，节点之间所提供的数据可能不一致。选择放弃一致性的 AP 系统是目前设计分布式系统的主流选择，因为 P 是分布式网络的天然属性，你再不想要也无法丢弃；而 A 通常是建设分布式的目的，如果可用性随着节点数量增加反而降低的话，很多分布式系统可能就失去了存在的价值，除非银行、证券这些涉及金钱交易的服务，宁可中断也不能出错，否则多数系统是不能容忍节点越多可用性反而越低的。目前大多数 NoSQL 库和支持分布式的缓存框架都是 AP 系统，以 Redis 集群为例，如果某个 Redis 节点出现网络分区，那仍不妨碍各个节点以自己本地存储的数据对外提供缓存服务，但这时有可能出现请求分配到不同节点时返回客户端的是不一致的数据的情况。

读到这里，不知道你是否对"选择放弃一致性的 AP 系统是目前设计分布式系统的主流选择"这个结论感到一丝无奈，本章讨论的话题"事务"原本的目的就是获得"一致性"，而在分布式环境中，"一致性"却不得不成为通常被牺牲、被放弃的那一项属性。但无论如何，我们建设信息系统，终究还是要确保操作结果至少在最终交付的时候是正确的，这句话的意思是允许数据在中间过程出错（不一致），但应该在输出时被修正过来。为此，人们又重新给一致性下了定义，将前面我们在 CAP、ACID 中讨论的一致性称为"强一致性"（Strong Consistency），有时也称为"线性一致性"（Linearizability，通常是在讨论共识算法的场景中），而把牺牲了 C 的 AP 系统又要尽可能获得正确结果的行为称为追求"弱一致性"。不过，如果单纯只说"弱一致性"那其实就是"不保证一致性"的意思。在弱一致性里，人们又总结出了一种稍微强一点的特例，被称为"最终一致性"（Eventual Consistency），它是指如果数据在一段时间之内没有被另外的操作更改，那它最终会达到与强一致性过程相同的结果，有时候面向最终一致性的算法也被称为"乐观复制算法"。

在本节讨论的主题"分布式事务"中，目标同样也不得不从之前三种事务模式追求的强一致性，降低为追求获得"最终一致性"。由于一致性的定义变动，"事务"一词的含义其实也同样被拓展了，人们把使用 ACID 的事务称为"刚性事务"，而把笔者下面将要介绍的几种分布式事务的常见做法统称为"柔性事务"。

3.4.2 可靠事件队列

最终一致性的概念是由 eBay 的系统架构师 Dan Pritchett 在 2008 年在 ACM 发表的论文" Base: An Acid Alternative"[⊖]中提出的，该论文总结了一种独立于 ACID 获得的强一致性之外的、使用 BASE 来达成一致性目的的途径。BASE 分别是基本可用性（Basically Available）、柔性事务（Soft State）和最终一致性（Eventually Consistent）的缩写。BASE 这种提法简直是把数据库科学家酷爱凑缩写的恶趣味发挥到淋漓尽致，不过有 ACID vs BASE（酸 vs 碱）这个朗朗上口的梗，该论文的影响力的确传播得足够快。在这里笔者就不多谈 BASE 中的概念问题了，虽然调侃它是恶趣味，但这篇论文本身作为最终一致性的概念起

⊖ 文章地址：https://queue.acm.org/detail.cfm?id=1394128。

源，并系统性地总结了一种针对分布式事务的技术手段，是非常有价值的。

我们继续以本章的场景事例来解释 Dan Pritchett 提出的"可靠事件队列"的具体做法，目标仍然是交易过程中正确修改账号、仓库和商家服务中的数据，图 3-7 列出了修改过程的时序图。

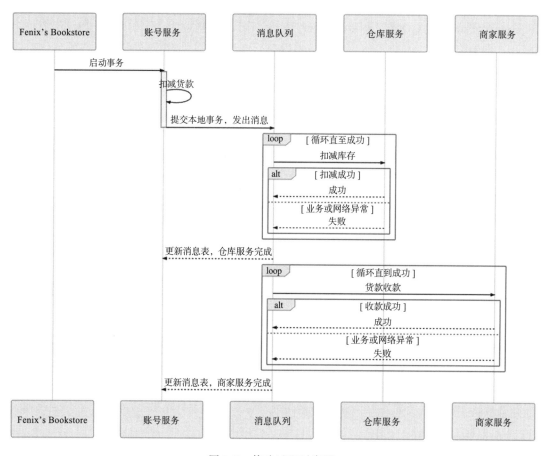

图 3-7　修改过程时序图

1）最终用户向 Fenix's Bookstore 发送交易请求：购买一本价值 100 元的《深入理解 Java 虚拟机》。

2）Fenix's Bookstore 首先应对用户账号扣款、商家账号收款、库存商品出库这三个操作有一个出错概率的先验评估，根据出错概率的大小来安排它们的操作顺序，这种评估一般直接体现在程序代码中，一些大型系统也可能会实现动态排序。譬如，根据统计，最有可能出现的交易异常是用户购买了商品，但是不同意扣款，或者账号余额不足；其次是仓库发现商品库存不够，无法发货；风险最低的是收款，如果到了商家收款环节，一般就不会出什么意外了。那最容易出错的就应该最先进行，即：账号扣款→仓库出库→商家收款。

3）账号服务进行扣款业务，如扣款成功，则在自己的数据库建立一张消息表，里面存入一条消息："事务 ID：某 UUID，扣款：100 元（状态：已完成），仓库出库《深入理解 Java 虚拟机》：1 本（状态：进行中），某商家收款：100 元（状态：进行中）"。注意，这个步骤中"扣款业务"和"写入消息"是使用同一个本地事务写入账号服务自己的数据库的。

4）在系统中建立一个消息服务，定时轮询消息表，将状态是"进行中"的消息同时发送到库存和商家服务节点中去（也可以串行地发，即一个成功后再发送另一个，但在我们讨论的场景中没必要）。这时候可能产生以下几种情况。

- 商家和仓库服务都成功完成了收款和出库工作，向用户账号服务器返回执行结果，用户账号服务把消息状态从"进行中"更新为"已完成"。整个事务顺利结束，达到最终一致性的状态。
- 商家或仓库服务中至少有一个因网络原因，未能收到来自用户账号服务的消息。此时，由于用户账号服务器中存储的消息状态一直处于"进行中"，所以消息服务器将在每次轮询的时候持续地向未响应的服务重复发送消息。这个步骤的可重复性决定了所有被消息服务器发送的消息都必须具备幂等性，通常的设计是让消息带上一个唯一的事务 ID，以保证一个事务中的出库、收款动作会且只会被处理一次。
- 商家或仓库服务有某个或全部无法完成工作，譬如仓库发现《深入理解 Java 虚拟机》没有库存了，此时，仍然是持续自动重发消息，直至操作成功（譬如补充了新库存），或者被人工介入为止。由此可见，可靠事件队列只要第一步业务完成了，后续就没有失败回滚的概念，只许成功，不许失败。
- 商家和仓库服务成功完成了收款和出库工作，但回复的应答消息因网络原因丢失，此时，用户账号服务仍会重新发出下一条消息，但因操作具备幂等性，所以不会导致重复出库和收款，只会导致商家、仓库服务器重新发送一条应答消息，此过程持续自动重复直至双方网络通信恢复正常。
- 也有一些支持分布式事务的消息框架，如 RocketMQ，原生就支持分布式事务操作，这时候上述第二、四种情况也可以交由消息框架来保障。

以上这种依靠持续重试来保证可靠性的解决方案谈不上是 Dan Pritchett 的首创或者独创，它在计算机的其他领域中已被频繁使用，也有了专门的名字——"最大努力交付"（Best-Effort Delivery），譬如 TCP 协议中未收到 ACK 应答自动重新发包的可靠性保障就属于最大努力交付。而可靠事件队列还有一种更普通的形式，被称为"最大努力一次提交"（Best-Effort 1PC），指的是将最有可能出错的业务以本地事务的方式完成后，采用不断重试的方式（不限于消息系统）来促使同一个分布式事务中的其他关联业务全部完成。

3.4.3 TCC 事务

TCC 是另一种常见的分布式事务机制，它是"Try-Confirm-Cancel"三个单词的缩写，是由数据库专家 Pat Helland 在 2007 年撰写的论文"Life beyond Distributed Transactions:

An Apostate's Opinion" [⊖]中提出。

　　前面介绍的可靠消息队列虽然能保证最终结果的相对可靠性，过程也足够简单（相对于 TCC 来说），但整个过程完全没有任何隔离性可言，虽然在一些业务中隔离性是无关紧要的，但在有些业务中缺乏隔离性就会带来许多麻烦。譬如在本章的场景事例中，缺乏隔离性会带来的一个明显问题便是"超售"：如两个客户在短时间内都成功购买了同一件商品，而且他们各自购买的数量都不超过目前的库存，但他们购买的数量之和却超过了库存。如果这件事情属于刚性事务，且隔离级别足够时是可以完全避免的，譬如，以上场景就需要"可重复读"（Repeatable Read）的隔离级别，以保证后面提交的事务会因为无法获得锁而导致失败，但用可靠消息队列就无法保证这一点，这部分属于数据库本地事务方面的知识，可以参考前面的讲解。如果业务需要隔离，那架构师通常就应该重点考虑 TCC 方案，该方案天生适用于需要强隔离性的分布式事务中。

　　在具体实现上，TCC 较为烦琐，它是一种业务侵入式较强的事务方案，要求业务处理过程必须拆分为"预留业务资源"和"确认 / 释放消费资源"两个子过程。如同 TCC 的名字所示，它分为以下三个阶段。

- ❑ Try：尝试执行阶段，完成所有业务可执行性的检查（保障一致性），并且预留好全部需要用到的业务资源（保障隔离性）。
- ❑ Confirm：确认执行阶段，不进行任何业务检查，直接使用 Try 阶段准备的资源来完成业务处理。Confirm 阶段可能会重复执行，因此本阶段执行的操作需要具备幂等性。
- ❑ Cancel：取消执行阶段，释放 Try 阶段预留的业务资源。Cancel 阶段可能会重复执行，因此本阶段执行的操作也需要具备幂等性。

　　按照我们的场景事例，TCC 的执行过程应该如图 3-8 所示。

　　1）最终用户向 Fenix's Bookstore 发送交易请求：购买一本价值 100 元的《深入理解 Java 虚拟机》。

　　2）创建事务，生成事务 ID，记录在活动日志中，进入 Try 阶段。

- ❑ 用户服务：检查业务可行性，若可行，将该用户的 100 元设置为"冻结"状态，通知下一步进入 Confirm 阶段；若不可行，通知下一步进入 Cancel 阶段。
- ❑ 仓库服务：检查业务可行性，若可行，将该仓库的 1 本《深入理解 Java 虚拟机》设置为"冻结"状态，通知下一步进入 Confirm 阶段；若不可行，通知下一步进入 Cancel 阶段。
- ❑ 商家服务：检查业务可行性，不需要冻结资源。

　　3）如果第 2 步所有业务均反馈业务可行，将活动日志中的状态记录为 Confirm，进入 Confirm 阶段。

　　⊖　下载地址：https://www-db.cs.wisc.edu/cidr/cidr2007/papers/cidr07p15.pdf。

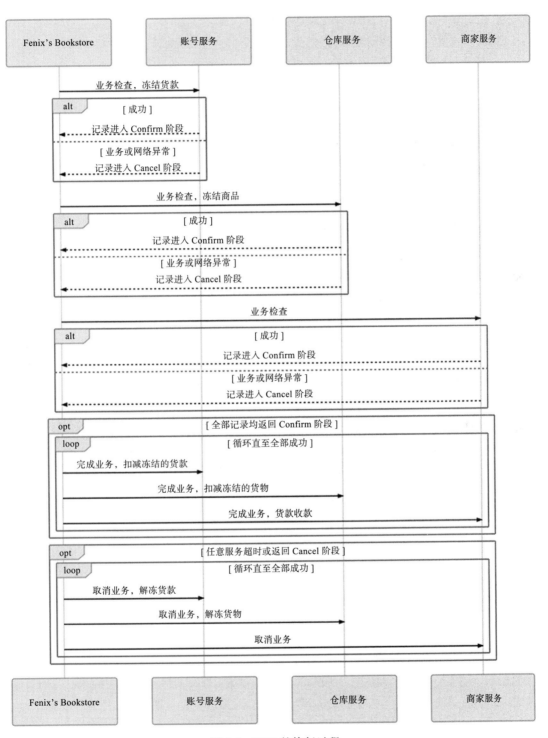

图 3-8 TCC 的执行过程

  □ 用户服务：完成业务操作（扣减那被冻结的 100 元）。
  □ 仓库服务：完成业务操作（标记那 1 本冻结的书为出库状态，扣减相应库存）。
  □ 商家服务：完成业务操作（收款 100 元）。

4）第 3 步如果全部完成，事务正常结束，如果第 3 步中任何一方出现异常，不论是业务异常还是网络异常，都将根据活动日志中的记录，重复执行该服务的 Confirm 操作，即进行最大努力交付。

5）如果第 2 步有任意一方反馈业务不可行，或任意一方超时，则将活动日志的状态记录为 Cancel，进入 Cancel 阶段。

  □ 用户服务：取消业务操作（释放被冻结的 100 元）。
  □ 仓库服务：取消业务操作（释放被冻结的 1 本书）。
  □ 商家服务：取消业务操作。

6）第 5 步如果全部完成，事务宣告以失败回滚结束，如果第 5 步中任何一方出现异常，不论是业务异常还是网络异常，都将根据活动日志中的记录，重复执行该服务的 Cancel 操作，即进行最大努力交付。

由上述操作过程可见，TCC 其实有点类似 2PC 的准备阶段和提交阶段，但 TCC 是在用户代码层面，而不是在基础设施层面，这为它的实现带来了较高的灵活性，可以根据需要设计资源锁定的粒度。TCC 在业务执行时只操作预留资源，几乎不会涉及锁和资源的争用，具有很高的性能潜力。但是 TCC 也带来了更高的开发成本和业务侵入性，即更高的开发成本和更换事务实现方案的替换成本，所以，通常我们并不会完全靠裸编码来实现 TCC，而是基于某些分布式事务中间件（譬如阿里开源的 Seata）去完成，尽量减轻一些编码工作量。

3.4.4　SAGA 事务

TCC 事务具有较强的隔离性，避免了"超售"的问题，而且其性能一般来说是本篇提及的几种柔性事务模式中最高的，但它仍不能满足所有的场景。TCC 的最主要限制是它的业务侵入性很强，这里并不是重复上一节提到的它需要开发编码配合所带来的工作量的限制，而是指它所要求的技术可控性上的约束。譬如，把我们的场景事例修改如下：由于中国网络支付日益盛行，现在用户和商家在书店系统中可以选择不再开设充值账号，至少不会强求一定要先从银行充值到系统中才能消费，允许直接在购物时通过 U 盾或扫码支付，在银行账号中划转货款。这个需求完全符合国内网络支付盛行的现状，却给系统的事务设计增加了额外的限制：如果用户、商家的账号余额由银行管理的话，其操作权限和数据结构就不可能再随心所欲地自行定义，通常也就无法完成冻结款项、解冻、扣减这样的操作，因为银行一般不会配合你的操作。所以 TCC 中的第一步 Try 阶段往往无法施行。我们只能考虑采用另外一种柔性事务方案：SAGA 事务。SAGA 在英文中是"长篇故事、长篇记叙、一长串事件"的意思。

SAGA 事务模式的历史十分悠久，还早于分布式事务概念的提出。它源于 1987 年普林斯顿大学的 Hector Garcia-Molina 和 Kenneth Salem 在 ACM 发表的一篇论文"SAGAS"[⊖]。文中提出了一种提升"长时间事务"(Long Lived Transaction)运作效率的方法,大致思路是把一个大事务分解为可以交错运行的一系列子事务集合。原本 SAGA 的目的是避免大事务长时间锁定数据库的资源,后来才发展成将一个分布式环境中的大事务分解为一系列本地事务的设计模式。SAGA 由两部分操作组成。

❑ 将大事务拆分成若干个小事务,将整个分布式事务 T 分解为 n 个子事务,命名为 T_1,T_2,$\cdots$,T_i,$\cdots$,T_n。每个子事务都应该是或者能被视为原子行为。如果分布式事务能够正常提交,其对数据的影响(即最终一致性)应与连续按顺序成功提交 T_i 等价。

❑ 为每一个子事务设计对应的补偿动作,命名为 C_1,C_2,$\cdots$,C_i,$\cdots$,C_n。T_i 与 C_i 必须满足以下条件。

  ○ T_i 与 C_i 都具备幂等性。

  ○ T_i 与 C_i 满足交换律(Commutative),即无论先执行 T_i 还是先执行 C_i,其效果都是一样的。

  ○ C_i 必须能成功提交,即不考虑 C_i 本身提交失败被回滚的情形,如出现就必须持续重试直至成功,或者被人工介入为止。

如果 T_1 到 T_n 均成功提交,那事务顺利完成,否则,要采取以下两种恢复策略之一。

❑ **正向恢复**(Forward Recovery):如果 T_i 事务提交失败,则一直对 T_i 进行重试,直至成功为止(最大努力交付)。这种恢复方式不需要补偿,适用于事务最终都要成功的场景,譬如在别人的银行账号中扣了款,就一定要给别人发货。正向恢复的执行模式为:T_1,T_2,$\cdots$,T_i(失败),T_i,(重试)$\cdots$,T_{i+1},$\cdots$,T_n。

❑ **反向恢复**(Backward Recovery):如果 T_i 事务提交失败,则一直执行 C_i 对 T_i 进行补偿,直至成功为止(最大努力交付)。这里要求 C_i 必须(在持续重试后)执行成功。反向恢复的执行模式为:T_1,T_2,$\cdots$,T_i(失败),C_i(补偿),$\cdots$,C_2,C_1。

与 TCC 相比,SAGA 不需要为资源设计冻结状态和撤销冻结的操作,补偿操作往往要比冻结操作容易实现得多。譬如,前面提到的账号余额直接在银行维护的场景,从银行划转货款到 Fenix's Bookstore 系统中,这步是经由用户支付操作(扫码或 U 盾)来促使银行提供服务;如果后续业务操作失败,尽管我们无法要求银行撤销之前的用户转账操作,但是由 Fenix's Bookstore 系统将货款转回到用户账号上作为补偿措施却是完全可行的。

SAGA 必须保证所有子事务都得以提交或者补偿,但 SAGA 系统本身也有可能会崩溃,所以它必须设计成与数据库类似的日志机制(被称为 SAGA Log)以保证系统恢复后可以追踪到子事务的执行情况,譬如执行至哪一步或者补偿至哪一步了。另外,尽管补偿操作通常比冻结/撤销容易实现,但保证正向、反向恢复过程严谨地进行也需要花费不少工夫,

---

⊖ 下载地址:https://www.cs.cornell.edu/andru/cs711/2002fa/reading/sagas.pdf。

譬如通过服务编排、可靠事件队列等方式完成，所以，SAGA 事务通常也不会直接靠裸编码来实现，一般是在事务中间件的基础上完成，前面提到的 Seata 就同样支持 SAGA 事务模式。

　　基于数据补偿来代替回滚的思路，还可以应用在其他事务方案上，这些方案笔者就不再单独展开，放到这里一起来解释。举个具体例子，阿里的 GTS（Global Transaction Service，Seata 由 GTS 开源而来）所提出的"AT 事务模式"就是这样的应用。

　　从整体上看，AT 事务是参照了 XA 两段提交协议实现的，但对于 XA 2PC 的缺陷，即在准备阶段必须等待所有数据源都返回成功后，协调者才能统一发出 Commit 命令而导致的木桶效应（所有涉及的锁和资源都需要等待到最慢的事务完成后才能统一释放），AT 事务设计了针对性的解决方案。大致的做法是在业务数据提交时自动拦截所有 SQL，将 SQL 对数据修改前、修改后的结果分别保存快照，生成行锁，通过本地事务一起提交到操作的数据源中，相当于自动记录了重做和回滚日志。如果分布式事务成功提交，那后续清理每个数据源中对应的日志数据即可；如果分布式事务需要回滚，就根据日志数据自动产生用于补偿的"逆向 SQL"。基于这种补偿方式，分布式事务中涉及的每一个数据源都可以单独提交，然后立刻释放锁和资源。这种异步提交的模式，相比 2PC 极大地提升了系统的吞吐量水平，而代价就是大幅度牺牲了隔离性，甚至直接影响到了原子性。因为在缺乏隔离性的前提下，以补偿代替回滚并不是总能成功的。譬如，在本地事务提交之后、分布式事务完成之前，该数据被补偿之前又被其他操作修改过，即出现了脏写（Dirty Wirte），这时候一旦分布式事务需要回滚，就不可能再通过自动的逆向 SQL 来实现补偿，只能由人工介入处理了。

　　通常来说，脏写是一定要避免的，所有传统关系数据库在最低的隔离级别上都仍然要加锁以避免脏写，因为脏写情况一旦发生，其实也很难通过人工进行有效处理。所以 GTS 增加了一个"全局锁"（Global Lock）的机制来实现写隔离，要求本地事务提交之前，一定要先拿到针对修改记录的全局锁后才允许提交，没有获得全局锁之前就必须一直等待。这种设计以牺牲一定性能为代价，避免了两个分布式事务中包含的本地事务修改同一个数据的情况，从而避免脏写。在读隔离方面，AT 事务默认的隔离级别是读未提交（Read Uncommitted），这意味着可能产生脏读（Dirty Read）。也可以采用全局锁的方案解决读隔离问题，但直接阻塞读取的话，代价就非常大了，一般不会这样做。由此可见，分布式事务中没有一揽子包治百病的解决办法，因地制宜地选用合适的事务处理方案才是唯一有效的做法。

第 4 章 | *Chapter 4*

透明多级分流系统

现代的企业级或互联网系统，"分流"是必须要考虑的设计，分流所使用手段数量之多、涉及场景之广，可能连它的开发者都未必能全部意识到。这听起来似乎并不合理，但笔者认为这恰好是优秀架构设计的一种体现，"分布广阔"源于"多级"，"意识不到"谓之"透明"，也即本章我们要讨论的主题**透明多级分流系统**（Transparent Multilevel Diversion System）的来由。

在用户使用信息系统的过程中，请求从浏览器出发，在域名服务器的指引下找到系统的入口，经过网关、负载均衡器、缓存、服务集群等一系列设施，最后触及末端存储于数据库服务器中的信息，然后逐级返回到用户的浏览器之中。这其中要经过很多技术部件。作为系统的设计者，我们应该意识到不同的设施、部件在系统中有各自不同的价值。

- ❏ 有一些部件位于客户端或网络的边缘，能够迅速响应用户的请求，避免给后方的 I/O 与 CPU 带来压力，典型如本地缓存、内容分发网络、反向代理等。
- ❏ 有一些部件的处理能力能够线性拓展，易于伸缩，可以使用较小的代价堆叠机器来获得与用户数量相匹配的并发性能，应尽量作为业务逻辑的主要载体，典型如集群中能够自动扩缩的服务节点。
- ❏ 有一些部件稳定服务对系统运行有全局性的影响，要时刻保持容错备份，维护高可用性，典型如服务注册中心、配置中心。
- ❏ 有一些设施是天生的单点部件，只能依靠升级机器本身的网络、存储和运算性能来提升处理能力，如位于系统入口的路由、网关或者负载均衡器（它们都可以做集群，

㊀ "透明多级分流系统"这个词是笔者自己创造的，业内通常只提 "Transparent Multilevel Cache"，但我们这里谈的并不只是缓存。

但一次网络请求中无可避免至少有一个是单点的部件)、位于请求调用链末端的传统
关系数据库等，都是典型的单点部件。

对系统进行流量规划时，我们应该充分理解这些部件的价值差异，有两条简单、普适
的原则能指导我们进行设计。

❑ 第一条原则是尽可能减少单点部件。如果某些单点是无可避免的，则应尽最大限度
减少到达单点部件的流量。在系统中往往会有多个部件能够处理、响应用户请求，
譬如要获取一张存储在数据库的用户头像图片，浏览器缓存、内容分发网络、反向
代理、Web 服务器、文件服务器、数据库都可能提供这张图片。恰如其分地引导请
求分流至最合适的组件中，避免绝大多数流量汇集到单点部件（如数据库），同时依
然能够在绝大多数时候保证处理结果的准确性，使单点系统在出现故障时自动而迅
速地实施补救措施，这便是系统架构中多级分流的意义。

❑ 另一条更关键的原则是奥卡姆剃刀原则。作为一名架构设计者，你应对多级分流的
手段有全面的理解与充分的准备，同时清晰地意识到这些设施并不是越多越好。在
实际构建系统时，你应当在有明确需求、真正必要的时候再去考虑部署它们。不是
每一个系统都要追求高并发、高可用的，根据系统的用户量、峰值流量和团队本身
的技术与运维能力来考虑如何部署这些设施才是合理的做法，在能满足需求的前提
下，**最简单的系统就是最好的系统**。

本章，笔者将会根据流量从客户端发出到服务端处理这个过程中所流经的与功能无关
的技术部件为线索，解析每个部件的透明工作原理与起到的分流作用。下面所讲述的客户
端缓存、域名解析、传输链路、内容分发网络、负载均衡、服务端缓存，都是为了达成"透
明分流"这个目标所采用的工具与手段，高可用架构、高并发则是通过"透明分流"所获
得的价值。

4.1 客户端缓存

浏览器的缓存机制几乎是在万维网刚刚诞生时就已经存在，在 HTTP 协议设计之初，
便确定了服务端与客户端之间"无状态"（Stateless）的交互原则，即要求每次请求是独立的，
每次请求无法感知也不能依赖另一个请求的存在，这既简化了 HTTP 服务器的设计，也为
其水平扩展能力留下了广袤的空间。但无状态并不只有好的一面，由于每次请求都是独立
的，服务端不保存此前请求的状态和资源，所以也不可避免地导致其携带了重复的数据，
导致网络性能降低。HTTP 协议对此问题的解决方案便是客户端缓存，在 HTTP 从 1.0 到
1.1，再到 2.0 版本的演进中，逐步形成了现在被称为"状态缓存""强制缓存"（许多资料中
简称为"强缓存"）和"协商缓存"的 HTTP 缓存机制。

状态缓存是指不经过服务器，客户端直接根据缓存信息对目标网站的状态判断，以前
只有 301/Moved Permanently（永久重定向）这一种；后来在 RFC6797 中增加了 HSTS（HTTP

Strict Transport Security）机制，用于避免依赖 301/302 跳转 HTTPS 时可能产生的降级中间人劫持（详见 5.5 节），这也属于另一种状态缓存。由于状态缓存所涉内容只有这么一点，后续我们就只聚焦讨论强制缓存与协商缓存两种机制。

无论是强制缓存还是协商缓存，原理都是在服务器对客户端请求的响应中附带一些条件，要求客户端在遇到相同的请求时，先判断一下条件是否满足，如果满足，就直接用上一次服务器给予的响应来代替，不必重新访问。这两种缓存机制的区别是它们采用了不同的判断条件来解决资源在客户端和服务器间的一致性问题。

4.1.1　强制缓存

HTTP 的强制缓存对一致性问题的处理策略就如它的名字一样，十分直接：假设在某个时点到来以前，譬如收到响应后的 10 分钟内，资源的内容和状态一定不会被改变，因此客户端可以无须经过任何请求，在该时点前一直持有和使用该资源的本地缓存副本。

根据约定，强制缓存在浏览器的地址输入、页面链接跳转、新开窗口、前进和后退中均可生效，但在用户主动刷新页面时应当自动失效。HTTP 协议中设有以下两类 Header 实现强制缓存。

1. Expires

Expires 是 HTTP/1.0 协议中开始提供的 Header，后面跟随一个截止时间参数。当服务器返回某个资源时带有该 Header，意味着服务器承诺资源在截止时间之前不会发生变动，浏览器可直接缓存该数据，不再重新发请求，示例：

```
HTTP/1.1 200 OK
Expires: Wed, 8 Apr 2020 07:28:00 GMT
```

Expires 是 HTTP 协议最初版本中提供的缓存机制，设计非常直观易懂，但考虑得并不周全，它至少存在以下几个明显问题：

❑ 受限于客户端的本地时间。譬如，在收到响应后，客户端修改了本地时间，将时间前后调整几分钟，就可能会造成缓存提前失效或超期持有。

❑ 无法处理涉及用户身份的私有资源。譬如，某些资源被登录用户缓存在自己的浏览器上是合理的，但如果被代理服务器或者内容分发网络缓存起来，则可能被其他未认证的用户所获取。

❑ 无法描述"不缓存"的语义。譬如，浏览器为了提高性能，往往会自动在当次会话中缓存某些 MIME 类型的资源，在 HTTP/1.0 的服务器中就缺乏强制手段不允许浏览器缓存某个资源。以前为了实现这类功能，通常不得不使用脚本，或者手工在资源后面增加时间戳（譬如"xx.js?t=1586359920"、"xx.jpg?t=1586359350"）来保证每次资源都会重新获取。

关于"不缓存"的语义，在 HTTP/1.0 中其实预留了"Pragma: no-cache"来表达，但

Pragma 参数在 HTTP/1.0 中并没有确切描述其具体行为，随后就被 HTTP/1.1 中出现过的 Cache-Control 所替代。现在，尽管主流浏览器通常都会支持 Pragma，但行为仍然是不确定的，实际并没有什么使用价值。

2. Cache-Control

Cache-Control 是 HTTP/1.1 协议中定义的强制缓存 Header，它的语义比 Expires 丰富了很多，如果 Cache-Control 和 Expires 同时存在，并且语义存在冲突（譬如 Expires 与 max-age / s-maxage 冲突）的话，规定必须以 Cache-Control 为准。Cache-Control 的使用示例如下：

```
HTTP/1.1 200 OK
Cache-Control: max-age=600
```

Cache-Control 在客户端的请求 Header 或服务器的响应 Header 中都可以存在，它定义了一系列参数，且允许自行扩展（即不在标准 RFC 协议中，由浏览器自行支持的参数），其标准的参数主要有如下几个。

- ❑ max-age 和 s-maxage：max-age 后面跟随一个以秒为单位的数字，表明相对于请求时间（在 Date Header 中会注明请求时间）多少秒以内缓存是有效的，即多少秒以内不需要重新从服务器中获取资源。相对时间避免了 Expires 中采用的绝对时间可能受客户端时钟影响的问题。s-maxage 中的 "s" 是 "share" 的缩写，意味 "共享缓存" 的有效时间，即允许被 CDN、代理等持有的缓存有效时间，用于提示 CDN 这类服务器应在何时让缓存失效。

- ❑ public 和 private：指明是否涉及用户身份的私有资源，如果是 public，则可以被代理、CDN 等缓存；如果是 private，则只能由用户的客户端进行私有缓存。

- ❑ no-cache 和 no-store：no-cache 指明该资源不应该被缓存，哪怕是同一个会话中对同一个 URL 地址的请求，也必须从服务端获取，令强制缓存完全失效，但此时下一节中的协商缓存机制依然是生效的；no-store 不强制会话中相同 URL 资源的重复获取，但禁止浏览器、CDN 等以任何形式保存该资源。

- ❑ no-transform：禁止以任何形式修改资源。譬如，某些 CDN、透明代理支持自动 GZip 压缩图片或文本，以提升网络性能，而 no-transform 禁止了这样的行为，它不允许 Content-Encoding、Content-Range、Content-Type 进行任何形式的修改。

- ❑ min-fresh 和 only-if-cached：这两个参数是仅用于客户端的请求 Header。min-fresh 后面跟随一个以秒为单位的数字，用于建议服务器能返回一个不少于该时间的缓存资源（即包含 max-age 且不少于 min-fresh 的数字）。only-if-cached 表示客户端要求不给它发送资源的具体内容，此时客户端仅能使用事先缓存的资源来进行响应，若缓存不能命中，就直接返回 503/Service Unavailable 错误。

- ❑ must-revalidate 和 proxy-revalidate：must-revalidate 表示在资源过期后，一定要从服务器中进行获取，即超过了 max-age 的时间后，就等同于 no-cache 的行为，

proxy-revalidate 用于提示代理、CDN 等设备资源过期后的缓存行为，除对象不同外，语义与 must-revalidate 完全一致。

4.1.2 协商缓存

强制缓存是基于时效性的，但无论是人还是服务器，其实多数情况下并没有什么把握去承诺某项资源多久不会发生变化。另外一种基于变化检测的缓存机制，在一致性上会有比强制缓存更好的表现，但需要一次变化检测的交互开销，性能上就会略差一些，这种基于检测的缓存机制，通常被称为"协商缓存"。另外，应注意在 HTTP 中的协商缓存与强制缓存并没有互斥性，这两套机制是并行工作的。譬如，当强制缓存存在时，直接从强制缓存中返回资源，无须进行变动检查；而当强制缓存超过时效，或者被禁止（no-cache / must-revalidate）时，协商缓存仍可以正常工作。协商缓存有两种变动检查机制，分别是根据资源的修改时间进行检查，以及根据资源唯一标识是否发生变化进行检查，它们都是靠一组成对出现的请求、响应 Header 来实现的。

1. Last-Modified 和 If-Modified-Since

Last-Modified 是服务端的响应 Header，用于告诉客户端这个资源的最后修改时间。对于带有这个 Header 的资源，当客户端需要再次请求时，会通过 If-Modified-Since 把之前收到的资源最后修改时间发送回服务端。

如果此时服务端发现资源在该时间后没有被修改过，就返回一个 304/Not Modified 的响应，无须附带消息体，即可达到节省流量的目的，如下所示：

```
HTTP/1.1 304 Not Modified
Cache-Control: public, max-age=600
Last-Modified: Wed, 8 Apr 2020 15:31:30 GMT
```

如果此时服务端发现资源在该时间之后有变动，就会返回 200/OK 的完整响应，在消息体中包含最新的资源，如下所示：

```
HTTP/1.1 200 OK
Cache-Control: public, max-age=600
Last-Modified: Wed, 8 Apr 2020 15:31:30 GMT

Content
```

2. ETag 和 If-None-Match

ETag 是服务端的响应 Header，用于告诉客户端这个资源的唯一标识。HTTP 服务端可以根据自己的意愿来选择如何生成这个标识，譬如 Apache 服务端的 ETag 值默认是对文件的索引节点（INode）、大小和最后修改时间进行哈希计算后得到的。对于带有这个 Header 的资源，当客户端需要再次请求时，会通过 If-None-Match 把之前收到的资源唯一标识发送回服务端。

如果此时服务端计算后发现资源的唯一标识与上传回来的标识一致，说明资源没有被修改过，就返回一个 304/Not Modified 的响应，无须附带消息体，即可达到节省流量的目的，如下所示：

```
HTTP/1.1 304 Not Modified
Cache-Control: public, max-age=600
ETag: "28c3f612-ceb0-4ddc-ae35-791ca840c5fa"
```

如果此时服务端发现资源的唯一标识有变动，就会返回 200/OK 的完整响应，在消息体中包含最新的资源，如下所示：

```
HTTP/1.1 200 OK
Cache-Control: public, max-age=600
ETag: "28c3f612-ceb0-4ddc-ae35-791ca840c5fa"

Content
```

ETag 是 HTTP 中一致性最强的缓存机制，譬如，Last-Modified 标注的最后修改只能精确到秒级，如果某些文件在 1s 以内被修改多次的话，它将不能准确标注文件的修改时间；又如果某些文件会被定期生成，可能内容并没有任何变化，但 Last-Modified 却改变了，导致文件无法有效使用缓存，这些情况 Last-Modified 都有可能产生资源一致性问题，只能使用 ETag 解决。

ETag 也是 HTTP 中性能最差的缓存机制，在每次请求时，服务端都必须对资源进行哈希计算，相比简单获取一下修改时间，开销要大了很多。ETag 和 Last-Modified 是允许一起使用的，服务端会优先验证 ETag，在 ETag 一致的情况下，再去对比 Last-Modified，这是为了防止有一些 HTTP 服务端未将文件修改日期纳入哈希范围内。

到这里为止，HTTP 的协商缓存机制已经能很好地适用于通过 URL 获取单个资源的场景，为什么要强调"单个资源"呢？在 HTTP 协议的设计中，一个 URL 地址是有可能提供多份不同版本的资源的，譬如，一段文字的不同语言版本，一个文件的不同编码格式版本，一份数据的不同压缩方式版本，等等。因此针对请求的缓存机制，也必须能够提供对应的支持。为此，HTTP 协议设计了以 Accept*（Accept、Accept-Language、Accept-Charset、Accept-Encoding）开头的一套请求 Header 和对应的以 Content-*（Content-Language、Content-Type、Content-Encoding）开头的响应 Header，这些 Header 被称为 HTTP 的内容协商机制。与之对应的，对于一个 URL 能够获取多个资源的场景，缓存也同样需要有明确的标识来获知根据什么内容返回给用户正确的资源。此时就要用到 Vary Header，Vary 后面应该跟随一组其他 Header 的名字，譬如：

```
HTTP/1.1 200 OK
Vary: Accept, User-Agent
```

以上响应的含义是应该根据 MIME 类型和浏览器类型来缓存资源，获取资源时也需要根据请求 Header 中对应的字段来筛选出适合的资源版本。

根据约定，协商缓存不仅在浏览器的地址输入、页面链接跳转、新开窗口、前进、后退中生效，而且在用户主动刷新页面（F5）时同样是生效的，只有用户强制刷新（Ctrl+F5）或者明确禁用缓存（譬如在 DevTools 中设定）时才会失效，此时客户端向服务端发出的请求会自动带有"Cache-Control: no-cache"。

4.2　域名解析

大家都知道 DNS 的作用是将便于人类理解的域名地址转换为便于计算机处理的 IP 地址，也许你会觉得好笑：笔者在接触计算机网络的开头一段不短的时间里面，都把 DNS 想象成一个部署在全世界某个神秘机房中的大型电话本式的翻译服务。后来，当笔者第一次了解到 DNS 的工作原理，并得知世界根域名服务器的 ZONE 文件只有 2MB 大小，甚至可以打印出来物理备份的时候，对 DNS 系统的设计是非常惊叹的。

域名解析对于大多数信息系统，尤其是对于基于互联网的系统来说是必不可少的组件，却属于没有太高存在感，通常不会受重点关注的设施，不过 DNS 本身的工作过程，以及它对系统流量能够施加的影响，却还是有许多程序员不太了解；而且 DNS 本身就是示范性的透明多级分流系统，非常符合本章的主题，值得我们去借鉴。

无论是使用浏览器抑或是在程序代码中访问某个网址域名，譬如以 www.icyfenix.com.cn 为例，如果没有缓存的话，都会先经过 DNS 服务器的解析翻译，找到域名对应的 IP 地址才能开始通信，这项操作是操作系统自动完成的，一般不需要用户程序介入。不过，DNS 服务器并不是一次性将"www.icyfenix.com.cn"直接解析成 IP 地址，需要经历一个递归的过程。首先 DNS 会将域名还原为"www.icyfenix.com.cn."，注意最后多了一个点"."，它是".root"的含义。早期的域名必须带有这个点才能被 DNS 正确解析，如今几乎所有的操作系统、DNS 服务器都可以自动补上结尾的点号，下面开始按如下步骤解析。

1）客户端先检查本地的 DNS 缓存，查看是否存在存活着的该域名的地址记录。DNS 是以存活时间（Time to Live，TTL）来衡量缓存的有效情况的，所以，如果某个域名改变了 IP 地址，DNS 服务器并没有任何机制去通知缓存了该地址的机器去更新或者失效掉缓存，只能依靠 TTL 超期后的重新获取来保证一致性。后续每一级 DNS 查询的过程都会有类似的缓存查询操作，届时将不再重复叙述。

2）客户端将地址发送给本机操作系统中配置的本地 DNS（Local DNS），这个本地 DNS 服务器可以由用户手工设置，也可以在 DHCP 分配或者拨号时从 PPP 服务器中自动获取到。

3）本地 DNS 收到查询请求后，会按照"是否有 www.icyfenix.com.cn 的权威服务器"→"是否有 icyfenix.com.cn 的权威服务器"→"是否有 com.cn 的权威服务器"→"是否有 cn 的权威服务器"的顺序，依次查询自己的地址记录，如果都没有查询到，就会一直找到最后点号代表的根域名服务器为止。这个步骤里涉及两个重要名词。

❑ **权威域名服务器**（Authoritative DNS）：负责翻译特定域名的 DNS 服务器，"权威"

意味着域名应该翻译出怎样的结果是由这个服务器决定的。DNS 翻译域名时无须像查电话本一样刻板地一对一翻译，根据来访机器、网络链路、服务内容等各种信息，可以玩出很多花样。权威 DNS 的灵活应用，在后面的内容分发网络、服务发现等章节还会有所涉及。

❑ **根域名服务器**（Root DNS）：固定的、无须查询的顶级域名（Top-Level Domain）服务器，可以默认它们已内置在操作系统代码之中。全世界一共有 13 组根域名服务器（注意并不是 13 台），每一组根域名都通过任播⊖的方式建立了一大群镜像，根据维基百科的数据，迄今已经超过 1000 台根域名服务器的镜像了。选择 13 是由于 DNS 主要采用 UDP 传输协议（在需要稳定性保证的时候也可以采用 TCP）来进行数据交换，未分片的 UDP 数据包在 IPv4 下的最大有效值为 512 字节，最多可以存放 13 组地址记录。

4）现在假设本地 DNS 是全新的，上面不存在任何域名的权威服务器记录，所以当 DNS 查询请求按步骤 3 的顺序一直查到根域名服务器之后，它将会得到 "cn 的权威服务器" 的地址记录，然后通过 "cn 的权威服务器"，得到 "com.cn 的权威服务器" 的地址记录，以此类推，最后找到能够解释 "www.icyfenix.com.cn" 的权威服务器地址。

5）通过 "www.icyfenix.com.cn 的权威服务器"，查询 www.icyfenix.com.cn 的地址记录。地址记录并不一定就是指 IP 地址，在 RFC 规范中有定义的地址记录类型已经多达数十种，譬如 IPv4 下的 IP 地址为 A 记录，IPv6 下的 AAAA 记录、主机别名 CNAME 记录，等等。

前面提到过，每种记录类型中还可以包括多条记录，以一个域名下配置多条不同的 A 记录为例，此时权威服务器可以根据自己的策略来进行选择，典型的应用是智能线路：根据访问者所处的不同地区（譬如华北、华南、东北）、不同服务商（譬如电信、联通、移动）等因素来确定返回最合适的 A 记录，将访问者路由到最合适的数据中心，达到智能加速的目的。

DNS 系统多级分流的设计使得 DNS 系统能够经受住全球网络流量不间断的冲击，但也并非全无缺点。典型的问题是响应速度，在极端情况下，即各级服务器均无缓存时，域名解析可能导致每个域名都必须递归多次才能查询到结果，明显影响传输的响应速度，譬如图 4-1 所示高达 310ms 的 DNS 查询。

有一种 "DNS 预取"（DNS Prefetching）的前端优化手段可用来避免这类问题：如果网站后续要使用来自其他域的资源，那就在网页加载时生成一个 link 请求，促使浏览器提前对该域名进行预解释，譬如下面代码所示：

```
<link rel="dns-prefetch" href="//domain.not-icyfenx.cn">
```

而另一种可能更严重的缺陷是 DNS 的分级查询意味着每一级都有可能受到中间人攻击

⊖ 任播（Anycast）是一种网络寻址和路由的策略。

的威胁，产生被劫持的风险。要攻陷位于递归链条顶层的服务器（譬如根域名服务器、cn 权威服务器）和链路是非常困难的，它们都有很专业的安全防护措施。但很多位于递归链底层或者来自本地运营商的本地 DNS 服务器的安全防护则相对松懈，甚至不少地区的运营商自己就会主动劫持，专门返回一个错的 IP，通过在这个 IP 上代理用户请求，给特定类型的资源（主要是 HTML）注入广告，以此牟利。

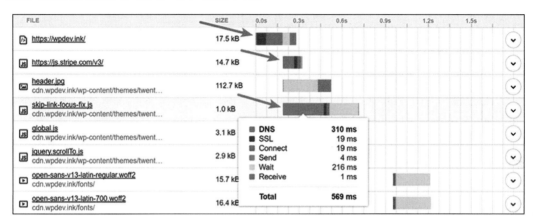

图 4-1 首次 DNS 请求耗时

为此，最近几年出现了另一种新的 DNS 工作模式：HTTPDNS（也称为 DNS over HTTPS，DoH）。它将原本的 DNS 解析服务开放为一个基于 HTTPS 协议的查询服务，替代基于 UDP 传输协议的 DNS 域名解析，通过程序代替操作系统直接从权威 DNS 或者可靠的本地 DNS 获取解析数据，从而绕过传统本地 DNS。这样做的好处是完全免去了"中间商赚差价"的环节，不再惧怕底层的域名劫持，有效避免本地 DNS 不可靠导致的域名生效缓慢、来源 IP 不准确、产生的智能线路切换错误等问题。

4.3 传输链路

经过客户端缓存的节流、DNS 服务的解析指引，程序发出的请求流量便正式离开客户端，踏上以服务器为目的地的旅途了，这个过程就是本节的主角：传输链路。

可能不少人的第一直觉会认为传输链路是开发者完全不可控的因素，网络路由跳点的数量、运营商铺设线路的质量决定了线路带宽的大小、速率的高低。然而事实并非如此，程序发出的请求能否与应用层、传输层协议提倡的方式相匹配，也会对传输的效率有极大影响。最容易体现这点的是那些前端网页的优化技巧，只要简单搜索一下，就能找到很多以优化链路传输为目的的前端设计原则，譬如经典的雅虎 YSlow-23 条规则⊖中与传输相关

⊖ YSlow-23（其实已经积累到 35 条了，但名字仍然叫 YSlow-23）：https://developer.yahoo.com/performance/rules.html。

的内容如下。

1）减少请求数量（Minimize HTTP Requests）：请求每次都需要建立通信链路进行数据传输，这些开销很昂贵，减少请求的数量可有效提高访问性能，对于前端开发者，可用于减少请求数量的手段包括：

❑ 雪碧图（CSS Sprite）

❑ CSS、JS 文件合并 / 内联（Concatenation / Inline）

❑ 分段文档（Multipart Document）

❑ 媒体（图片、音频）内联（Data Base64 URI）

❑ 合并 Ajax 请求（Batch Ajax Request）

2）扩大并发请求数（Split Components Across Domain）：对于每个域名，现代浏览器（Chrome、Firefox）一般支持 6 个（IE 为 8 ~ 13 个）并发请求。如果希望更快地加载大量图片或其他资源，需要进行域名分片（Domain Sharding），将图片同步到不同主机或者同一个主机的不同域名上。

3）启用压缩传输（GZip Component）：启用压缩能够大幅度减少需要在网络上传输的内容的大小，节省网络流量。

4）避免页面重定向（Avoid Redirect）：当页面发生了重定向，就会造成整个文档的传输延迟。在 HTML 文档到达之前，页面中不会呈现任何东西，降低了用户体验。

5）按重要性调节资源优先级（Put Stylesheet at the Top，Put Script at the Bottom）：将重要的、马上就要使用的、对客户端展示影响大的资源，放在 HTML 的头部，以便优先下载。

……

这些原则在今天仍有一定价值，但若干年后再回头看它们，其中多数原则大概率会变成 Tricks，甚至成了反模式。导致这种变化的原因是 HTTP 协议还在持续发展，从 20 世纪 90 年代的 HTTP/1.0 和 HTTP/1.1，到 2015 年发布的 HTTP/2，再到 2019 年的 HTTP/3，HTTP 协议本身的变化使得"适合 HTTP 传输的请求"的特征也在不断变化。

4.3.1　连接数优化

我们知道 HTTP（特指 HTTP/3 以前）是以 TCP 为传输层的应用层协议，但 HTTP over TCP 这种搭配只能说是 TCP 在当今网络中统治性地位所造就的结果，而不能说它们两者的配合就是合适的。回想一下你上网时平均在每个页面停留的时间，以及每个页面中包含的资源（HTML、JS、CSS、图片等）数量，可以总结出 HTTP 传输对象的主要特征是数量多、时间短、资源小、切换快。另一方面，TCP 协议要求必须在三次握手完成之后才能开始数据传输，这是一个可能以高达"百毫秒"为计时尺度的事件；另外，TCP 还有慢启动的特性，使得刚刚建立连接时的传输速度是最低的，后面再逐步加速直至稳定。由于 TCP 协议本身是面向长时间、大数据传输来设计的，在长时间尺度下，它建立连接的高昂成本才不

至于成为瓶颈，它的稳定性和可靠性的优势才能展现出来。因此，可以说 HTTP over TCP
这种搭配在目标特征上确实是有矛盾的，以至于 HTTP/1.x 时代，大量短而小的 TCP 连接
导致了网络性能的瓶颈。为了缓解 HTTP 与 TCP 之间的矛盾，聪明的程序员们一方面致力
于减少发出的请求数量，另一方面也致力于增加客户端到服务端的连接数量，这就是上面
Yslow 规则中"Minimize HTTP Requests"与"Split Components Across Domains"两条优
化措施的根本依据所在。

　　通过前端开发人员的各种 Tricks，的确能减少消耗 TCP 连接数量，这是有数据统计作
为支撑的。图 4-2 和图 4-3 展示了 HTTP Archive 对最近五年数百万个 URL 地址采样得出的
结论：在页面平均请求没有改变的情况下（桌面端下降 3.8%，移动端上升 1.4%），TCP 连
接正在持续且幅度较大地下降（桌面端下降 36.4%，移动端下降 28.6%）。

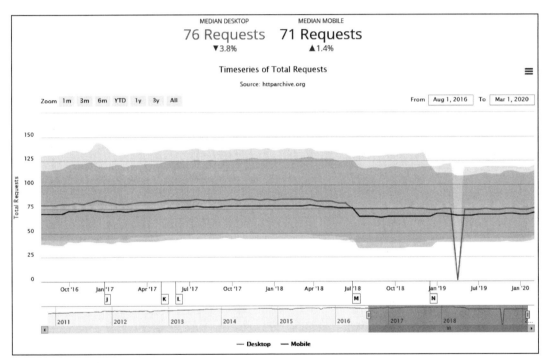

图 4-2　HTTP 平均请求数量，70 余个，没有明显变化

　　但是开发人员节省 TCP 连接的优化措施并非只有好处，它们也带来了诸多不良的副
作用。

❑ 如果你用雪碧图将多张图片合并，意味着任何场景下哪怕只用到其中一张小图，也
　必须完整加载整张大图片；任何场景下哪怕对一张小图要进行修改，都会导致整个
　缓存失效，类似地，样式、脚本等其他文件的合并也会存在同样的问题。

❑ 如果你使用了媒体内嵌，除了要承受 Base64 编码导致传输容量膨胀 1/3 的代价外

（Base64 以 8 位表示 6 位数据），也将无法有效利用缓存。

❑ 如果你合并了异步请求，这就会导致所有请求的返回时间都受最慢的那个请求的拖累，导致整体响应速度下降。

❑ 如果你把图片放到不同子域下面，将会导致更大的 DNS 解析负担，而且浏览器对两个不同子域下的同一图片必须持有两份缓存，也使得缓存效率下降。

由此可见，一旦在技术根基上出现问题，依赖使用者通过各种 Tricks 去解决，无论如何都难以摆脱"两害相权取其轻"的权衡困境，否则这就不是 Tricks 而是一种标准的设计模式了。

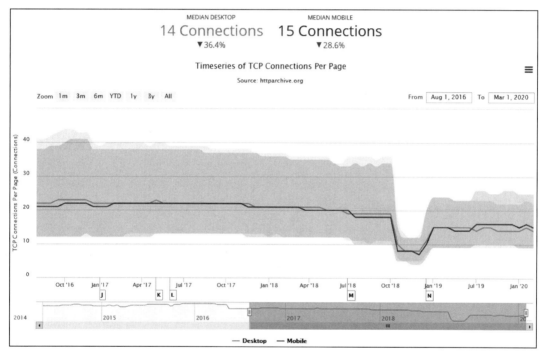

图 4-3　TCP 连接数量，约 15 个，有明显下降趋势

在另一方面，HTTP 的设计者们并不是没有尝试过在协议层面去解决连接成本过高的问题，即使 HTTP 协议的最初版本（指 HTTP/1.0，忽略非正式的 HTTP/0.9 版本）就已经支持了⊖连接复用技术，即今天大家所熟知的持久连接（Persistent Connection），也称为连接 Keep-Alive 机制。持久连接的原理是让客户端对同一个域名长期持有一个或多个不会用完即断的 TCP 连接。典型做法是在客户端维护一个 FIFO 队列，在每次取完数据⊜之后一段时间内先不自动断开连接，以便在获取下一个资源时直接复用，避免创建 TCP 连接的成本。

⊖　连接复用技术在 HTTP/1.0 中并没有默认开启，是从 HTTP/1.1 开始变为默认开启的。

⊜　如何在不断开连接的情况下判断数据已取完将会放到稍后的 4.3.2 节去讨论。

但是，连接复用技术依然是不完美的，最明显的副作用是"队首阻塞"（Head-of-Line Blocking）问题。请设想以下场景：浏览器有 10 个资源需要从服务器中获取，此时它将 10 个资源放入队列，入列顺序只能按照浏览器遇见这些资源的先后顺序来决定。但如果这 10 个资源中的第 1 个就让服务器陷入长时间运算状态会怎样呢？当它的请求被发送到服务端之后，服务端开始计算，而运算结果出来之前 TCP 连接中并没有任何数据返回，此时后面 9 个资源都必须阻塞等待。因为服务端虽然可以并行处理另外 9 个请求（譬如第 1 个是复杂运算请求，消耗 CPU 资源，第 2 个是数据库访问，消耗数据库资源，第 3 个是访问某张图片，消耗磁盘 I/O 资源，这就很适合并行），但问题是处理结果无法及时返回客户端，服务端不能因为哪个请求先完成就返回哪个，更不可能将所有要返回的资源混杂到一起交叉传输，原因是只使用一个 TCP 连接来传输多个资源的话，如果顺序乱了，客户端就很难区分哪个数据包归属哪个资源了。

2014 年，IETF 发布的 RFC 7230 中提出了名为"HTTP 管道"（HTTP Pipelining）的复用技术，试图在 HTTP 服务器中也建立类似客户端的 FIFO 队列，让客户端一次将所有要请求的资源名单全部发给服务端，由服务端来安排返回顺序，管理传输队列。无论队列维护在服务端还是客户端，其实都无法完全避免队首阻塞的问题，但由于服务端能够较为准确地评估资源消耗情况，进而能够更紧凑地安排资源传输，保证队列中两项工作之间尽量减少空隙，甚至做到并行化传输，从而提升链路传输的效率。可是，由于 HTTP 管道需要多方共同支持，协调起来相当复杂，推广得并不算成功。

队首阻塞问题一直持续到第二代的 HTTP 协议，即 HTTP/2 发布后才算是被比较完美地解决。在 HTTP/1.x 中，HTTP 请求就是传输过程中最小粒度的信息单位了，所以如果将多个请求切碎，再混杂在一块传输，客户端势必难以分辨、重组出有效信息。而在 HTTP/2 中，帧（Frame）才是最小粒度的信息单位，它可以用来描述各种数据，譬如请求的 Headers、Body，或者用来做控制标识，譬如打开流、关闭流。这里说的流（Stream）是一个逻辑上的数据通道概念，每个帧都附带一个流 ID 以标识这个帧属于哪个流。这样，在同一个 TCP 连接中传输的多个数据帧就可以根据流 ID 轻易区分开来，在客户端毫不费力地将不同流中的数据重组出不同 HTTP 请求和响应报文来。这项设计是 HTTP/2 的最重要的技术特征一，被称为 HTTP/2 多路复用（HTTP/2 Multiplexing）技术，如图 4-4 所示。

有了多路复用的支持，HTTP/2 就可以对每个域名只维持一个 TCP 连接（One Connection Per Origin）并以任意顺序传输任意数量的资源了，这样既减轻了服务器的连接压力，也不需要开发者去考虑域名分片这种事情来突破浏览器对每个域名最多 6 个的连接数限制。更重要的是，没有 TCP 连接数的压力，就无须刻意压缩 HTTP 请求，所有通过合并、内联文件（无论是图片、样式、脚本）以减少请求数的需求都不再成立，甚至会被当作徒增副作用的反模式。

说这是反模式，也许还有一些前端开发人员会不同意，认为 HTTP 请求少一些总是好的，减少请求数量，最起码也减少了传输中耗费的 Header。这里必须先承认一个事实，在 HTTP 传输中的 Header 占传输成本的比重是相当大的，对于许多小资源，甚至可能出现

Header 的容量比 Body 还要大，以至于在 HTTP/2 中必须专门考虑如何进行 Header 压缩的问题。但是，以下几个因素决定了通过合并资源文件减少请求数，对节省 Header 成本并没有太大帮助。

- ❑ Header 的传输成本在 Ajax（尤其是只返回少量数据的请求）请求中是比重很大的开销，但在图片、样式、脚本这些静态资源的请求中，通常并不占主要地位。

- ❑ 在 HTTP/2 中 Header 压缩的原理是基于字典编码的信息复用。简而言之，同一个连接上产生的请求和响应越多，动态字典积累得越全，头部压缩效果也就越好。所以 HTTP/2 是单域名单连接的机制，合并资源和域名分片反而不利于提升 Header 压缩效果。

- ❑ 与 HTTP/1.x 相比，HTTP/2 本身变得更适合传输小资源，譬如传输 1000 张 10KB 的小图，HTTP/2 肯定要比 HTTP/1.x 快，但传输 10 张 1000KB 的大图，则大概率 HTTP/1.x 会更快些。这是 TCP 连接数量（相当于多点下载）的影响，但更多是由 TCP 协议可靠传输机制导致的，一个错误的 TCP 包会导致所有的流都必须等待这个包重传成功，这是 HTTP/3 要解决的问题。因此，把小文件合并成大文件，在 HTTP/2 下是毫无益处的。

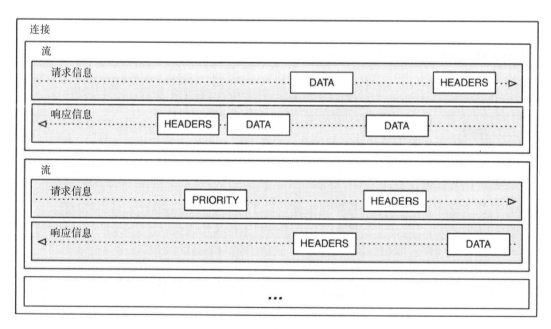

图 4-4　HTTP/2 的多路复用

4.3.2　传输压缩

我们接下来讨论链路优化中缓存、连接之外的另一个主要话题：压缩。同时也是为了解决上一节遗留的问题：如何不以断开 TCP 连接为标志来判断资源已传输完毕。

HTTP 很早就支持了 GZip 压缩，因为 HTTP 传输的内容主要是文本数据，譬如 HTML、CSS、Script 等，而对于文本数据启用压缩的收益是非常高的，传输数据量一般会降至原有的 20% 左右。对于那些不适合压缩的资源，Web 服务器能根据 MIME 类型自动判断是否对响应进行压缩，这样，已经采用过压缩算法存储的资源，如 JPEG、PNG 图片，便不会被二次压缩，空耗性能。

不过，大概就没有多少人想过压缩与之前提到的用于节约 TCP 的持久连接机制是存在冲突的。在网络时代的早期，服务器处理能力还很薄弱，为了启用压缩，会把静态资源先预先压缩为 .gz 文件的形式存放起来，当客户端可以接收压缩版本的资源时（请求的 Header 中包含 Accept-Encoding: gzip）就返回压缩后的版本（响应的 Header 中包含 Content-Encoding: gzip），否则返回未压缩的原版，这种方式被称为"静态预压缩"（Static Precompression）。而现代的 Web 服务器处理能力有了大幅提升，已经没有人再采用麻烦的预压缩方式了，都是由服务器对符合条件的请求在输出时进行"即时压缩"（On-The-Fly Compression），整个压缩过程全部在内存的数据流中完成，不必等资源压缩完成再返回响应，这样可以显著提高"首字节时间"（Time To First Byte，TTFB），改善 Web 性能体验。而这个过程中唯一不好的地方就是服务器再也没有办法给出 Content-Length 这个响应 Header 了，因为输出 Header 时服务器还不知道压缩后资源的确切大小。

到这里，大家了解即时压缩与持久连接的冲突在哪了吗？持久连接机制不再依靠 TCP 连接是否关闭来判断资源请求是否结束，它会重用同一个连接以便向同一个域名请求多个资源，这样，客户端就必须要有除了关闭连接之外的其他机制来判断一个资源什么时候算传递完毕，这个机制最初（在 HTTP/1.0 时）就只有 Content-Length，即依靠请求 Header 中明确给出资源的长度判断，传输到达该长度即宣告一个资源的传输已结束。由于启用即时压缩后就无法给出 Content-Length 了，如果是 HTTP/1.0 的话，持久连接和即时压缩只能二选一，事实上在 HTTP/1.0 中对两者都支持，却默认都是不启用的。依靠 Content-Length 来判断传输结束的缺陷，不仅仅在于即时压缩这一种场景，譬如对于动态内容（Ajax、PHP、JSP 等输出），服务器也同样无法事先得知 Content-Length。

HTTP/1.1 版本中修复了这个缺陷，增加了另一种"分块传输编码"（Chunked Transfer Encoding）的资源结束判断机制，彻底解决了 Content-Length 与持久连接的冲突问题。分块编码的原理相当简单：在响应 Header 中加入"Transfer-Encoding: chunked"之后，就代表这个响应报文将采用分块编码。此时，报文中的 Body 需要改为用一系列"分块"来传输。每个分块包含十六进制的长度值和对应长度的数据内容，长度值独占一行，数据从下一行开始，最后以一个长度值为 0 的分块来表示资源结束。举个具体例子⊖：

```
HTTP/1.1 200 OK
```

⊖　例子来自于维基百科，为便于观察，只分块，未压缩。

```
Date: Sat, 11 Apr 2020 04:44:00 GMT
Transfer-Encoding: chunked
Connection: keep-alive

25
This is the data in the first chunk

1C
and this is the second one

3
con

8

sequence

0
```

根据分块长度可知，前两个分块包含显式的回车换行符（CRLF，即 \r\n 字符）。

```
"This is the data in the first chunk\r\n"      (37 字符 => 十六进制: 0x25)
"and this is the second one\r\n"               (28 字符 => 十六进制: 0x1C)
"con"                                          (3  字符 => 十六进制: 0x03)
"sequence"                                     (8  字符 => 十六进制: 0x08)
```

所以解码后的内容为：

```
This is the data in the first chunk
and this is the second one
consequence
```

一般来说，Web 服务器给出的数据分块大小应该（但并不强制）是一致的，而不是如例子中那样随意。HTTP/1.1 通过分块传输解决了即时压缩与持久连接并存的问题，到了 HTTP/2，由于多路复用和单域名单连接的设计，已经无须再刻意去提持久连接机制了，但数据压缩仍然有节约传输带宽的重要价值。

4.3.3 快速 UDP 网络连接

HTTP 是应用层协议而不是传输层协议，它的设计原本不应该过多地考虑底层的传输细节，从职责上讲，持久连接、多路复用、分块编码这些能力，已经或多或少超过了应用层的范畴。要从根本上改进 HTTP，必须直接替换掉 HTTP over TCP 的根基，即 TCP 传输协议，这便是最新一代 HTTP/3 协议的设计重点。

推动替换 TCP 协议的先驱者并不是 IETF，而是 Google 公司。目前，世界上只有 Google 公司具有这样的能力，这并不是因为 Google 的技术实力雄厚，而是由于它同时持有占浏览器市场 70% 份额的 Chrome 浏览器与占移动领域半壁江山的 Android 操作系统。

2013 年，Google 在它的服务器（如 Google.com、YouTube.com 等）及 Chrome 浏览器上同时启用了名为"快速 UDP 网络连接"（Quick UDP Internet Connection，QUIC）的全

新传输协议。在 2015 年，Google 将 QUIC 提交给 IETF，并在 IETF 的推动下对 QUIC 进行重新规范化（为以示区别，业界习惯将此前的版本称为 gQUIC，将规范化后的版本称为 iQUIC），使其不仅能满足 HTTP 传输协议，日后还能支持 SMTP、DNS、SSH、Telnet、NTP 等多种其他上层协议。2018 年末，IETF 正式批准了 HTTP over QUIC 使用 HTTP/3 的版本号，将其确立为最新一代的互联网标准。

从名字上就能看出 QUIC 会以 UDP 协议为基础，而 UDP 协议没有丢包自动重传的特性，因此 QUIC 的可靠传输能力并不是由底层协议提供，而是完全由自己实现。由 QUIC 自己实现的好处是能对每个流做单独的控制，如果在一个流中发生错误，协议栈仍然可以独立地继续为其他流提供服务。这对提高易出错链路的性能非常有用，因为在大多数情况下，TCP 协议接到数据包丢失或损坏通知之前，可能已经收到了大量的正确数据，但是在纠正错误之前，其他的正常请求都会等待甚至被重发，这也是在 4.3.1 节中笔者提到 HTTP/2 未能解决传输大文件慢的根本原因。

QUIC 的另一个设计目标是面向移动设备的专门支持，由于以前 TCP、UDP 传输协议在设计时根本不可能设想到今天移动设备盛行的场景，因此肯定不会有任何专门的支持。QUIC 在移动设备上的优势体现在网络切换时的响应速度上，譬如当移动设备在不同 Wi-Fi 热点之间切换，或者从 Wi-Fi 切换到移动网络时，如果使用 TCP 协议，现存的所有连接都必定会超时、中断，然后根据需要重新创建。这个过程会带来很高的延迟，因为超时和重新握手都需要大量时间。为此，QUIC 提出了连接标识符的概念，该标识符可以唯一地标识客户端与服务器之间的连接，而无须依靠 IP 地址。这样，切换网络后，只需向服务端发送一个包含此标识符的数据包即可重用既有的连接，因为即使用户的 IP 地址发生变化，原始连接的连接标识符依然是有效的。

无论是 TCP 协议还是 HTTP 协议，都已经存在了数十年。它们在积累了大量用户的同时，也承载了很重的技术惯性，要使 HTTP 从 TCP 迁移走，即使由 Google 和 IETF 来推动依然不是一件容易的事情。一个最显著的问题是互联网基础设施中的许多中间设备，都只面向 TCP 协议去建造，仅对 UDP 提供很基础的支持，有的甚至完全阻止 UDP 的流量。因此，Google 在 Chromium 的网络协议栈中同时启用了 QUIC 和传统 TCP 连接，并在 QUIC 连接失败时以零延迟回退到 TCP 连接，尽可能让用户无感知地扩大 QUIC 的使用面。

根据 W3Techs 的数据[⊖]，截至 2020 年 10 月，全球已有 48.9% 的网站支持 HTTP/2 协议，按照维基百科中的记录，这个数字在 2019 年 6 月时还只是 36.5%。对于 HTTP/3，今天也已经得到了 7.2% 的网站的支持。可以肯定地说，目前网络链路传输领域正处于新旧交替的时代，许多既有设备、程序、知识都会在未来几年时间里出现重大更新。

⊖ 数据来源：https://w3techs.com/technologies/overview/site_element。

4.4　内容分发网络

前面几节介绍了客户端缓存、域名解析、链路优化，这节我们来讨论它们的一个经典的综合运用案例：内容分发网络（Content Distribution Network，CDN，也有写作 Content Delivery Network）。

内容分发网络是一种十分古老的应用，相信大部分读者都或多或少对其有一定了解，至少听过它的名字。如果把某个互联网系统比喻为一家企业，那内容分发网络就是它遍布世界各地的分支销售机构。假设现在有客户要买一块 CPU，那么订机票飞到美国加州 Intel 总部肯定是不合适的，到本地电脑城找个装机铺才是通常的做法，在此场景中，内容分发网络就相当于电脑城里的本地经销商。

内容分发网络又是一种十分透明的应用，可能绝大多数读者对于它为互联网站点分流的工作原理并没有什么系统性的概念，至少没有自己亲自使用过。

如果抛却其他影响服务质量的因素，仅从网络传输的角度看，一个互联网系统的速度取决于以下四个因素。

❑ 网站服务器接入网络运营商的链路所能提供的出口带宽。

❑ 用户客户端接入网络运营商的链路所能提供的入口带宽。

❑ 从网站到用户经过的不同运营商之间的互联节点的带宽，一般来说两个运营商之间只有固定的若干个点是互通的，所有跨运营商之间的交互都要经过这些点。

❑ 从网站到用户的物理链路传输时延。爱打游戏的读者应该都清楚，延迟（Ping 值）比带宽更重要。

以上四个因素，除了第二个只能通过换一个更好的宽带才能改善之外，其余三个都能通过内容分发网络来显著改善。一个运作良好的内容分发网络，能为互联网系统解决跨运营商、跨地域物理距离所导致的时延问题，能为网站流量带宽起到分流、减负的作用。举个例子，如果不是有遍布全国乃至全世界的阿里云 CDN 网络支持，哪怕把整个杭州所有市民上网的权力都剥夺了，把带宽全部让给淘宝的机房，恐怕也撑不住全国乃至全球用户在双十一期间的疯狂"围殴"。

内容分发网络的工作过程，主要涉及路由解析、内容分发、负载均衡和 CDN 应用四个方面，由于下一节会专门讨论负载均衡的内容，所以这部分在本节暂不涉及，下面我们来逐一了解其余三个方面。

4.4.1　路由解析

在介绍 DNS 域名解析时，笔者曾提到翻译域名无须像查电话本一样刻板地一对一翻译，根据来访机器、网络链路、服务内容等各种信息，可以玩出很多"花样"，内容分发网络将用户请求路由到它的资源服务器上就是依靠 DNS 服务器来实现的。根据我们对 DNS 域名解析的了解，一次没有内容分发网络参与的用户访问，其解析过程如图 4-5 所示。

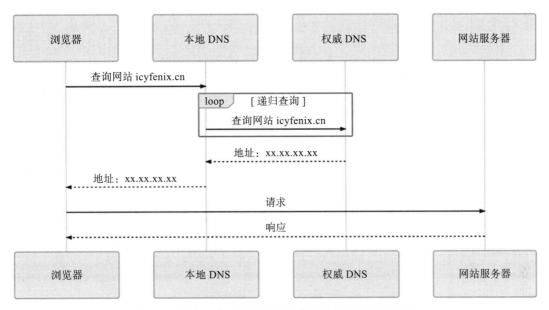

图 4-5　没有内容分发网络参与的用户访问的解析过程

　　那么，有内容分发网络介入会发生什么变化呢？我们不妨先来看一段对网站"icyfenix.
cn."进行 DNS 查询的真实应答记录，这个网站就是通过国内的内容分发网络对位于
GitHub Pages 上的静态页面进行加速的。通过 dig 或者 host 命令，能够很方便地得到 DNS
服务器的返回结果（结果中头 4 个 IP 的城市地址是笔者手工加入的，后面的其他记录就不
一个一个查了），如下所示：

```
$ dig icyfenix.cn

; <<>> DiG 9.11.3-1ubuntu1.8-Ubuntu <<>> icyfenix.cn
;; global options: +cmd
;; Got answer:
;; ->>HEADER<<- opcode: QUERY, status: NOERROR, id: 60630
;; flags: qr rd ra; QUERY: 1, ANSWER: 17, AUTHORITY: 0, ADDITIONAL: 1

;; OPT PSEUDOSECTION:
; EDNS: version: 0, flags:; udp: 65494
;; QUESTION SECTION:
;icyfenix.cn.                    IN      A

;; ANSWER SECTION:
icyfenix.cn.              600     IN      CNAME   icyfenix.cn.cdn.dnsv1.com.
icyfenix.cn.cdn.dnsv1.com. 599    IN      CNAME   4yi4q4z6.dispatch.spcdntip.com.
4yi4q4z6.dispatch.spcdntip.com. 60 IN     A       101.71.72.192   #浙江宁波市
4yi4q4z6.dispatch.spcdntip.com. 60 IN     A       113.200.16.234  #陕西省榆林市
4yi4q4z6.dispatch.spcdntip.com. 60 IN     A       116.95.25.196   #内蒙古自治区呼和浩特市
4yi4q4z6.dispatch.spcdntip.com. 60 IN     A       116.178.66.65   #新疆维吾尔自治区乌鲁木齐市
4yi4q4z6.dispatch.spcdntip.com. 60 IN     A       118.212.234.144
4yi4q4z6.dispatch.spcdntip.com. 60 IN     A       211.91.160.228
```

```
4yi4q4z6.dispatch.spcdntip.com.    60 IN  A  211.97.73.224
4yi4q4z6.dispatch.spcdntip.com.    60 IN  A  218.11.8.232
4yi4q4z6.dispatch.spcdntip.com.    60 IN  A  221.204.166.70
4yi4q4z6.dispatch.spcdntip.com.    60 IN  A  14.204.74.140
4yi4q4z6.dispatch.spcdntip.com.    60 IN  A  43.242.166.88
4yi4q4z6.dispatch.spcdntip.com.    60 IN  A  59.80.39.110
4yi4q4z6.dispatch.spcdntip.com.    60 IN  A  59.83.204.12
4yi4q4z6.dispatch.spcdntip.com.    60 IN  A  59.83.204.14
4yi4q4z6.dispatch.spcdntip.com.    60 IN  A  59.83.218.235

;; Query time: 74 msec
;; SERVER: 127.0.0.53#53(127.0.0.53)
;; WHEN: Sat Apr 11 22:33:56 CST 2020
;; MSG SIZE  rcvd: 152
```

根据以上解析信息，DNS 服务为"icyfenix.cn."的查询结果先返回了一个 CNAME 记录（icyfenix.cn.cdn.dnsv1.com.），递归查询该 CNAME 时，返回了另一个看起来更奇怪的 CNAME（4yi4q4z6.dispatch.spcdntip.com.）。继续查询后，这个 CNAME 返回了十几个位于全国不同地区的 A 记录，很明显，这些 A 记录就是分布在全国各地、存有本站缓存的 CDN 节点。CDN 路由解析的具体工作流程如下。

❑ 架设好"icyfenix.cn."的服务器后，在你的 CDN 服务商上将服务器的 IP 地址注册为"源站"，注册后你会得到一个 CNAME，即本例中的"icyfenix.cn.cdn.dnsv1.com."。

❑ 在你购买域名的 DNS 服务商上将得到的 CNAME 注册为一条 CNAME 记录。

❑ 当第一位用户来访时，将首先发生一次未命中缓存的 DNS 查询，域名服务商解析出 CNAME 后，返回给本地 DNS，之后链路解析的主导权就开始由内容分发网络的调度服务接管了。

❑ 本地 DNS 查询 CNAME 时，由于能解析该 CNAME 的权威服务器只有 CDN 服务商所架设的权威 DNS，这个 DNS 服务将根据一定的均衡策略和参数，如拓扑结构、容量、时延等，在全国各地能提供服务的 CDN 缓存节点中挑选一个最适合的，并将它的 IP 代替源站的 IP 地址，返回给本地 DNS。

❑ 浏览器从本地 DNS 拿到 IP 地址后，将该 IP 当作源站服务器来进行访问，此时该 IP 的 CDN 节点上可能有，也可能没有缓存过源站的资源，这点将在稍后的 4.4.2 节讨论。

❑ 经过内容分发后的 CDN 节点，就有能力代替源站向用户提供所请求的资源了。

以上步骤反映在时序图上，如图 4-6 所示，读者可自行与本节开头给出的没有内容分发网络参与的图 4-5 进行对比。

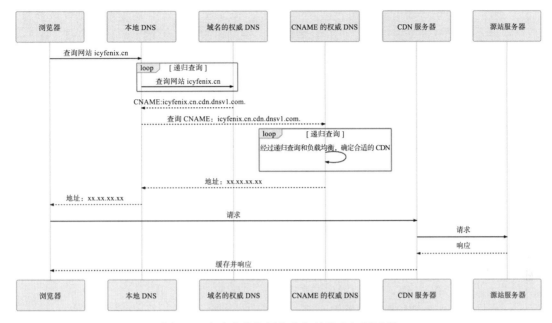

图 4-6　有内容分发网络参与的路由解析过程

4.4.2　内容分发

在 DNS 服务器的协助下，无论是对用户还是服务器，内容分发网络都可以是完全透明的，如在两者都不知情的情况下，由 CDN 的缓存节点接管了用户向服务器发出资源请求。后面随之而来的问题是缓存节点中必须有用户想要请求的资源副本，才可能代替源站来响应用户请求。这里面又包括两个子问题："如何获取源站资源"和"如何管理（更新）资源"。CDN 获取源站资源的过程被称为"内容分发"，"内容分发网络"的名字正是由此而来，这也是 CDN 的核心价值。目前主要有以下两种主流的内容分发方式。

- **主动分发**（Push）：分发由源站主动发起，将内容从源站或者其他资源库推送到用户边缘的各个 CDN 缓存节点上。这个推送的操作没有什么业界标准可循，可以选择任何传输方式（HTTP、FTP、P2P，等等）、任何推送策略（满足特定条件、定时、人工，等等）、任何推送时间，只要与后面说的更新策略相匹配即可。由于主动分发通常需要源站、CDN 服务双方提供程序 API 接口层面的配合，所以它对源站并不是透明的，只对用户一侧单向透明。主动分发一般用于网站要预载大量资源的场景。譬如在双十一之前的一段时间内，淘宝、京东等各个网络商城会把未来活动中所要用到的资源推送到 CDN 缓存节点中，特别常用的资源甚至会直接缓存到你的手机 App 的存储空间或者浏览器的 localStorage 上。
- **被动回源**（Pull）：被动回源由用户访问所触发，是全自动、双向透明的资源缓存过程。当某个资源首次被用户请求的时候，若 CDN 缓存节点发现自己没有该资源，就会实时从源站中获取，这时资源的响应时间可粗略认为是资源从源站到 CDN 缓存节点的时间，加上资源从 CDN 发送到用户的时间之和。因此，被动回源的首次访问通常比较慢（但由于 CDN 的网络条件一般远高于普通用户，并不一定比用户直接访问源站更慢），不适合应用于数据量较大的资源。被动回源的优点是可以做到完全的双向透明，不需要源站在程序上做任何配合，使用起来非常方便。这种分发方式是小型站点使用 CDN 服务的主流选择，如果不是自建 CDN，而是购买阿里云、腾讯云的 CDN 服务的站点，多数采用的就是这种方式。

对于"CDN 如何管理（更新）资源"这个问题，同样没有统一的标准可言，尽管在 HTTP 协议中，关于缓存的 Header 定义中确实有对 CDN 这类共享缓存的一些指引性参数的定义，譬如 Cache-Control 的 s-maxage，但是否要遵循，完全取决于 CDN 本身的实现策略。更令人感到无奈的是，由于大多数网站的开发和运维人员并不十分了解 HTTP 缓存机制，所以导致如果 CDN 完全照着 HTTP Header 来控制缓存失效和更新，效果反而会很差，还可能引发其他问题。因此，对 CDN 缓存的管理不存在通用的准则。

现在，最常见的做法是超时被动失效与手工主动失效相结合。超时被动失效是指给予缓存资源一定的生存期，超过了生存期就在下次请求时重新被动回源一次。而手工主动失效是指 CDN 服务商一般会提供处理失效缓存的接口，在网站更新时，由持续集成的流水线自动调用该接口来实现缓存更新，譬如"icyfenix.cn"就是依靠 Travis-CI 的持续集成服务来触发 CDN 失效和重新预热的。

4.4.3　CDN 应用

CDN 最初是为了快速分发静态资源而设计的，但今天的 CDN 所能做的事情已经远远超越了最初的目标，限于这部分应用太多，无法展开逐一细说，笔者只能对现在 CDN 可以做的事情简要列举，以便读者有个总体认知。

❑ **加速静态资源分发**：这是 CDN 的本职工作。
❑ **安全防御**：CDN 在广义上可以视作网站的堡垒机，源站只对 CDN 提供服务，由 CDN 来对外界其他用户提供服务，这样恶意攻击者就不容易直接威胁源站。CDN 对某些攻击手段的防御，如对 DDoS 攻击的防御尤其有效。但需注意，将安全都寄托在 CDN 上本身是不安全的，一旦源站真实 IP 被泄漏，就会面临很高的风险。
❑ **协议升级**：不少 CDN 提供商都同时对接（代售 CA 的）SSL 证书服务，可以实现源站是基于 HTTP 协议的，而对外开放的网站是基于 HTTPS 的。同理，可以实现源站到 CDN 是 HTTP/1.x 协议，CDN 提供的外部服务是 HTTP/2 或 HTTP/3 协议；实现源站是基于 IPv4 网络的，CDN 提供的外部服务支持 IPv6 网络，等等。
❑ **状态缓存**：4.1 节介绍客户端缓存时简要提到了状态缓存，而 CDN 不仅可以缓存源站的资源，还可以缓存源站的状态，譬如可以通过 CDN 缓存源站的 301/302 状态让客户端直接跳转，也可以通过 CDN 开启 HSTS、通过 CDN 进行 OCSP 装订加速 SSL 证书访问，等等。有一些情况下甚至可以配置 CDN 对任意状态码（譬如 404）进行一定时间的缓存，以减轻源站压力，但这个操作应当慎重，且在网站状态发生改变时要及时刷新缓存。

☐ **修改资源**：CDN 可以在返回资源给用户的时候修改资源的任何内容，以实现不同的目的。譬如，可以对源站未压缩的资源自动压缩并修改 Content-Encoding，以节省用户的网络带宽消耗，可以对源站未启用客户端缓存的内容加上缓存 Header，自动启用客户端缓存，可以修改 CORS 的相关 Header，为源站不支持跨域的资源提供跨域能力，等等。

☐ **访问控制**：CDN 可以实现 IP 黑 / 白名单功能，如根据不同的来访 IP 提供不同的响应结果，根据 IP 的访问流量来实现 QoS 控制，根据 HTTP 的 Referer 来实现防盗链，等等。

☐ **注入功能**：CDN 可以在不修改源站代码的前提下，为源站注入各种功能。图 4-7 所示是国际 CDN 巨头 CloudFlare 提供的 Google Analytics、PACE、Hardenize 等第三方应用，这些原本需要在源站中注入代码的应用，在有 CDN 参与的情况下均能做到无须修改源站任何代码即可使用。

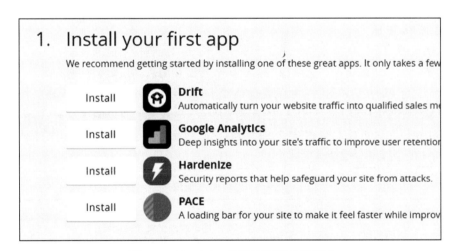

图 4-7　CloudFlare⊖提供的第三方应用

4.5　负载均衡

在互联网时代的早期，网站流量还相对较小，业务也相对简单，单台服务器便可满足

⊖　https://www.cloudflare.com/。

访问需要，但时至今日，互联网应用也好，企业级应用也好，一般实际用于生产的系统，几乎都离不开集群部署。信息系统不论是单体架构多副本还是微服务架构，不论是为了实现高可用还是为了获得高性能，都需要利用多台机器来扩展服务能力，希望用户的请求不管连接到哪台机器上，都能得到相同的处理。另一方面，如何构建和调度服务集群这件事，又必须对用户保持足够的透明，即使请求背后是由一千台、一万台机器来共同响应的，也无须用户关心，他们只需要记住一个域名地址即可。调度后方的多台机器，以统一的接口对外提供服务，承担此职责的技术组件被称为"负载均衡"（Load Balancing）。

真正大型系统的负载均衡过程往往是多级的。譬如，在各地建有多个机房，或机房有不同网络链路入口的大型互联网站，会从 DNS 解析开始，通过"域名"→"CNAME"→"负载调度服务"→"就近的数据中心入口"的路径，先将来访地用户根据 IP 地址（或者其他条件）分配到一个合适的数据中心中，然后才到各式负载均衡。在 DNS 层面的负载均衡与前面介绍的 DNS 智能线路、内容分发网络等在工作原理上是类似的，差别只是数据中心能提供的不只是缓存，而是全方位的服务能力。由于这种方式此前已经详细讲解过，后续我们所讨论的"负载均衡"就只聚焦于网络请求进入数据中心入口之后的其他级次的负载均衡。

无论在网关内部建立了多少级的负载均衡，从形式上来说都可以分为两种：四层负载均衡和七层负载均衡。在详细介绍它们是什么以及如何工作之前，我们先来建立两个总体的、概念性的印象。

❏ 四层负载均衡的优势是性能高，七层负载均衡的优势是功能强。

❏ 做多级混合负载均衡，通常应是低层负载均衡在前，高层负载均衡在后。

我们所说的"四层""七层"指的是经典的 OSI 七层模型中的第四层传输层和第七层应用层。表 4-1 是维基百科上对 OSI 七层模型的介绍（笔者做了简单的中文翻译），这部分属于网络基础知识，这里就不多解释了。后面我们会多次使用到这张表，如你对网络知识并不是特别了解，可自行查阅相关资料。

表 4-1　OSI 七层模型

#	层	数据单元	功能
七	应用层（Application Layer）	数据（Data）	为应用软件提供服务的接口，用于与其他应用软件之间的通信。典型协议有 HTTP、HTTPS、FTP、Telnet、SSH、SMTP、POP3 等
六	表达层（Presentation Layer）	数据（Data）	把数据转换为能与接收者的系统格式兼容并适合传输的格式
五	会话层（Session Layer）	数据（Data）	负责在数据传输中设置和维护计算机网络中两台计算机之间的通信连接
四	传输层（Transport Layer）	数据段（Segment）	把传输表头加至数据后以形成数据包。传输表头包含所使用的协议等发送信息。典型协议有 TCP、UDP、RDP、SCTP、FCP 等

（续）

#	层	数据单元	功能
三	网络层 （Network Layer）	数据包 （Packet）	提供数据的传输路径选择和转发功能，将网络表头附加至数据段后以形成报文（即数据包）。典型协议有 IPv4/IPv6、IGMP、ICMP、EGP、RIP 等
二	数据链路层 （Data Link Layer）	数据帧 （Frame）	负责点对点的网络寻址、错误侦测和纠错。当表头和表尾被附加至数据包后，就形成数据帧（Frame）。典型协议有 Wi-Fi（802.11）、Ethernet（802.3）、PPP 等
一	物理层 （Physical Layer）	比特流 （Bit）	在局域网上传送数据帧，负责管理电脑通信设备和网络媒体之间的互通。包括针脚、电压、线缆规范、集线器、中继器、网卡、主机接口卡等

现在所说的"四层负载均衡"其实是多种均衡器工作模式的统称，"四层"是说这些工作模式的共同特点是维持同一个 TCP 连接，而不是说它只工作在第四层。事实上，这些模式主要都工作在第二层（数据链路层，改写 MAC 地址）和第三层（网络层，改写 IP 地址）上，单纯只处理第四层（传输层，可以改写 TCP、UDP 等协议的内容和端口）的数据无法做到负载均衡的转发，因为 OSI 的下三层是媒体层（Media Layer），上四层是主机层（Host Layer），既然流量都已经到达目标主机上了，也就谈不上什么流量转发，最多只能做代理。但出于习惯和方便，现在几乎所有的资料都把它们统称为四层负载均衡，笔者也同样称呼它为四层负载均衡，如果读者在某些资料上看见"二层负载均衡""三层负载均衡"的表述，应该了解这是在描述它们工作的具体层次，与这里说的"四层负载均衡"并不是同一类意思。下面笔者将介绍几种常见的四层负载均衡的工作模式。

4.5.1　数据链路层负载均衡

参考上面的表 4-1 可知，数据链路层传输的内容是数据帧（Frame），譬如常见的以太网帧、ADSL 宽带的 PPP 帧等。我们讨论的具体上下文里，目标就是以太网帧。按照 IEEE 802.3 标准，最典型的 1500 字节 MTU 的以太网帧结构如表 4-2 所示。

表 4-2　最典型的 1500 字节 MTU 的以太网帧结构说明

数据项	取值
前导码	10101010 7 字节
帧开始符	10101011 1 字节
MAC 目标地址	6 字节
MAC 源地址	6 字节
802.1Q 标签（可选）	4 字节
以太类型	2 字节
有效负载	1500 字节
冗余校验	4 字节
帧间距	12 字节

　　关于以太网帧结构中的各数据项的含义,本节中只需注意"MAC 目标地址"和"MAC 源地址"两项即可。我们知道每一块网卡都有独立的 MAC 地址,通过以太网帧上的这两个地址可以告诉交换机,此帧是从连接在交换机上的哪个端口的网卡发出,送至哪块网卡的。

　　数据链路层负载均衡所做的工作,是修改请求的数据帧中的 MAC 目标地址,让用户原本发送给负载均衡器的请求的数据帧,被二层交换机根据新的 MAC 目标地址转发到服务器集群中对应的服务器(后文称为"真实服务器",Real Server)的网卡上,这样真实服务器就获得了一个原本目标并不是发送给它的数据帧。

　　由于二层负载均衡器在转发请求过程中只修改了帧的 MAC 目标地址,不涉及更上层协议(没有修改 Payload 的数据),所以在更上层(第三层)看来,所有数据都是未曾改变过的。由于第三层的数据包,即 IP 数据包中包含了源(客户端)和目标(均衡器)的 IP 地址,只有真实服务器保证自己的 IP 地址与数据包中的目标 IP 地址一致,这个数据包才能被正确处理。因此,使用这种负载均衡模式时,需要把真实物理服务器集群中所有机器的虚拟 IP 地址(Virtual IP Address,VIP)配置成与负载均衡器的虚拟 IP 一样,才能使经均衡器转发后的数据包在真实服务器中顺利地使用。也正是因为实际处理请求的真实物理服务器 IP 和数据请求中的目的 IP 是一致的,所以响应结果就不再需要通过负载均衡器进行地址交换,而是可将响应结果的数据包直接从真实服务器返回给用户的客户端,避免负载均衡器网卡带宽成为瓶颈,因此数据链路层负载均衡的效率是相当高的。此模式从请求到响应的过程如图 4-8 所示。

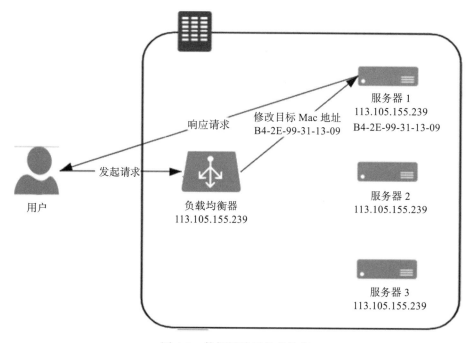

图 4-8　数据链路层负载均衡

在上述只有请求经过负载均衡器，而服务的响应无须从负载均衡器原路返回的工作模式中，整个请求、转发、响应的链路形成了一个"三角关系"，所以这种负载均衡模式也常被形象地称为"三角传输模式"（Direct Server Return，DSR），也称为"单臂模式"（Single Legged Mode）或者"直接路由"（Direct Routing）。

虽然数据链路层负载均衡的效率很高，但它并不能适用于所有场合，除了无法适用于那些需要感知应用层协议信息的负载均衡场景外（所有的四层负载均衡器都无法适用，具体将在后续介绍七层负载均衡器时一并解释），它在网络侧受到的约束也很大。二层负载均衡器直接改写目标 MAC 地址的工作原理决定了它与真实服务器的通信必须是二层可达的，通俗地说就是必须位于同一个子网当中，无法跨 VLAN。所以，优势（效率高）和劣势（不能跨子网）共同决定了数据链路层负载均衡最适合作为数据中心的第一级均衡设备，用来连接其他的下级负载均衡器。

4.5.2　网络层负载均衡

根据 OSI 七层模型，在第三层网络层传输的单位是分组数据包（Packet），这是一种在分组交换网络（Packet Switching Network，PSN）中传输的结构化数据单位。以 IP 协议为例，一个 IP 数据包由头部（Header）和荷载（Payload）两部分组成，Header 的长度最大为 60 字节，其中包括 20 字节的固定数据和最长不超过 40 字节的可选数据。按照 IPv4 标准，一个典型的分组数据包的 Header 部分具有如表 4-3 所示的结构。

表 4-3　分组数据包的 Header 部分说明

长度	存储信息
0 ~ 4 字节	版本号（4 位）、头部长度（4 位）、分区类型（8 位）、总长度（16 位）
5 ~ 8 字节	报文计数标识（16 位）、标志位（4 位）、片偏移（12 位）
9 ~ 12 字节	TTL 生存时间（8 位）、上层协议代号（8 位）、头部校验和（16 位）
13 ~ 16 字节	源地址（32 位）
17 ~ 20 字节	目标地址（32 位）
20 ~ 60 字节	可选字段和空白填充

在本节，无须过多关注表格中的其他信息，只要知道在 IP 分组数据包的 Header 中带有源和目标的 IP 地址即可。源和目标 IP 地址说明了数据是从分组交换网络中哪台机器发送到哪台机器的，我们可以沿用与二层改写 MAC 地址相似的思路，通过改变这里面的 IP 地址来实现数据包的转发。具体有两种常见的修改方式。

第一种是保持原数据包不变，新创建一个数据包，把原数据包的 Header 和 Payload 整体作为新数据包的 Payload，并在这个新数据包的 Header 中写入真实服务器的 IP 作为目标地址，然后把它发送出去。经过三层交换机的转发，真实服务器收到数据包后，必须在接收入口处设计一个针对性的拆包机制，把由负载均衡器自动添加的那层 Header 扔掉，还原出原数据包来进行使用。这样，真实服务器就同样拿到了一个原本不是发给它（目标 IP 不是它）的数据包，达到了流量转发的目的。当时还没有流行起"禁止套娃"的梗，所以设计者将这种"套娃式"的传输称为"IP 隧道"（IP Tunnel）传输，也是相当的形象。

尽管因为要封装新的数据包，IP 隧道转发模式的效率比直接路由模式的效率低，但由于并没有修改原数据包中的任何信息，所以 IP 隧道转发模式仍然具备三角传输的特性，即负载均衡器转发来的请求，可以由真实服务器去直接应答，无须经过负载均衡器原路返回。而且由于 IP 隧道工作在网络层，所以可以跨越 VLAN，因此摆脱了直接路由模式中网络侧的约束。此模式从请求到响应的过程如图 4-9 所示。

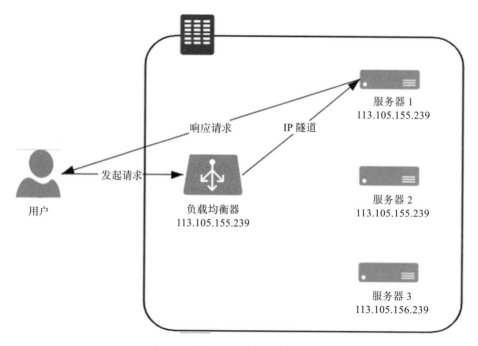

图 4-9　IP 隧道模式的负载均衡

当然，这种转发模式也有缺点。第一个缺点是它要求真实服务器必须支持"IP 隧道协议"（IP Encapsulation），即它得学会自己拆包扔掉一层 Header，这个其实并不是什么大问题，现在几乎所有的 Linux 系统都支持 IP 隧道协议。另外一个缺点是这种模式仍必须通过专门的配置，必须保证所有的真实服务器与负载均衡器有相同的虚拟 IP 地址，因为回复该数据包时，需要使用这个虚拟 IP 作为响应数据包的源地址，这样客户端收到这个数据包时才能正确解析。这个限制就相对麻烦一些，它与"透明"的原则冲突，需由系统管理员介入。

而且，对服务器进行虚拟 IP 的配置并不是在任何情况下都可行的，尤其是当几个服务共用一台物理服务器的时候，此时就必须考虑第二种修改方式——改变目标数据包：直接修改数据包 Header 中的目标地址，修改后原本由用户发给负载均衡器的数据包也会被三层交换机转发到真实服务器的网卡上，而且因为没有经过 IP 隧道的额外包装，也就无须再拆包了。但问题是这种模式是通过修改目标 IP 地址才到达真实服务器的，如果真实服务器直接将应答包返回客户端，即这个应答数据包的源 IP 是真实服务器的 IP，也即均衡器修改以后的 IP 地址，则客户端不可能认识该 IP，自然就无法正常处理这个应答了。因此，只有让应答流量继续回到负载均衡器，由负载均衡器把应答包的源 IP 改回自己的 IP，再发给客户端，才能保证客户端与真实服务器之间的正常通信。如果你对网络知识有些了解的话，肯定会觉得这种处理似曾相识，这不就是在家里、公司、学校上网时，由一台路由器带着一群内网机器上网的 "网络地址转换"（Network Address Translation，NAT）操作吗？这种负载均衡模式的确被称为 NAT 模式，此时，负载均衡器就相当于家里、公司、学校的上网路由器。对 NAT 模式的负载均衡器的运维十分简单，只要机器将自己的网关地址设置为均衡器地址，就无须再进行任何额外设置了。此模式从请求到响应的过程如图 4-10 所示。

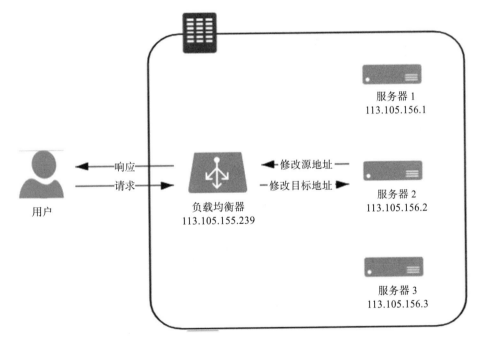

图 4-10　NAT 模式的负载均衡

在流量压力比较大的时候，NAT 模式的负载均衡会带来较大的性能损失，比起直接路由和 IP 隧道模式，甚至会出现数量级上的下降。这点是显而易见的，由负载均衡器代表整个服务集群来进行应答，各个服务器的响应数据都会互相争抢均衡器的出口带宽，这就与在家里用 NAT 上网，若有人在下载，你打游戏可能会觉得卡顿是一个道理，此时整个系统的瓶颈很容易就出现在负载均衡器上。

还有一种更加彻底的 NAT 模式：即负载均衡器在转发时，不仅会修改目标 IP 地址，还会修改源 IP 地址，这样源地址就改成负载均衡器自己的 IP，称作 Source NAT（SNAT）。这样做的好处是真实服务器无须配置网关就能够让应答流量经过正常的三层路由回到负载均衡器上，做到彻底的透明。但是缺点是由于做了 SNAT，真实服务器处理请求时就无法拿到客户端的 IP 地址，从真实服务器的视角来看，所有的流量都来自于负载均衡器，这样有一些需要根据目标 IP 进行控制的业务逻辑就无法进行了。

4.5.3　应用层负载均衡

前面介绍的四层负载均衡工作模式都属于"转发"，即直接将承载着 TCP 报文的底层数据格式（IP 数据包或以太网帧）转发到真实服务器上，此时客户端与响应请求的真实服务器维持着同一条 TCP 通道。但工作在四层之后的负载均衡模式就无法再转发了，只能代理，此时真实服务器、负载均衡器、客户端三者之间由两条独立的 TCP 通道来维持通信。转发与代理的区别如图 4-11 所示。

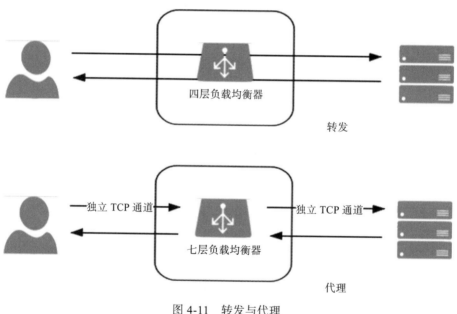

图 4-11　转发与代理

"代理"这个词，根据"哪一方能感知到"的原则，可以分为"正向代理""反向代理"和"透明代理"三类。正向代理就是我们通常简称的代理，指在客户端设置的，代表客户端与服务器通信的代理服务，它是客户端可知，而对服务器透明的。反向代理是指在服务器侧设置的，代表真实服务器与客户端通信的代理服务，此时它对客户端来说是透明的。至于透明代理是指对双方都透明的，配置在网络中间设备上的代理服务，譬如，架设在路由器上的透明翻墙代理。

根据以上定义，很显然，七层负载均衡器属于反向代理的一种。如果只论网络性能，七层负载均衡器肯定比不过四层负载均衡器，它比四层负载均衡器至少多一轮 TCP 握手，有着跟 NAT 转发模式一样的带宽问题，而且通常要耗费更多的 CPU，因为可用的解析规则远比四层丰富。所以如果用七层负载均衡器去做下载站、视频站这种流量应用是不合适的，起码不能作为第一级均衡器。但是，如果网站的性能瓶颈不是网络性能，而是整个服务集群对外所体现出来的服务性能，那么七层负载均衡器就有它的用武之地了。因为七层负载均衡器工作在应用层，可以感知应用层通信的具体内容，往往能够做出更明智的决策，玩出更多的花样。

举个生活中的例子，四层负载均衡器就像银行的自助排号机，转发效率高且不知疲倦，每一个到达银行的客户根据排号机的顺序，选择对应的窗口接受服务；而七层负载均衡器就像银行大堂经理，他会先确认客户需要办理的业务，再安排排号。对于理财、存取款等业务，大堂经理会根据银行内部资源进行统一协调处理，以加快客户业务办理流程；而对于无须柜台办理的业务，大堂经理会直接自行处理。回到七层负载均衡器中，反向代理能够实现静态资源缓存，所以对于静态资源的请求，反向代理会直接返回，而无须转发到真实服务器。

代理的工作模式相信大家已经比较熟悉了，这里不再展开，只是简单列举一些七层代理可以实现的功能，以便读者对它的"功能强大"有个直观的感受。

- 前面介绍 CDN 应用时，所有 CDN 可以做的缓存方面的工作（CDN 根据物理位置就近返回这类优化链路的工作除外），七层负载均衡器全都可以实现，譬如静态资源缓存、协议升级、安全防护、访问控制，等等。

- 七层负载均衡器可以实现更智能化的路由。譬如，根据 Session 路由，以实现亲和性的集群；根据 URL 路由，实现专职化服务（此时就相当于网关的职责）；甚至根据用户身份路由，实现对部分用户的特殊服务（如某些站点的贵宾服务器），等等。

- 某些安全攻击可以由七层负载均衡器来抵御，譬如一种常见的 DDoS 手段是 SYN Flood 攻击，即攻击者控制众多客户端，使用虚假 IP 地址对同一目标大量发送 SYN 报文。从技术原理上看，由于四层负载均衡器无法感知上层协议的内容，这些 SYN 攻击都会被转发到后端的真实服务器上；而七层负载均衡器下这些 SYN 攻击会在负载均衡设备上被过滤掉，不会影响到后面服务器的正常运行。类似地，可以在七层负载均衡器上设定多种策略，譬如过滤特定报文，以防御如 SQL 注入等应用层面的特定攻击手段。

- 在很多微服务架构的系统中，链路治理措施都需要在七层中进行，譬如服务降级、熔断、异常注入，等等。譬如，一台服务器只有出现物理层面或者系统层面的故障，导致无法应答 TCP 请求时才能被四层负载均衡器感知，进而被剔除出服务集群。如果一台服务器能够应答，只是一直在报 500 错，那四层负载均衡器对此是完全无能为力的，只能由七层负载均衡器来解决。

4.5.4 均衡策略与实现

负载均衡的两大职责是"选择谁来处理用户请求"和"将用户请求转发过去"。前面我们仅介绍了后者,即请求的转发或代理过程。前者是指均衡器所采取的均衡策略,由于这一块涉及的均衡算法太多,笔者无法逐一展开,所以本节仅从功能和应用的角度去介绍一些常见的均衡策略。

- **轮询均衡**(Round Robin):每一次来自网络的请求轮流分配给内部的服务器,从1至 N 然后重新开始。此种均衡算法适合于服务器集群中的所有服务器都有相同的软硬件配置并且平均服务请求相对均衡的情况。

- **权重轮询均衡**(Weighted Round Robin):根据服务器的不同处理能力,给每个服务器分配不同的权值,使其能够接受相应权值数的服务请求。譬如:设置服务器 A 的权值为1,B 的权值为3,C 的权值为6,则服务器 A、B、C 将分别接收到10%、30%、60%的服务请求。此种均衡算法能确保高性能的服务器得到更多的使用率,避免低性能的服务器负载过重。

- **随机均衡**(Random):把来自客户端的请求随机分配给内部的多个服务器,在数据量足够大的场景下能达到相对均衡的分布。

- **权重随机均衡**(Weighted Random):此种均衡算法类似于权重轮询算法,不过在分配处理请求时是随机选择的过程。

- **一致性哈希均衡**(Consistency Hash):将请求中的某些数据(可以是 MAC、IP 地址,也可以是更上层协议中的某些参数信息)作为特征值来计算需要落在的节点,算法一般会保证同一个特征值每次都一定落在相同的服务器上。这里的一致性是指保证当服务集群某个真实服务器出现故障时,只影响该服务器的哈希值,而不会导致整个服务器集群的哈希键值重新分布。

- **响应速度均衡**(Response Time):负载均衡设备对内部各服务器发出一个探测请求(例如 Ping),然后根据内部各服务器对探测请求的最快响应时间来决定哪一台服务器响应客户端的服务请求。此种均衡算法能较好地反映服务器的当前运行状态,但最快响应时间仅仅指的是负载均衡设备与服务器之间的最快响应时间,而不是客户端与服务器之间的最快响应时间。

- **最少连接数均衡**(Least Connection):客户端的每一次请求服务在服务器停留的时间可能会有较大差异,随着工作时间增加,如果采用简单的轮询或随机均衡算法,每一台服务器上的连接进程可能会产生极大的不平衡,并不能达到真正的负载均衡。最少连接数均衡算法会对内部需负载的每一台服务器有一个数据记录,记录当前该服务器正在处理的连接数量,当有新的服务连接请求时,将把当前请求分配给连接数最少的服务器,使均衡更加符合实际情况,使负载更加均衡。此种均衡策略适合长时处理的请求服务,如 FTP 传输。

从实现角度来看，负载均衡器的实现分为"软件均衡器"和"硬件均衡器"两类。在软件均衡器方面，又分为直接建设在操作系统内核的均衡器和应用程序形式的均衡器两种。前者的代表是 LVS（Linux Virtual Server），后者的代表有 Nginx、HAProxy、KeepAlived 等。前者性能会更好，因为无须在内核空间和应用空间中来回复制数据包；而后者的优势是选择广泛，使用方便，功能不受限于内核版本。

在硬件均衡器方面，往往会直接采用应用专用集成电路（Application Specific Integrated Circuit，ASIC）来实现，有专用处理芯片的支持，避免操作系统层面的损耗，以达到最高的性能。这类均衡器的代表就是著名的 F5 和 A10 公司的负载均衡产品。

4.6　服务端缓存

笔者介绍透明多级分流系统的逻辑思路是以流量从客户端中发出为起始，以流量到达服务器集群中真正处理业务的节点为终结，探索该过程中与业务无关的通用组件。事实上很难清楚界定服务端缓存到底算不算与业务逻辑无关，不过，既然本章以"客户端缓存"为开篇，那"服务端缓存"作为结束，倒是十分合适的。注意，在这一节里，笔者所说的"缓存"，均特指服务端缓存。

为系统引入缓存之前，第一件事情是确认系统是否真的需要缓存。很多人会有意无意地把硬件中常用于区分不同产品档次、"多多益善"的缓存（如 CPU L1/2/3 缓存、磁盘缓存，等等）代入软件开发中去，实际上这两者差别很大，在软件开发中引入缓存的负面作用要明显大于硬件缓存带来的负面作用：从开发角度来说，引入缓存会提高系统复杂度，因为你要考虑缓存的失效、更新、一致性等问题（硬件缓存也有这些问题，只是不需要由你去考虑，主流的 ISA 也都没有提供任何直接操作缓存的指令）；从运维角度来说，缓存会掩盖一些缺陷，让问题在更久的时间以后，出现在距离发生现场更远的位置上；从安全角度来说，缓存可能会泄漏某些保密数据，也是容易受到攻击的薄弱点。冒着上述种种风险，仍能说服你引入缓存的理由，总结起来无外乎以下两种。

❑ 为缓解 CPU 压力而引入缓存：譬如把方法运行结果存储起来、把原本要实时计算的内容提前算好、对一些公用的数据进行复用，这可以节省 CPU 算力，顺带提升响应性能。

❑ 为缓解 I/O 压力而引入缓存：譬如把原本对网络、磁盘等较慢介质的读写访问变为对内存等较快介质的访问，将原本对单点部件（如数据库）的读写访问变为对可扩缩部件（如缓存中间件）的访问，顺带提升响应性能。

请注意，缓存虽然是典型以空间换时间来提升性能的手段，但它的出发点是缓解 CPU 和 I/O 资源在峰值流量下的压力，"顺带"而非"专门"地提升响应性能。这里的言外之意是如果可以通过增强 CPU、I/O 本身的性能（譬如扩展服务器的数量）来满足需要的话，那升级硬件往往是更好的解决方案，即使需要一些额外的投入成本，也通常要优于引入缓存后可能带来的风险。

4.6.1 缓存属性

有不少软件系统最初的缓存功能是以 HashMap 或者 ConcurrentHashMap 为起点演进的。当开发人员发现系统中某些资源的构建成本比较高，而这些资源又有被重复使用的可能时，会很自然地产生"循环再利用"的想法，将它们放到 Map 容器中，待下次需要时取出重用，避免重新构建，这种原始朴素的复用就是最基本的缓存。不过，一旦我们专门把"缓存"看作一项技术基础设施，一旦它有了通用、高效、可统计、可管理等方面的需求，其中要考虑的因素就变得复杂起来。通常，我们设计或者选择缓存至少会考虑以下四个维度的属性。

- ❑ **吞吐量**：缓存的吞吐量使用 OPS 值（每秒操作数，Operation per Second，ops/s）来衡量，反映了对缓存进行并发读、写操作的效率，即缓存本身的工作效率高低。
- ❑ **命中率**：缓存的命中率即成功从缓存中返回结果次数与总请求次数的比值，反映了引入缓存的价值高低，命中率越低，引入缓存的收益越小，价值越低。
- ❑ **扩展功能**：即缓存除了基本读写功能外，还提供哪些额外的管理功能，譬如最大容量、失效时间、失效事件、命中率统计，等等。
- ❑ **分布式缓存**：缓存可分为"进程内缓存"和"分布式缓存"两大类，前者只为节点本身提供服务，无网络访问操作，速度快但缓存的数据不能在各服务节点中共享，后者则相反。

1. 吞吐量

缓存的吞吐量只在并发场景中才有统计的意义，因为若不考虑并发，即使是最原始的、以 HashMap 实现的缓存，访问效率也已经是常量时间复杂度（即 O(1)），其中涉及碰撞、扩容等场景的处理属于数据结构基础，这里不再展开。但 HashMap 并不是线程安全的容器，如果要让它在多线程并发下正确地工作，就要用 Collections.synchronizedMap 进行包装，这相当于给 Map 接口的所有访问方法都自动加全局锁；或者改用 ConcurrentHashMap 来实现，这相当于给 Map 的访问分段加锁（从 JDK 8 起已取消分段加锁，改为 CAS+Synchronized 锁单个元素）。无论采用怎样的实现方法，这些线程安全措施都会带来一定的吞吐量损失。

进一步，如果只比较吞吐量，完全不去考虑命中率、淘汰策略、缓存统计、过期失效等功能如何实现，那 JDK 8 改进之后的 ConcurrentHashMap 基本上就是你能找到的吞吐量最高的缓存容器了。可是在很多场景里，以上提及的功能至少有一两项是必须的，不可能完全不考虑，这才涉及不同缓存方案的权衡问题。

根据 Caffeine 给出的一组目前业界主流进程内的缓存实现方案，包括 Caffeine、ConcurrentLinkedHashMap、LinkedHashMap、Guava Cache、Ehcache 和 Infinispan Embedded，从 Benchmarks 中体现出的它们在 8 线程、75% 读操作、25% 写操作下的吞吐

量来看，各缓存组件库的性能差异还是十分明显的，最高与最低足足相差了一个数量级，具体如图 4-12 所示。

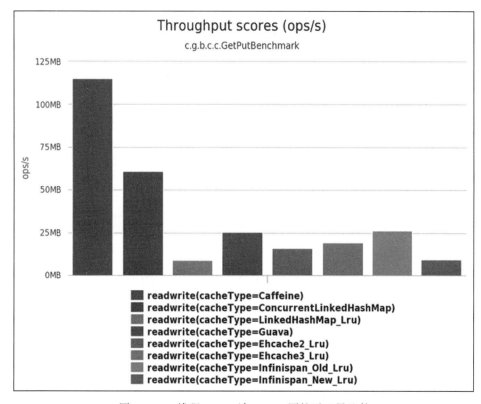

图 4-12   8 线程、75% 读、25% 写的吞吐量比较

在这种并发读写的场景中，吞吐量受多方面因素的共同影响，譬如，怎样设计数据结构以尽可能避免数据竞争，存在竞争风险时怎样处理同步（主要有使用锁实现的悲观同步和使用 CAS 实现的乐观同步）、如何避免伪共享现象（False Sharing，这也算是典型缓存提升开发复杂度的例子）发生，等等。其中尽可能避免竞争是最关键的，无论如何实现同步都不会比无须同步更快。下面以 Caffeine 为例，介绍一些如何避免竞争、提高吞吐量的缓存设计。

缓存中最主要的数据竞争源于读取数据，同时也会伴随着对数据状态的写入操作，而写入数据的同时，又会伴随着数据状态的读取操作。譬如，读取时要同时更新数据的最近访问时间和访问计数器的状态⊖，以实现缓存的淘汰策略；又或者读取时要同时判断数据的超期时间等信息，以实现失效重加载等其他扩展功能。对以上伴随读写操作而来的状态维

⊖   后续会提到，为了追求性能高效，可能不会记录时间和次数，譬如通过调整链表顺序来表达时间先后、通过 Sketch 结构来表达热度高低。

护操作，有两种可选择的处理思路。一种是以 Guava Cache 为代表的同步处理机制，即在访问数据时一并完成缓存淘汰、统计、失效等状态变更操作，通过分段加锁等优化手段来尽量减少竞争。另一种是以 Caffeine 为代表的异步日志提交机制，这种机制参考了经典的数据库设计理论，将数据的读、写过程看作日志（即对数据的操作指令）的提交过程。尽管日志也涉及写入操作，有并发的数据变更就必然面临锁竞争，但异步提交的日志已经将原本在 Map 内的锁转移到日志的追加写操作上，日志里腾挪优化的余地就比在 Map 中要大得多。

在 Caffeine 的实现中，设有专门的环形缓存区（Ring Buffer，也常称作 Circular Buffer）来记录由于数据读取而产生的状态变动日志。为进一步减少竞争，Caffeine 给每条线程（对线程取哈希值，哈希值相同的使用同一个缓冲区）都设置了一个专用的环形缓冲。

🔘 额外知识　**环形缓冲**

所谓环形缓冲，并非 Caffeine 的专有概念，它是一种拥有读、写两个指针的数据复用结构，在计算机科学中有非常广泛的应用。举个具体例子，譬如一台计算机通过键盘输入，并通过 CPU 读取"HELLO WIKIPEDIA"这个长 14 字节的单词，通常需要一个至少 14 字节的缓冲区才行。但如果是环形缓冲结构，读取和写入就应当一起进行，在读取指针之前的位置均可以重复使用，理想情况下，只要读取指针不落后于写入指针一整圈，这个缓冲区就可以持续工作下去，能容纳无限多个新字符。否则，就必须阻塞写入操作去等待读取清空缓冲区。

从 Caffeine 读取数据时，数据本身会在其内部的 ConcurrentHashMap 中直接返回，而数据的状态信息变更就存入环形缓冲中，由后台线程异步处理。如果异步处理的速度跟不上状态变更的速度，导致缓冲区满了，那此后接收的状态的变更信息就会直接被丢弃，直至缓冲区重新空闲。通过环形缓冲和容忍有损失的状态变更，Caffeine 大幅降低了由于数据读取而导致的垃圾收集和锁竞争，因此 Caffeine 的读取性能几乎能与 ConcurrentHashMap 的读取性能相同。

向 Caffeine 写入数据时，将使用传统的有界队列（ArrayQueue）来存放状态变更信息，写入带来的状态变更是无损的，不允许丢失任何状态，这是考虑到许多状态的默认值必须通过写入操作来完成初始化，因此写入会有一定的性能损失。根据 Caffeine 官方给出的数据，相比 ConcurrentHashMap，Caffeine 在写入时大约会慢 10% 左右。

2. 命中率与淘汰策略

有限的物理存储决定了任何缓存的容量都不可能是无限的，所以缓存需要在消耗空间与节约时间之间取得平衡，这要求缓存必须能够自动或者人工淘汰掉缓存中的低价值数据。考虑到由人工管理的缓存淘汰主要取决于开发者如何编码，不能一概而论，这里只讨论由缓存自动进行淘汰的情况。笔者所说的"缓存如何自动地实现淘汰低价值目标"，现在被称为缓存的淘汰策略，也常称作替换策略或者清理策略。

在了解缓存如何实现自动淘汰低价值数据之前，首先要定义怎样的数据才算是"低价值"。由于缓存的通用性，这个问题的答案必须是与具体业务逻辑无关的，只能从缓存工作过程收集到的统计结果来确定数据是否有价值，通用的统计结果包括但不限于数据何时进入缓存、被使用过多少次、最近什么时候被使用，等等。一旦确定选择何种统计数据，就决定了如何通用地、自动地判定缓存中每个数据的价值高低，也相当于决定了缓存的淘汰策略是如何实现的。目前，最基础的淘汰策略实现方案有以下三种。

- ❑ FIFO（First In First Out）：优先淘汰最早进入被缓存的数据。FIFO 的实现十分简单，但一般来说它并不是优秀的淘汰策略，越是频繁被用到的数据，往往会越早存入缓存之中。如果采用这种淘汰策略，很可能会大幅降低缓存的命中率。

- ❑ LRU（Least Recent Used）：优先淘汰最久未被访问过的数据。LRU 通常会采用 HashMap 加 LinkedList 的双重结构（如 LinkedHashMap）来实现，以 HashMap 来提供访问接口，保证常量时间复杂度的读取性能，以 LinkedList 的链表元素顺序来表示数据的时间顺序，每次缓存命中时把返回对象调整到 LinkedList 开头，每次缓存淘汰时从链表末端开始清理数据。对大多数的缓存场景来说，LRU 明显要比 FIFO 策略合理，尤其适合用来处理短时间内频繁访问的热点对象。但是如果一些热点数据在系统中被频繁访问，只是最近一段时间因为某种原因未被访问过，那么这些热点数据此时就会有被 LRU 淘汰的风险，换句话说，LRU 依然可能错误淘汰价值更高的数据。

- ❑ LFU（Least Frequently Used）：优先淘汰最不经常使用的数据。LFU 会给每个数据添加一个访问计数器，每访问一次就加 1，需要淘汰时就清理计数器数值最小的那批数据。LFU 可以解决上面 LRU 中热点数据间隔一段时间不访问就被淘汰的问题，但同时它又引入了两个新的问题。第一个问题是需要对每个缓存的数据专门维护一个计数器，每次访问都要更新，但这样做会带来高昂的维护开销；另一个问题是不便于处理随时间变化的热度变化，譬如某个曾经频繁访问的数据现在不需要了，但很难自动将它清理出缓存。

缓存的淘汰策略直接影响缓存的命中率，没有一种策略是完美的、能够满足系统全部需求的。不过，随着淘汰算法的不断发展，近年来的确出现了许多相对性能更好、也更复杂的新算法。以 LFU 为例，针对它存在的两个问题，近年来提出的 TinyLFU 和 W-TinyLFU 算法就会有更好的效果。

- ❑ TinyLFU（Tiny Least Frequently Used）：TinyLFU 是 LFU 的改进版本。为了缓解 LFU 每次访问都要修改计数器所带来的性能负担，TinyLFU 会首先采用 Sketch 对访问数据进行分析。所谓 Sketch 是统计学上的概念，指用少量的样本数据来估计全体数据的特征，这种做法显然牺牲了一定程度的准确性，但是只要样本数据与全体数据具有相同的概率分布，Sketch 得出的结论仍不失为一种高效与准确之间权衡的有效结论。借助 Count-Min Sketch 算法（可视为布隆过滤器[⊖]的一种等价变形结构），TinyLFU 可以用相对小得多的记录频率和空间来近似地找出缓存中的低价值数据。为了解决 LFU 不便于处理随时间变化的热度变化问题，TinyLFU 采用了基于"滑动时间窗"（在 8.2 节我们会更详细地分析这种算法）的热度衰减算法，简单理解就是每隔一段时间，便会把计数器的数值减半，以此解决"旧热点"数据难以清除的问题。

❑ W-TinyLFU（Windows-TinyLFU）：W-TinyLFU 也是 TinyLFU 的改进版本。上面提到的 TinyLFU 在减少计数器维护频率的同时，也带来了无法很好地应对稀疏突发访问的问题。所谓稀疏突发访问是指有一些绝对频率较小，但突发访问频率很高的数据，譬如某些运维性质的任务，也许一天、一周只会在特定时间运行一次，其余时间都不会用到，此时 TinyLFU 就很难让这类元素通过 Sketch 的过滤，因为它们无法在运行期间积累到足够高的频率。鉴于应对短时间的突发访问是 LRU 的强项，W-TinyLFU 结合了 LRU 和 LFU 的优点，从整体上看它是 LFU 策略，从局部实现上看它又是 LRU 策略。具体做法是将新记录暂时放入一个名为 Window Cache 的前端 LRU 缓存里面，让这些对象可以在 Window Cache 中累积热度，如果能通过 TinyLFU 的过滤器，再进入名为 Main Cache 的主缓存中存储，主缓存根据数据的访问频繁程度分为不同的段（LFU 策略，实际上 W-TinyLFU 只分了两段），但单独从某一段来看又是基于 LRU 策略去实现的（称为 Segmented LRU）。每当前一段缓存满了之后，会将低价值数据淘汰到后一段中去存储，直至最后一段也满了之后，该数据会被彻底清理出缓存。

仅靠以上简单的、有限的介绍，也许你并不能完全理解 TinyLFU 和 W-TinyLFU 的工作原理，但肯定能看出这些改进算法比基础版本的 LFU 复杂了很多。有时候为了取得理想的效果，采用较为复杂的淘汰策略是不得已的选择，Caffeine 官方给出的 W-TinyLFU 以及另外两种高级淘汰策略 ARC（Adaptive Replacement Cache）、LIRS（Low Inter-Reference Recency Set）与基础的 LFU 策略的对比如图 4-13 所示。

在搜索场景中，三种高级策略的命中率较为接近理想曲线（Optimal），而 LRU 则差距最远。在 Caffeine 官方给出的数据库、网站、分析类等应用场景中，这几种策略之间的绝对差距不尽相同，但相对排名基本上没有改变，最基础的淘汰策略的命中率是最低的。对其他缓存淘汰策略感兴趣的读者可以参考维基百科中对缓存淘汰策略[⊜]的介绍。

3. 扩展功能

一般来说，一套标准的 Map 接口（或者来自 JSR 107 的 javax.cache.Cache 接口）就可以满足缓存访问的基本需要，不过在"访问"之外，专业的缓存往往还会提供很多额外的功能。笔者简要列举如下。

⊖　布隆过滤器：https://en.wikipedia.org/wiki/Bloom_filter。
⊜　Cache Replacement Policies：https://en.wikipedia.org/wiki/Cache_replacement_policies。

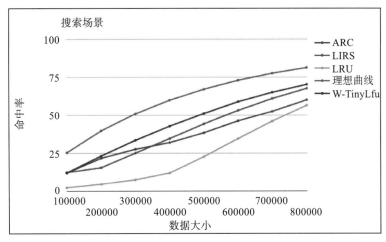

图 4-13 几种淘汰算法在搜索场景下的命中率对比

- ❑ **加载器**：许多缓存都有"CacheLoader"之类的设计，加载器可以让缓存从只能被动存储外部放入的数据，变为能够主动通过加载器去加载指定 Key 值的数据，加载器也是实现自动刷新功能的基础前提。

- ❑ **淘汰策略**：有些缓存的淘汰策略是固定的，也有一些缓存能够支持用户自己根据需要选择不同的淘汰策略。

- ❑ **失效策略**：要求缓存的数据在一定时间后自动失效（移出缓存）或者自动刷新（使用加载器重新加载）。

- ❑ **事件通知**：缓存可能会提供一些事件监听器，让你在数据状态变动（如失效、刷新、移除）时进行一些额外操作。有的缓存还提供了对缓存数据本身的监视能力（Watch 功能）。

- ❑ **并发级别**：对于通过分段加锁来实现的缓存（以 Guava Cache 为代表），往往会提供并发级别的设置，可以简单将其理解为缓存内部是使用多个 Map 来分段存储数据的，并发级别用于计算出使用 Map 的数量。如果将并发级别这个参数设置得过大，会引入更多的 Map，需要额外维护这些 Map 而导致更大的时间和空间上的开销；如果设置得过小，又会导致在访问时产生线程阻塞，因为多个线程更新同一个 ConcurrentMap 的同一个值时会产生锁竞争。

- ❑ **容量控制**：缓存通常都支持指定初始容量和最大容量，初始容量的目的是减少扩容频率，这与 Map 接口本身的初始容量含义是一致的。最大容量类似于控制 Java 堆的 -Xmx 参数，当缓存接近最大容量时，会自动清理低价值的数据。

- ❑ **引用方式**：支持将数据设置为软引用或者弱引用，提供引用方式的设置是为了将缓存与 Java 虚拟机的垃圾收集机制联系起来。

- ❑ **统计信息**：提供诸如缓存命中率、平均加载时间、自动回收计数等统计信息。

□ **持久化**：支持将缓存的内容存储到数据库或者磁盘中，进程内缓存提供持久化功能
的作用不大，但分布式缓存大多都会考虑提供持久化功能。

至此，本节已简要介绍了缓存的三项属性：吞吐量、命中率和扩展功能，笔者将几款
主流进程内的缓存方案整理成表 4-4，供读者参考。

表 4-4　几款主流进程内缓存方案对比

	ConcurrentHashMap	Ehcache	Guava Cache	Caffeine
访问性能	最高	一般	良好	优秀 接近于 ConcurrentHashMap
淘汰策略	无	支持多种淘汰策略， 如 FIFO、LRU、LFU 等	LRU	W-TinyLFU
扩展功能	只提供基础的访问 接口	并发级别控制； 失效策略； 容量控制； 事件通知； 统计信息； ……	大致同左	大致同左

4. 分布式缓存

相比缓存数据在进程内存中读写的速度，一旦涉及网络访问，由网络传输、数据复制、
序列化和反序列化等操作所导致的延迟要比内存访问高得多，所以对分布式缓存来说，处
理与网络相关的操作是对吞吐量影响更大的因素，往往也是比淘汰策略、扩展功能更重要
的关注点，这也决定了尽管有 Ehcache、Infinispan 这类能同时支持分布式部署和进程内部
署的缓存方案，但通常进程内缓存和分布式缓存选型时会有完全不同的候选对象及考察点。
在我们决定使用哪种分布式缓存前，首先必须确定自己的需求是什么。

□ 从访问的角度来说，如果是频繁更新但甚少读取的数据，通常是不会有人把它拿去
做缓存的，因为这样做没有收益。对于甚少更新但频繁读取的数据，理论上更适合
做复制式缓存；对于更新和读取都较为频繁的数据，理论上更适合做集中式缓存。
下面笔者简要介绍这两种分布式缓存形式的差别与代表性产品。

○ **复制式缓存**：复制式缓存可以看作"能够支持分布式的进程内缓存"，它的工作
原理与 Session 复制类似。缓存中所有数据在分布式集群的每个节点里面都有一
份副本，读取数据时无须网络访问，直接从当前节点的进程内存中返回，理论上
可以做到与进程内缓存一样高的读取性能；但当数据发生变化时，就必须遵循复
制协议，将变更同步到集群的每个节点中，复制性能随着节点的增加呈现平方级
下降，变更数据的代价十分高昂。

复制式缓存的代表是 JBossCache，这是 JBoss 针对企业级集群设计的缓存方案，
支持 JTA 事务，依靠 JGroup 进行集群节点间的数据同步。以 JBossCache 为代
表的复制式缓存曾有一段短暂的兴盛期，但今天基本上已经很难再见到使用这

种缓存形式的大型信息系统了。JBossCache 被淘汰的主要原因是写入性能太差，它在小规模集群中同步数据尚算差强人意，但在大规模集群下，很容易因网络同步的速度跟不上写入速度，进而导致在内存中累计大量待重发对象，最终引发 OutOfMemory 崩溃。

为了缓解复制式同步的写入效率问题，JBossCache 的继任者 Infinispan 提供了另一种分布式同步模式（这种同步模式的名字叫作"分布式"），允许用户配置数据需要复制的副本数量，譬如集群中有八个节点，可以要求每个数据只保存四份副本，此时，缓存的总容量相当于传统复制模式的一倍。如果要访问的数据在本地缓存中没有存储，Infinispan 完全有能力感知网络的拓扑结构，知道应该到哪些节点中寻找数据。

○ **集中式缓存**：集中式缓存是目前分布式缓存的主流形式，它的读、写都需要网络访问，好处是不会随着集群节点数量的增加而产生额外的负担，坏处是读、写都不再可能达到进程内缓存那样的高性能。

集中式缓存还有一个必须提到的关键特点，它与使用缓存的应用分处在独立的进程空间中。其好处是能够为异构语言提供服务，譬如用 C 语言编写的 Memcached 完全可以毫无障碍地为 Java 语言编写的应用提供缓存服务；但坏处是如果要缓存对象等复杂类型的话，基本上只能靠序列化来支撑具体语言的类型系统（支持 Hash 类型的缓存，可以部分模拟对象类型），不仅有序列化的成本，还很容易导致传输成本的显著增加。举个例子，假设某个有 100 个字段的大对象的其中 1 个字段的值发生变更，通常缓存不得不把整个对象所有内容重新序列化传输出去才能实现更新，因此，一般集中式缓存更提倡直接缓存原始数据类型而不是对象。相比之下，JBossCache 通过它的字节码自审（Introspection）功能和树状存储结构（TreeCache），做到了自动跟踪、处理对象的部分变动，当用户修改了对象中某些字段的数据时，缓存只会同步对象中真正变更的那部分数据。

如今 Redis 广为流行，基本上已经打败了 Memcached 及其他集中式缓存框架，成为集中式缓存的首选，甚至可以说成为分布式缓存的实质上的首选，几乎到了不必管读取、写入哪种操作更频繁，都可以用 Redis 的程度。也因如此，之前说到哪些数据适合用复制式缓存、哪些数据适合用集中式缓存时，笔者都在开头加了个拗口的"理论上"。尽管 Redis 最初设计的本意是 NoSQL 数据库而不是专门用来做缓存的，可今天它确实已经成为许多分布式系统中不可或缺的基础设施，广泛用作缓存的实现方案。

❑ 从数据一致性角度来说，缓存本身也有集群部署的需求，理论上你应该认真考虑一下是否能接受不同节点取到的缓存数据可能存在差异的情况。譬如刚刚放入缓存中的数据，另外一个节点马上访问却发现未能读到；刚刚更新缓存中的数据，另外一个节点在短时间内读取到的仍是旧的数据，等等。根据分布式缓存集群能否保证数据一致性，可以将它分为 AP 和 CP 两种类型（在前面 3.4 节中已介绍过 CAP 各自的含义，这里不再赘述）。此处又一次出现了"理论上"，是因为我们在实际开发中通常不会把追求强一致性的数据使用缓存来处理，可以这样做，但没必要（可类比 MESI 等缓存一致性协议）。譬如，Redis 集群就是典型的 AP 式，有着高性能、高可用等特点，却并不保证强一致性。而对于能够保证强一致性的 ZooKeeper、Doozerd、etcd 等分布式协调框架，通常不会有人将它们当作"缓存框架"来使用，这些分布式协调框架的吞吐量相对 Redis 来说是非常有限的。不过 ZooKeeper、Doozerd、etcd 倒是常与 Redis 及其他分布式缓存搭配工作，用来实现通知、协调、队列、分布式锁等功能。

分布式缓存与进程内缓存各有所长，也各有局限，它们是互补而非互斥的关系，如有需要，完全可以将两者搭配使用，构成透明多级缓存（Transparent Multilevel Cache，TMC），如图 4-14 所示。先不考虑"透明"的话，多级缓存是很好理解的，使用进程内缓存做一级缓存，分布式缓存做二级缓存，如果能在一级缓存中查询到结果就直接返回，否则便到二级缓存中去查询，再将二级缓存中的结果回填到一级缓存，以后再访问该数据就没有网络请求了。如果二级缓存也查询不到，就发起对最终数据源的查询，将结果回填到一、二级缓存中去。

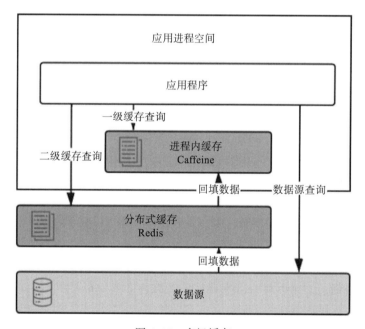

图 4-14　多级缓存

尽管多级缓存结合了进程内缓存和分布式缓存的优点，但它的代码侵入性较大，需要由开发者承担多次查询、多次回填的工作，也不便于管理，如超时、刷新等策略都要设置多遍，数据更新更是麻烦，很容易出现各个节点的一级缓存以及二级缓存中数据不一致的问题。所以，必须"透明"地解决以上问题，才能使多级缓存具有实用的价值。一种常见的设计原则是变更以分布式缓存中的数据为准，访问以进程内缓存的数据优先。大致做法是当数据发生变动时，在集群内发送推送通知（简单点的话可采用 Redis 的 PUB/SUB，求严谨的话可引入 ZooKeeper 或 etcd 来处理），让各个节点的一级缓存中的相应数据自动失效。当访问缓存时，提供统一封装好的一、二级缓存联合查询接口，接口外部是只查询一次，接口内部自动实现优先查询一级缓存，未获取到数据再自动查询二级缓存的逻辑。

4.6.2　缓存风险

本节开篇就提到，缓存不是多多益善，它有利有弊，是真正在必须使用时才考虑的解决方案。本节将介绍几种常见的缓存风险及其应对办法。

1. 缓存穿透

缓存的目的是缓解 CPU 或者 I/O 的压力，譬如对数据库做缓存，大部分流量都从缓存中直接返回，只有缓存未能命中的数据请求才会流到数据库中，这样数据库压力自然就减小了。但是如果查询的数据在数据库中根本不存在，缓存里自然也不会有，这类请求的流量每次都不会命中，且每次都会触及末端的数据库，缓存就起不到缓解压力的作用了，这种查询不存在的数据的现象被称为缓存穿透。

缓存穿透有可能是业务逻辑本身就存在的固有问题，也有可能是恶意攻击所导致。为了解决缓存穿透问题，通常会采取下面两种办法。

- ❑ 对于业务逻辑本身不能避免的缓存穿透，可以约定在一定时间内对返回为空的 Key 值进行缓存（注意是正常返回但是结果为空，不应把抛异常的也当作空值来缓存），使得在一段时间内缓存最多被穿透一次。如果后续业务在数据库中对该 Key 值插入了新记录，那应当在插入之后主动清理掉缓存的 Key 值。如果业务时效性允许的话，也可以对缓存设置一个较短的超时时间来自动处理。

- ❑ 对于恶意攻击导致的缓存穿透，通常会在缓存之前设置一个布隆过滤器来解决。所谓恶意攻击是指请求者刻意构造数据库中肯定不存在的 Key 值，然后发送大量请求进行查询。布隆过滤器是用最小的代价来判断某个元素是否存在于某个集合的办法。如果布隆过滤器给出的判定结果是请求的数据不存在，直接返回即可，连缓存都不必去查。虽然维护布隆过滤器本身需要一定的成本，但比起攻击造成的资源损耗仍然是值得的。

2. 缓存击穿

我们都知道缓存的基本工作原理是首次从真实数据源加载数据，完成加载后回填入缓存，以后其他相同的请求就从缓存中获取数据，以缓解数据源的压力。如果缓存中某些热点数据忽然因某种原因失效了，譬如由于超期而失效，此时又有多个针对该数据的请求同时发送过来，这些请求将全部未能命中缓存，到达真实数据源中，导致其压力剧增，这种现象被称为缓存击穿。要避免缓存击穿问题，通常会采取下面两种办法。

- 加锁同步，以请求该数据的 Key 值为锁，使得只有第一个请求可以流入真实的数据源中，对其他线程则采取阻塞或重试策略。如果是进程内缓存出现问题，施加普通互斥锁即可，如果是分布式缓存中出现问题，就施加分布式锁，这样数据源就不会同时收到大量针对同一个数据的请求了。
- 热点数据由代码来手动管理。缓存击穿是仅针对热点数据自动失效才引发的问题，对于这类数据，可以直接由开发者通过代码来有计划地完成更新、失效，避免由缓存的策略自动管理。

3. 缓存雪崩

缓存击穿是针对单个热点数据失效，由大量请求击穿缓存而给真实数据源带来压力。还有一种可能更普遍的情况，即不是针对单个热点数据的大量请求，而是由于大批不同的数据在短时间内一起失效，导致这些数据的请求都击穿缓存到达数据源，同样令数据源在短时间内压力剧增。

出现这种情况，往往是因为系统有专门的缓存预热功能，或者大量公共数据是由某一次冷操作加载的，使得由此载入缓存的大批数据具有相同的过期时间，在同一时刻一起失效；也可能是因为缓存服务由于某些原因崩溃后重启，造成大量数据同时失效。这种现象被称为缓存雪崩。要避免缓存雪崩问题，通常会采取下面三种办法。

- 提升缓存系统可用性，建设分布式缓存的集群。
- 启用透明多级缓存，这样各个服务节点一级缓存中的数据通常会具有不一样的加载时间，也就分散了它们的过期时间。
- 将缓存的生存期从固定时间改为一个时间段内的随机时间，譬如原本是 1h 过期，在缓存不同数据时，可以设置生存期为 55min 到 65min 之间的某个随机时间。

4. 缓存污染

缓存污染是指缓存中的数据与真实数据源中的数据不一致的现象。尽管笔者在前面说过缓存通常不追求强一致性，但这显然不能等同于不要求缓存和数据源间的最终一致性。

缓存污染多数是由开发者更新缓存不规范造成的，譬如你从缓存中获得了某个对象，更新了对象的属性，但最后因为某些原因，譬如后续业务发生异常回滚了，最终没有成功写入数据库，导致缓存的数据是新的，数据库中的数据是旧的。为了尽可能地提高使用缓存时的一致性，目前已经有很多更新缓存时可以遵循的设计模式，譬如 Cache Aside、Read/Write Through、Write Behind Caching 等。其中最简单、成本最低的 Cache Aside 模式是指：

- 读数据时，先读缓存，如果没有，再读数据源，然后将数据放入缓存，再响应请求；
- 写数据时，先写数据源，然后失效（而不是更新）掉缓存。

读数据方面一般不会出错，但是写数据时，就有必要专门强调两点。一是先后顺序是先数据源后缓存。试想一下，如果采用先失效缓存后写数据源的顺序，那一定存在一段时间缓存已经删除完毕，但数据源还未修改完成的情况，此时新的查询请求到来，缓存未能命中，就会直接流到真实数据源中。这样请求读到的数据依然是旧数据，随后又重新回填到缓存中。当数据源的修改完成后，结果出现数据源中是新数据，而缓存中是旧数据的情况。另一点是应当失效缓存，而不是去尝试更新缓存。这很容易理解，如果去更新缓存，更新过程中数据源又被其他请求再次修改的话，缓存又要面临处理多次赋值的复杂时序问题。所以直接失效缓存，等下次用到该数据时自动回填，期间无论数据源中的值被改了多少次都不会造成任何影响。

Cache Aside 模式依然不能保证在一致性上绝对不出问题，否则就无须设计出 Paxos 这样复杂的共识算法了。典型的出错场景是如果某个数据是从未被缓存过的，请求会直接流到真实数据源中，如果数据源中的写操作发生在查询请求之后，结果回填到缓存之前，也会出现缓存中回填的内容与数据库的实际数据不一致的情况。但这种情况发生的概率是很低的，Cache Aside 模式仍然是以低成本更新缓存，并且获得相对可靠结果的解决方案。

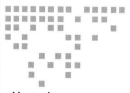

Chapter 5 第 5 章

架构安全性

即使只限定在"软件架构设计"这个语境下，系统安全仍然是一个很大的话题。我们谈论的计算机系统安全，不仅仅是指"防御系统被黑客攻击"这样狭隘的安全，还至少应包括（不限于）以下这些问题的具体解决方案。

- ❑ 认证（Authentication）：系统如何正确分辨出操作用户的真实身份？
- ❑ 授权（Authorization）：系统如何控制一个用户该看到哪些数据，操作哪些功能？
- ❑ 凭证（Credential）：系统如何保证它与用户之间的承诺是双方当时真实意图的体现，是准确、完整且不可抵赖的？
- ❑ 保密（Confidentiality）：系统如何保证敏感数据无法被包括系统管理员在内的内外部人员所窃取、滥用？
- ❑ 传输（Transport Security）：系统如何保证通过网络传输的信息无法被第三方窃听、篡改和冒充？
- ❑ 验证（Verification）：系统如何确保提交到每项服务中的数据是合乎规则的，不会对系统稳定性、数据一致性、正确性产生风险？

与安全相关的问题，一般不会直接创造价值，解决起来又烦琐复杂，费时费力，很容易被开发人员忽略，但庆幸的是这些问题基本上也都是与具体系统、具体业务无关的通用性问题，这意味着它们往往会存在业界通行的、已被验证过是行之有效的解决方案，甚至已经形成行业标准，不需要开发者自己从头去构思如何解决。

在本章中，笔者会围绕系统安全的标准方案，逐一探讨以上问题的处理办法，并会以 Fenix's Bookstore 作为案例实践。因篇幅所限，笔者没有在文中直接贴出代码，如有需要，可以在 Fenix's Bookstore 的 GitHub 仓库获取⊖。此外，还有其他一些与安全相关的内容主

⊖ 代码仓库地址：https://icyfenix.cn/exploration/projects/。

要是由管理、运维、审计领域为主导，尽管也需要软件架构和开发人员的配合参与，但不列入本章的讨论范围之内，譬如安全审计、系统备份与恢复、信息系统安全法规与制度、计算机防病毒制度、保护私有信息规则等。

5.1　认证

认证、授权和凭证可以说是一个系统中最基础的安全设计，哪怕再简陋的信息系统，大概也不可能忽略"用户登录"功能。信息系统为用户提供服务之前，总是希望先弄清楚"你是谁"（认证）、"你能干什么"（授权）以及"你如何证明"（凭证）这三个基本问题。然而，这三个基本问题又不像部分开发者认为的那样，只是一个"系统登录"功能，仅仅是校验一下用户名、密码是否正确这么简单。账户和权限作为一种必须最大限度保障安全和隐私，同时又要兼顾各个系统模块甚至系统间共享访问的基础主数据，它的存储、管理与使用都面临一系列复杂的问题。对于某些大规模的信息系统，账户和权限的管理往往要由专门的基础设施来负责，譬如微软的活动目录（Active Directory，AD）或者轻量目录访问协议（Lightweight Directory Access Protocol，LDAP），跨系统的共享使用甚至会用到区块链技术。

另外还有一个认知偏差：尽管"认证"是解决"你是谁"的问题，但这里的"你"并不一定是指人，也可能是指外部的代码，即第三方的类库或者服务。最初，对代码认证的重要程度甚至高于对最终用户的认证，譬如在早期的 Java 系统里，安全认证默认是特指"代码级安全"，即你是否信任要在电脑中运行的代码。这是由 Java 当时的主要应用形式——Java Applets 所决定的：类加载器从远端下载一段字节码，以 Applets 的形式在用户的浏览器中运行，由于 Java 操控计算机资源的能力要远远强于 JavaScript，因此必须先确保这些代码不会损害用户的计算机。这一阶段的安全观念催生了现在仍然存在于 Java 技术体系中的"安全管理器"（java.lang.SecurityManager）、"代码权限许可"（java.lang.RuntimePermission）等概念。如今，对外部类库和服务的认证需求依然普遍，但相比起五花八门的最终用户认证来说，代码认证的研究方向已经很固定，基本上都统一到证书签名上。在本节中，认证的范围只限于对最终用户的认证，而代码认证会安排在后面 9.2 节中讲解。

5.1.1　认证的标准

世纪之交，Java 迎来了 Web 的辉煌时代，互联网的迅速兴起促使 Java 进入快速发展时期。这时候，基于 HTML 和 JavaScript 的超文本 Web 应用迅速超过了"Java 2 时代"之前的 Java Applets 应用，B/S 系统对最终用户认证的需求使得"安全认证"的重点逐渐从"代码级安全"转为"用户级安全"，即你是否信任正在操作的用户。在 1999 年，随 J2EE 1.2 ⊖

⊖　它是 J2EE 的首个版本，为了与 J2SE 同步，初始版本号直接就是 1.2。

发布的 Servlet 2.2 中添加了一系列用于认证的 API，主要包括下列两部分内容：

- 标准方面，添加了四种内置的、不可扩展的认证方案，即 Client-Cert、Basic、Digest 和 Form；
- 实现方面，添加了一套与认证和授权相关的程序接口，譬如 HttpServletRequest::isUserInRole()、HttpServletRequest::getUserPrincipal() 等方法。

一项发布超过 20 年的老旧技术，原本并没有什么专门提起的必要性，笔者之所以引用这件事，是希望从它包含的两部分内容中引出一个架构安全性的经验原则：以标准规范为指导、以标准接口去实现。安全涉及的问题很麻烦，但解决方案已相当成熟，对于 99% 的系统来说，在安全上不去做轮子，不去想发明创造，严格遵循标准，就是最恰当的安全设计。

引用 J2EE 1.2 对安全的改进还有另一个原因，它内置的 Client-Cert、Basic、Digest 和 Form 这四种认证方案都很有代表性，刚好分别覆盖了通信信道、协议和内容层面的认证。而这三种层面的认证恰好涵盖了主流的三种认证方式，具体含义和应用场景列举如下。

- **通信信道上的认证**：你和我建立通信连接之前，要先证明你是谁。在网络传输（Network）场景中的典型应用是基于 SSL/TLS 传输安全层的认证。
- **通信协议上的认证**：你请求获取我的资源之前，要先证明你是谁。在互联网（Internet）场景中的典型应用是基于 HTTP 协议的认证。
- **通信内容上的认证**：你使用我提供的服务之前，要先证明你是谁。在万维网（World Wide Web）场景中的典型应用是基于 Web 内容的认证。

关于通信信道上的认证，由于内容较多，又与后续介绍微服务安全方面的话题密切相关，所以将独立放到 5.5 节介绍，而且 J2EE 中的 Client-Cert 其实并不是用于 TLS 的，以它引出 TLS 并不合适。下面重点了解基于通信协议和通信内容的两种认证方式。

1. HTTP 认证

前文已经提前用到了一个技术名词——认证方案（Authentication Scheme），它是指生成用户身份凭证的某种方法，这个概念最初源于 HTTP 协议的认证框架（Authentication Framework）。IETF 在 RFC 7235 中定义了 HTTP 协议的通用认证框架，要求所有支持 HTTP 协议的服务器，在未授权的用户意图访问服务端保护区域的资源时，应返回 401 Unauthorized 的状态码，同时应在响应报文头里附带以下两个分别代表网页认证和代理认证的 Header 之一，告知客户端应该采取何种方式产生能代表访问者身份的凭证信息：

```
WWW-Authenticate: <认证方案> realm=<保护区域的描述信息>
Proxy-Authenticate: <认证方案> realm=<保护区域的描述信息>
```

接收到该响应后，客户端必须遵循服务端指定的认证方案，在请求资源的报文头中加入身份凭证信息，由服务端核实通过后才会允许该请求正常返回，否则将返回 403 Forbidden 错误。请求头报文应包含以下 Header 项之一：

```
Authorization: <认证方案> <凭证内容>
Proxy-Authorization: <认证方案> <凭证内容>
```

HTTP 认证框架提出认证方案是希望能把认证"要产生身份凭证"的目的与"具体如何产生凭证"的实现分离开来，无论客户端通过生物信息（指纹、人脸）、用户密码、数字证书抑或其他方式来生成凭证，都属于如何生成凭证的具体实现，都可以包含在 HTTP 协议预设的框架之内。HTTP 认证框架的工作流程如图 5-1 所示。

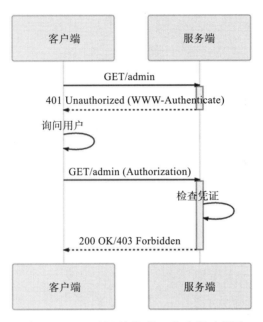

图 5-1　HTTP 认证框架的工作流程时序图

以上概念性的介绍可能会有些枯燥抽象，下面笔者将以最基础的认证方案"HTTP Basic 认证"为例来介绍认证是如何工作的。HTTP Basic 认证是一种主要以演示为目的的认证方案，也应用于一些不要求安全性的场合，譬如家里的路由器登录等。Basic 认证产生用户身份凭证的方法是让用户输入用户名和密码，经过 Base64 编码"加密"后作为身份凭证。譬如请求资源"GET /admin"后，浏览器会收到来自服务端的如下响应：

```
HTTP/1.1 401 Unauthorized
Date: Mon, 24 Feb 2020 16:50:53 GMT
WWW-Authenticate: Basic realm="example from icyfenix.cn"
```

此时，浏览器必须询问最终用户，即弹出如图 5-2 所示的 HTTP Basic 认证对话框，要求提供用户名和密码。

用户在对话框中输入密码信息，譬如输入用户名" icyfenix"，密码"123456"，浏览器会将字符串" icyfenix:123456"编码为" aWN5ZmVuaXg6MTIzNDU2"，然后发送给服务端，HTTP 请求如下所示：

```
GET /admin HTTP/1.1
Authorization: Basic aWN5ZmVuaXg6MTIzNDU2
```

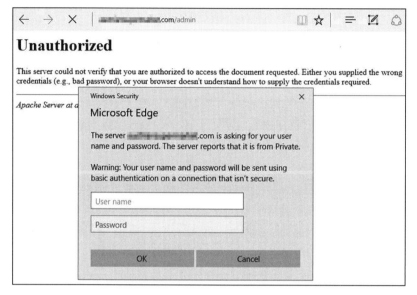

图 5-2　HTTP Basic 认证对话框

　　服务端接收到请求，解码后检查用户名和密码是否合法，如果合法就返回"/admin"的资源，否则就返回 403 Forbidden 错误，禁止下一步操作。注意 Base64 只是一种编码方式，并非任何形式的加密，所以 Basic 认证的风险是显而易见的。除 Basic 认证外，IETF还定义了很多种可用于实际生产环境的认证方案，列举如下。

❑ Digest：RFC 7616，HTTP 摘要认证，可视为 Basic 认证的改良版本。针对 Base64明文发送的风险，Digest 认证把用户名和密码加盐（一个被称为 Nonce 的变化值作为盐值）后再通过 MD5/SHA 等哈希算法取摘要发送出去。但是这种认证方式依然是不安全的，无论客户端使用何种加密算法加密，无论是否采用了 Nonce 这样的动态盐值去抵御重放和冒认，遇到中间人攻击时依然存在显著的安全风险。关于加解密的问题，将在 5.4 节详细讨论。

❑ Bearer：RFC 6750，基于 OAuth 2 规范来完成认证。OAuth 2 是一个同时涉及认证与授权的协议，具体将在 5.2 节详细介绍。

❑ HOBA（HTTP Origin-Bound Authentication）：RFC 7486，一种基于自签名证书的认证方案。基于数字证书的信任关系主要有两类模型：一类是采用 CA（Certification Authority，认证机构）层次结构的模型，由 CA 中心签发证书；另一种是以 IETF 的Token Binding 协议为基础的 OBC（Origin Bound Certificate，原产地证书）自签名证书模型。5.5 节将详细介绍数字证书。

HTTP 认证框架中的认证方案是允许自行扩展的，并不要求一定由 RFC 规范来定义，只要用户代理（User Agent，通常是浏览器，泛指任何使用 HTTP 协议的程序）能够识别这种私有的认证方案即可。因此，很多厂商也扩展了自己的认证方案。

❑ **AWS4-HMAC-SHA256**：亚马逊 AWS 基于 HMAC-SHA256 哈希算法的认证。

❑ **NTLM / Negotiate**：微软公司 NT LAN Manager（NTLM）用到的两种认证方式。

❑ **Windows Live ID**：微软公司开发并提供的"统一登入"认证。

❑ **Twitter Basic**：Twitter 改良的 HTTP 基础认证。

2. Web 认证

IETF 为 HTTP 认证框架设计了可插拔（Pluggable）的认证方案，原本是希望能涌现出各式各样的认证方案去支持不同的应用场景。尽管上节列举了一些还算常用的认证方案，但目前的信息系统，尤其是在系统对终端用户的认证场景中，直接采用 HTTP 认证框架的比例其实十分低。这不难理解，HTTP 是"超文本传输协议"，传输协议的根本职责是把资源从服务端传输到客户端，至于资源具体是什么内容，只能由客户端自行解析驱动。以 HTTP 协议为基础的认证框架也只能面向传输协议而不是具体传输内容来设计，如果用户想要从服务器中下载文件，弹出一个 HTTP 服务器的对话框，让用户登录是可接受的；但如果用户想访问信息系统中的具体服务，肯定希望身份认证是由系统本身的功能去完成，而不是由 HTTP 服务器来负责认证。这种依靠内容而不是传输协议来实现的认证方式，在万维网里被称为" Web 认证"，由于实现形式上登录表单占了绝对的主流，因此通常也被称为"表单认证"（Form Authentication）。

直至 2019 年以前，表单认证都没有什么行业标准可循，如表单是什么样，其中的用户字段、密码字段、验证码字段是否要在客户端加密，采用何种方式加密，接受表单的服务地址是什么，等等，都完全由服务端与客户端的开发者自行协商决定。"没有标准的约束"反倒成了表单认证的一大优点，它允许我们做出五花八门的页面，各种程序语言、框架或开发者本身都可以自行决定认证的全套交互细节。

可能你还记得开篇说的"遵循规范、别造轮子就是最恰当的安全"，这里又将表单认证的高自由度说成是一大优点，好话都让笔者给说全了。笔者提倡用标准规范去解决安全领域的共性问题，这条原则完全没有必要与界面是否美观合理、操作流程是否灵活便捷这些应用需求对立起来。譬如，想要支持密码或扫码等多种登录方式、想要支持图形验证码来驱逐爬虫与机器人、想要支持在登录表单提交之前进行必要的表单校验，等等，这些需求十分具体，不具备写入标准规范的通用性，却具备足够的合理性，应当在实现层面去满足。同时，如何控制权限保证不产生越权操作、如何传输信息保证内容不被窃听篡改、如何加密敏感内容保证即使泄漏也不被逆推出明文，等等，这些问题已有通行的解决方案，并明确定义在规范之中，也应当在架构层面去遵循。

表单认证与 HTTP 认证不一定是完全对立的，两者有不同的关注点，可以结合使用。以 Fenix's Bookstore 的登录功能为例，页面表单是一个自行设计的 Vue.js 页面，但认证的整个交互过程遵循 OAuth 2 规范的密码模式。

2019 年 3 月，万维网联盟（World Wide Web Consortium，W3C）批准了由 FIDO（Fast IDentity Online，一个安全、开放、防钓鱼、无密码认证标准的联盟）领导起草的世界首份 Web 内容认证的标准"WebAuthn"⊖，这里也许有读者会感到矛盾与奇怪，不是刚说了 Web 表单是什么样、要不要验证码、登录表单是否在客户端校验等是十分具体的需求，不太可能定义在规范上吗？确实如此，所以 WebAuthn 彻底抛弃了传统的密码登录方式，改为直接采用生物识别（指纹、人脸、虹膜、声纹）或者实体密钥（以 USB、蓝牙、NFC 连接的物理密钥容器）来作为身份凭证，从根本上消灭了用户输入错误产生的校验需求和防止机器人模拟产生的验证码需求等问题，甚至可以省掉表单界面。

由于 WebAuthn 相对复杂，在阅读下面内容之前，如果你的设备和环境允许，建议先在 GitHub 网站的 2FA 认证功能中实际体验一下如何通过 WebAuthn 完成两段式登录，再继续阅读后面的内容。硬件方面，要求用带有 TouchID 的 MacBook，或者其他支持指纹、FaceID 验证的手机（目前在售的移动设备基本都带有生物识别装置）。软件方面，直至 iOS 13.6，iPhone 和 iPad 仍未支持 WebAuthn，但 Android 和 Mac OS 系统中的 Chrome，以及 Windows 的 Edge 浏览器都已经支持使用 WebAuthn 了。图 5-3 展示了在不同浏览器上使用 WebAuthn 登录的操作界面。

图 5-3　不同浏览器上使用 WebAuthn 登录的对比

WebAuthn 规范涵盖了"注册"与"认证"两大流程。先来介绍注册流程，它大致可以分为以下步骤。

1）用户进入系统的注册页面，这个页面的格式、内容和用户注册时需要填写的信息均不包含在 WebAuthn 标准的定义范围内。

2）当用户填写完信息，点击提交注册信息的按钮后，服务端先暂存用户提交的数据，

⊖　在这节里，我们只讨论 WebAuthn，不会涉及 CTAP、U2F 和 UAF。

生成一个随机字符串（在规范中称作 Challenge）和用户的 UserID（在规范中称作凭证 ID），并返回客户端。

3）客户端的 WebAuthn API 接收到 Challenge 和 UserID 后，把这些信息发送给验证器（Authenticator）。验证器可理解为用户设备上 TouchID、FaceID、实体密钥等认证设备的统一接口。

4）验证器提示用户进行验证，如果支持多种认证设备，还会提示用户选择一个想要使用的设备。验证的结果是生成一个密钥对（公钥和私钥），由验证器存储私钥、用户信息以及当前的域名。然后使用私钥对 Challenge 进行签名，并将签名结果、UserID 和公钥一起返回客户端。

5）浏览器将验证器返回的结果转发给服务器。

6）服务器核验信息，检查 UserID 与之前发送的是否一致，并用公钥解密后得到的结果与之前发送的 Challenge 作对比，一致即表明注册通过，由服务端存储该 UserID 对应的公钥。

以上步骤的时序图如图 5-4 所示。

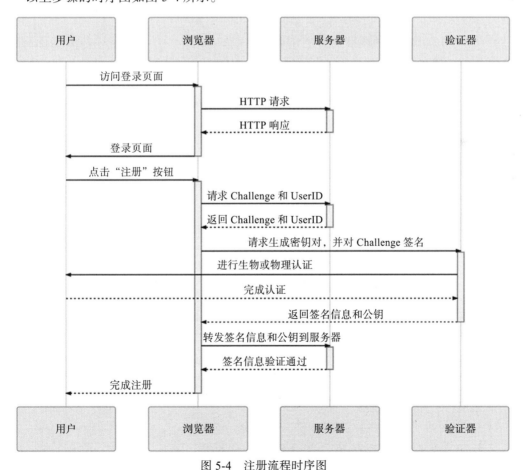

图 5-4　注册流程时序图

登录流程与注册流程类似，大致可以分为以下步骤。

1）用户访问登录页面，填入用户名后即可点击登录按钮。

2）服务器返回随机字符串 Challenge、用户 UserID。

3）浏览器将 Challenge 和 UserID 转发给验证器。

4）验证器提示用户进行认证操作。由于在注册阶段验证器已经存储了该域名的私钥和用户信息，所以如果域名和用户都相同的话，就不需要生成密钥对了，直接以存储的私钥加密 Challenge，然后返回浏览器。

5）服务端接收到浏览器转发来的被私钥加密的 Challenge，并以此前注册时存储的公钥进行解密，如果解密成功则宣告登录成功。

WebAuthn 采用非对称加密的公钥、私钥替代传统的密码，这是非常理想的认证方案。私钥是保密的，只有验证器需要知道它，连用户本人都不需要知道，也就没有人为泄漏的可能。公钥是公开的，可以被任何人看到或存储。公钥可用于验证私钥生成的签名，但不能用来签名，除了得知私钥外，没有其他途径能够生成可被公钥验证为有效的签名，这样服务器就可以通过公钥是否能够解密来判断最终用户的身份是否合法。

WebAuthn 还解决了传统密码在网络传输上的风险问题，后续 5.4 节我们会讲到无论密码是否在客户端进行加密以及如何加密，对防御中间人攻击来说都是没有意义的。更值得夸赞的是，WebAuthn 为登录过程带来极大的便捷性，不仅注册和验证的用户体验十分优秀，而且彻底避免了用户在一个网站上泄漏密码，所有使用相同密码的网站都受到攻击的问题，这个优点使得用户无须再为每个网站想不同的密码。

当前的 WebAuthn 还很年轻，普及率暂时还很有限，但笔者相信几年之内它必定会发展成 Web 认证的主流方式，被大多数网站和系统所支持。

5.1.2 认证的实现

了解了业界标准的认证规范以后，本节将简要介绍一下在 Java 技术体系内通常是如何实现安全认证的。Java 其实也有自己的认证规范，第一个系统性的 Java 认证规范发布于 Java 1.3 时代，是由 Sun 公司提出的同时面向代码级安全和用户级安全的认证授权服务——JAAS（Java Authentication and Authorization Service，Java 认证和授权服务，Java 1.3 时处于扩展包中，Java 1.4 时被纳入标准包）。尽管 JAAS 已经考虑到最终用户的认证，但代码级安全在规范中仍然占更主要的地位。可能今天用过甚至听过 JAAS 的 Java 程序员已经不多了，但是这个规范提出了很多在今天仍然活跃于主流 Java 安全框架中的概念，譬如一般把用户存放在"Principal"之中、密码存放在"Credentials"之中、登录后从安全上下文"Context"中获取状态等常见的安全概念，都可以追溯到这一时期所定下的 API：

❑ LoginModule（javax.security.auth.spi.LoginModule）；

❑ LoginContext（javax.security.auth.login.LoginContext）；

❑ Subject（javax.security.auth.Subject）；

❑ Principal（java.security.Principal）；

❑ Credentials（javax.security.auth.Destroyable、javax.security.auth.Refreshable）。

虽然 JAAS 开创了这些沿用至今的安全概念，但规范本身实质上并没有得到广泛应用，笔者认为有两大原因。一方面是由于 JAAS 同时面向代码级和用户级的安全机制，使得它过度复杂化，难以推广。在这个问题上 Java 社区一直有做持续的增强和补救，譬如 Java EE 6 中的 JASPIC、Java EE 8 中的 EE Security。

❑ JSR 115：Java Authorization Contract for Containers（JACC）。

❑ JSR 196：Java Authentication Service Provider Interface for Containers（JASPIC）。

❑ JSR 375：Java EE Security API（EE Security）。

而另一方面，可能是更重要的一个原因，在 21 世纪的第一个十年里，以"With EJB"为口号，以 WebSphere、JBoss 等为代表的 J2EE 容器环境，与以"Without EJB"为口号、以 Spring、Hibernate 等为代表的轻量化开发框架产生了激烈的竞争，结果是后者获得了全面胜利。这个结果使得依赖容器安全的 JAAS 无法得到大多数人的认可。

在今时今日，实际活跃于 Java 安全领域的是两个私有的（私有的意思是不由 JSR 所规范的，即没有 java/javax.* 作为包名）的安全框架：Apache Shiro 和 Spring Security。

相较而言，Apache Shiro 更便捷易用，而 Spring Security 的功能则更复杂强大一些。无论是单体架构还是微服务架构的 Fenix's Bookstore，笔者都选择了 Spring Security 作为安全框架，这个选择与功能、性能之类的考量没什么关系，就只是因为 Spring Boot、Spring Cloud 全家桶的缘故。这里不打算罗列代码来介绍 Apache Shiro 与 Spring Security 的具体使用方法，如感兴趣可以参考 Fenix's Bookstore 的源码仓库。只从目标上看，两个安全框架提供的功能都很类似，大致包括以下四类。

❑ 认证功能：以 HTTP 协议中定义的各种认证、表单等认证方式确认用户身份，这是本节的主要话题。

❑ 安全上下文：用户获得认证之后，要开放一些接口，让应用可以得知该用户的基本资料，拥有的权限、角色，等等。

❑ 授权功能：判断并控制认证后的用户对什么资源拥有哪些操作许可，这部分内容会放到 5.2 节介绍。

❑ 密码的存储与验证：密码是"烫手的山芋"，无论是存储、传输还是验证都应谨慎处理，这部分内容会放到 5.4 节具体讨论。

5.2　授权

授权这个概念通常伴随着认证、审计、账号一同出现，并称为 AAAA（Authentication、Authorization、Audit、Account，也有一些领域把 Account 解释为计费的意思）。授权行为在程序中的应用非常广泛，给某个类或某个方法设置范围控制符（public、protected、 private、<Package>）在本质上也是一种授权（访问控制）行为。而在安全领域中所说的授权就更具体一些，通常涉及以下两个相对独立的问题。

❑ **确保授权的过程可靠**：对于单一系统来说，授权的过程是比较容易控制的，以前很多语境上提到授权，实质上讲的都是访问控制，但理论上两者是应该分开的。在涉及多方的系统中，授权过程则是一个比较困难却必须严肃对待的问题：如何既能让第三方系统访问到所需的资源，又能保证其不泄露用户的敏感数据呢？常用的多方授权协议主要有 OAuth 2 和 SAML 2.0[⊖]。

❑ **确保授权的结果可控**：授权的结果用于对程序功能或者资源的访问控制（Access Control），成理论体系的权限控制模型有很多，譬如自主访问控制（Discretionary Access Control，DAC）、强制访问控制（Mandatory Access Control，MAC）、基于属性的访问控制（Attribute-Based Access Control，ABAC），还有最为常用的基于角色的访问控制（Role-Based Access Control，RBAC）。

由于篇幅原因，在这一节我们只介绍 Fenix's Bookstore 的代码中直接使用到的，也是日常开发中最常用到的 RBAC 和 OAuth 2 这两种访问控制和授权方案。

5.2.1　RBAC

所有的访问控制模型，实质上都是在解决同一个问题："**谁**（User）拥有什么**权限**（Authority）去**操作**（Operation）哪些**资源**（Resource）。"

这个问题初看起来并不难，一种直观的解决方案就是在用户对象上设定一些权限，当用户使用资源时，检查是否有对应的操作权限即可。很多著名的安全框架，譬如 Spring Security 的访问控制本质上就是这么做的。不过，这种把权限直接关联在用户身上的简单设计，在复杂系统上确实会导致一些比较烦琐的问题。试想一下，如果某个系统涉及成百上千的资源，又有成千上万的用户，若要为每个用户访问每个资源都分配合适的权限，必定导致巨大的操作量和极高的出错概率，这也正是 RBAC 所关注的问题之一。

RBAC 模型在业界中有多种说法，其中以美国 George Mason 大学信息安全技术实验室提出的 RBAC96 模型最具系统性，得到了普遍的认可。为了避免对每一个用户设定权限，RBAC 将权限从用户身上剥离，改为绑定到"**角色**"（Role）上，将权限控制变为对"**角色**拥有操作哪些**资源**的**许可**"这个逻辑表达式的值是否为真的求解过程。RBAC 的主要元素的关系可以图 5-5 来表示。

图 5-5　RBAC 的主要元素的关系示意图

⊖　OAuth 2 和 SAML 2.0 两个协议涵盖的功能并不是直接对等的。

图 5-5 中出现了一个新的名词"**许可**"。许可是抽象权限的具象化体现，权限在 RBAC 系统中的含义是"允许何种**操作**作用于哪些**资源**之上"，这句话的具体实例即为"许可"。提出许可这个概念的目的其实与提出角色的目的是完全一致的，只是更为抽象。角色为的是解耦用户与权限之间的多对多关系，而许可为的是解耦操作与资源之间的多对多关系，譬如不同的数据都能够有增、删、改等操作，如果将数据与操作搅和在一起也会面临配置膨胀问题。这里举个更具体的例子帮助你理清众多名词之间的关系，譬如某个论文管理系统的 UserStory 中，与访问控制相关的 Backlog 可能会是这样描述的：

额外知识 **Backlog**
周同学（User）是某 SCI 杂志的**审稿人**（Role），职责之一是在系统中**审核论文**（Authority）。在**审稿过程**（Session）中，当他认为某篇**论文**（Resource）达到了可以公开发表的标准时，就会在后台**点击通过按钮**（Operation）来完成审核。

以上 Backlog 中"给论文点击通过按钮"就是一种许可，它是"审核论文"这项权限的具象化体现。

采用 RBAC 不仅是为了简化配置操作，还天然地满足了计算机安全中的"最小特权原则"（Least Privilege）。在 RBAC 模型中，角色拥有许可的数量是根据完成该角色工作职责所需的最小权限来赋予的，最典型的例子是操作系统权限管理中的用户组，根据对不同角色的职责分工，如管理员（Administrator）、系统用户（System）、验证用户（Authenticated User）、普通用户（User）、来宾用户（Guest）等分配各自的权限，既保证用户能够正常工作，也避免用户出现越权操作的风险。当用户的职责发生变化时，在系统中就体现为它所隶属的角色被改变，譬如将"普通用户角色"改变"管理员角色"，从而迅速让该用户具备管理员的多个细分权限，降低权限分配错误的风险。

RBAC 还允许对不同角色之间定义关联与约束关系，进一步强化它的抽象描述能力。如不同的角色之间可以有继承性，典型的是 RBAC-1 模型的角色权限继承关系。譬如描述开发经理应该和开发人员一样具有代码提交的权限，描述开发人员都应该和任何公司员工一样具有食堂就餐的权限，就可以直接将食堂就餐赋予到公司员工的角色上，把代码提交赋予到开发人员的角色上，再让开发人员的角色从公司员工派生，开发经理的角色从开发人员中派生。

不同角色之间也可以具有互斥性，典型的是 RBAC-2 模型的角色职责分离关系。互斥性要求权限被赋予角色时，或角色被赋予用户时应遵循的强制性职责分离规定。举个例子，角色的互斥约束可限制同一用户只能分配到一组互斥角色集合中至多一个角色，譬如不能让同一名员工既当会计，也当出纳，否则资金安全无法保证。角色的基数约束可限制某一个用户拥有的最大角色数目，譬如不能让同一名员工包揽产品、设计、开发、测试角色，否则产品质量无法保证。

建立访问控制模型的基本目的是管理垂直权限和水平权限。垂直权限即功能权限，譬如前面提到的审稿编辑有通过审核的权限、开发经理有代码提交的权限、出纳有从账户提取资金的权限，这一类某个角色完成某项操作的许可，都可以直接翻译为功能权限。由于实际应用与权限模型具有高度对应关系，将权限从具体的应用中抽离出来，放到通用的模型中是相对容易的，Spring Security、Apache Shiro 等权限框架就是这样的抽象产物，大多数系统都能采用这些权限框架来管理功能权限。

与此相对，水平权限即数据权限，但管理起来要困难许多。譬如用户 A、B 都属于同一个角色，但它们各自在系统中产生的数据完全有可能是私有的，A 访问或删除了 B 的数据也照样属于越权。一般来说，数据权限是很难抽象与通用的，仅在角色层面控制并不能满足全部业务的需要，很多时候只能具体到用户，甚至要具体管理到发生数据的某一行、某一列之上，因此数据权限基本只能由信息系统自主完成，并不存在能放之四海皆准的通用数据权限框架。

本书后面章节中的"重要角色"——Kubernetes 完全遵循了 RBAC 来进行服务访问控制，Fenix's Bookstore 所使用的 Spring Security 也参考了（但并没有完全遵循）RBAC 来设计它的访问控制功能。在 Spring Security 的设计里，用户和角色都可以拥有权限，譬如在它的 HttpSecurity 接口就同时有 hasRole() 和 hasAuthority() 方法。Spring Security 的访问控制模型如图 5-6 所示，可与前面 RBAC 的关系图对比一下。

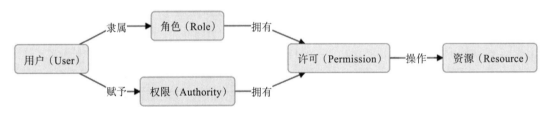

图 5-6　Spring Security 的访问控制模型

从实现角度来看，Spring Security 中的角色和权限的差异很小，它们完全共享同一套存储结构，唯一的差别仅是角色会在存储时自动带上"ROLE_"前缀罢了。但从使用角度来看，角色和权限的差异可以很大，用户可以自行决定系统中许可是只能对应到角色身上，还是可以让用户也拥有某些角色中没有的权限。这一点不符合 RBAC 的思想，但笔者个人认同这是一种创新而非破坏，在 Spring Security 的文档上说得很清楚：这取决于你自己如何使用。

> 🔍 额外知识　角色和权限的核心差异取决于用户打算如何使用这些特性，在框架层面它们的差别是极小的，基本采用了完全相同的方式来进行处理。

通过 RBAC 很容易控制最终用户在广义和精细级别上能够做什么，可以指定用户是管理员、专家用户抑或普通用户，并使角色和访问权限与组织中员工的身份职位保持一致，仅根据需要为员工完成工作的最低限度来分配权限。这些都是大量软件系统、长时间积累下来的经验，将这些经验运用在软件产品上，绝大多数情况下要比自己发明、创造一个新的轮子更加安全。

5.2.2　OAuth 2

了解过 RBAC 的内容后，下面我们再来看看相对更复杂烦琐的 OAuth 2 认证授权协议[⊖]。OAuth 2 是在 RFC 6749 中定义的国际标准，在 RFC 6749 正文的第一句就阐明了 OAuth 2 是**面向解决第三方应用**（Third-Party Application）的认证授权协议。如果你的系统并不涉及第三方，譬如我们单体架构的 Fenix's Bookstore 中就既不为第三方提供服务，也不使用第三方的服务，那引入 OAuth 2 其实并无必要。为什么强调第三方？在多方系统授权过程具体会有什么问题需要专门制订一个标准协议来解决呢？下面笔者举个现实的例子来解释。

譬如你现在正在阅读的这个网站（https://icyfenix.cn），它的建设和更新的大致流程是：笔者以 Markdown 形式写好了某篇文章，上传到由 GitHub 提供的代码仓库，接着由 Travis-CI 提供的持续集成服务会检测到该仓库发生了变化，触发一次 Vuepress 编译活动，生成目录和静态的 HTML 页面，然后推送回 GitHub Pages（GitHub 提供的一项主页托管服务），再触发国内的 CDN 缓存刷新。这个过程要能顺利进行，就存在一系列必须解决的授权问题，Travis-CI 只有得到了我的明确授权，GitHub 才能同意它读取代码仓库中的内容，问题是它该如何获得我的授权呢？一种最简单的方案是把我的用户账号和密码都告诉 Travis-CI，但这显然导致了以下这些问题。

- ❏ **密码泄漏**：如果 Travis-CI 被黑客攻破，将导致我的 GitHub 的密码同时被泄漏。
- ❏ **访问范围**：Travis-CI 将有能力读取、修改、删除、更新我放在 GitHub 上的所有代码仓库，而我并不希望它修改、删除文件。
- ❏ **授权回收**：只有修改密码才能回收我授予给 Travis-CI 的权力，可是我在 GitHub 的密码只有一个，授权的应用除了 Travis-CI 之外却还有许多，修改密码意味着所有别的第三方应用程序会全部失效。

以上列举的这些问题，也正是 OAuth 2 所要解决的问题，尤其是要求第三方系统在没有支持 HTTPS 传输安全的环境下依然能够解决这些问题，这并非易事。

OAuth 2 给出了多种解决办法，这些办法的共同特征是以令牌（Token）代替用户密码作为授权的凭证。有了令牌之后，哪怕令牌被泄漏，也不会导致密码的泄漏；令牌上可以设定访问资源的范围以及时效性；每个应用都持有独立的令牌，任何一个失效都不会波及其他。这样上面提出的三个问题就都解决了。加令牌后的整个授权流程如图 5-7 所示。

这个流程图里面涉及了 OAuth 2 中的几个关键术语，我们通过前面那个具体的上下文语境来解释其含义，这对理解后续几种认证流程十分重要。

- ❏ **第三方应用**（Third-Party Application）：需要得到授权访问我的资源的那个应用，即

　⊖　更烦琐的 OAuth 1 已经完全被废弃了。

此场景中的"Travis-CI"。

- **授权服务器**（Authorization Server）：能够根据我的意愿提供授权（授权之前肯定已经进行了必要的认证过程，但它与授权可以没有直接关系）的服务器，即此场景中的"GitHub"。
- **资源服务器**（Resource Server）：能够提供第三方应用所需资源的服务器，它与认证服务可以是相同的服务器，也可以是不同的服务器，即此场景中的"我的代码仓库"。
- **资源所有者**（Resource Owner）：拥有授权权限的人，即此场景中的"我"。
- **操作代理**（User Agent）：指用户用来访问服务器的工具，对于人类用户来说，这个通常是指浏览器，但在微服务中一个服务经常会作为另一个服务的用户，此时指的可能就是 HttpClient、RPCClient 或者其他访问途径。

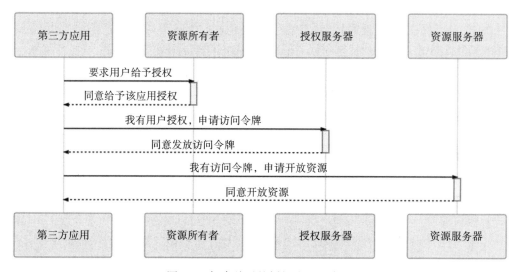

图 5-7　加令牌后的授权流程示意图

"用令牌代替密码"确实是解决问题的好方法，但这充其量只能算个思路，距离可实施的步骤还是不够具体的，流程图中的"要求 / 同意授权"、"要求 / 同意发放令牌"、"要求 / 同意开放资源"的服务请求、响应该如何设计，这就是执行步骤的关键了。对此，OAuth 2 一共提出了四种不同的授权方式（这也是 OAuth 2 复杂烦琐的主要原因），分别为：

- 授权码模式（Authorization Code）；
- 隐式授权模式（Implicit）；
- 密码模式（Resource Owner Password Credentials）；
- 客户端模式（Client Credentials）。

1. 授权码模式

授权码模式是四种模式中最严谨的，它考虑到了几乎所有敏感信息泄漏的预防和后果。具体的调用时序图如图 5-8 所示。

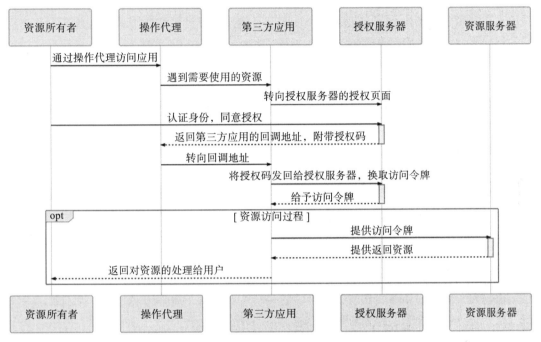

图 5-8　授权码模式的调用时序图

开始进行授权过程以前，第三方应用先要到授权服务器上进行注册。所谓注册，是指向认证服务器提供一个域名地址，然后从授权服务器中获取 ClientID 和 ClientSecret，以便能够顺利完成如下授权过程。

1）第三方应用将资源所有者（用户）导向授权服务器的授权页面，并向授权服务器提供 ClientID 及用户同意授权后的回调 URI，这是第一次客户端页面转向。

2）授权服务器根据 ClientID 确认第三方应用的身份，用户在授权服务器中决定是否同意向该身份的应用进行授权，注意，用户认证的过程未定义在此步骤中，在此之前应该已经完成。

3）如果用户同意授权，授权服务器将转向第三方应用在第 1 步调用中提供的回调 URI，并附带上一个授权码和获取令牌的地址作为参数，这是第二次客户端页面转向。

4）第三方应用通过回调地址收到授权码，然后将授权码与自己的 ClientSecret 一起作为参数，通过服务器向授权服务器提供的获取令牌的服务地址发起请求，换取令牌。该服务器的地址应与注册时提供的域名处于同一个域中。

5）授权服务器核对授权码和 ClientSecret，确认无误后，向第三方应用授予令牌。令牌可以是一个或者两个，其中必定要有的是访问令牌（Access Token），可选的是刷新令牌（Refresh Token）。访问令牌用于到资源服务器获取资源，有效期较短；刷新令牌用于在访问令牌失效后重新获取，有效期较长。

6）资源服务器根据访问令牌所允许的权限，向第三方应用提供资源。

这个过程已经考虑到了几乎所有合理的意外情况，笔者再举几个最容易遇到的意外状况，以便更好地理解为何要这样设计 OAuth 2。

（1）会不会有其他应用冒充第三方应用骗取授权？

ClientID 代表一个第三方应用的"用户名"，这项信息是可以完全公开的。但 ClientSecret 应当只有应用自己知道，这代表了第三方应用的"密码"。在第 5 步发放令牌时，调用者必须能够提供 ClientSecret 才能成功完成。只要第三方应用妥善保管好 ClientSecret，就没有人能够冒充它。

（2）为什么要先发放授权码，再用授权码换令牌？

这是因为客户端转向（通常就是一次 HTTP 302 重定向）对于用户是可见的，换言之，授权码可能会暴露给用户以及用户机器上的其他程序，但由于用户并没有 ClientSecret，而只有授权码是无法换取到令牌的，所以避免了令牌在传输转向过程中被泄漏的风险。

（3）为什么要设计一个时限较长的刷新令牌和时限较短的访问令牌？不能直接把访问令牌的时间调长吗？

这是为了缓解 OAuth 2 在实际应用中的一个主要缺陷，通常访问令牌一旦发放，除非超过了令牌中的有效期，否则很难（需要付出较大代价）有其他方式让它失效，所以访问令牌的时效性一般设计的比较短，譬如几个小时，如果还需要继续用，那就定期用刷新令牌去更新，这样授权服务器就可以在更新过程中决定是否要继续给予授权。至于为什么说很难让它失效，我们将放到 5.3 节中去解释。

尽管授权码模式是严谨的，但是它还不够好，这不仅仅体现在它那繁复的调用过程上，还体现在它对第三方应用提出了一个"貌似不难"的要求：第三方应用必须有应用服务器，因为第 4 步要发起服务端转向，而且要求服务端的地址必须与注册时提供的地址在同一个域内。不要觉得要求一个系统有应用服务器是理所当然的事情，本书的官方网站（https://icyfenix.cn）就没有任何应用服务器的支持，里面使用到了 Gitalk 作为每篇文章的留言板，它对 GitHub 来说照样是第三方应用，需要 OAuth 2 授权来解决。除基于浏览器的应用外，现在越来越普遍的是移动或桌面端的客户端 Web 应用（Client-Side Web Application），譬如现在大量基于 Cordova、Electron、Node-Webkit.js 的 PWA 应用，它们都没有应用服务器的支持。由于有这样的实际需求，因此引出了 OAuth 2 的第二种授权模式：隐式授权。

2. 隐式授权模式

隐式授权省略掉了通过授权码换取令牌的步骤，整个授权过程都不需要服务端支持，一步到位。代价是在隐式授权中，授权服务器不会再去验证第三方应用的身份，因为已经没有应用服务器了，ClientSecret 没有人保管，也就没有存在的意义。但其实还是会限制第三方应用的回调 URI 地址必须与注册时提供的域名一致，尽管有可能被 DNS 污染之类的攻击所攻破。同样，隐式授权也不能避免令牌暴露给资源所有者，不能避免用户机器上可能出现的意图不轨的其他程序、HTTP 的中间人攻击等风险了。

隐式授权的调用时序如图 5-9（在从此之后的授权模式时序图中，笔者将不再画出资源访问部分的内容了，就是图 5-8 中 opt 框中的内容，以便更聚焦重点）所示。

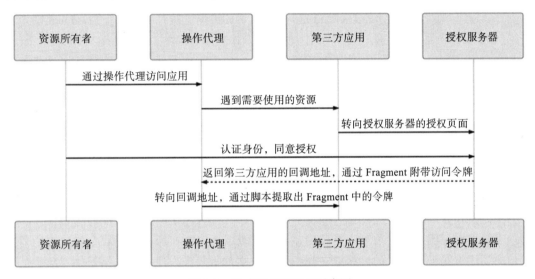

图 5-9　隐式授权的调用时序图

在图 5-9 所示的交互过程里，隐式模式与授权码模式的显著区别是授权服务器在得到用户授权后，直接返回了访问令牌，这显著降低了安全性，但 OAuth 2 仍然努力以尽可能地做到相对安全，譬如在前面提到的隐式授权中，尽管不需要用到服务端，但仍然需要在注册时提供回调域名，此时会要求该域名与接受令牌的服务处于同一个域内。此外，同样基于安全考虑，在隐私模式中明确禁止发放刷新令牌。

还有一点，在 RFC 6749 对隐式授权的描述中，特别强调了令牌必须是"通过 Fragment 带回"的。

 额外知识　Fragment

In computer hypertext, a fragment identifier is a string of characters that refers to a resource that is subordinate to another, primary resource. The primary resource is identified by a Uniform Resource Identifier (URI), and the fragment identifier points to the subordinate resource.

——URI Fragment，Wikipedia

上述内容是维基百科上 Fragment 的英文定义，简单来说，Fragment 就是地址中"#"号后面的部分，譬如这个地址：

```
http://bookstore.icyfenix.cn/#/detail/1
```

后面的"/detail/1"便是 Fragment，这个语法是在 RFC 3986 中定义的。RFC 3986 中解释了 Fragment 是用于客户端定位的 URI 从属资源，譬如 HTML 中就可以使用 Fragment 来做文档内的跳转而不会发起服务端请求，点击这篇文章左边菜单中的几个子标题，可以查看浏览器地址栏的变化。此外，RFC 3986 还规定了如果浏览器对一个带有 Fragment 的地址发出 Ajax 请求，那 Fragment 是不会跟随请求被发送到服务端的，只能在客户端通过 Script 脚本来读取。所以隐式授权巧妙地利用这个特性，尽最大努力地避免了令牌从操作代理到第三方服务之间的链路存在被攻击而泄漏出去的可能性。至于认证服务器到操作代理之间的这一段链路的安全，则只能通过 TLS（即 HTTPS）来保证中间不会受到攻击，我们可以要求认证服务器必须都是启用 HTTPS 的，但无法要求第三方应用同样都支持 HTTPS。

3. 密码模式

前面所说的授权码模式和隐私模式属于纯粹的授权模式，它们与认证没有直接联系，即认证与授权是互相独立的过程。但在密码模式里，认证和授权就被整合到同一个过程中。

密码模式原本的设计意图是仅限用于用户对第三方应用是高度可信任的场景中，因为用户需要把密码明文提供给第三方应用，由第三方以此向授权服务器获取令牌。这种高度可信的第三方是极为罕见的，尽管在介绍 OAuth 2 的材料中，经常举的例子是"操作系统作为第三方应用向授权服务器申请资源"，但在真实应用中极少遇到这样的情况，合理性依然十分有限。

笔者认为，如果要采用密码模式，那"第三方"属性就必须弱化，把"第三方"视作系统中与授权服务器相对独立的子模块，在物理上独立于授权服务器部署，但是在逻辑上与授权服务器仍同属一个系统，这样将认证和授权一并完成的密码模式才会有合理的应用场景。

譬如 Fenix's Bookstore 便直接采用了密码模式，将认证和授权统一到一个过程中完成，尽管 Fenix's Bookstore 中的 Frontend 工程和 Account 工程都能直接接触到用户名和密码，但它们事实上都是整个系统的一部分，在这个前提下密码模式才具有可用性。关于分布式系统各个服务之间的信任关系，后续会在 9.2 节中进一步讨论。

理解了密码模式的用途，它的调用过程就很容易理解了，就是第三方应用拿着用户名和密码向授权服务器换令牌而已。具体调用时序图如图 5-10 所示。

密码模式下"如何保障安全"的职责无法由 OAuth 2 来承担，只能由用户和第三方应用来自行保障，尽管 OAuth 2 在规范中强调"此模式下，第三方应用不得保存用户的密码"，但这并没有任何技术上的约束力。

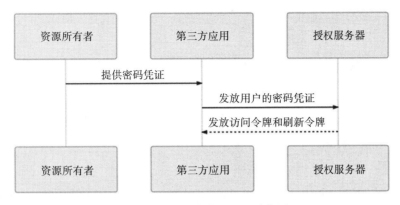

图 5-10　密码模式的调用时序图

4. 客户端模式

客户端模式是四种模式中最简单的，它只涉及两个主体：第三方应用和授权服务器。如果严谨一点，现在称"第三方应用"其实已经不合适了，因为已经没有了"第二方"的存在，资源所有者、操作代理在客户端模式中都是不必出现的，甚至严格来说叫"授权"都已不太恰当，资源所有者都没有了，也就不会有谁授予谁权限的过程。

客户端模式是指第三方应用（行文一致考虑，还是继续沿用这个称呼）以自己的名义，向授权服务器申请资源许可。此模式通常用于管理操作或者自动处理类型的场景中。举个具体例子，譬如笔者开了一家叫 Fenix's Bookstore 的书店，因为小本经营，不像京东那样全国多个仓库可以调货，因此必须保证只要客户成功购买，书店就必须有货可发，不允许超卖。但有顾客下了订单又拖着不付款的情况，导致部分货物处于冻结状态。所以 Fenix's Bookstore 中有一个订单清理的定时服务，自动清理超过两分钟还未付款的订单。在这个场景里，订单肯定是属于下单用户自己的资源，如果把订单清理服务看作一个独立的第三方应用的话，它是不可能向下单用户去申请授权来删掉订单的，而是应该直接以自己的名义向授权服务器申请一个能清理所有用户订单的授权。客户端模式的调用时序图如图 5-11 所示。

微服务架构并不提倡同一个系统的各服务间有默认的信任关系，所以服务之间调用也需要先进行认证授权，然后才能通信。此时，客户端模式便是一种常用的服务间认证授权的解决方案。Spring Cloud 版本的 Fenix's Bookstore 是采用这种方案来保证微服务之间的合法调用的，Istio 版本的 Fenix's Bookstore 则启用了双向 mTLS 通信，使用客户端证书来保障安全，它们可作为上一节介绍认证时提到

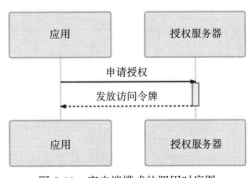

图 5-11　客户端模式的调用时序图

的"通信信道认证"和"通信内容认证"的例子，感兴趣的读者可以对比一下这两种方式
的差异优劣。

OAuth 2 中还有一种与客户端模式类似的授权模式，在 RFC 8628 中被定义为"设备码
模式"（Device Code）。设备码模式用于在无输
入的情况下区分设备是否被许可使用，典型
的应用便是手机锁网解锁（锁网在国内较少，
在国外很常见）或者设备激活（譬如某游戏机
注册到某个游戏平台）的过程。它的调用时序
图如图 5-12 所示。

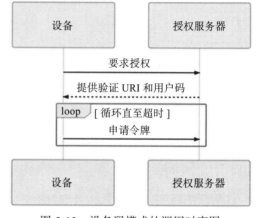

进行验证时，设备需要从授权服务器获
取一个 URI 地址和一个用户码，然后需要用
户手动或设备自动地到验证 URI 中输入用户
码。在这个过程中，设备会一直循环，尝试
去获取令牌，直到拿到令牌或者用户码过期
为止。

图 5-12 设备码模式的调用时序图

5.3 凭证

在前面介绍 OAuth 2 的内容中，每一种授权模式的最终目标都是拿到访问令牌，但从
未涉及过拿回来的令牌应该长什么样子。反而还挖了一些坑没有填（为何说 OAuth 2 的一
个主要缺陷是令牌难以主动失效）。这节讨论的主角是令牌，同时，还会讨论如果不使用
OAuth 2，如何以最传统的方式完成认证、授权。

对"如何承载认证授权信息"这个问题的不同看法，代表了软件架构对待共享状态信
息的两种不同思路：状态应该维护在服务端，还是在客户端之中？在分布式系统崛起以前，
这个问题原本已有了较为统一的结论，即以 HTTP 协议的 Cookie-Session 机制为代表的服
务端状态存储在分布式崛起前的三十年中都是主流的解决方案。不过，到了最近十年，由
于分布式系统中共享数据必然会受到 CAP 不兼容原理的打击限制，迫使人们重新去审视之
前已基本放弃掉的客户端状态存储，这就让原本只在多方系统中采用的 JWT 令牌方案，在
分布式系统中也有了另一块用武之地。本节将围绕 Cookie-Session 和 JWT 之间的相同与不
同而展开。

5.3.1 Cookie-Session

大家知道 HTTP 协议是一种无状态的传输协议，无状态是指协议对事务处理没有上
下文的记忆能力，每一个请求都是完全独立的，但是我们中肯定有许多人并没有意识到
HTTP 协议无状态的重要性。假如你做了一个简单的网页，其中包含 1 个 HTML、2 个

Script 脚本、3 个 CSS，还有 10 张图片，若要这个网页成功展示在用户屏幕前，需要完成 16 次与服务端的交互来获取上述资源，由于网络传输等各种因素的影响，服务器发送的顺序与客户端请求的先后并没有必然的联系，按照可能出现的响应顺序，理论上最多会有 $P(16,16) = 20922789888000$ 种可能性。试想一下，如果 HTTP 协议不是设计成无状态的，这 16 次请求每一次都有依赖关联，先调用哪一个、先返回哪一个，都会对结果产生影响的话，那协调工作会多么复杂。

可是，HTTP 协议的无状态特性又有悖于我们最常见的网络应用场景，典型就是认证授权，系统总得要获知用户身份才能提供合适的服务，因此，我们也希望 HTTP 能有一种手段，让服务器至少能够区分出发送请求的用户是谁。为了实现这个目的，RFC 6265 规范定义了 HTTP 的状态管理机制，在 HTTP 协议中增加了 Set-Cookie 指令，该指令的含义是以键值对的方式向客户端发送一组信息，此信息将在此后一段时间内的每次 HTTP 请求中，以名为 Cookie 的 Header 附带着重新发给服务端，以便服务端区分来自不同客户端的请求。一个典型的 Set-Cookie 指令如下所示：

```
Set-Cookie: id=icyfenix; Expires=Wed, 21 Feb 2020 07:28:00 GMT; Secure; HttpOnly
```

收到该指令以后，客户端再对同一个域的请求回传时就会自动附带键值对信息 "id=icyfenix"，譬如以下代码所示：

```
GET /index.html HTTP/2.0
Host: icyfenix.cn
Cookie: id=icyfenix
```

根据每次请求传到服务端的 Cookie，服务端就能分辨出请求来自于哪一个用户。由于 Cookie 是放在请求头上的，属于额外的传输负担，不应该携带过多的内容，而且放在 Cookie 中传输并不安全，容易被中间人窃取或被篡改，所以通常不会设置例子中 "id=icyfenix" 这样的明文信息。一般来说，系统会把状态信息保存在服务端，在 Cookie 里只传输一个无字面意义的、不重复的字符串，习惯上以 sessionid 或者 jsessionid 为名，然后服务端会把这个字符串作为 Key，以 Key/Entity 的结构存储每一个在线用户的上下文状态，再辅以一些超时自动清理之类的管理措施。这种服务端的状态管理机制就是今天大家非常熟悉的 Session，Cookie-Session 也即最传统但今天依然广泛应用于大量系统中的，由服务端与客户端联动来完成的状态管理机制。

Cookie-Session 方案在本章的主题"安全性"上其实是有一定先天优势的：状态信息都存储于服务端，只要依靠客户端的同源策略和 HTTPS 的传输层安全，保证 Cookie 中的键值不被窃取而出现被冒认身份的情况，就能完全规避掉信息在传输过程中被泄漏和篡改的风险。Cookie-Session 方案的另一大优点是服务端有主动的状态管理能力，可根据自己的意愿随时修改、清除任意上下文信息，譬如很轻易就能实现强制某用户下线的功能。

Session-Cookie 在单节点的单体服务环境中是最合适的方案，但当需要水平扩展服务能力，要部署集群时就比较麻烦了，由于 Session 存储在服务器的内存中，当服务器水平拓展成多节点时，设计者必须在以下三种方案中选择其一。

❑ 牺牲集群的一致性，让负载均衡器采用亲和式的负载均衡算法，譬如根据用户 IP 或者 Session 来分配节点，每一个特定用户发出的所有请求都一直被分配到其中某一个节点来提供服务，每个节点都不重复地保存着一部分用户的状态，如果这个节点崩溃了，里面的用户状态便完全丢失。

❑ 牺牲集群的可用性，让各个节点之间采用复制式的 Session，每一个节点中的 Session 变动都会发送到组播地址的其他服务器上，这样即使某个节点崩溃了，也不会中断某个用户的服务，但 Session 之间组播复制的同步代价高昂，节点越多时，同步成本越高。

❑ 牺牲集群的分区容忍性，让普通的服务节点中不再保留状态，将上下文集中放在一个所有服务节点都能访问到的数据节点中进行存储。此时的矛盾是数据节点成为单点，一旦数据节点损坏或出现网络分区，整个集群将都不能再提供服务。

通过前面章节的内容，我们已经知道只要在分布式系统中共享信息，CAP 就不可兼得，所以分布式环境中的状态管理一定会受到 CAP 的限制，无论怎样都不可能完美。但如果只是解决分布式下的认证授权问题，并顺带解决少量状态的问题，就不一定只能依靠共享信息去实现。这句话的言外之意是提醒读者，接下来的 JWT 令牌与 Cookie-Session 并不是完全对等的解决方案，JWT 令牌只用来处理认证授权问题，充其量只能携带少量非敏感的信息，是 Cookie-Session 在认证授权问题上的替代品，而不能说 JWT 要比 Cookie-Session 更先进，更不可能说 JWT 可以全面取代 Cookie-Session 机制。

5.3.2　JWT

Cookie-Session 机制在分布式环境下会遇到 CAP 不可兼得的问题，而在多方系统中，就更不可能谈 Session 层面的数据共享了，哪怕服务端之间能共享数据，客户端的 Cookie 也没法跨域。所以我们不得不重新捡起最初被抛弃的思路，当服务器存在多个，客户端只有一个时，把状态信息存储在客户端，每次随着请求发回服务器去。前面说过，这样做的缺点是无法携带大量信息，而且有泄漏和篡改的安全风险。信息量受限的问题并没有太好的解决办法，不过要确保信息不被中间人篡改则还是可以实现的，JWT 便是这个问题的标准答案。

JWT（JSON Web Token）定义于 RFC 7519 标准之中，是目前广泛使用的一种令牌格式，尤其经常与 OAuth 2 配合应用于分布式的、涉及多方的应用系统中。介绍 JWT 的具体构成之前，我们先来直观地看一下它是什么样子的，如图 5-13 所示。

以上截图来自 JWT 官网（https://jwt.io），数据则是笔者随意编的。右边的 JSON 结构是 JWT 令牌中携带的信息，左边的字符串呈现了 JWT 令牌的本体。它最常见的使用方式是附在名为 Authorization 的 Header 发送给服务端，前缀在 RFC 6750 中被规定为 Bearer。如果你没有忘记"认证方案"与" OAuth 2"的内容，那看到 Authorization 这个 Header 与

Bearer 这个前缀时，便应意识到它是 HTTP 认证框架中的 OAuth 2 认证方案。如下代码展示了一次采用 JWT 令牌的 HTTP 实际请求：

```
GET /restful/products/1 HTTP/1.1
Host: icyfenix.cn
Connection: keep-alive
Authorization: Bearer eyJhbGciOiJIUzI1NiIsInR5cCI6IkpXVCJ9.eyJ1c2VyX25hbWUiOiJp
    Y3lmZW5peCIsInNjb3BlIjpbIkFMTCJdLCJleHAiOjE1ODQ5NDg5NDcsImF1dGhvcml0aWVzIjp
    bIlJPTEVfVVNFUiIsIlJPTEVfQURNSU4iXSwianRpIjoiOWQ3NzU4NmEtM2Y0Zi00Y2JiLTk5Mj
    QtZmUyZjc3ZGZhMzNkIiwiY2xpZW50X2lkIjoiYm9va3N0b3JlX2Zyb250ZW5kIiwidXNlcm5hb
    WUiOiJpY3lmZW5peCJ9.539WMzbjv63wBtx4ytYYw_Fo1ECG_9vsgAn8bheflL8
```

图 5-13　JWT 令牌结构

前文图 5-13 中右边的状态信息是对令牌使用 Base64URL 转码后得到的明文，请特别注意是明文，JWT 只解决篡改的问题，并不解决泄漏的问题，因此令牌默认是不加密的。尽管你自己要加密也不难做到，接收时自行解密即可，但这样做其实没有太大意义，具体原因将在 5.4 节中阐述。

从明文中可以看到 JWT 令牌是以 JSON 结构（毕竟名字就叫 JSON Web Token）存储的，该结构总体上可划分为三个部分，每个部分间用点号"."分隔开。第一部分是**令牌头**（Header），内容如下所示：

```
{
    "alg": "HS256",
    "typ": "JWT"
}
```

它描述了令牌的类型（统一为 typ:JWT）以及令牌签名的算法，示例中 HS256 为 HMAC SHA256 算法的缩写，其他各种系统支持的签名算法则可以参考 JWT 官网。

📷 额外知识　散列消息认证码

在本节及后面其他关于安全的内容中，经常会在某种哈希算法前出现"HMAC"的前缀，这是指散列消息认证码（Hash-based Message Authentication Code，HMAC）。可以简单将它理解为一种带有密钥的哈希摘要算法，其实现形式上通常是把密钥以加盐方式混入，与内容一起做哈希摘要。

HMAC 哈希与普通哈希算法的差别是普通的哈希算法通过 Hash 函数结果易变性保证了原有内容未被篡改，而 HMAC 不仅保证了内容未被篡改，还保证了该哈希确实是由密钥的持有人所生成的。如图 5-14 所示。

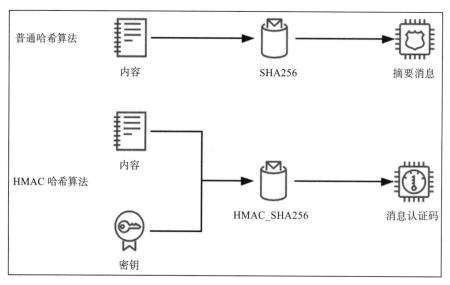

图 5-14　HMAC 哈希与普通哈希算法的差别

令牌的第二部分是**负载**（Payload），这是令牌真正需要向服务端传递的信息。针对认证问题，负载至少应该包含能够告知服务端"这个用户是谁"的信息；针对授权问题，令牌至少应该包含能够告知服务端"这个用户拥有什么角色／权限"的信息。JWT 的负载部分是可以完全自定义的，根据具体要解决的问题不同，设计自己所需要的信息，只是总容量不能太大，毕竟要受到 HTTP Header 大小的限制。一个 JWT 负载的例子如下所示：

```
{
    "username": "icyfenix",
```

```
    "authorities": [
        "ROLE_USER",
        "ROLE_ADMIN"
    ],
    "scope": [
        "ALL"
    ],
    "exp": 1584948947,
    "jti": "9d77586a-3f4f-4cbb-9924-fe2f77dfa33d",
    "client_id": "bookstore_frontend"
}
```

JWT 在 RFC 7519 中推荐（非强制约束）了七项声明名称（Claim Name），如需要用到这些内容，建议字段名与官方的保持一致。

❏ iss（Issuer）：签发人。

❏ exp（Expiration Time）：令牌过期时间。

❏ sub（Subject）：主题。

❏ aud（Audience）：令牌受众。

❏ nbf（Not Before）：令牌生效时间。

❏ iat（Issued At）：令牌签发时间。

❏ jti（JWT ID）：令牌编号。

此外在 RFC 8225、RFC 8417、RFC 8485 等规范文档，以及 OpenID 等协议中，都定义了约定好公有含义的名称，内容比较多，这里不再赘述，感兴趣的读者可以参考"IANA JSON Web Token Registry"⊖。

令牌的第三部分是**签名**（Signature），签名的意思是：使用在对象头中公开的特定签名算法，通过特定的密钥（由服务器进行保密，不能公开）对前面两部分内容进行加密计算，以例子里使用的 JWT 默认的 HMAC SHA256 算法为例，将通过以下公式产生签名值：

```
HMACSHA256(base64UrlEncode(header) + "." + base64UrlEncode(payload) , secret)
```

签名的意义在于确保负载中的信息是可信的、没有被篡改的，也没有在传输过程中丢失任何信息的。因为被签名的内容哪怕发生了一个字节的变动，也会导致整个签名发生显著变化。此外，由于签名这件事情只能由认证授权服务器完成（只有它知道密钥），任何人都无法在篡改后重新计算出合法的签名值，所以服务端才能够完全信任客户端传上来的 JWT 中的负载信息。

JWT 默认的签名算法 HMAC SHA256 是一种带密钥的哈希摘要算法，加密与验证过程均只能由中心化的授权服务来提供，所以这种方式一般只适合于授权服务与应用服务处于同一个进程中的单体应用。在多方系统或者授权服务与资源服务分离的分布式应用中，通常会采用非对称加密算法来进行签名，这时候除了授权服务端持有的可以用于签名的私钥

⊖　地址：https://www.iana.org/assignments/jwt/jwt.xhtml。

外，还会对其他服务器公开一个公钥，公开方式一般遵循 JSON Web Key 规范。公钥不能用来签名，但是能被其他服务用于验证签名是否由私钥所签发。这样其他服务器就能不依赖授权服务器、无须远程通信即可独立判断 JWT 令牌中的信息的真伪。

在 Fenix's Bookstore 的单体服务版本中，采用了默认的 HMAC SHA256 算法来加密签名，而 Istio 服务网格版本里，终端用户认证会由服务网格的基础设施来完成，此时就会改用非对称加密的 RSA SHA256 算法来进行签名，希望深入了解凭证安全的读者，不妨对比一下这两部分的代码。更多关于哈希摘要算法，对称和非对称加密算法的讨论，将会在 5.5 节中继续进行。

JWT 令牌是多方系统中一种优秀的凭证载体，它不需要任何一个服务节点保留任何一点状态信息，就能够保障认证服务与用户之间的承诺是双方当时真实意图的体现，是准确、完整、不可篡改，且不可抵赖的。同时，由于 JWT 本身可以携带少量信息，这十分有利于 RESTful API 的设计，能够较容易地做成无状态服务，在做水平扩展时就不需要像前面 Cookie-Session 方案那样考虑如何部署的问题。现实中也确实有一些项目直接采用 JWT 来承载上下文以实现完全无状态的服务端，这能获得任意加入或移除服务节点的巨大便利，天然具备完美的水平扩缩能力。譬如，在调试 Fenix's Bookstore 的代码时，你随时都可以重启服务，重启后，客户端仍然能毫无感知地继续操作流程；而对于有状态的系统，就必须通过重新登录、进行前置业务操作来为服务端重建状态。尽管大型系统中只使用 JWT 来维护上下文状态，服务端完全不持有状态是不太现实的，不过将热点的服务单独抽离出来做成无状态，仍是一种有效提升系统吞吐能力的架构技巧。但是，JWT 也并非没有缺点的完美方案，它存在以下几个经常被提及的缺点。

❑ **令牌难以主动失效**：JWT 令牌一旦签发，理论上就和认证服务器再没有什么瓜葛了，在到期之前就会始终有效，除非服务器部署额外的逻辑去处理失效问题，这对某些管理功能的实现是很不利的。譬如一种颇为常见的需求是：要求一个用户只能在一台设备上登录，在 B 设备登录后，之前已经登录过的 A 设备就应该自动退出。如果采用 JWT，就必须设计一个"黑名单"的额外的逻辑，用来把要主动失效的令牌集中存储起来，而无论这个黑名单是实现在 Session、Redis 或者数据库中，都会让服务退化成有状态服务，降低了 JWT 本身的价值，但黑名单在使用 JWT 时依然是很常见的做法，需要维护的黑名单一般是很小的状态量，在许多场景中还是有存在价值的。

❑ **相对更容易遭受重放攻击**：首先说明 Cookie-Session 也是有重放攻击问题的，只是因为 Session 中的数据控制在服务端手上，在应对重放攻击时会相对主动一些。要在 JWT 层面解决重放攻击问题需要付出比较大的代价，无论是加入全局序列号（HTTPS 协议的思路）、Nonce 字符串（HTTP Digest 验证的思路），挑战应答码（当下网银动态令牌的思路），还是缩短令牌有效期强制频繁刷新令牌，在真正应用时都很麻烦。真要处理重放攻击，建议的解决方案是在信道层次（譬如启用 HTTPS）上解决，而不在服务层次（譬如在令牌或接口其他参数上增加额外逻辑）上解决。

- **只能携带相当有限的数据**：HTTP 协议并没有强制约束 Header 的最大长度，但是，各种服务器、浏览器都会有自己的约束，譬如 Tomcat 就要求 Header 最大不超过 8KB，而在 Nginx 中则默认为 4KB，因此在令牌中存储过多的数据不仅耗费传输带宽，还有额外的出错风险。
- **必须考虑令牌在客户端如何存储**：严谨地说，这个并不是 JWT 的问题而是系统设计的问题。如果授权之后，操作完关掉浏览器就结束了，那把令牌放到内存里面，压根不考虑持久化才是最理想的方案。但并不是谁都能忍受一个网站关闭之后下次就一定强制要重新登录的。这样的话，想想客户端该把令牌存放到哪里？ Cookie ？ localStorage ？ Indexed DB ？它们都有泄漏的可能，而令牌一旦泄漏，别人就可以冒充用户的身份做任何事情。
- **无状态也不总是好的**：这个其实也不是 JWT 的问题。如果不能想象无状态会有什么不好的话，笔者可以提个需求：请基于无状态 JWT 的方案，做一个在线用户实时统计功能。

5.4　保密

保密是加密和解密的统称，是指以某种特殊的算法改变原有的信息数据，使得未授权的用户即使获得了已加密的信息，但因不知解密的方法，或者知晓解密的算法但缺少解密所需的必要信息，仍然无法了解数据的真实内容。

按照需要保密的信息所处的环节不同，可以划分为"信息在客户端时的保密""信息在传输时的保密"和"信息在服务端时的保密"三类，或者进一步概括为"端的保密"和"链路的保密"两类。我们把最复杂、最有效，又早有标准解决方案的"传输环节"单独提取出来，放到下一节去讨论，本节将结合笔者的一些个人观点，重点讨论密码等敏感信息如何保障安全等级、是否应该从客户端开始加密、应该如何存储及如何验证等常见的安全保密问题。

5.4.1　保密的强度

保密是有成本的，追求越高的安全等级，就要付出越多的工作量与算力消耗。笔者以用户登录为例，列举几种不同强度的保密手段，并讨论它们的防御关注点与弱点。

1）以摘要代替明文：如果密码本身比较复杂，那一次简单的哈希摘要至少可以保证即使传输过程中有信息泄漏，也不会被逆推出原信息；即使密码在一个系统中泄漏了，也不至于威胁到其他系统的使用。但这种处理不能防止弱密码被彩虹表攻击所破解。

2）先加盐值再做哈希是应对弱密码的常用方法：盐值可以为弱密码建立一道防御屏障，一定程度上防御已有的彩虹表攻击，但不能阻止加密结果被监听、窃取后，攻击者直接发送加密结果给服务端进行冒认。

3）将盐值变为动态值能有效防止冒认：如果每次密码向服务端传输时都掺入了动态的盐值，让每次加密的结果都不同，那即使传输给服务端的加密结果被窃取了，也不能冒用来进行另一次调用。尽管在双方通信均可能泄漏的前提下协商出只有通信双方才知道的保密信息是完全可行的（后续 5.5.3 节会提到），但这样协商出盐值的过程将变得极为复杂，而且每次协商只保护一次操作，也难以阻止对其他服务的重放攻击。

4）给服务加入动态令牌，在网关或其他流量公共位置建立校验逻辑，这样服务端在愿意付出集群中分发令牌信息等代价的前提下，可以做到防止重放攻击，但是依然不能解决传输过程中被嗅探而泄漏信息的问题。

5）启用 HTTPS 可以防御链路上的恶意嗅探，也以在通信层面解决了重放攻击的问题。但是依然有因客户端被攻破产生伪造根证书的风险、因服务端被攻破产生的证书泄漏而被中间人冒认的风险、因 CRL 更新不及时或者 OCSP Soft-fail 产生吊销证书被冒用的风险，以及因 TLS 的版本过低或密码学套件选用不当产生加密强度不足的风险。

6）为了抵御上述风险，保密强度还要进一步提升，譬如银行会使用独立于客户端的存储证书的物理设备（俗称的 U 盾）来避免根证书被客户端中的恶意程序窃取伪造；大型网站涉及账号、金钱等操作时，会使用双重验证开辟一条独立于网络的信息通道（如手机验证码、电子邮件）来显著提高冒认的难度；甚至一些关键企业（如国家电网）或机构（如军事机构）会专门建设遍布全国各地的与公网物理隔离的专用内部网络来保障通信安全。

听了上述这些逐步升级的保密措施，你应该能对"更高安全强度同时也意味着更多代价"有更具体的理解，不是任何一个网站、系统、服务都需要无限拔高的安全性。也许这时候你会好奇另一个问题：安全的强度有尽头吗？存不存在某种绝对安全的保密方式？答案可能出乎多数人的意料，确实是有的。信息论之父香农严格证明了一次性密码（One Time Password）的绝对安全性。但是使用一次性密码必须有个前提，就是已经提前安全地把密码或密码列表传达给对方。譬如，给你的朋友送去一本存储了完全随机密码的密码本，然后每次使用其中一条密码来进行加密通信，用完一条丢弃一条，理论上这样可以做到绝对的安全，但显然这种绝对安全对于互联网没有任何的可行性。

5.4.2　客户端加密

关于客户端在用户登录、注册类场景里是否需要对密码进行加密的问题一直存有争议。笔者的观点很明确：为了保证信息不被黑客窃取而做客户端加密没有太大意义，对绝大多数的信息系统来说，启用 HTTPS 可以说是唯一的实际可行的方案。但是，为了保证密码不在服务端被滥用，在客户端就开始加密还是很有意义的。大网站被拖库的事情层出不穷，密码明文被写入数据库、被输出到日志中之类的事情也屡见不鲜，做系统设计时就应该把明文密码这种东西当成是最烫手的山芋来看待，越早消灭掉越好，将一个潜在的炸弹从客户端运到服务端，对绝大多数系统来说都没有必要。

　　为什么客户端加密对防御泄密没有意义？原因是网络通信并非由发送方和接收方点对点进行的，客户端无法决定用户送出的信息能不能到达服务端，或者会经过怎样的路径到达服务端，在传输链路必定是不安全的假设前提下，无论客户端做什么防御措施，最终都会沦为"马其诺防线"。之前笔者已经提到多次的中间人攻击，是通过劫持客户端到服务端之间的某个节点，包括但不限于代理（通过 HTTP 代理返回赝品）、路由器（通过路由导向赝品）、DNS 服务（直接将你机器的 DNS 查询结果替换为赝品地址）等，来给你访问的页面或服务注入恶意的代码，极端情况下，甚至可能会取代你要访问的整个服务或页面，此时不论你在页面上设计了多么精巧严密的加密措施，都不会起到任何保护作用，而攻击者只需劫持路由器，或在局域网内其他机器释放 ARP 病毒便有可能完成攻击。

额外知识　中间人攻击（Man-in-the-Middle Attack，MitM）

在消息发出方和接收方之间拦截双方通信。以日常生活中的写信为例：你给朋友写了一封信，邮递员可以把每一份你寄出去的信都拆开看，甚至把信的内容改掉，然后重新封起来，再寄出去给你的朋友。朋友收到信之后给你回信，邮递员又可以拆开看，看完随便改，改完封好再送到你手上。你全程都不知道自己寄出去的信和收到的信都经过邮递员这个"中间人"转手和处理——换句话说，对于你和你朋友来讲，邮递员这个"中间人"角色是不可见的。

　　对于"不应把明文传递到服务端"的观点，也是有一些不同意见的。譬如其中一种保存明文密码的理由是便于客户端做动态加盐，因为只有在服务端存储了明文，或者某种盐值／密钥是固定的加密结果的情况下，才能每次用新的盐值重新加密来与客户端传上来的加密结果进行比对。笔者的建议是每次从服务端请求动态盐值，在客户端加盐传输的做法通常都得不偿失，因为客户端无论是否动态加盐，都不可能代替 HTTPS。真正防御性的密码加密存储确实应该在服务端中进行，但这是为了降低服务端被攻破而批量泄漏密码的风险，并不是为了增加传输过程的安全。

5.4.3　密码存储和验证

　　这节笔者以 Fenix's Bookstore 中的真实代码为例，介绍一个普通安全强度的信息系统是如何将密码从客户端传输到服务端，然后存储到数据库的全过程。"普通安全强度"是指在具有一定保密安全性的基础上，尽量避免消耗过多的运算资源，这样后续验证起来也相对便捷。对多数信息系统来说，只要配合一定的密码规则约束，譬如密码要求长度、特殊字符等，再配合 HTTPS 传输，已足以抵御大多数风险了。即使用户采用了弱密码、客户端通信被监听、服务端被拖库、泄漏了存储的密文和盐值等问题同时发生，也能够最大限度避免用户明文密码被逆推出来。下面先介绍密码创建的过程。

　　1）用户在客户端注册，输入明文密码：123456。

```
password = 123456
```

2）客户端对用户密码进行简单的哈希摘要运算，可选的算法有 MD2/4/5、SHA1/256/512、BCrypt、PBKDF1/2，等等。为了突出"简单"的哈希摘要，这里笔者故意没有排除掉 MD 这类已经有了高效碰撞手段的算法。

```
client_hash = MD5(password) // e10adc3949ba59abbe56e057f20f883e
```

3）为了防御彩虹表攻击，应加盐处理，客户端加盐只取固定的字符串即可，如实在不安心，也可用伪动态的盐值⊖。

```
client_hash = MD5(MD5(password) + salt) // SALT = $2a$10$o5L.dWYEjZjaejOmN3x4Qu
```

4）假设攻击者截获了客户端发出的信息，得到了摘要结果和采用的盐值，那攻击者就可以枚举遍历所有 8 位字符以内⊖的弱密码，然后对每个密码再进行加盐计算，就得到一个针对固定盐值的对照彩虹表。为了应对这种暴力破解，并不提倡在盐值上做动态化，更理想的方式是引入慢哈希函数来解决。

慢哈希函数是指执行时间可以调节的哈希函数，通常是以控制调用次数来实现的。BCrypt 算法就是一种典型的慢哈希函数，它做哈希计算时接受盐值 Salt 和执行成本 Cost 两个参数⊜。如果我们将 BCrypt 的执行时间控制在 0.1 秒完成一次哈希计算的话，按照 1 秒生成 10 个哈希值的速度，算完所有的 10 位大小写字母和数字组成的弱密码大概需要 $P(62,10)/(3600*24*365)/0.1=1237204169$ 年时间。

```
client_hash = BCrypt(MD5(password) + salt)  // MFfTW3uNI4eqhwDkG7HP9p2mzEUu/r2
```

5）下一步将哈希值传输到服务端，在服务端只需防御被拖库后针对固定盐值的批量彩虹表攻击。具体做法是为每一个密码（指客户端传来的哈希值）产生一个随机的盐值。笔者建议采用"密码学安全伪随机数生成器"（Cryptographically Secure Pseudo-Random Number Generator，CSPRNG）来生成一个长度与哈希值长度相等的随机字符串。对于 Java 语言，从 Java SE 7 起提供了 java.security.SecureRandom 类，用于支持 CSPRNG 字符串生成。

```
SecureRandom random = new SecureRandom();
byte server_salt[] = new byte[36];
random.nextBytes(server_salt);   // tq2pdxrblkbgp8vt8kbdpmzdh1w8bex
```

6）将动态盐值混入客户端传来的哈希值再做一次哈希，产生最终的密文，并和上一步随机生成的盐值一起写入同一条数据库记录中。由于慢哈希算法占用大量处理器资源，笔者并不推荐在服务端中采用。不过，如果你阅读了 Fenix's Bookstore 的源码，会

⊖ "伪动态"是指服务端不需要额外通信就可以得到的信息，譬如由日期或用户名等自然变化的内容加上固定字符串组成的信息。

⊖ "8 位"只是举个例子，这里代指弱密码，你如果用 1024 位随机字符作为密码，加不加盐，彩虹表都跟你没什么关系。

⊜ 代码层面 Cost 一般是混入在 Salt 中，譬如上面例子中的 Salt 就是混入了 10 轮运算的盐值，10 轮的意思是 2^{10} 次哈希运算，Cost 参数是放在指数上的，最大取值是 31。

发现这步依然采用了 Spring Security 5 中的 BcryptPasswordEncoder，但是请注意它默认构造函数中的 Cost 参数值为 –1，经转换后实际只进行了 1024（2^{10}）次计算，并不会给服务端带来太大的压力。此外，代码中并未显式传入 CSPRNG 生成的盐值，这是因为 BCryptPasswordEncoder 本身就会自动调用 CSPRNG 产生盐值，并将该盐值输出在结果的前 32 位之中，因此也无须专门在数据库中设计存储盐值的字段。这个过程以伪代码表示如下：

```
server_hash = SHA256(client_hash + server_salt);  // 55b4b5815c216cf80599990e78
    1cd8974a1e384d49fbde7776d096e1dd436f67
DB.save(server_hash, server_salt);
```

以上加密存储的过程相对复杂，但是运算压力最大的过程（慢哈希）是在客户端完成的，对服务端压力很小，也不惧怕因网络通信被截获而导致明文密码泄漏。密码存储后，以后验证的过程与加密是类似的，具体步骤如下所示。

1）客户端：用户在登录页面中输入密码明文，123456，经过与注册相同的加密过程，向服务端传输加密后的结果。

```
authentication_hash = MFfTW3uNI4eqhwDkG7HP9p2mzEUu/r2
```

2）服务端：接收到客户端传输上来的哈希值，从数据库中取出登录用户对应的密文和盐值，采用相同的哈希算法，对客户端传来的哈希值、服务端存储的盐值计算摘要结果。

```
result = SHA256(authentication_hash + server_salt);  // 55b4b5815c216cf80599990
    e781cd8974a1e384d49fbde7776d096e1dd436f67
```

3）比较上一步的结果和数据库储存的哈希值是否相同，如果相同说明密码正确，反之说明密码错误。

```
authentication = compare(result, server_hash) // yes
```

5.5　传输

前文中笔者已经为传输安全层挖了不少坑，譬如：基于信道的认证是怎样实现的？为什么 HTTPS 是绝大部分信息系统防御通信被窃听和篡改的唯一可行手段？传输安全层难道不也是一种自动化的加密吗？为何说无论客户端如何加密都不能代替 HTTPS？

本节将以"假设链路上的安全得不到保障，攻击者如何摧毁之前认证、授权、凭证、保密中所提到的种种安全机制"为场景，讲解传输安全层所要解决的问题，同时也是对前面这些疑问的回答。

5.5.1　摘要、加密与签名

我们从 JWT 令牌的一小段"题外话"来引出现代密码学算法的三种主要用途：摘要、加密与签名。JWT 令牌携带信息的可信度源自于它是被签过名的信息，是令牌签发者真实意图的体现，因此是不可篡改的。然而，你是否了解签名具体做了什么？为什么有签名就能够让负载中的信息变得不可篡改和不可抵赖呢？要解释数字签名（Digital Signature），必须先从密码学算法的另外两种基础应用"摘要"和"加密"说起。

摘要也称为数字摘要（Digital Digest）或数字指纹（Digital Fingerprint）。JWT 令牌中默认的签名信息是对令牌头、负载和密钥三者通过令牌头中指定的哈希算法（HMAC SHA256）计算出来的摘要值，如下所示：

```
signature = Hash(base64UrlEncode(header) + "." + base64UrlEncode(payload) , secret)
```

理想的哈希算法都具备两个特性。一是易变性，这是指算法的输入端发生了任何一点细微变动，都会引发雪崩效应（Avalanche Effect），使得输出端的结果产生极大的变化。这个特性常被用来做校验，以保证信息未被篡改，譬如互联网上下载大文件，常会附有一个哈希校验码，以确保下载下来的文件没有因网络或其他原因与原文件产生任何偏差。二是不可逆性，摘要的运算过程是单向的，不可能从摘要的结果中逆向还原出输入值来。世间的信息有无穷多种，而摘要的结果无论其位数是 32、128、512 位，甚至更多位，都是一个有限的数字，因此输入数据与输出的摘要结果必然不是一一对应的关系。例如，我对一部电影做摘要运算形成 256 位的哈希值，应该没有人会指望从这个哈希值中还原出一部电影。偶尔能听到 MD5、SHA1 或其他哈希算法被破解了的新闻，但这里的"破解"并不是"解密"的意思，而是指找到了该算法的高效率碰撞方法，能够在合理的时间内生成一个摘要结果为指定内容的输入比特流，但并不能代表这个碰撞产生的比特流就会是原来的输入源。

由这两个特性可见，摘要的意义是在源信息不泄漏的前提下辨别其真伪。易变性保证了可以从公开的特征上甄别出信息是否来自于源信息，不可逆性保证了不会从公开的特征暴露出源信息，这与今天用作身份甄别的指纹、面容和虹膜的生物特征是具有高度可比性的。在一些场合中，摘要也会被借用来做加密（如保密中介绍的慢哈希 Bcrypt 算法）和签名（如 JWT 签名中的 HMAC SHA256 算法），但在严格意义上看，摘要与这两者有本质的区别。

加密与摘要的本质区别在于加密是可逆的，逆过程就是解密。在经典密码学时代，加密的安全主要依靠机密性来保证，即依靠保护加密算法或算法的执行参数不被泄漏来保障信息的安全。而现代密码学不依靠机密性，加解密算法都是完全公开的，它的安全是建立在特定问题的计算复杂度之上，具体是指算法根据输入端计算输出结果耗费的算力资源很小，但根据输出端的结果反过来推算原本的输入时耗费的算力就极其庞大。以大数的质因数分解为例，我们可以轻而易举地（以 $O(n\log n)$ 的复杂度）计算出两个大素数的乘积，譬如：

```
97667323933 * 128764321253 = 12576066674829627448049
```

根据算术基本定理，质因数的分解形式是唯一的，且前面计算条件中给出的运算因子已经是质数，所以 12576066674829627448049 的分解形式就只有唯一的形式，即上面所示的唯一答案。然而如何对大数进行质因数分解，迄今还没有找到多项式时间的算法，甚至无法确切地知道这个问题属于哪个复杂度类（Complexity Class）[⊖]。所以尽管这个过程在理论上一定是可逆的，但实际上算力差异决定了逆过程无法实现。

根据加密与解密是否采用同一个密钥，可将现代密码学算法分为对称加密算法和非对称加密算法两大类型，这两类算法各有明确的优劣势与应用场景。对称加密算法的缺点显而易见，加密和解密使用相同的密钥，当通信的成员数量增加时，为保证两两通信都采用独立的密钥，密钥数量与成员数量的平方成正比，这必然面临密钥管理的难题。而更尴尬的难题是当通信双方原本不存在安全的信道时，如何将一个只能让通信双方才能知道的密钥传输给对方？如果有通道可以安全地传输密钥，那为何不使用现有的通道传输信息？这个"蛋鸡悖论"曾在很长的时间里严重阻碍了密码学在真实世界的推广应用。

20 世纪 70 年代中后期出现的非对称加密算法从根本上解决了密钥分发的难题，它将密钥分成公钥和私钥。公钥可以完全公开，无须安全传输的保证。私钥由用户自行保管，不参与任何通信传输。根据这两个密钥加解密方式的不同，使得算法可以提供两种不同的功能。

- **公钥加密，私钥解密**，这种就是加密，用于向私钥所有者发送信息，这个信息可能被他人篡改，但是无法被他得知。如果甲想给乙发一个安全保密的数据，那么甲乙应该各有一个私钥，甲先用乙的公钥加密这段数据，再用自己的私钥加密这段加密后的数据，最后发给乙，这样确保了内容既不会被读取，也不能被篡改。
- **私钥加密，公钥解密**，这种就是签名，用于让所有公钥所有者验证私钥所有者的身份，并且防止私钥所有者发布的内容被篡改。但是它不用于保证内容不被他人获得。

这两种用途在理论上肯定是成立的，在现实中却一般不成立。单靠非对称加密算法，既做不了加密也做不了签名。因为不论是加密还是解密，非对称加密算法的计算复杂度都相当高，其性能比对称加密要差上好几个数量级（不是好几倍）。加解密性能不仅影响速度，还导致现行的非对称加密算法都没有支持分组加密模式。这句话的含义是：由于明文长度与密钥长度在安全上具有相关性，通俗地说，多长的密钥决定了它能加密多长的明文，如果明文太短就需要进行填充，太长就需要进行分组。因非对称加密本身的效率所限，难以支持分组，所以主流的非对称加密算法都只能加密不超过密钥长度的数据，这也决定了非对称加密不能直接用于大量数据的加密。

在加密方面，现在一般会结合对称与非对称加密的优点，以混合加密来保护信道安全，具体做法是用非对称加密来安全地传递少量数据给通信的另一方，再以这些数据为密钥，采用对称加密来安全高效地大量加密传输数据，这种由多种加密算法组合的应用形式称为

⊖　24 位十进制数的因数分解完全在现代计算机的暴力处理能力范围内，这里只是举例。但目前很多计算机科学家都相信大数分解问题就是一种 *P*!=*NP* 的证例，尽管并没有人能证明它一定不存在多项式时间的解法。除了质因数分解外，离散对数和椭圆曲线也是具备实用性的复杂问题。

"密码学套件"。非对称加密在这个场景中发挥的作用称为"密钥协商"。

在签名方面,现在一般会结合摘要与非对称加密的优点,以对摘要结果做加密的形式来保证签名的适用性。由于对任何长度的输入源做摘要之后都能得到固定长度的结果,所以只要对摘要的结果进行签名,即相当于对整个输入源进行了背书,保证一旦内容遭到篡改,摘要结果就会变化,签名也就马上失效了。

表 5-1 汇总了前面提到的三种算法,并列举了它们的主要特征、用途和局限性。

表 5-1 三种密码学算法的对比

类型	特点	常见实现	主要用途	主要局限
哈希摘要	1)不可逆,即不能解密,所以并不是加密算法,只是一些场景把它当作加密算法使用 2)易变性,输入发生 1 位变动,就可能导致输出结果 50% 的内容发生改变 3)无论输入长度多少,输出长度固定(2 的 N 次幂)	MD2/4/5/6、SHA0/1/256/512	摘要	无法解密
对称加密	1)加密和解密是一样的密钥 2)设计难度相对较小,执行速度相对较快 3)加密明文长度不受限制	DES、AES、RC4、IDEA	加密	要解决如何把密钥安全地传递给解密者
非对称加密	1)加密和解密使用的是不同的密钥 2)明文长度不能超过公钥长度	RSA、BCDSA、ElGamal	签名、传递密钥	性能与加密明文长度受限

现在,让我们再回到开篇关于 JWT 令牌的几个问题中来。有了哈希摘要、对称和非对称加密算法,JWT 令牌的签名就能保证负载中的信息不可篡改、不可抵赖吗?其实还是不行的,在这个场景里,数字签名的安全性仍存在一个致命的漏洞:公钥虽然是公开的,但在网络世界里"公开"具体是一种什么操作?如何保证每一个获取公钥的服务,拿到的公钥就是授权服务器希望它拿到的?

在网络传输是不可信任的前提下,公钥在网络传输过程中可能已经被篡改,如果获取公钥的网络请求被攻击者截获并篡改,返回了攻击者自己的公钥,那以后攻击者就可以用自己的私钥来签名,让资源服务器无条件信任它的所有行为了。现实世界中可以通过打电话、发邮件、短信息、登报纸、同时发布在多个网站上等很多网络通信之外的途径来公开公钥,但在程序与网络的世界中,就必须找到一种可信任的公开方法,而且这种方法不能依赖加密来实现,否则又将陷入"蛋鸡"问题之中。

5.5.2 数字证书

当我们无法以"签名"的手段来达成信任时,就只能求助于其他途径。不妨先想一想真实的世界中,我们是如何达成信任的,其实不外乎以下两种。

☐ **基于共同私密信息的信任。**譬如某个陌生号码找你,说是你的老同学,生病了要找你借钱。你能够信任他的方式是向对方询问一些你们两个应该知道，且只有你们两个知道的私密信息，如果对方能够回答出来，他有可能真的是你的老同学，否则他十有八九就是个骗子。

□ **基于权威公证人的信任。** 如果有个陌生人找你，说他是警察，让你把存款转到他们的安全账号上。你能够信任他的方式是去一趟公安局，如果公安局担保他确实是个警察，那他有可能真的是警察，否则他十有八九就是个骗子。

回到网络世界中，我们并不能假设授权服务器和资源服务器是互相认识的，所以通常不太会采用第一种方式，而第二种就是目前保证公钥可信分发的标准，即公开密钥基础设施（Public Key Infrastructure，PKI）。

额外知识　公开密钥基础设施

又称公开密钥基础架构、公钥基础建设、公钥基础设施、公开密钥基础建设或公钥基础架构，是一组由硬件、软件、参与者、管理政策与流程组成的基础架构，其目的在于创造、管理、分配、使用、存储以及撤销数字证书。

在密码学中，公开密钥基础建设借着数字证书认证中心（Certificate Authority，CA）将用户的个人身份跟公开密钥链接在一起，且每个证书中心用户的身份必须是唯一的。链接关系通过注册和发布过程创建，根据担保级别的差异，创建过程可由 CA 的各种软件或在人为监督下完成。PKI 的确定链接关系的这一角色称为注册管理中心（Registration Authority，RA）。RA 确保公开密钥和个人身份链接，可以防抵赖。

咱们不必纠缠于 PKI 概念上的内容，只要知道里面定义的"数字证书认证中心"相当于前面例子中"权威公证人"的角色，是负责发放和管理数字证书的权威机构即可。任何人包括你我都可以签发证书，只是不权威罢了。CA 作为受信任的第三方，承担公钥体系中公钥的合法性检验的责任。可是，这里和现实世界仍然有一些区别，在现实世界你去找公安局，其办公大楼不大可能是剧场布景冒认的；而在网络世界，在假设所有网络传输都有可能被截获冒认的前提下，"去 CA 中心进行认证"本身也是一种网络操作，这与之前的"去获取公钥"本质上不是没什么差别吗？其实还是有差别的，世间公钥成千上万不可枚举，而权威的 CA 中心则应是可数的，"可数"意味着可以不通过网络，而是在浏览器与操作系统出厂时就预置好，或者提前安装好（如银行的证书），图 5-15 是笔者的计算机上现存的根证书。

到这里出现了本节的主角之一：证书（Certificate）。证书是权威 CA 中心对特定公钥信息的一种公证载体，也可以理解为权威 CA 对特定公钥未被篡改的签名背书。由于客户的机器上已经预置了这些权威 CA 中心本身的证书（称为 CA 证书或者根证书），所以我们能够在不依靠网络的前提下，使用根证书里面的公钥信息对其所签发的证书中的签名进行确认。到此，终于打破了鸡生蛋、蛋生鸡的循环，使得整套数字签名体系有了坚实的逻辑基础。

图 5-15　笔者计算机上的 CA 证书

PKI 中采用的证书格式是 X.509 标准格式，它定义了证书中应该包含哪些信息，并描述了这些信息是如何编码的，其中最关键的就是认证机构的数字签名和公钥信息两项内容。一个数字证书具体包含以下内容。

- **版本号**（Version）：指出该证书使用了哪种版本的 X.509 标准（版本 1、版本 2 或是版本 3），版本号会影响证书中的一些特定信息，目前的版本为 3。

```
Version: 3 (0x2)
```

- **序列号**（Serial Number）：由证书颁发者分配的证书的唯一标识符。

```
Serial Number: 04:00:00:00:00:01:15:4b:5a:c3:94
```

- **签名算法标识符**（Signature Algorithm ID）：用于签发证书的算法标识，由对象标识符加上相关的参数组成，用于说明本证书所用的数字签名算法。譬如，SHA1 和 RSA 的对象标识符就用来说明该数字签名是利用 RSA 对 SHA1 的摘要结果进行加密。

```
Signature Algorithm: sha1WithRSAEncryption
```

- **认证机构的数字签名**（Certificate Signature）：这是使用证书发布者私钥生成的签名，以确保这个证书在发放之后没有被篡改过。

❑ **认证机构**（Issuer Name）：证书颁发者的可识别名。

```
Issuer: C=BE, O=GlobalSign nv-sa, CN=GlobalSign Organization Validation CA
    - SHA256 - G2
```

❑ **有效期限**（Validity Period）：证书起始日期和时间以及终止日期和时间；指明证书在这两个时间内有效。

```
Validity
    Not Before: Nov 21 08:00:00 2020 GMT
    Not After : Nov 22 07:59:59 2021 GMT
```

❑ **主题信息**（Subject）：证书持有人唯一的标识符（Distinguished Name），这个名字在整个互联网上应该是唯一的，通常使用的是网站的域名。

```
Subject: C=CN, ST=GuangDong, L=Zhuhai, O=Awosome-Fenix, CN=*.icyfenix.cn
```

❑ **公钥信息**（Public-Key）：包括证书持有人的公钥、算法（指明密钥属于哪种密码系统）的标识符和其他相关的密钥参数。

5.5.3　传输安全层

至此，数字签名的安全性已经可以完全自洽了，但相信你大概也已经感受到了这条信任链的复杂与烦琐，如果从确定加密算法、生成密钥、公钥分发、CA 认证、核验公钥、签名到验证，每一个步骤都要由最终用户来完成的话，这种意义的"安全"估计只能一直是存于实验室中的阳春白雪。如何把这套烦琐的技术体系自动化地应用于无处不在的网络通信之中，便是本节的主题。

在计算机科学里，隔离复杂性的最有效手段（没有之一）就是分层，如果一层不够就再加一层，这点在网络中更是体现得淋漓尽致。OSI 模型、TCP/IP 模型将网络从物理特性（比特流）开始，逐层封装隔离，到了 HTTP 协议这种面向应用的协议里，使用者就已经不会去关心网卡/交换机如何处理数据帧、MAC 地址；不会去关心 ARP 如何做地址转换；不会去关心 IP 寻址、TCP 传输控制等细节。想要在网络世界中让用户无感知地实现安全通信，最合理的做法就是在传输层之上、应用层之下加入专门的安全层来实现，这样对上层原本基于 HTTP 的 Web 应用来说，影响甚至是无法察觉的。构建传输安全层的这个想法，几乎可以说是和万维网的历史一样长，早在 1994 年，就已经有公司开始着手去实践了。

❑ 1994 年，网景（Netscape）公司开发了 SSL 协议（Secure Sockets Layer）的 1.0 版，这是构建传输安全层的起源，但是 SSL 1.0 从未正式对外发布过。

❑ 1995 年，Netscape 把 SSL 升级到 2.0 版，正式对外发布，但是刚刚发布不久就被发现有严重漏洞，所以并未大规模使用。

❑ 1996 年，修补好漏洞的 SSL 3.0 对外发布，这个版本得到了广泛应用，很快成为 Web 网络安全层的事实标准。

❑ 1999 年，互联网标准化组织接替 Netscape，将 SSL 改名为 TLS（Transport Layer

Security）后作为传输安全层的国际标准。第一个正式的版本是 RFC 2246 定义的 TLS 1.0，该版 TLS 的生命周期极长，直至笔者写下这段文字的 2020 年 3 月，主流浏览器（Chrome、Firefox、IE、Safari）才刚刚宣布同时停止对 TLS 1.0/1.1 的支持。而讽刺的是，由于停止后许多政府网站无法被浏览，此时又正值新冠肺炎疫情（COVID-19）爆发期，Firefox 紧急发布公告宣布撤回该改动，TLS 1.0 的生命还在顽强延续。

❏ 2006 年，TLS 的第一个升级版 1.1 发布（RFC 4346），但却沦为被遗忘的孩子，很少人使用，甚至到了 TLS 1.1 从来没有已知的协议漏洞被提出的程度。

❏ 2008 年，在 TLS 1.1 发布 2 年之后，TLS 1.2 标准发布（RFC 5246），迄今超过 90% 的互联网 HTTPS 流量是由 TLS 1.2 所支持的，现在仍在使用的浏览器几乎都完美支持了该协议。

❏ 2018 年，最新的 TLS 1.3（RFC 8446）发布，比起前面版本相对温和的升级，TLS 1.3 做出了一些激烈的改动，修改了从 1.0 起一直没有大变化的两轮四次（2-RTT）握手，首次连接仅需一轮（1-RTT）握手即可完成，在连接复用支持时，甚至将 TLS 1.2 原本的 1-RTT 下降到 0-RTT，显著提升了访问速度。

接下来，笔者以 TLS 1.2 为例，介绍传输安全层是如何保障所有信息都是第三方无法窃听（加密传输）、无法篡改（一旦篡改通信算法会立刻发现）、无法冒充（证书验证身份）的。TLS 1.2 在传输之前的握手过程一共需要进行上下两轮、共计四次通信，时序图如图 5-16 所示。

图 5-16　TLS 连接握手时序

1. 客户端请求：Client Hello

客户端向服务器请求进行加密通信，在这个请求里面，它会以**明文**的形式，向服务端提供以下信息。

❏ 支持的协议版本，譬如 TLS 1.2。但是要注意，1.0 至 3.0 分别代表 SSL 1.0 至 3.0，TLS 1.0 则是 3.1，一直到 TLS 1.3 的 3.4。

❏ 一个客户端生成的 32 字节随机数，这个随机数将稍后用于产生加密的密钥。

❏ 一个可选的 SessionID，注意不要和前面的 Cookie-Session 机制混淆了，这个 SessionID 是指传输安全层的 Session，是为了 TLS 的连接复用而设计的。

❏ 一系列支持的密码学算法套件，例如 TLS_RSA_WITH_AES_128_GCM_SHA256，代表密钥交换算法是 RSA，加密算法是 AES128-GCM，消息认证码算法是 SHA256。

❏ 一系列支持的数据压缩算法。

❑ 其他可扩展的信息，为了保证协议的稳定性，后续对协议的功能扩展大多都添加到这个变长结构中。譬如 TLS 1.0 中由于发送的数据并不包含服务器的域名地址，导致一台服务器只能安装一张数字证书，这对虚拟主机来说很不方便，所以 TLS 1.1 起就增加了名为"Server Name"的扩展信息，以便一台服务器给不同的站点安装不同的证书。

2. 服务器回应：Server Hello

服务器接收到客户端的通信请求后，如果客户端声明支持的协议版本和加密算法组合与服务端相匹配的话，就向客户端发出回应。如果不匹配，将会返回一个握手失败的警告提示。这次回应同样以明文发送，包括以下信息。

❑ 服务端确认使用的 TLS 协议版本。
❑ 第二个 32 字节的随机数，稍后用于产生加密的密钥。
❑ 一个 SessionID，以后可通过连接复用减少一轮握手。
❑ 服务端在列表中选定的密码学算法套件。
❑ 服务端在列表中选定的数据压缩算法。
❑ 其他可扩展的信息。
❑ 如果协商出的加密算法组合是依赖证书认证的，服务端还要发送出自己的 X.509 证书，而证书中的公钥是什么，也必须根据协商的加密算法组合来决定。
❑ 密钥协商消息，这部分内容对于不同密码学套件有着不同的价值，譬如对于 ECDH + anon 这样的密钥协商算法组合（基于椭圆曲线的 ECDH 算法可以在双方通信都公开的情况下协商出一组只有通信双方知道的密钥）就不需要依赖证书中的公钥，而是通过 Server Key Exchange 消息协商出密钥。

3. 客户端确认：Client Handshake Finished

由于密码学套件的组合复杂多样，这里仅以 RSA 算法为密钥交换算法为例介绍后续过程。

客户端收到服务器应答后，先要验证服务器的证书合法性。如果证书不是可信机构颁布的，或者证书中信息存在问题，譬如域名与实际域名不一致、证书已经过期、通过在线证书状态协议得知证书已被吊销，等等，都会向访问者显示一个"证书不可信任"的警告，由用户自行选择是否还要继续通信。如果证书没有问题，客户端就会从证书中取出服务器的公钥，并向服务器发送以下信息。

❑ 客户端证书（可选）。部分服务端并不是面向全公众，而是只对特定的客户端提供服务，此时客户端需要发送它自身的证书来证明身份。如果不发送，或者验证不通过，服务端可自行决定是否要继续握手，或者返回一个握手失败的信息。客户端需要证书的 TLS 通信也称为"双向 TLS"（Mutual TLS，常简写为 mTLS），这是云原生基础设施的主要认证方法，也是基于信道认证的最主流形式。

❑ 第三个 32 字节的随机数，这个随机数不再是明文发送，而是以服务端传过来的公钥加密，被称为 PreMasterSecret，它将与前两次发送的随机数一起，根据特定算法计算出 48 字节的 MasterSecret，这个 MasterSecret 即后续内容传输时的对称加密算法所采用的私钥。

❑ 编码改变通知，表示随后的信息都将用双方商定的加密方法和密钥发送。

❑ 客户端握手结束通知，表示客户端的握手阶段已经结束。这一项同时也是前面发送的所有内容的哈希值，以供服务器校验。

4. 服务端确认：Server Handshake Finished

服务端向客户端回应最后的确认通知，包括以下信息。

❑ 编码改变通知，表示随后的信息都将用双方商定的加密方法和密钥发送。

❑ 服务器握手结束通知，表示服务器的握手阶段已经结束。这一项同时也是前面发送的所有内容的哈希值，以供客户端校验。

至此，整个 TLS 握手阶段宣告完成，一个安全的连接就已成功建立。每一个连接建立时，客户端和服务端均通过上面的握手过程协商出了许多信息，譬如一个只有双方才知道的随机产生的密钥、传输过程中要采用的对称加密算法（例子中的 AES128）、压缩算法等，此后该连接的通信将使用此密钥和加密算法进行加密、解密和压缩。这种处理方式对上层协议的功能是完全透明的，虽然在传输性能上会有下降，但在功能上完全不会感知到 TLS 的存在。建立在这层传输安全层之上的 HTTP 协议，被称为"HTTP over SSL/TLS"，也即大家所熟知的 HTTPS。

从上面握手协商的过程中我们还可以得知，HTTPS 并非只有"启用了 HTTPS"和"未启用 HTTPS"的差别，采用不同的协议版本、不同的密码学套件，证书是否有效，服务端 / 客户端面对无效证书时的处理策略等都导致了不同 HTTPS 站点的安全强度的不同，因此并不能说只要启用了 HTTPS 就必能安枕无忧。

5.6 验证

数据验证与程序如何编码是密切相关的，许多开发者都不会把它归入安全的范畴之中。但请细想一下，关注"你是谁"（认证）、"你能做什么"（授权）等问题是很合理的安全，关注"你做得对不对"（验证）不也同样合理吗？从数量来讲，数据验证不严谨而导致的安全问题比其他安全攻击导致的安全问题要多得多；而从风险上讲，由数据质量导致的问题，风险有高有低，真遇到高风险的数据问题时，面临的损失不一定就比被黑客拖库来得小。

相比其他富有挑战性的安全措施，如防御与攻击两者缠斗的精彩，数学、心理、社会工程和计算机等跨学科知识的结合运用，数据验证确实有些无聊、枯燥，这项常规的工作在日常的开发中贯穿于代码的各个层次，每个程序员都肯定写过。但这种常见的代码反而是迫切需要被架构约束的，缺失的校验影响数据质量，过度的校验不会使得系统更加健壮，某种意义上反而会制造垃圾代码，甚至带来副作用。请来看看下面这个实际的段子。

```
前　端：提交一份用户数据（姓名:某，性别:男，爱好:女，签名:xxx，手机:xxx，邮箱:null）
控制器：发现邮箱是空的，抛ValidationException("邮箱没填")
前　端：已修改，重新提交
安　全：发送验证码时发现手机号少一位，抛RemoteInvokeException("无法发送验证码")
前　端：已修改，重新提交
服务层：邮箱怎么有重复啊，抛BusinessRuntimeException("不允许开小号")
前　端：已修改，重新提交
持久层：签名字段超长了插不进去，抛SQLException("插入数据库失败，SQL: xxx")
……
前　端：你们这些管挖坑不管埋的后端，各种异常都往前抛！
用　户：这系统牙膏厂生产的？
```

最基础的数据问题可以在前端做表单校验来处理，但服务端验证肯定也是要做的，看完了上面的段子后，那么服务端应该在哪一层做校验呢？可能会有这样的答案。

- ❑ 在控制器层做，在服务层不做。理由是从服务开始会有同级重用，出现 ServiceA.foo(params) 调用 ServiceB.bar(params) 时，就会对 params 重复校验两次。
- ❑ 在服务层做，在控制器层不做。理由是无业务含义的格式校验已在前端表单验证处理过，有业务含义的校验，放在控制器层无论如何都不合适。
- ❑ 在控制器层、服务层各做各的。控制器层做格式校验，服务层做业务校验，听起来很合理，但这其实就是上面段子中被嘲笑的行为。
- ❑ 还有其他一些意见，譬如在持久层做校验，理由是持久层是最终入口，把守好写入数据库的质量最重要。

上述的讨论大概不会有统一、正确的结论，但是在 Java 里确实有验证的标准做法，笔者提倡的做法是把校验行为从分层中剥离出来，不是在哪一层做，而是在 Bean 上做，即 Java Bean Validation。从 2009 年 JSR 303 的 1.0，到 2013 年 JSR 349 更新的 1.1，到目前最新的 2017 年发布的 JSR 380，均定义了 Bean 验证的全套规范。单独将验证提取、封装，可以获得不少好处：

- ❑ 对于无业务含义的格式验证，可以做到预置。
- ❑ 对于有业务含义的业务验证，可以做到重用，一个 Bean 被多个方法用作参数或返回值是很常见的，针对 Bean 做校验比针对方法做校验更有价值。
- ❑ 利于集中管理，譬如统一认证的异常体系，统一做国际化、统一给客户端的返回格式，等等。
- ❑ 避免对输入数据的防御污染到业务代码，如果你的代码里有很多下面这样的条件判断，就应该考虑重构了：

```
// 一些已执行的逻辑
if (someParam == null) {
    throw new RuntimeExcetpion("客官不可以！")
}
```

❏ 利于多个校验器统一执行，统一返回校验结果，避免用户踩地雷、挤牙膏式的试错体验。

据笔者所知，国内的项目使用 Bean Validation 的并不少见，但多数程序员都只使用到它的内置约束注解（Built-In Constraint）来做一些与业务逻辑无关的通用校验，即下面这堆注解：

```
@Null、@NotNull、@AssertTrue、@AssertFalse、@Min、@Max、@DecimalMin、@DecimalMax、
@Negative、@NegativeOrZero、@Positive、@PositiveOrZeor、@Szie、@Digits、@Pass、
@PastOrPresent、@Future、@FutureOrPresent、@Pattern、@NotEmpty、@NotBlank、@Email
```

但是与业务相关的校验往往才是最复杂的校验，将简单的校验交给 Bean Validation，而把复杂的校验留给自己，这简直是买椟还珠的程序员版本。其实以 Bean Validation 的标准方式来做业务校验才是非常优雅的，以 Fenix's Bookstore 在用户资源上的两个方法为例：

```java
/**
 * 创建新的用户
 */
@POST
public Response createUser(@Valid @UniqueAccount Account user) {
    return CommonResponse.op(() -> service.createAccount(user));
}

/**
 * 更新用户信息
 */
@PUT
@CacheEvict(key = "#user.username")
public Response updateUser(@Valid @AuthenticatedAccount @NotConflictAccount
    Account user) {
    return CommonResponse.op(() -> service.updateAccount(user));
}
```

注意其中的三个自定义校验注解，它们的含义分别是：

❏ @UniqueAccount：传入的用户对象必须是唯一的，不与数据库中任何已有用户的名称、手机、邮箱重复。

❏ @AuthenticatedAccount：传入的用户对象必须与当前登录的用户一致。

❏ @NotConflictAccount：传入的用户对象中的信息与其他用户是无冲突的，譬如将一个注册用户的邮箱，修改成与另外一个已存在的注册用户一致的值，这便是冲突。

这里的需求很容易理解，注册新用户时，应约束不与任何已有用户的关键信息重复；而修改自己的信息时，只能与自己的信息重复，而且只能修改当前登录用户的信息。这些约束规则不仅仅为这两个方法服务，还可能在用户资源的其他入口被使用到，甚至在其他分层的代码中被使用到，在 Bean 上做校验就能一揽子地覆盖上述这些使用场景。下面代码是这三个自定义注解对应校验器的实现类：

```java
public static class AuthenticatedAccountValidator extends AccountValidation<Aut-
henticatedAccount> {
```

```
    public void initialize(AuthenticatedAccount constraintAnnotation) {
        predicate = c -> {
            AuthenticAccount loginUser = (AuthenticAccount)
                SecurityContextHolder.getContext().getAuthentication().getPrincipal();
            return c.getId().equals(loginUser.getId());
        };
    }
}

public static class UniqueAccountValidator extends AccountValidation<UniqueAccount> {
    public void initialize(UniqueAccount constraintAnnotation) {
        predicate = c -> !repository.existsByUsernameOrEmailOrTelephone
            (c.getUsername(), c.getEmail(), c.getTelephone());
    }
}

public static class NotConflictAccountValidator extends AccountValidation<NotCon-
flictAccount> {
    public void initialize(NotConflictAccount constraintAnnotation) {
        predicate = c -> {
            Collection<Account> collection = repository.findByUsernameOrEmailOrT-
elephone(c.getUsername(), c.getEmail(), c.getTelephone());
            // 将用户名、邮件、电话改成与现有信息完全不重复的，或者只与自己重复的，就不算冲突
            return collection.isEmpty() || (collection.size() == 1 &&
                collection.iterator().next().getId().equals(c.getId()));
        };
    }
}
```

这样业务校验便和业务逻辑完全分离开来，在需要校验时用 @Valid 注解自动触发，或者通过代码手动触发执行，具体可根据实际项目的要求，将这些注解应用于控制器、服务层、持久层等任何层次的代码之中。此外，对于校验结果不满足时的提示信息，也可以统一处理，如提供默认值、国际化支持（这里没做）、统一的客户端返回格式（创建一个用于 ConstraintViolationException 的异常处理器来实现，代码中有但这里没有贴出来），以及批量执行全部校验，避免给用户带来挤牙膏式的体验。

对于 Bean 与 Bean 校验器，笔者另外有两条编码建议。第一条是对校验项预置好默认的提示信息，这样当校验不通过时用户能获得明确的修正提示，以下是代码示例：

```
/**
 * 表示一个用户的信息是无冲突的
 *
 * "无冲突" 是指该用户的敏感信息与其他用户不重合，譬如将一个注册用户的邮箱，修改成与另外一个已
 *   存在的注册用户一致的值，这便是冲突
 **/
@Documented
@Retention(RUNTIME)
@Target({FIELD, METHOD, PARAMETER, TYPE})
@Constraint(validatedBy = AccountValidation.NotConflictAccountValidator.class)
public @interface NotConflictAccount {
    String message() default "用户名称、邮箱、手机号码与现存用户产生重复";
    Class<?>[] groups() default {};
```

```
    Class<? extends Payload>[] payload() default {};
}
```

另外一条建议是将不带业务含义的格式校验注解放到 Bean 的类定义之上，将带业务逻辑的校验放到 Bean 的类定义的外面。这两者的区别是放在类定义中的注解能够自动运行，而放到类外面的注解需要明确标出才会运行。譬如用户账号实体中的部分代码为：

```
public class Account extends BaseEntity {
    @NotEmpty(message = "用户不允许为空")
    private String username;

    @NotEmpty(message = "用户姓名不允许为空")
    private String name;

    private String avatar;

    @Pattern(regexp = "1\\d{10}", message = "手机号格式不正确")
    private String telephone;

    @Email(message = "邮箱格式不正确")
    private String email;
}
```

这些校验注解都直接放在类定义中，每次执行校验的时候它们都会被运行。由于 Bean Validation 是 Java 的标准规范，它执行的频率可能比编写代码的程序所预想的更高，譬如使用 Hibernate 来做持久化时，便会自动执行 Data Object 上的校验注解。对于那些不带业务含义的注解，运行是不需要其他外部资源参与的，即不会调用远程服务、访问数据库，这种校验重复执行也不会产生什么成本。

但带业务逻辑的校验，通常就需要外部资源参与执行，这不仅仅是多消耗一点时间和运算资源的问题，由于很难保证依赖的每个服务都是幂等的，重复执行校验很可能会带来额外的副作用。因此应该放到外面让使用者自行判断是否触发。

还有一些"需要触发一部分校验"的非典型情况，譬如"新增"操作 A 时需要执行全部校验规则，"修改"操作 B 时希望不校验某个字段，"删除"操作 C 时希望改变某一条校验规则，这时就要启用分组校验来处理，设计一套"新增""修改""删除"这样的标识类，置入校验注解的 groups 参数中去实现。

分布式的基石

分布式共识

在正式探讨分布式环境中面临的各种技术问题和解决方案前，我们先把目光从工业界转到学术界，学习几种具有代表性的分布式共识算法，为后续在分布式环境中操作共享数据准备好理论基础。下面笔者从一个最浅显的场景开始，引出本章的主题：

> 如果你有一份很重要的数据，要确保它长期存储在电脑上不会丢失，你会怎么做？

这不是什么脑筋急转弯的古怪问题，答案就是去买几块硬盘，在不同硬盘上多备份几个副本。假设一块硬盘每年损坏的概率是5%，把文件复制到另一块备份盘上，两块硬盘同时损坏而丢失数据的概率就只有0.25%，如果使用三块硬盘存储则丢失数据的概率是0.0125%，四块是0.000625%，换言之，四块硬盘就可以保证数据在一年内有超过99.9999%的概率是安全可靠的。

在软件系统里，要保障系统的**可靠性**，采用的办法与上面用几个备份硬盘来保障的方法并没有什么区别。单个节点的系统宕机导致数据无法访问的原因可能有很多，譬如程序出错、硬件损坏、网络分区、电源故障，等等，一年中出现系统宕机的概率也许还要高于5%，这决定了软件系统也必须有多台机器，并且它们拥有一致的数据副本，才有可能对外提供可靠的服务。

在软件系统里，要保障系统的**可用性**，面临的困难与硬盘备份面临的困难又有着本质的区别。硬盘之间是孤立的，不需要互相通信，备份数据是静态的，初始化后状态就不会发生改变，由人工进行的文件复制操作，很容易就保障了数据在各个备份盘中的一致性。然而在分布式系统中，我们必须考虑动态的数据如何在不可靠的网络通信条件下，依然能在各个节点之间正确复制的问题。将我们要讨论的场景做如下修改：

如果你有一份会随时变动的数据，要确保它正确地存储于网络中的几台不同机器之上，你会怎么做？

相信最容易想到的答案一定是"数据同步"：每当数据发生变化，把变化情况在各个节点间的复制视作一种事务性的操作，只有系统里每一台机器都反馈成功、完成磁盘写入后，数据的变化才宣告成功。笔者曾经在 3.2 节中介绍过，使用 2PC/3PC 就可以实现这种同步操作。一种真实的数据同步应用场景是数据库的主从全同步复制（Fully Synchronous Replication），譬如 MySQL 集群，它在进行全同步复制时，会等待所有 Slave 节点的 Binlog 都完成写入后，才会提交 Master 节点的事务。（这个场景中 Binlog 本身就是要同步的状态数据，不应将它看作指令日志的集合。）然而这里有一个明显的缺陷，尽管可以确保 Master 节点和 Slave 节点中的数据是绝对一致的，但任何一个 Slave 节点因为任何原因未响应均会阻塞整个事务，每增加一个 Slave 节点，都会造成整个系统可用性风险增加一分。

以同步为代表的数据复制方法，被称为**状态转移**（State Transfer），是较符合人类思维的可靠性保障手段，但通常要以牺牲可用性为代价。我们在建设分布式系统的时候，往往不能承受这样的代价，一些关键系统，在必须保障数据正确可靠的前提下，也对可用性有非常高的要求，譬如系统要保证数据达到 99.999999% 可靠，同时系统自身也要达到 99.999% 可用的程度。这就引出了我们的第三个问题：

如果你有一份会随时变动的数据，要确保它正确地存储于网络中的几台不同机器之上，并且要尽可能保证数据是随时可用的，你会怎么做？

可靠性与可用性的矛盾造成了增加机器数量反而带来可用性的降低。为缓解这个矛盾，在分布式系统里主流的数据复制方法是以**操作转移**（Operation Transfer）为基础的。我们想要改变数据的状态，除了直接将目标状态赋予它之外，还有另一种常用的方法是通过某种操作，令源状态转换为目标状态。能够使用确定的操作促使状态间产生确定的转移结果的计算模型，在计算机科学中被称为**状态机**（State Machine）。

> **额外知识　状态机的特性**
>
> 状态机有一个特性：任何初始状态一样的状态机，如果执行的命令序列一样，则最终达到的状态也一样。如果将此特性应用在多参与者的协商共识上，可以理解为系统中存在多个具有完全相同的状态机（参与者），这些状态机能最终保持一致的关键就是起始状态完全一致和执行命令序列完全一致。

根据状态机的特性，要让多台机器的最终状态一致，只要确保它们的初始状态是一致的，并且接收到的操作指令序列也是一致的即可，无论这个操作指令是新增、修改、删除抑或是其他任何可能的程序行为，都可以理解为要将一连串的操作日志正确地广播给各个分布式节点。在广播指令与指令执行期间，允许系统内部状态存在不一致的情况，即并不要求所有节点的每一条指令都是同时开始、同步完成的，只要求在此期间的内部状态不能被外部观察到，且当操作指令序列执行完毕时，所有节点的最终状态是一致的，则这种模型就被称为**状态机复制**（State Machine Replication）。

考虑到分布式环境下网络分区现象是不可能消除的，甚至允许不再追求系统内所有节点在任何情况下的数据状态都一致，而是采用"少数服从多数"的原则，一旦系统中过半数的节点完成了状态的转换，就认为数据的变化已经被正确地存储在了系统中，这样就可以容忍少数（通常是不超过半数）的节点失联，减弱增加机器数量对系统整体可用性的影响，这种思想在分布式中被称为"Quorum 机制"。

根据上述讨论，我们需要设计出一种算法，能够让分布式系统内部暂时容忍不同的状态，但最终保证大多数节点的状态达成一致；同时，能够让分布式系统在外部看来始终表现出整体一致的结果。这个让系统各节点不受局部的网络分区、机器崩溃、执行性能或者其他因素影响，都能最终表现出整体一致的过程，就被称为各个节点的**协商共识**（Consensus）。

最后，笔者还要提醒你注意共识与一致性的区别：一致性是指数据不同副本之间的差异，而共识是指达成一致性的方法与过程。由于翻译的关系，很多中文资料把 Consensus 同样翻译为一致性，导致网络上大量的"二手中文资料"将这两个概念混淆起来，如果你在网上看到"分布式一致性算法"，应明白其指的其实是"Distributed Consensus Algorithm"。

6.1　Paxos

> 额外知识　世界上只有一种共识协议，就是 Paxos，其他所有共识算法都是 Paxos 的退化版本。
>
> —— Mike Burrows，Google Chubby 作者

Paxos 是由 Leslie Lamport（就是大名鼎鼎的 LaTeX 中的"La"）提出的一种基于消息传递的协商共识算法，是当今分布式系统最重要的理论基础，几乎就是"共识"二字的代名词。这个极高的评价出自于提出 Raft 算法的论文⊖，更显分量十足。虽然笔者认为 Mike Burrows 所言有些夸张，但是如果没有 Paxos，那后续的 Raft、ZAB 等算法，ZooKeeper、etcd 等分布式协调框架、Hadoop、Consul 等在此基础上的各类分布式应用都很可能会延后好几年面世。

⊖　论文地址为 https://web.stanford.edu/~ouster/cgi-bin/papers/raft-atc14，这篇名为《一种可以让人理解的共识算法（In Search of an Understandable Consensus Algorithm)》的论文，后续还会被重复提及。

6.1.1　Paxos 的诞生

为了解释清楚 Paxos 算法，Lamport 虚构了一个名为 "Paxos" 的希腊城邦，这个城邦按照民主制度制定法律，却没有一个中心化的专职立法机构，而是靠着 "兼职议会"（Part-Time Parliament）来完成立法，无法保证所有城邦居民都能够及时了解新的法律提案，也无法保证居民会及时为提案投票。Paxos 算法的目标就是让城邦能够在每一位居民都不承诺一定会及时参与的情况下，依然可以按照少数服从多数的原则，最终达成一致意见。但是 Paxos 算法并不考虑拜占庭将军问题，即假设信息可能丢失也可能延迟，但不会被错误传递。

Lamport 在 1990 年首次发表了 Paxos 算法，选的论文题目就是 "The Part-Time Parliament"。由于算法本身极为复杂，用希腊城邦作为比喻反而使得描述更晦涩，论文的三个审稿人一致要求他把希腊城邦的故事删掉。这令 Lamport 感觉颇为不爽，干脆就撤稿不发了，所以 Paxos 刚刚被提出的时候并没有引起什么反响。八年之后（1998 年），Lamport 将此文章重新整理后投到 *ACM Transactions on Computer Systems*。这次论文成功发表，Lamport 的名气也确实吸引了一些人去研究，但并没有多少人能弄懂他在说什么。时间又过去了三年（2001 年），Lamport 认为前两次的论文没有引起反响，是因为同行们无法理解他以 "希腊城邦" 来讲故事的幽默感，所以这一次他以 "Paxos Made Simple" 为题，在 *SIGACT News* 杂志上发表文章，放弃了 "希腊城邦" 的比喻，尽可能用（他认为）简单直接、（他认为）可读性较强的方式去介绍 Paxos 算法。情况虽然比前两次要好上一些，但以 Paxos 本应获得的重视程度来说，这次依然只能算是应者寥寥。这一段听起来如同网络段子一般的经历被 Lamport 以自嘲的形式放到了他的个人网站上[⊖]。尽管我们作为后辈应该尊重 Lamport 老爷子，但当笔者翻开 "Paxos Made Simple" 的论文，见到只有 "The Paxos algorithm, when presented in plain English, is very simple." 这一句话的 "摘要" 时，心里实在是不得不怀疑 Lamport 这样写论文是不是在恶搞审稿人和读者，在嘲讽 "你们这些愚蠢的人类"。

虽然 Lamport 本人连发三篇文章都没能让大多数同行理解 Paxos，但 2006 年，在 Google 的 Chubby、Megastore 以及 Spanner 等分布式系统都使用 Paxos 解决了分布式共识的问题，并将其整理成正式的论文发表之后，得益于 Google 的行业影响力，辅以 Chubby 作者 Mike Burrows 那略显夸张但足够吸引眼球的评价推波助澜，Paxos 算法一夜间成为计算机科学分布式这条分支中最炙手可热的概念，开始被学术界众人争相研究。Lamport 本人因其对分布式系统的杰出理论贡献获得了 2013 年的图灵奖，随后才有了 Paxos 在区块链、分布式系统、云计算等多个领域大放异彩的故事。

6.1.2　算法流程

下面，我们来正式学习 Paxos 算法（在本节中 Paxos 均特指最早的 Basic Paxos 算法）。

⊖　网站地址：http://lamport.azurewebsites.net/pubs/pubs.html#lamport-paxos。

Paxos 算法将分布式系统中的节点分为三类。

- **提案节点**：称为 Proposer，提出对某个值进行设置操作的节点，设置值这个行为就被称为**提案**（Proposal），值一旦设置成功，就是不会丢失也不可变的。注意，Paxos 是典型的基于操作转移模型而非状态转移模型来设计的算法，不要把这里的"设置值"类比成程序中变量赋值操作，而应该类比成日志记录操作，在后面介绍的 Raft 算法中就直接把"提案"叫作"日志"了。

- **决策节点**：称为 Acceptor，是应答提案的节点，决定该提案是否可被投票、是否可被接受。提案一旦得到过半数决策节点的接受，即称该提案被**批准**（Accept）。提案被批准即意味着该值不能被更改，也不会丢失，且最终所有节点都会接受它。

- **记录节点**：称为 Learner，不参与提案，也不参与决策，只是单纯地从提案、决策节点中学习已经达成共识的提案，譬如少数派节点从网络分区中恢复时，将会进入这种状态。

在使用 Paxos 算法的分布式系统里，所有的节点都是平等的，它们都可以承担以上某一种或者多种的角色，不过为了便于确保有明确的多数派，决策节点的数量应该被设定为奇数个，且在系统初始化时，网络中每个节点都应该知道整个网络所有决策节点的数量、地址等信息。

在分布式环境下，如果我们说各个节点"就某个值（提案）达成一致"，指的是"不存在某个时刻有一个值为 A，另一个时刻又为 B 的情景"。解决这个问题的复杂度主要来源于以下两个方面因素的共同影响。

- 系统内部各个节点通信是不可靠的，不论是对于系统中企图设置数据的提案节点抑或是决定是否批准设置操作的决策节点，其发出、收到的信息可能延迟送达、可能丢失，但不去考虑消息有传递错误的情况。

- 系统外部各个用户访问是可并发的，如果系统只会有一个用户，或者每次只对系统进行串行访问，那单纯地应用 Quorum 机制，少数节点服从多数节点，就足以保证值被正确地读写。

第一点是网络通信中客观存在的现象，也是所有共识算法都要重点解决的问题。对于第二点，详细解释如下。现在我们讨论的是"分布式环境下并发操作的共享数据"的问题，即使先不考虑是否在分布式的环境下，只考虑并发操作，假设有一个变量 i 当前在系统中存储的数值为 2，同时有外部请求 A、B 分别对系统发送操作指令，"把 i 的值加 1"和"把 i 的值乘 3"，如果不加任何并发控制，将可能得到"$(2+1) \times 3=9$"与"$2 \times 3+1=7$"这两种可能的结果。因此，对同一个变量的并发修改必须先加锁后操作，不能让 A、B 的请求被交替处理，这也可以说是程序设计的基本常识。而在分布式的环境下，由于要同时考虑到分布式系统内可能在任何时刻出现的通信故障，如果一个节点在取得锁之后、在释放锁之前发生崩溃失联，这将导致整个操作被无限期的等待所阻塞，因此算法中的加锁就不完全等同于并发控制中以互斥量来实现的加锁，还必须提供一个其他节点能抢占锁的机制，以避免因通信问题而出现死锁。

为了解决这个问题，分布式环境中的锁必须是可抢占的。Paxos 算法包括两个阶段，第一阶段"准备"（Prepare）就相当于上面抢占锁的过程。如果某个提案节点准备发起提案，必须先向所有的决策节点广播一个许可申请（称为 Prepare 请求）。提案节点的 Prepare 请求中会附带一个全局唯一且单调递增的数字 n 作为提案 ID，决策节点收到后，将会给予提案节点两个承诺与一个应答。

两个承诺是指：

❑ 承诺不会再接受提案 ID 小于或等于 n 的 Prepare 请求；

❑ 承诺不会再接受提案 ID 小于 n 的 Accept 请求。

一个应答是指：

❑ 在不违背以前的承诺的前提下，回复已经批准过的提案中 ID 最大的那个提案所设定的值和提案 ID，如果该值从来没有被任何提案设定过，则返回空值。如果违反此前做出的承诺，即收到的提案 ID 并不是决策节点收到的最大的 ID，那允许直接对此 Prepare 请求不予理会。

当提案节点收到了多数派决策节点的应答（称为 Promise 应答）后，就可以开始第二阶段的"批准"（Accept）过程，这时有如下两种可能的结果：

❑ 如果提案节点发现所有响应的决策节点此前都没有批准过该值（即为空），那说明它是第一个设置值的节点，可以随意地决定要设定的值，将自己选定的值与提案 ID 组成一个二元组 "$(id, value)$"，再次广播给全部决策节点（称为 Accept 请求）；

❑ 如果提案节点发现响应的决策节点中已经有至少一个节点的应答中包含值了，那它就不能够随意取值，而是必须无条件地从应答中找出提案 ID 最大的那个值并接收，组成一个二元组 "$(id, maxAcceptValue)$"，再次广播给全部决策节点（称为 Accept 请求）。

当每一个决策节点收到 Accept 请求时，都会在不违背以前的承诺的前提下，接收并持久化当前提案 ID 和提案附带的值。如果违反此前做出的承诺，即收到的提案 ID 并不是决策节点收到过的最大的 ID，那允许直接对此 Accept 请求不予理会。

当提案节点收到了多数派决策节点的应答（称为 Accepted 应答）后，协商结束，共识决议形成，然后将形成的决议发送给所有记录节点进行学习。整个过程的时序图如图 6-1 所示。

整个 Paxos 算法的工作流程至此结束，如果你此前并未专门学习过分布式的知识，可能还不能对 Paxos 算法究竟是如何解决协商共识的形成具体的概念。下面笔者以一个更具体例子来讲解 Paxos，这个例子与使用到的图片来源于 " Implementing Replicated Logs with Paxos"一文⊖，在此统一注明，后面就不单独列出了。

⊖　下载地址：https://ongardie.net/static/raft/userstudy/paxos.pdf。

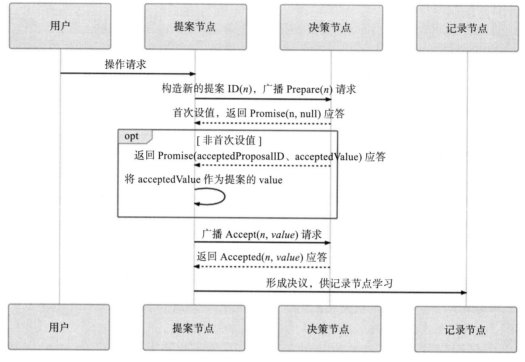

图 6-1　Paxos 算法整体时序图

6.1.3　工作实例

　　假设一个分布式系统有五个节点，分别命名为 S_1、S_2、S_3、S_4、S_5，五个节点都同时扮演着提案节点和决策节点的角色。这个例子中只讨论正常通信的场景，不涉及网络分区。此时，有两个并发的请求希望将同一个值分别设定为 X（由 S_1 作为提案节点提出）和 Y（由 S_5 作为提案节点提出），以 P 代表准备阶段，以 A 代表批准阶段，这时可能发生以下几种情况。

- ❏ 情况一：譬如，S_1 选定的提案 ID 是 3.1（全局唯一 ID 加上节点编号），先取得了多数派决策节点的 Promise 和 Accepted 应答，此时 S_5 选定提案 ID 4.5，发起 Prepare 请求，收到的多数应答中至少会包含 1 个此前应答过 S_1 的决策节点，假设是 S_3，那么 S_3 提供的 Promise 中必将包含 S_1 已设定好的值 X，S_5 就必须无条件地用 X 代替 Y 作为自己提案的值，由此整个系统对"取值为 X"这个事实达成一致，如图 6-2 所示。

- ❏ 情况二：事实上，对于情况一，X 被选定为最终值是必然结果，但从图 6-2 中可以看出，X 被选定为最终值并不是必须得到多数派的共同批准，而是只取决于 S_5 提案时 Promise 应答中是否已包含了批准过 X 的决策节点，譬如图 6-3 所示，S_5 发起提案的 Prepare 请求时，X 并未获得多数派批准，但由于 S_3 已经批准，所以最终共识

的结果仍然是 X。

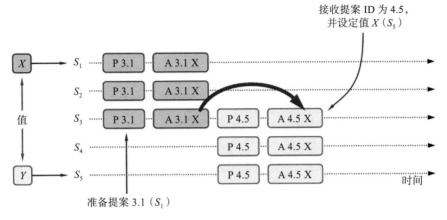

图 6-2 整个系统对"取值为 X"达成一致

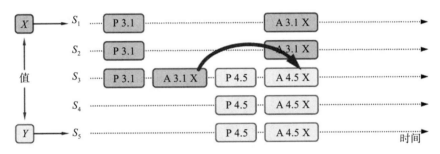

图 6-3 X 被选定只取决于 Promise 应答中是否已批准

☐ 情况三：另外一种可能的结果是 S_5 提案时 Promise 应答中并未包含批准过 X 的决策节点，譬如应答 S_5 提案时，节点 S_1 已经批准了 X，节点 S_2、S_3 未批准但返回了 Promise 应答，此时 S_5 以更大的提案 ID 获得了 S_3、S_4、S_5 的 Promise 应答，由于这三个节点均未批准过任何值，所以 S_3 将不再接收来自 S_1 的 Accept 请求，因为它的提案 ID 已经不是最大的了，这三个节点将批准 Y 的取值，整个系统最终会对"取值为 Y"达成一致，如图 6-4 所示。

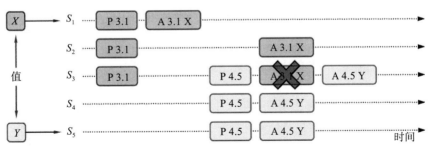

图 6-4 整个系统最终会对"取值为 Y"达成一致

❑ 情况四：从情况三可以推导出另一种极端的情况，如果两个提案节点交替使用更大的提案 ID，使得准备阶段成功、批准阶段失败，那么这个过程理论上可以无限持续下去，形成活锁（Live Lock），如图 6-5 所示。在算法实现中会引入随机超时时间来避免活锁的产生。

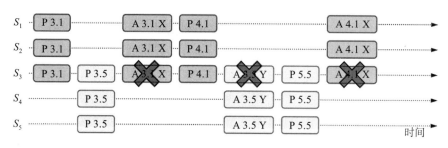

图 6-5　批准阶段失败，形成活锁

虽然 Paxos 是以复杂著称的算法，但以上介绍都是基于 Basic Paxos、以正常流程（未出现网络分区等异常）、通俗方式讲解的 Paxos 算法，并未涉及严谨的逻辑和数学原理，也未讨论 Paxos 的推导证明过程，理解起来应该不算太困难。

Basic Paxos 的价值在于开拓了分布式共识算法的发展思路，但由于它有如下缺陷，一般不会直接用于实践：Basic Paxos 只能对单个值形成决议，并且决议的形成至少需要两次网络请求和应答（准备和批准阶段各一次），高并发情况下将产生较大的网络开销，极端情况下甚至可能形成活锁。总之，Basic Paxos 是一种很学术化但对工业化并不友好的算法，现在几乎只用来做理论研究，实际的应用都是基于 Multi Paxos 和 Fast Paxos 算法，接下来我们将会了解 Multi Paxos 以及一些与它的理论等价的算法（如 Raft、ZAB 等算法）。

6.2　Multi Paxos

在上一节的最后，笔者举例介绍了 Basic Paxos 的活锁问题，即两个提案节点争相提出自己的提案，抢占同一个值的修改权限，导致整个系统在持续性地"反复横跳"，外部看起来就像被锁住了一样。此外，笔者还讲述过一个观点，分布式共识的复杂性主要来源于网络的不可靠与请求的可并发两大因素，活锁问题与许多 Basic Paxos 异常场景中所遭遇的麻烦，都可以看作源于任何一个提案节点都能够完全平等地、与其他节点并发地提出提案而带来的复杂问题。为此，Lamport 提出了一种 Paxos 的改进版本——Multi Paxos 算法，希望能够找到一种两全其美的办法，既不破坏 Paxos 中"众节点平等"的原则，又能在提案节点中实现主次之分，限制每个节点都有不受控的提案权利。这两个目标听起来似乎是矛盾的，但现实世界中的选举就很符合这种在平等节点中挑选意见领袖的情景。

Multi Paxos 对 Basic Paxos 的核心改进是增加了"选主"的过程，提案节点会通过定时轮询（心跳），确定当前网络中的所有节点里是否存在一个主提案节点，一旦没有发现主节点，节点就会在心跳超时后使用 Basic Paxos 中定义的准备、批准的两轮网络交互过程，向所有其他节点广播自己希望竞选主节点的请求，希望整个分布式系统对"由我作为主节点"这件事情协商达成一致共识，如果得到了决策节点中多数派的批准，便宣告竞选成功。选主完成之后，除非主节点失联之后发起重新竞选，否则从此往后，就只有主节点本身才能够提出提案。此时，无论哪个提案节点接收到客户端的操作请求，都会将请求转发给主节点来完成提案，而主节点提案时，就无须再次经过准备过程，因为可以认为在经过选举时的那一次准备之后，后续的提案都是对相同提案 ID 的一连串的批准过程。也可以通俗理解为选主过后，就不会再有其他节点与它竞争，相当于处于无并发的环境当中的有序操作，所以此时系统中要对某个值达成一致，只需要进行一次批准的交互即可，如图 6-6 所示。

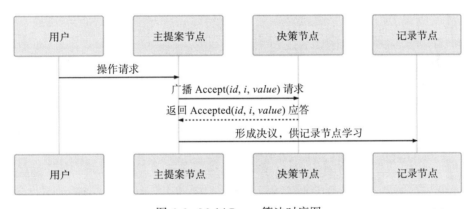

图 6-6　Multi Paxos 算法时序图

可能有人注意到这时候的二元组（*id, value*）已经变成了三元组（*id, i, value*），这是因为需要给主节点增加一个"任期编号"，这个编号必须是严格单调递增的，以应付主节点陷入网络分区后重新恢复，但另外一部分节点仍然有多数派，且已经完成了重新选主的情况，此时必须以任期编号大的主节点为准。节点有了选主机制的支持后，在整体来看，就可以进一步简化节点角色，不去区分提案、决策和记录节点，而是统统以"节点"来代替，节点只有主（Leader）和从（Follower）的区别，此时协商共识的时序图如图 6-7 所示。

下面我们换一个角度来重新思考"分布式系统中如何对某个值达成一致"这个问题，可以把该问题划分为三个子问题来考虑，可以证明（具体证明就不列在这里了，感兴趣的读者可参考 Raft 的论文）当以下三个问题同时被解决时，即等价于达成共识：

❑ 如何选主（Leader Election）；
❑ 如何把数据复制到各个节点上（Entity Replication）；
❑ 如何保证过程是安全的（Safety）。

尽管选主问题还涉及许多工程上的细节，譬如心跳、随机超时、并行竞选等，但只论原理的话，如果你已经理解了 Paxos 算法的操作步骤，相信对选主并不会有什么疑惑，因为这本质上仅仅是分布式系统对"谁来当主节点"这件事情达成的共识而已，我们在前一节已经讲述了分布式系统该如何对一件事情达成共识，这里就不再赘述了，下面直接来解决数据（Paxos 中的提案、Raft 中的日志）在网络各节点间的复制问题。

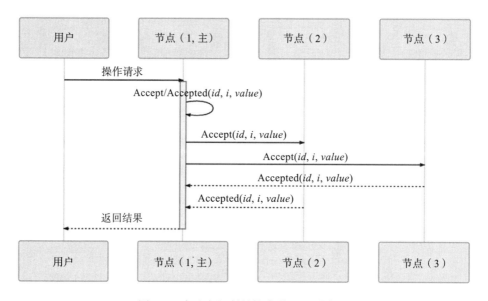

图 6-7　有选主机制的协商共识的时序图

在正常情况下，客户端向主节点发起一个操作请求，譬如提出"将某个值设置为 X"，此时主节点将 X 写入自己的变更日志，但先不提交，接着在下一次心跳包中把变更 X 的信息广播给所有的从节点，并要求从节点回复"确认收到"的消息，从节点收到信息后，将操作写入自己的变更日志，然后向主节点发送"确认签收"的消息，主节点收到过半数的签收消息后，提交自己的变更、应答客户端并且给从节点广播可以提交的消息，从节点收到提交消息后提交自己的变更，至此，数据在节点间的复制宣告完成。

在异常情况下，网络出现了分区，部分节点失联，但只要仍能正常工作的节点的数量能够满足多数派（过半数）的要求，分布式系统就可以正常工作，这时的数据复制过程如下。

☐ 假设有 S_1、S_2、S_3、S_4、S_5 五个节点，S_1 是主节点，由于网络故障，导致 S_1、S_2 和 S_3、S_4、S_5 之间彼此无法通信，形成网络分区。

☐ 一段时间后，S_3、S_4、S_5 三个节点中的某一个（譬如是 S_3）最先达到心跳超时的阈值，获知当前分区中已经不存在主节点，则它向所有节点发出自己要竞选的广播，并收到了 S_4、S_5 节点的批准响应，加上自己一共三票，即得到了多数派的批准，竞选成功，此时系统中会同时存在 S_1 和 S_3 两个主节点，但由于网络分区，它们不会知道对方的存在。

☐ 这种情况下，客户端发起操作请求。

○ 如果客户端连接到了 S_1、S_2 其中之一，都将由 S_1 处理，但由于操作只能获得最多两个节点的响应，不构成多数派的批准，所以任何变更都无法成功提交。

○ 如果客户端连接到了 S_3、S_4、S_5 其中之一，都将由 S_3 处理，此时操作可以获得最多三个节点的响应，构成多数派的批准，是有效的，变更可以被提交，即系统可以继续提供服务。

○ 事实上，以上两种情景很少能够并存。网络分区是由于软、硬件或者网络故障而导致的，内部网络出现了分区，但两个分区仍然能分别与外部网络的客户端正常通信的情况甚为少见。更多的场景是算法能容忍网络里下线了一部分节点，按照这个例子来说，如果下线了两个节点，系统仍能正常工作，如果下线了三个节点，那剩余的两个节点就不可能继续提供服务了。

❑ 假设现在故障恢复，分区解除，五个节点可以重新通信：

○ S_1 和 S_3 都向所有节点发送心跳包，从各自的心跳中可以得知两个主节点里 S_3 的任期编号更大，它是最新的，此时五个节点均只承认 S_3 是唯一的主节点。

○ S_1、S_2 回滚它们所有未被提交的变更。

○ S_1、S_2 从主节点发送的心跳包中获得它们失联期间发生的所有变更，将变更提交并写入本地磁盘。

○ 此时分布式系统各节点的状态达成最终一致。

下面我们来看第三个问题："如何保证过程是安全的"。不知你是否感觉到这个问题与前两个问题的差异呢？选主、数据复制都是很具体的行为，但是"安全"就很模糊，什么算安全或者算不安全？

在分布式理论中，Safety 和 Liveness 两种属性是有预定义的术语，在专业的资料中一般翻译成"协定性"和"终止性"，这两个概念也是由 Lamport 最先提出，当时给出的定义如下。

❑ **协定性**（Safety）：所有的坏事都不会发生。

❑ **终止性**（Liveness）：所有的好事都终将发生，但不知道是什么时候。

这里我们不去纠结严谨的定义，仍通过举例来说明它们的具体含义。譬如以选主问题为例，协定性保证了选主的结果一定有且只有唯一的一个主节点，不可能同时出现两个主节点；而终止性则要保证选主过程一定可以在某个时刻结束。由前面对活锁的介绍可知，在终止性这个属性上选主问题是存在理论上的瑕疵的，可能会由于活锁而导致一直无法选出明确的主节点，所以 Raft 论文中只写了对 Safety 的保证，但由于工程实现上的处理，现实中几乎不可能会出现终止性的问题。

以上这种把共识问题分解为"选主"、"复制"和"安全"三个问题来思考、解决的思路，即"Raft 算法"（在 Raft 的《一种可以让人理解的共识算法》中提出），并获得了 USENIX ATC 2014 大会的 Best Paper，后来更是成为 etcd、LogCabin、Consul 等重要分布式程序的实现基础，ZooKeeper 的 ZAB 算法与 Raft 的思路也非常类似，这些算法都被认为是 Multi Paxos 的等价派生实现。

6.3　Gossip 协议

Paxos、Raft、ZAB 等分布式算法经常会被称作"强一致性"的分布式共识协议，其实这样的描述有语病嫌疑，但我们都明白它的意思其实是："尽管系统内部节点可以存在不一致的状态，但从系统外部看来，不一致的情况并不会被观察到，所以整体上看系统是强一致性的。"与它们相对的，还有另一类被冠以"最终一致性"的分布式共识协议，这表明系统中不一致的状态有可能会在一定时间内被外部直接观察到。一种典型且极为常见的最终一致的分布式系统就是 DNS 系统，在各节点缓存的 TTL 到期之前，都有可能与真实的域名翻译结果不一致。在本节中，笔者将介绍在比特币网络和许多重要分布式框架中都有应用的另一种具有代表性的"最终一致性"的分布式共识协议：Gossip 协议。

Gossip 最早由施乐公司⊖Palo Alto 研究中心在论文" Epidemic Algorithms for Replicated Database Maintenance"⊖中提出的一种用于分布式数据库在多节点间复制同步数据的算法。从论文题目中可以看出，最初它是被称作"流行病算法"（Epidemic Algorithm）的，只是不太雅观，今天 Gossip 这个名字用得更为普遍，除此以外，它还有"流言算法""八卦算法""瘟疫算法"等别名，这些名字都很形象地反映了 Gossip 的特点：要同步的信息如同流言一般传播，病毒一般扩散。

笔者按照习惯也把 Gossip 称作"共识协议"，但首先必须强调它并不是直接与 Paxos、Raft 这些共识算法等价的，只是基于 Gossip 之上可以通过某些方法去实现与 Paxos、Raft 相类似的目标而已。一个最典型的例子是比特币网络中使用了 Gossip 协议，用于在各个分布式节点中互相同步区块头和区块体的信息，这是整个网络能够正常交换信息的基础，但并不能称作共识；然后比特币使用工作量证明（Proof of Work，PoW）来对"这个区块由谁来记账"这一件事情在全网达成共识，这样这个目标才可以认为与 Paxos、Raft 的目标是一致的。

下面，我们来了解 Gossip 的具体工作过程。相比 Paxos、Raft 等算法，Gossip 的过程十分简单，它可以看作以下两个步骤的简单循环。

❑ 如果有某一项信息需要在整个网络的所有节点中传播，那从信息源开始，选择一个固定的传播周期（譬如 1 秒），随机选择它相连接的 k 个节点（称为 Fan-Out）来传播消息。

⊖ Xerox。现在可能有很多人不了解施乐，或只把施乐当作一家复印产品公司看待。这家公司其实是许多计算机关键技术的鼻祖，是图形界面的发明者、以太网的发明者、激光打印机的发明者、MVC 架构的提出者、RPC 的提出者、BMP 格式的提出者。

⊖ 下载地址：http://bitsavers.trailing-edge.com/pdf/xerox/parc/techReports/CSL-89-1_Epidemic_Algorithms_for_Replicated_Database_Maintenance.pdf。

❑ 每一个节点收到消息后，如果这个消息是它之前没有收到过的，则在下一个周期内，该节点将向除了发送消息给它的那个节点外的其他相邻的 k 个节点发送相同的消息，直到最终网络中所有节点都收到了消息。尽管这个过程需要一定时间，但是理论上最终网络的所有节点都会拥有相同的消息。

根据 Gossip 的过程描述，我们很容易发现 Gossip 对网络节点的连通性和稳定性几乎没有任何要求，它一开始就将网络某些节点只能与一部分节点部分连通（Partially Connected Network）而不是以全连通网络（Fully Connected Network）作为前提；能够容忍网络上节点随意地增加或者减少，随意地宕机或者重启；新增加或者重启的节点的状态最终会与其他节点同步达成一致。Gossip 把网络上所有节点都视为平等而普通的一员，没有任何中心化节点或者主节点的概念，这些特点使得 Gossip 具有极强的鲁棒性，而且非常适合在公众互联网中应用。

同时我们也很容易找到 Gossip 的缺点。消息最终是通过多个轮次的散播到达全网的，因此它必然会存在全网各节点状态不一致的情况，而且由于是随机选取发送消息的节点，所以尽管可以在整体上测算出统计学意义上的传播速率，但对于个体消息来说，无法准确地预计需要多长时间才能达成全网一致。另外一个缺点是消息的冗余，同样是由于随机选取发送消息的节点，所以就不可避免地存在消息重复发送给同一节点的情况，增加了网络的传输压力，也给消息节点带来了额外的处理负载。

达到一致性耗费的时间与网络传播中消息冗余量这两个缺点存在一定对立，如果要改善其中一个，就会恶化另外一个，由此，Gossip 设计了两种可能的消息传播模式：反熵（Anti-Entropy）和传谣（Rumor-Mongering）。熵（Entropy）是生活中少见但科学中很常用的概念，它代表着事物的混乱程度。反熵的意思就是反混乱，以提升网络各个节点之间的相似度为目标。所以在反熵模式下，会同步节点的全部数据，以消除各节点之间的差异，目标是使整个网络各节点完全一致。但是，在节点本身就会发生变动的前提下，这个目标将使得整个网络中消息的数量非常庞大，给网络带来巨大的传输开销。而传谣模式是以传播消息为目标，只发送新到达节点的数据，即只对外发送变更消息，这样消息数据量将显著缩减，网络开销也相对减小。

从类库到服务

微服务架构的一个重要设计原则是"通过服务来实现独立自治的组件"（Componentization via Service），强调应采用"服务"（Service）而不是"类库"（Library）来构建组件化的程序，这两者的差别在于类库是在编译期静态链接到程序中的，通过调用本地方法来使用其中的功能，而服务是进程外组件，通过调用远程方法来使用其中的功能。

采用服务来构建程序，获得的收益是软件系统"整体"与"部分"在物理层面的真正隔离，这对构筑可靠的大型软件系统来说无比珍贵，但另一面，其付出的代价也不容忽视，微服务架构在复杂性与执行性能方面做出了极大的让步。在一套由多个微服务相互调用才能正常运作的分布式系统中，每个节点都互相扮演着服务的生产者与消费者的多重角色，形成了一套复杂的网状调用关系，此时，至少有（但不限于）以下三个问题是必须考虑并得到妥善解决的。

- ❑ 对消费者来说，外部的服务由谁提供？具体在什么网络位置？
- ❑ 对生产者来说，内部哪些服务需要暴露？哪些应当隐藏？应当以何种形式暴露服务？以什么规则在集群中分配请求？
- ❑ 对调用过程来说，如何保证每个远程服务都接收到相对平均的流量，获得尽可能高的服务质量与可靠性？

这三个问题的解决方案，在微服务架构中通常被称为"服务发现""服务的网关路由"和"服务的负载均衡"。

7.1 服务发现

类库封装被大规模使用，令计算机可以通过位于不同模块的方法调用来组装复用指令序列，打开了软件达到更大规模的一扇大门。无论是编译期链接的 C、C++ 语言，还是运行期链接的 Java 语言，都要通过链接器（Linker）将代码里的符号引用转换为模块入口或进程内存地址的直接引用。而服务化的普及，令软件系统得以通过分布于网络中不同机器的互相协作来复用功能，这是软件发展规模的第二次飞跃，此时，如何确定目标方法的确切位置，便是与编译链接有着等同意义的研究课题，解决该问题的过程被称作"服务发现"（Service Discovery）。

7.1.1　服务发现的意义

所有的远程服务调用都是使用**全限定名**（Fully Qualified Domain Name，FQDN[⊖]）、**端口号**与**服务标识**所构成的三元组来确定一个远程服务的精确坐标的。全限定名代表了网络中某台主机的精确位置，端口号代表了主机上某一个提供了 TCP/UDP 网络服务的程序，服务标识则代表了该程序所提供的某个具体的方法入口。其中"全限定名、端口号"的含义对所有的远程服务来说都是一致的，而"服务标识"则与具体的应用层协议相关，不同协议具有不同形式的标识。譬如 REST 的远程服务，标识是 URL 地址；RMI 的远程服务，标识是 Stub 类中的方法；SOAP 的远程服务，标识是 WSDL 中定义方法，等等。远程服务标识的多样性，决定了"服务发现"也可以有两种不同的理解，一种是以 UDDI 为代表的"百科全书式"的服务发现，上至提供服务的企业信息（企业实体、联系地址、分类目录等），下至服务的程序接口细节（方法名称、参数、返回值、技术规范等）都在服务发现的管辖范围之内；另一种是类似于 DNS 这样"门牌号码式"的服务发现，只满足从某个代表服务提供者的全限定名到服务实际主机 IP 地址的翻译转换，并不关心服务具体是哪个厂家提供的，也不关心服务有几个方法，各自由什么参数构成，它默认这些细节信息是服务消费者本身已完全了解的，此时服务坐标就可以退化为更简单的"全限定名 + 端口号"。当今，后一种服务发现占主流地位，本文后续所说的服务发现，如无说明，均是特指后者。

原本服务发现只依赖 DNS 将一个全限定名翻译为一至多个 IP 地址或者 SRV 等其他类型的记录便可，位于 DNS 之后的负载均衡器也实质上承担了一部分服务发现的职责，完成了外部 IP 地址到各个服务内部实际 IP 的转换（这些内容笔者在第 4 章中曾经详细解析过）。这种做法在软件追求不间断长时间运行的时代是很合适的，但随着微服务的逐渐流行，服务的非正常宕机、重启和正常的上线、下线变得越发频繁，仅靠 DNS 服务器和负载均衡器等基础设施逐渐疲于应对，无法跟上服务变动的步伐了。人们最初是尝试使用 ZooKeeper 这样的分布式 K/V 框架，通过软件自身来完成服务注册与发现，ZooKeeper 也的确曾短暂统治过远程服务发现，是微服务早期的主流选择，但 ZooKeeper 毕竟是很底层的分布式工具，还需要用户自己做相当多的工作才能满足服务发现的需求。到了 2014 年，在 Netflix

---

　　⊖　请注意全限定名与 IP 地址的差别，由于 IP 的具体地址与数量均是动态的，描述一个服务应采用全限定名来表示。

内部经受过长时间实际考验的、专门用于服务发现的 Eureka 宣布开源，并很快被纳入 Spring Cloud，成为 Spring 默认的远程服务发现的解决方案，从此 Java 程序员无须再在服务注册这件事情上花费太多的力气。到 2018 年，Spring Cloud Eureka 进入维护模式以后，HashiCorp 的 Consul 和阿里巴巴的 Nacos 很快就从 Eureka 手上接过传承的衣钵。

到这个阶段，服务发现框架已经发展得相当成熟，考虑到了几乎方方面面的问题，不仅支持通过 DNS 或者 HTTP 请求进行符号与实际地址的转换，支持各种各样的服务健康检查方式，还支持集中配置、K/V 存储、跨数据中心的数据交换等多种功能，可算是应用自身去解决服务发现的一个顶峰。如今，云原生时代来临，基础设施的灵活性得到大幅度增强，最初的使用基础设施来透明化地做服务发现的方式又重新被人们所重视，如何在基础设施和网络协议层面，对应用尽可能无感知、方便地实现服务发现是目前服务发现的一个主要发展方向。

7.1.2 可用与可靠

本节笔者并不打算介绍具体某一种服务发现工具的具体功能与操作，而是会分析服务发现的通用的共性设计，探讨对比时下服务发现最常见的不同形式。这里要讨论的第一个问题是"服务发现"具体是指进行过什么操作？这其实包含三个必需的过程。

❑ **服务的注册**（Service Registration）：当服务启动的时候，它应该通过某些形式（如调用 API、产生事件消息、在 ZooKeeper/etcd 的指定位置记录、存入数据库，等等）将自己的坐标信息通知到服务注册中心，这个过程可能由应用程序本身来完成，称为自注册模式，譬如 Spring Cloud 的 @EnableEurekaClient 注解；也可能由容器编排框架或第三方注册工具来完成，称为第三方注册模式，譬如 Kubernetes 和 Registrator。

❑ **服务的维护**（Service Maintaining）：尽管服务发现框架通常都有提供下线机制，但并没有什么办法保证每次服务都能优雅地下线（Graceful Shutdown）而不是由于宕机、断网等原因突然失联。所以服务发现框架必须自己保证所维护的服务列表的正确性，以避免告知消费者服务的坐标后，得到的服务却不能使用的尴尬情况。现在的服务发现框架，往往都能支持多种协议（HTTP、TCP 等）、多种方式（长连接、心跳、探针、进程状态等）去监控服务是否健康存活，将不健康的服务自动从服务注册表中剔除。

❑ **服务的发现**（Service Discovery）：这里的发现是特指狭义上消费者从服务发现框架中，把一个符号（譬如 Eureka 中的 ServiceID、Nacos 中的服务名，或者通用的 FQDN）转换为服务实际坐标的过程，这个过程现在一般是通过 HTTP API 请求或者 DNS Lookup 操作来完成，也有一些相对少用的方式，譬如 Kubernetes 也支持注入环境变量来做服务发现。

以上三点只是列举了服务发现必须提供的功能，在此之余还会有一些可选的扩展功能，譬如在服务发现时进行的负载均衡、流量管控、键值存储、元数据管理、业务分组，等等，这部分会在后续章节专门介绍。这里，笔者想借服务发现为样本，展示分布式环境里可用性与一致性的矛盾。从 CAP 定理开始，到分布式共识算法，我们已在理论上探讨过多次在服务的可用性和数据的可靠性之间的取舍，但服务发现却面临着两者都难以舍弃的困境。

服务发现既要高可用，也要高可靠是由它在整个系统中所处的位置所决定的。在概念模型里，服务发现的位置如图 7-1 所示：服务提供者在服务注册中心中注册、续约和下线自己的真实坐标，服务消费者根据某种符号从服务注册中心获取到真实坐标，无论是服务注册中心、服务提供者还是服务消费者，它们都是系统服务中的一员，相互间的关系应是对等的。

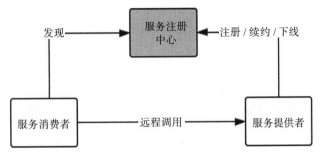

图 7-1　概念模型中的服务发现

但在真实的系统里，注册中心的地位是特殊的，不能完全视其为一个普通的服务。注册中心不依赖其他服务，但被所有其他服务共同依赖，是系统中最基础的服务（地位与配置中心类似，现在服务发现框架也开始同时提供配置中心的功能，以避免配置中心又去专门摆弄出一集群的节点来），几乎没有可能在业务层面进行容错。这意味着服务注册中心一旦崩溃，整个系统都不再可用，因此，必须尽最大努力保证服务发现的可用性。实际用于生产的分布式系统，服务注册中心都是以集群的方式进行部署的，通常使用三个或者五个节点（最多七个，一般也不会更多了，否则日志复制的开销太高）来保证高可用，如图 7-2 所示。

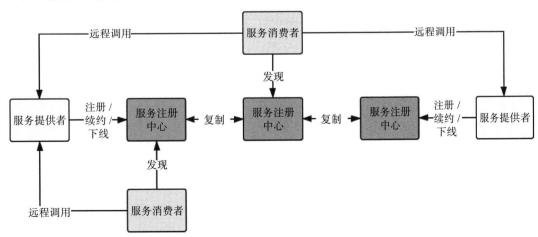

图 7-2　真实系统中的服务发现

　　同时，也请注意到图 7-2 中各服务注册中心节点之间的复制（Replicate）字样，作为用户，我们当然期望在服务注册中心一直可用、永远健康的同时，也能够在访问每一个节点时取到可靠一致的数据，而不是从注册中心拿到的服务地址可能已经下线，但这两个需求就构成了 CAP 矛盾，不可能同时满足。以最有代表性的 Netflix Eureka 和 Hashicorp Consul 为例。

　　Eureka 的选择是优先保证高可用性，相对牺牲系统中服务状态的一致性。Eureka 的各个节点间采用异步复制来交换服务注册信息，当有新服务注册进来时，并不需要等待信息在其他节点复制完成，而是马上在该服务发现节点宣告服务可见，只是不保证在其他节点上多长时间后才会可见。同时，当有旧的服务发生变动，譬如下线或者断网，只会由超时机制来控制何时从哪一个服务注册表中移除，变动信息不会实时同步给所有服务端与客户端。这样的设计使得不论是 Eureka 的服务端还是客户端，都能够持有自己的服务注册表缓存，并以 TTL（Time to Live）机制来进行更新，哪怕服务注册中心完全崩溃，客户端仍然可以维持最低限度的可用。Eureka 的服务发现模型适合于节点关系相对固定、服务一般不会频繁上下线的系统，以较小的同步代价换取了最高的可用性；Eureka 能够选择这种模型的底气在于万一客户端拿到了已经发生变动的错误地址，也能够通过 Ribbon 和 Hystrix 模块配合来兜底，实现故障转移（Failover）或者快速失败（Failfast）。

　　Consul 的选择是优先保证高可靠性，相对牺牲系统服务发现的可用性。Consul 采用 Raft 算法，要求多数节点写入成功后服务的注册或变动才算完成，严格地保证了在集群外部读取到的服务发现结果的一致性；同时采用 Gossip 协议，支持多数据中心之间更大规模的服务同步。Consul 优先保证高可靠性在一定程度上是基于产品现实情况而做的技术决策，它不像 Netflix OSS 那样有着全家桶式的微服务组件，万一从服务发现中取到错误地址，就没有其他组件为它兜底了。Eureka 与 Consul 的差异带来的影响主要不在于服务注册的快慢（当然，快慢确实是有差别），而在于你如何看待以下这件事情：

　　　　假设系统形成了 A、B 两个网络分区后，A 区的服务只能从区域内的服务发现节点获取 A 区的服务坐标，B 区的服务只能取到在 B 区的服务坐标，这对你的系统会有什么影响？

- ❑ 如果这件事情对你并没有太大的影响，甚至有可能还是有益的，就应该倾向于选择 AP 式的服务发现。譬如假设 A、B 就是不同的机房，是机房间的网络交换机导致服务发现集群出现的分区问题，但每个分区中的服务仍然能独立提供完整且正确的服务能力，此时尽管不是有意为之，但网络分区在事实上避免了跨机房的服务请求，反而带来了服务调用链路优化的效果。

- ❑ 如果这件事情对你影响非常大，甚至可能带来比整个系统宕机更坏的结果，就应该倾向于选择 CP 式的服务发现。譬如系统中大量依赖了集中式缓存、消息总线，或者其他有状态的服务，一旦这些服务全部或者部分被分隔到某一个分区中，会对整个系统的操作的正确性产生直接影响的话，与其最后弄出一堆数据错误，还不如直接停机。

7.1.3　注册中心实现

可用性与一致性的矛盾，是分布式系统永恒的话题，在服务发现这个场景里，权衡的主要关注点是相对更能容忍服务列表不可用的后果，还是服务数据不准确的后果，其次才到性能高低，功能是否强大，使用是否方便等因素。有了选择权衡，很自然就引来了一个"务实"的话题，现在有那么多服务发现框架，哪一款最好？或者说应该如何挑选适合的服务发现框架？当下，直接以服务发现、服务注册中心为目标的组件库，或者间接用来实现这个目标的工具主要有以下三类。

❑ 在分布式 K/V 存储框架上自己开发的服务发现，典型代表是 ZooKeeper、Doozerd、etcd。这些 K/V 框架提供了分布式环境下读写操作的共识算法，etcd 采用的是我们学习过的 Raft 算法，ZooKeeper 采用的是 ZAB 算法，这也是一种 Multi Paxos 的派生算法，所以采用这种方案，就不必纠结 CP 还是 AP 的问题，它们都是 CP 的（也曾有公司采用 Redis 来做服务发现，这种自然是 AP 的）。这类框架的宣传语中往往会主动提及"高可用性"，潜台词是"在保证一致性和分区容忍性的前提下，尽最大努力实现最高的可用性"，譬如 etcd 的宣传语就是"高可用的集中配置和服务发现"（Highly-Available Key Value Store for Shared Configuration and Service Discovery）。这些 K/V 框架的一个共同特点是在整体较高复杂度的架构和算法的外部，维持着极为简单的应用接口，只有基本的 CRUD 和 Watch 等少量 API，所以要在上面完成功能齐全的服务发现，很多基础的能力，譬如服务如何注册、如何做健康检查等都必须自己去实现，如今一般也只有"大厂"才会直接基于这些框架去做服务发现了。

❑ 以基础设施（主要是指 DNS 服务器）来实现服务发现，典型代表是 SkyDNS、CoreDNS。在 Kubernetes 1.3 之前的版本使用 SkyDNS 作为默认的 DNS 服务，其工作原理是从 API Server 中监听集群服务的变化，然后根据服务生成 NS、SRV 等 DNS 记录存放到 etcd 中，kubelet 会设置每个 Pod 的 DNS 服务的地址为 SkyDNS 的地址，需要调用服务时，只需查询 DNS 把域名转换成 IP 列表便可实现分布式的服务发现。在 Kubernetes 1.3 之后，SkyDNS 不再是默认的 DNS 服务器，而是由只将 DNS 记录存储在内存中的 KubeDNS 代替，到了 1.11 版，就更推荐采用扩展性很强的 CoreDNS，此时可以通过各种插件来决定是否要采用 etcd 存储、重定向、定制 DNS 记录、记录日志，等等。

采用这种方案，是 CP 还是 AP 就取决于后端采用何种存储，如果是基于 etcd 实现，那自然是 CP 的，如果是基于内存异步复制的方案实现，那就是 AP 的（仅针对 DNS 服务器本身，不考虑本地 DNS 缓存的 TTL 刷新）。以基础设施来做服务发现，好处是对应用透明，任何语言、框架、工具都肯定支持 HTTP、DNS，所以完全不受程序技术选型的约束，但坏处是透明的并不一定是简单的，你必须自己考虑如何去做客户端负载均衡、如何调用远程方法等这些问题，而且必须遵循或者说受限于这些基础设施本身所采用的实现机制，譬如服务健康检查里，服务的缓存期限就应该由 TTL 决定，这是 DNS 协议所规定的，如果想改用 KeepAlive 长连接来实时判断服务是否存活就相对麻烦。

❏ 专门用于服务发现的框架和工具，典型代表是 Eureka、Consul 和 Nacos。在这一类框架中，你可以自己决定是 CP 还是 AP，譬如 CP 的 Consul、AP 的 Eureka，还有同时支持 CP 和 AP 的 Nacos（Nacos 采用类 Raft 协议实现 CP，采用自研的 Distro 协议实现 AP，这里"同时"是"都支持"的意思，但必须二取其一，不是说 CAP 全能满足）。将它们划归一类是因为它们对应用并不是透明的，尽管 Consul 的主体逻辑是在服务进程之外，以边车的形式提供；尽管 Consul、Nacos 也支持基于 DNS 的服务发现；尽管这些框架都基本做到了以声明代替编码，譬如在 Spring Cloud 中只改动 pom.xml、配置文件和注解即可实现，但它们依然是可以被应用程序感知的。所以或多或少还需要考虑程序语言、技术框架的集成问题。但这个特点其实并不全是坏处，譬如采用 Eureka 做服务注册，那在远程调用服务时就可以用 OpenFeign 做客户端，因为它们本身就已做好了集成，写个声明式接口就能运行；在做负载均衡时可以采用 Ribbon 做客户端，需要换均衡算法时改个配置就成。这些"不透明"实际上都为编码开发带来了一定便捷，但前提是你选用的语言和框架必须支持。

7.2 网关路由

网关（Gateway）这个词在计算机科学中，尤其是在计算机网络中很常见，用于表示位于内部区域边缘，与外界进行交互的某个物理或逻辑设备，譬如你家里的路由器就属于家庭内网与互联网之间的网关。

7.2.1 网关的职责

在单体架构下，我们一般不太强调"网关"这个概念，为各个单体系统的副本分发流量的负载均衡器实质上扮演了内部服务与外部请求之间的网关角色。在微服务环境中，网关的存在感就极大地增强了，甚至成为微服务集群中必不可少的设施之一。其中原因并不难理解：微服务架构下，每个服务节点都可能由不同团队负责，都有着自己独立的、互不相同的接口，如果服务集群缺少一个统一对外交互的代理人角色，那外部的服务消费者就必须知道所有微服务节点在集群中的精确坐标（在 7.1 节中解释过"服务坐标"的概念），这样，消费者会受到服务集群的网络限制（不能确保集群中每个节点都有外网连接）、安全限制（不仅是服务节点的安全，外部自身也会受到如浏览器同源策略的约束）、依赖限制（服务坐标这类信息不属于对外接口承诺的内容，随时可能变动，不应该依赖它），就算是调用服务的程序员，也不会愿意记住每一个服务的坐标位置来编写代码。由此可见，微服务中网关的首要职责就是作为统一的出口对外提供服务，将外部访问网关地址的流量，根据适当的规则路由到内部集群中正确的服务节点之上，因此，微服务中的网关，也常被称为"服务网关"或者"API 网关"，微服务中的网关首先应该是个路由器，在满足此前提的基础上，还可以根据需要作为流量过滤器来使用，以提供某些额外的可选职能，譬如安全、认证、授权、限流、监控、缓存，等等（这部分内容在后续章节中有专门讲解，这里不会涉及）。简言之：

网关 = 路由器（基础职能）+ 过滤器（可选职能）

针对"路由器"这个基础职能，服务网关主要考量的是能够支持路由的"网络协议层次"和"性能与可用性"这两方面的因素。网络协议层次是指负载均衡中介绍过的四层流量转发与七层流量代理。仅从技术实现角度来看，对于路由这项工作，负载均衡器与服务网关在实现上是没有什么差别的，很多服务网关本身就是基于老牌的负载均衡器来实现的，譬如基于 Nginx、HAProxy 开发的 Ingress Controller，基于 Netty 开发的 Zuul 2.0 等；但从目的角度来看，负载均衡器与服务网关会有一些区别，具体在于前者是为了根据均衡算法对流量进行平均地路由，后者是为了根据流量中的某种特征进行正确地路由。网关必须能够识别流量中的特征，这意味着网关能够支持的网络通信协议的层次将会直接限制后端服务节点能够选择的服务通信方式。如果服务集群只提供像 etcd 这样直接基于 TCP 访问的服务，那只部署四层网关便可满足，网关以 IP 报文中源地址、目标地址为特征进行路由；如果服务集群要提供 HTTP 服务，那就必须部署一个七层网关，网关以 HTTP 报文中的 URL、Header 等信息为特征进行路由；如果服务集群还要提供更上层的 WebSocket、SOAP 等服务，那就必须要求网关同样能够支持这些上层协议，才能从中提取到特征。

举个例子，以下是一段基于 SpringCloud 实现的 Fenix's Bookstore 实例中用到的 Netflix Zuul 网关的配置，Zuul 是 HTTP 网关，/restful/accounts/** 和 /restful/pay/** 是 IITTP 中的 URL 的特征，而配置中的 serviceId 就是路由的目标服务。

```
routes:
    account:
        path: /restful/accounts/**
        serviceId: account
        stripPrefix: false
        sensitiveHeaders: "*"

    payment:
        path: /restful/pay/**
        serviceId: payment
        stripPrefix: false
        sensitiveHeaders: "*"
```

今天围绕微服务的各种技术仍处于快速发展期，笔者不提倡针对每一种工具、框架本身去记忆配置细节，也就是说，无须纠结上面代码清单中配置的确切写法、每个指令的含义。如果你从根本上理解了网关的原理，参考一下技术手册，很容易就能够将上面的信息改写成 Kubernetes Ingress Controller、Istio VirtualServer 或者其他服务网关所需的配置形式。

网关的另一个主要关注点是它的性能与可用性。由于网关是所有服务对外的总出口，是流量必经之地，所以网关的路由性能将导致全局的、系统性的影响，如果经过网关路由会有 1 毫秒的性能损失，就意味着整个系统所有服务的响应延迟都会增加 1 毫秒。网关的性能与它的工作模式和自身实现算法都有关系，但毫无疑问工作模式是最关键的因素，如果能够采用 DSR 三角传输模式，在实现原理上就决定了性能一定会比代理模式来的强（DSR、IP Tunnel、NAT、代理等这些都是网络基础知识，笔者曾在 4.5 节详细讲解过）。不过，因为今天 REST 和 JSON-RPC 等基于 HTTP 协议的服务接口在对外部提供的服务中占绝对主流的地位，所以我们所讨论的服务网关默认都必须支持七层路由，通常默认无法直接进行流量转发，只能采用代理模式。在这个前提约束下，网关的性能主要取决于它们如何代理网络请求，也即它们的网络 I/O 模型，下面笔者正好借这个场景介绍一下网络 I/O 的基础知识。

7.2.2 网络 I/O 模型

在套接字接口抽象下，网络 I/O 的出入口就是 Socket 的读和写，Socket 在操作系统接口中被抽象为数据流，而网络 I/O 可以理解为对流的操作。每一次网络访问，从远程主机返回的数据会先存放到操作系统内核的缓冲区中，然后从内核的缓冲区复制到应用程序的地址空间，所以当发生一次网络请求时，将会按顺序经历"等待数据从远程主机到达缓冲区"和"将数据从缓冲区复制到应用程序地址空间"两个阶段，根据实现这两个阶段的不同方法，人们把网络 I/O 模型总结为两类、五种模型：两类是指同步 I/O 与异步 I/O，五种是指在同步 I/O 中又划分出阻塞 I/O、非阻塞 I/O、多路复用 I/O、信号驱动 I/O 四种细分模型以及异步 I/O 模型。这里笔者先解释一下同步和异步、阻塞和非阻塞的概念。同步是指调用端在发出请求之后，得到结果之前必须一直等待，与之相对的就是异步，发出调用请求之后将立即返回，不会马上得到处理结果，结果将通过状态变化和回调来通知调用者。阻塞和非阻塞是针对请求处理过程而言，指在收到调用请求之后，返回结果之前，当前处理线程是否会被挂起。这种概念上的叙述可能还是不太好理解，笔者以"你如何领到盒饭"为情景，将之类比解释如下。

- ❑ **异步 I/O**（Asynchronous I/O）：比如你在美团外卖订了个盒饭，付款之后你自己该干嘛干嘛，饭送到时骑手自然会打电话通知你。异步 I/O 中数据到达缓冲区后，不需要由调用进程主动进行从缓冲区复制数据的操作，而是复制完成后由操作系统向线程发送信号，所以它一定是非阻塞的。
- ❑ **同步 I/O**（Synchronous I/O）：比如你自己去饭堂打饭，这时可能有如下情形发生。
  - ○ **阻塞 I/O**（Blocking I/O）：你去饭堂打饭，发现饭还没做好，只能等待（线程休眠），直到饭做好，这就是被阻塞了。阻塞 I/O 是最直观的 I/O 模型，逻辑清晰，也比较节省 CPU 资源，但缺点是线程休眠所带来的上下文切换，这是一种需要切换到内核态的重负载操作，不应当频繁进行。

○ **非阻塞 I/O**（Non-Blocking I/O）：你去饭堂，发现饭还没做好，你就回去了，然后每隔 3 分钟来一次饭堂看饭是否做好，一直重复，直到饭做好。非阻塞 I/O 能够避免线程休眠，对于一些很快就能返回结果的请求，非阻塞 I/O 可以节省切换上下文切换的消耗，但是对于较长时间才能返回的请求，非阻塞 I/O 反而白白浪费了 CPU 资源，所以目前并不太常用。

○ **多路复用 I/O**（Multiplexing I/O）：多路复用 I/O 本质上是阻塞 I/O 的一种，但是它的好处是可以在同一条阻塞线程上处理多个不同端口的监听。仍以去食堂打饭为例，比如你代表整个宿舍去饭堂打饭，去到饭堂，发现饭还没做好，还是继续等待，其中某个舍友的饭好了，你就马上把那份饭送回去，然后继续等待其他舍友的饭做好。多路复用 I/O 是目前高并发网络应用的主流，它还可以细分为 select、epoll、kqueue 等不同实现，这里就不再展开了。

○ **信号驱动 I/O**（Signal-Driven I/O）：你去到饭堂，发现饭还没做好，但你跟厨师很熟，跟他说饭做好了叫你，然后你就回去了，等收到厨师通知后，你再去饭堂把饭拿回宿舍。这里厨师的通知就是那个"信号"，信号驱动 I/O 与异步 I/O 的区别是"从缓冲区获取数据"这个步骤的处理，前者收到的通知是可以开始进行复制操作了，即要你自己从饭堂拿回宿舍，在复制完成之前线程处于阻塞状态，所以它仍属于同步 I/O 操作，而后者收到的通知是复制操作已经完成，即外卖小哥已经把饭送到了。

显然，异步 I/O 模型是最方便的，但前提是系统支持异步操作。异步 I/O 受限于操作系统，Windows NT 内核早在 3.5 以后，就通过 IOCP 实现了真正的异步 I/O 模型。而 Linux 系统是在 Linux Kernel 2.6 才首次引入，目前还不算很完善，因此在 Linux 系统下实现高并发网络编程时仍以多路复用 I/O 模型模式为主。

回到服务网关的话题上，有了网络 I/O 模型的知识，我们就可以在理论上定性分析不同七层网关的性能差异了。七层服务网关处理一次请求代理时，包含两组网络操作，分别是作为服务端对外部请求的应答和作为客户端对内部服务的请求，理论上这两组网络操作可以采用不同的模型去完成，但一般没有必要这样做。

以 Zuul 网关为例，在 Zuul 1.0 时，它采用的是阻塞 I/O 模型来进行最经典的"一条线程对应一个连接"（Thread-per-Connection）的方式来代理流量。采用阻塞 I/O 模型意味着它会有线程休眠，就有上下文切换的成本，所以如果后端服务普遍属于计算密集型（CPU Bound，可以通俗理解为服务耗时比较长，主要消耗在 CPU 上）时，这种模型能够相对节省网关的 CPU 资源，但如果后端服务普遍都是 I/O 密集型（I/O Bound，可以理解为服务都很快返回，主要消耗在 I/O 上），它就会由于频繁的上下文切换而降低性能。Zuul 2.0 版本最大的改进就是基于 Netty Server 实现了异步 I/O 模型来处理请求，大幅度减少了线程数，获得了更高的性能和更低的延迟。根据 Netflix 官方给出的数据，Zuul 2.0 大约要比 Zuul 1.0 快上 20% 左右。还有一些网关甚至支持自行配置，或者根据环境选择不同的网络 I/O 模型，典型代表就是 Nginx，它可以支持在配置文件中指定 select、poll、epoll、kqueue 等并发模型。

网关的性能高低一般只会定性分析，要定量地说哪一种网关性能最高、高多少是很困难的，就像我们都认可 Chrome 要比 IE 快，但脱离了具体场景，快多少就很难说的清楚。尽管笔者上面引用了 Netflix 官方对 Zuul 两个版本的量化对比，网络上也有不少关于各种网关的性能对比数据，但若脱离具体应用场景去定量地比较不同网关的性能差异还是难以令人信服，不同的测试环境和后端服务都会直接影响结果。

网关还有最后一点必须关注的是它的可用性问题。任何系统的网络调用过程中都至少会有一个单点存在，这是由用户只通过唯一的地址去访问系统所决定的。即使是淘宝、亚马逊这样全球多数据中心部署的大型系统也不例外。对于更普遍的小型系统（小型是相对淘宝这些而言）来说，作为后端对外服务代理人角色的网关经常被视为整个系统的入口，往往很容易成为网络访问中的单点，这时候它的可用性就尤为重要。由于网关的地址具有唯一性，所以不能像之前服务发现那些注册中心那样，用集群的方式解决问题。在网关的可用性方面，我们应该考虑到以下几点。

- ❑ 网关应尽可能轻量，尽管网关作为服务集群统一的出入口，可以很方便地实现安全、认证、授权、限流、监控等功能，但给网关附加这些功能时还是要仔细权衡，取得功能性与可用性之间的平衡，过度增加网关的功能是危险的。
- ❑ 网关选型时，应该尽可能选择较成熟的产品实现，譬如 Nginx Ingress Controller、KONG、Zuul 这些经过长期考验的产品，而不能一味只考虑性能选择最新的产品，性能与可用性之间的平衡也需要权衡。
- ❑ 在需要高可用的生产环境中，应当考虑在网关之前部署负载均衡器或者等价路由器（ECMP），让那些更成熟健壮的设施（往往是硬件物理设备）去充当整个系统的入口地址，这样网关也可以进行扩展。

7.2.3　BFF 网关

提到网关的唯一性、高可用与扩展，笔者顺带说一下近年来随着微服务一起火起来的概念"BFF"（Backend for Frontend），如图 7-3 所示。这个概念目前还没有特别权威的中文翻译，在我们讨论的上下文里，它的意思是：网关不必为所有的前端提供无差别的服务，而是应该针对不同的前端，聚合不同的服务，提供不同的接口和网络访问协议支持。譬如，运行于浏览器的 Web 程序，由于浏览器一般只支持 HTTP 协议，服务网关就应提供 REST 等基于 HTTP 协议的服务，但同时我们也可以针对运行于桌面系统的程序部署另外一套网关，它能与 Web 网关有完全不同的技术选型，能提供基于更高性能协议（如 gRPC）的接口以提供更好的体验。在网关这种边缘节点上，针对同样的后端集群，裁剪、适配、聚合出适应不一样的前端的服务，有助于后端的稳定，也有助于前端的赋能。

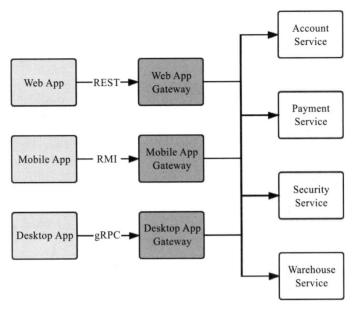

图 7-3　BFF 网关

7.3　客户端负载均衡

在正式开始讨论之前，我们先来弄清楚几个容易混淆的相似概念，分别是本章中频繁提到的服务发现、网关路由、负载均衡以及在第 8 章将会介绍的服务容错。这几个技术名词都带有"从服务集群中寻找到一个合适的服务来调用"的含义，笔者会通过以下具体场景来说明它们之间的差别。

> 📖 额外知识　**案例场景**
>
> 假设你身处广东，要上 Fenix's Bookstore 购买一本书，在程序业务逻辑里，购书的其中一个关键步骤是调用商品出库服务来完成货物准备，在代码中该服务的调用请求为：
>
> ```
> PATCH https://warehouse:8080/restful/stockpile/3
>
> {amount: -1}
> ```
>
> 又假设 Fenix's Bookstore 是个大书店，在北京、武汉、广州均部署有服务集群机房，你的购物请求从浏览器发出后，服务端按顺序发生如下事件。
>
> 1）首先是将 warehouse 这个服务名称转换为恰当的服务地址，"恰当"是个宽泛的描述，一种典型的"恰当"便是因调用请求来自广东，优先分配给物理传输距离最短的广州机房来应答。其实按常理来说这次出库服务的调用应该是集群内的

流量，而不是用户浏览器直接发出的请求，所以尽管结果没有不同，但更接近实际的情况是用户访问首页时已经被 DNS 服务器分配到了广州机房，请求出库服务时，应优先选择同机房的服务进行调用，此时请求变为：

```
PATCH https://guangzhou-ip-wan:8080/restful/stockpile/3
```

2）广州机房的服务网关将该请求与配置中的特征进行比对，由 URL 中的 /restful/stockpile/** 得知该请求访问的是商品出库服务，因此，将请求的 IP 地址转换为内网中 warehouse 服务集群的入口地址：

```
PATCH https://warehouse-gz-lan:8080/restful/stockpile/3
```

3）集群中部署了多个 warehouse 服务，收到调用请求后，负载均衡器要在多个服务中根据某个标准（均衡策略）——可能是随机挑选，也可能是按顺序轮询，还可能是选择此前调用次数最少的那个，等等，找出要响应本次调用请求的服务，称其为 warehouse-gz-lan-node1。

```
PATCH https://warehouse-gz-lan-node1:8080/restful/stockpile/3
```

4）如果访问 warehouse-gz-lan-node1 服务，没有返回需要的结果，而是抛出 500 错。

```
HTTP/1.1 500 Internal Server Error
```

5）根据预置的故障转移策略，重新将调用分配给能够提供服务的其他节点，称其为 warehouse-gz-lan-node2。

```
PATCH https://warehouse-gz-lan-node2:8080/restful/stockpile/3
```

6）warehouse-gz-lan-node2 服务返回商品出库成功。

```
HTTP/1.1 200 OK
```

以上过程从整体上看，步骤 1、2、3、5，分别对应了服务发现、网关路由、负载均衡和服务容错，从细节上看，其中部分职责又是有交叉的，并不是服务注册中心就只关心服务发现，网关只关心路由，负载均衡器只关心流量负载均衡。譬如，在步骤 1 的服务发现的过程中，"根据请求来源的物理位置来分配机房"的操作本质上是根据请求中的特征（地理位置）进行流量分发，这实际是一种路由行为。在实际系统中，DNS 服务器（DNS 智能线路）、服务注册中心（如 Eureka 等框架中的 Region、Zone 概念）或者负载均衡器（可用区负载均衡，如 AWS 的 NLB，或 Envoy 的 Region、Zone、Sub-zone）中都有可能实现这种路由行为。

此外，你是否感觉到以上网络调用过程似乎过于烦琐了，一个从广州机房内网发出的服务请求，绕到了网络边缘的网关、负载均衡器这些设施上，再被分配回内网中另外一个服务去响应，不仅消耗了带宽，降低了性能，也增加了链路上的风险和运维的复杂度。可是，如果流量不经过这些设施，它们相应的职责就无法发挥作用，譬如不经过负载均衡器的话，连请求应该具体交给哪一个服务去处理都无法确定，这有办法简化吗？

7.3.1　客户端负载均衡器

对于任何一个大型系统，负载均衡器都是必不可少的设施。以前，负载均衡器大多只部署在整个服务集群的前端，负责将用户的请求分流到各个服务进行处理，这种经典的部署形式现在被称为集中式的负载均衡。随着微服务日渐流行，服务集群收到的请求来源不再局限于外部，而是越来越多的来源于集群内部的某个服务，并由集群内部的另一个服务进行响应，对于这类流量的负载均衡，既有的方案依然是可行的，但针对内部流量的特点，直接在服务集群内部消化掉，肯定是更合理且更受开发者青睐的办法。由此一种全新的、独立位于每个服务前端的、分散式的负载均衡方式逐渐流行起来，这就是本节我们要讨论的主角：客户端负载均衡器（Client-Side Load Balancer），如图 7-4 所示。

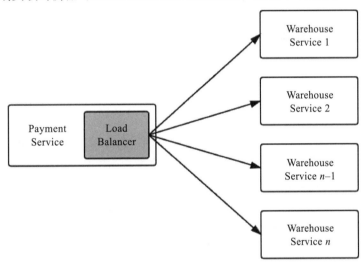

图 7-4　客户端负载均衡器

客户端负载均衡器的理念提出以后，此前的集中式负载均衡器也有了一个方便与它对比的名字——"服务端负载均衡器"（Server-Side Load Balancer）。从图 7-4 中能够清晰地看到客户端负载均衡器的特点，也是它与服务端负载均衡器的关键差别所在：客户端均衡器是和服务实例一一对应的，而且与服务实例并存于同一个进程内。这个特点能为它带来很多好处。

❏ 负载均衡器与服务之间的信息交换是进程内的方法调用，不存在任何额外的网络开销。

❏ 不依赖集群边缘的设施，所有内部流量都仅在服务集群的内部循环，避免了前文那样，集群内部流量要"绕场一周"的尴尬局面。

❏ 分散式的负载均衡器意味着天然避免了集中式的单点问题，它的带宽资源将不会像集中式负载均衡器那样敏感，这在以七层负载均衡器为主流、不能通过 IP 隧道和三角传输这样的方式节省带宽的微服务环境中显得更具优势。

❑ 客户端负载均衡器更加灵活，能够针对每一个服务实例单独设置均衡策略等参数，例如访问哪个服务，是否需要具备亲和性，选择服务的策略是随机、轮询、加权还是最小连接，等等，都可以单独设置而不影响其他服务。

……

但是，客户端负载均衡器也不是"银弹"，它也存在不少缺点。

❑ 它与服务运行于同一个进程内，意味着它的选型受到服务所使用的编程语言的限制，譬如用 Go 开发的微服务就不太可能搭配 Spring Cloud 的负载均衡器来使用，而为每种语言都实现对应的能够支持复杂网络情况的负载均衡器是非常难的。客户端负载均衡器的这个缺陷有违于微服务中技术异构不应受到限制的原则。

❑ 从个体服务来看，由于是共用一个进程，负载均衡器的稳定性会直接影响整个服务进程的稳定性，消耗的 CPU、内存等资源也同样影响到服务的可用资源。从集群整体来看，在服务数量达成千乃至上万规模时，客户端负载均衡器消耗的资源总量是相当多的。

❑ 由于请求的来源可能是集群中任意一个服务节点，而不再是统一来自集中式负载均衡器，使得内部网络安全和信任关系变得复杂，当攻破任何一个服务时，更容易通过该服务突破集群中的其他部分。

❑ 服务集群的拓扑关系是动态的，每一个客户端均衡器必须持续跟踪其他服务的健康状况，以实现上线新服务、下线旧服务、自动剔除失败服务、自动重连恢复服务等负载均衡器必须具备的功能。由于这些操作都需要通过访问服务注册中心来完成，数量庞大的客户端负载均衡器一直持续轮询服务注册中心，也会带来不小的负担。

……

7.3.2 代理负载均衡器

在 Java 领域，客户端均衡器中最具代表性的产品是 Netflix Ribbon 和 Spring Cloud LoadBalancer，随着微服务的流行，它们在 Java 微服务中已积聚了相当可观的使用者。直到最近两三年，服务网格（Service Mesh）开始逐渐盛行，另外一种被称为"代理客户端负载均衡器"（Proxy Client-Side Load Balancer，后文简称"代理均衡器"）的客户端负载均衡器变体形式开始引起不同编程语言的微服务开发者的共同关注，它弥补了此前客户端负载均衡器的大多数缺陷。代理均衡器对此前的客户端负载均衡器的改进是将原本嵌入在服务进程中的负载均衡器提取出来，作为一个进程之外，同一 Pod 之内⊖的特殊服务，放到边车

⊖ 当涉及容器化相关内容时，只针对 Kubernetes 环境进行讲述，理论上边车代理并不是必须绑定于 Kubernetes。

代理中去实现，它的流量关系如图 7-5 所示。

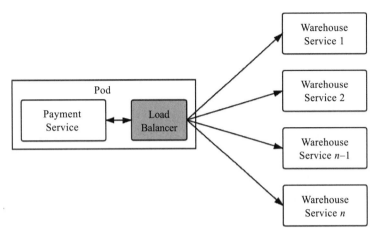

图 7-5　代理负载均衡器

虽然代理均衡器与服务实例不再是进程内通信，而是通过网络协议栈进行数据交换，数据要经过操作系统的协议栈，要进行打包拆包、计算校验和、维护序列号等网络数据的收发步骤，比之前的客户端均衡器确实多增加了一系列处理步骤。不过，Kubernetes 严格保证了同一个 Pod 中的容器不会跨越不同的节点，这些容器共享同一个网络名称空间，因此代理均衡器与服务实例的交互，实质上是对本机回环设备的访问，仍然要比真正的网络交互高效且稳定得多。代理均衡器付出的代价较小，但从服务进程中分离出来所获得的收益却是非常显著的。

❑ 代理均衡器不再受编程语言的限制。开发一个支持 Java、Go、Python 等所有微服务应用服务的通用的代理均衡器具有很高的性价比。集中不同编程语言的使用者的力量，更容易打造出能面对复杂网络情况的、高效健壮的负载均衡器。即使退一步说，独立于服务进程的均衡器也不会由于自身的稳定性影响到服务进程的稳定。

❑ 在服务拓扑感知方面，代理均衡器也更有优势。由于边车代理接受控制平面的统一管理，当服务节点拓扑关系发生变化时，控制平面就会主动向边车代理发送更新服务清单的控制指令，这避免了此前客户端负载均衡器必须长期主动轮询服务注册中心所造成的浪费。

❑ 在安全性、可观测性上，由于边车代理都是一致的实现，有利于在服务间建立双向mTLS 通信，也有利于对整个调用链路给出更详细的统计信息。

总体而言，边车代理这种通过同一个 Pod 的独立容器实现的负载均衡器是目前处理微服务集群内部流量最理想的方式，只是服务网格本身仍是初生事物，还不够成熟，对操作系统、网络和运维方面的知识要求也较高，但有理由相信随着时间的推移，未来这将会是微服务的主流通信方式。

7.3.3 地域与区域

最后，借助前文已经铺设好的上下文场景，笔者想再谈一个与负载均衡相关，但又不只应用于负载均衡的概念：地域与区域。你是否注意到在微服务相关的许多设施中，都带有 Region、Zone 参数，如前文中提到的服务注册中心 Eureka 的 Region、Zone，边车代理 Envoy 中的 Region、Zone、Sub-zone，如果你有云计算 IaaS 的使用经历，也会发现几乎所有云计算设备都有类似的概念。Region 和 Zone 是公有云计算先驱亚马逊 AWS 提出的概念，它们的含义如下。

❑ Region 是**地域**的意思，譬如华北、东北、华东、华南，这些都是地域范围。面向全球或全国的大型系统的服务集群往往会部署在多个不同地域，譬如本节开头列举的案例场景，大型系统就是通过不同地域的机房来缩短用户与服务器之间的物理距离，以提升响应速度，对于小型系统，地域一般就只在异地容灾时才会涉及。需要注意，不同地域之间是没有内网连接的，所有流量都只能通过公众互联网相连，如果微服务的流量跨越了地域，实际就跟调用外部服务商提供的互联网服务没有任何差别了。所以集群内部流量是不会跨地域的，服务发现、负载均衡器默认也是不会支持跨地域的服务发现和负载均衡的。

❑ Zone 是**区域**的意思，它是**可用区域**（Availability Zone）的简称。区域指在地理上位于同一地域内，但电力和网络是互相独立的物理区域，譬如在华东的上海、杭州、苏州的不同机房就是同一个地域的几个可用区域。同一个地域的可用区域之间具有内网连接，流量不占用公网带宽，因此区域是微服务集群内流量能够触及的最大范围。但你的应用是只部署在同一区域内，还是部署到几个不同可用区域中，要取决于你是否有做异地双活的需求，以及对网络延时的容忍程度。

  ○ 如果你追求高可用，譬如希望系统在某个地区发生电力或者骨干网络中断时仍然可用，那可以考虑将系统部署在多个区域中。注意异地容灾和异地双活的差别：容灾是非实时的同步，而双活是实时或者准实时的，跨地域或者跨区域做容灾都可以，但一般只能跨区域做双活，当然，也可以将它们结合起来使用，即"两地三中心"模式。

  ○ 如果你追求低延迟，譬如对时间有高要求的 SLA 应用，或者网络游戏服务器等，那就应该考虑将系统的所有服务都部署在同一个区域中，因为尽管内网连接不受限于公网带宽，但毕竟机房之间的专线容量也是有限的，难以跟机房内部的交换机相比，延时也受物理距离、网络跳点数量等因素的影响。

❑ 可用区域对应城市级别的区域的范围，但在一些场景中仍是过大了，即使是同一个区域中的机房，也可能存在具有差异的不同子网络，所以在部分微服务框架也提供了 Group、Sub-zone 等参数做进一步的细分控制，这些参数的意思通常是加权或优先访问同一个子区域的服务，但如果子区域中没有合适的，则仍然会访问到可用区域中的其他服务。

☐ 地域和区域原本是云计算中的概念，对于一些中小型的微服务系统，尤其是非互联网的企业信息系统，很多仍然没有使用云计算设施，只部署在某个专有机房内部，只为特定人群提供服务，这就不需要涉及地理上地域、区域的概念了。此时完全可以自己灵活延拓 Region、Zone 参数的含义，达到优化虚拟化基础设施流量的目的。譬如，将服务发现的区域设置与 Kubernetes 的标签、选择器配合，实现内部服务请求其他服务时，优先使用同一个节点中提供的服务进行应答，以降低真实的网络消耗。

Chapter 8 第 8 章

流量治理

容错性设计（Design for Failure）是微服务的另一个核心原则，也是笔者书中反复强调的开发观念转变。不过，即使已经有一定的心理准备，大多数首次将微服务架构引入实际生产系统的开发者，在服务发现、网关路由等支持下，踏出了服务化的第一步以后，很可能仍会经历一段阵痛期，随着拆分出的服务越来越多，随之而来会面临以下两个问题的困扰。

❑ 由于某一个服务的崩溃，导致所有用到这个服务的其他服务都无法正常工作，一个点的错误经过层层传递，最终波及调用链上与此有关的所有服务，这便是雪崩效应。如何防止雪崩效应便是微服务架构容错性设计原则的具体实践，否则服务化程度越高，整个系统反而越不稳定。

❑ 服务虽然没有崩溃，但由于处理能力有限，面临超过预期的突发请求时，大部分请求直至超时都无法完成处理。这种现象产生的后果与交通堵塞类似，如果一开始没有得到及时的治理，后面就需要很长时间才能使全部服务都恢复正常。

本章我们将围绕以上两个问题，提出服务容错、流量控制等一系列解决方案。这些措施并不是孤立的，它们相互之间存在很多联系，其中许多功能必须与此前介绍过的服务注册中心、服务网关、负载均衡器配合才能实现。理清楚这些技术措施背后的逻辑链条，是了解它们工作原理的捷径。

8.1　服务容错

Martin Fowler 与 James Lewis 提出的"微服务的九个核心特征"是构建微服务系统的指导性原则，但不是技术规范，没有严格的约束力。在实际构建系统时，其中多数特征可能会有或多或少的妥协，譬如分散治理、数据去中心化、轻量级通信机制、演进式设计，等等。但也有一些特征是不能妥协的，其中的典型就是今天我们讨论的主题：容错性设计。

　　容错性设计不能妥协的原因是分布式系统的不可靠性。一个大的服务集群中，程序可能崩溃、节点可能宕机、网络可能中断，这些"意外情况"其实全部都在"意料之中"。原本信息系统设计成分布式架构的主要动力之一就是为了提升系统的可用性，最低限度也必须保证将原有系统重构为分布式架构之后，可用性不下降才行。如果服务集群中出现任何一点差错都能让系统面临"千里之堤溃于蚁穴"的风险，那分布式恐怕就没有机会成为一种可用的系统架构形式了。

8.1.1　容错策略

　　要落实容错性设计这条原则，除了要从思想观念上转变过来，正视程序必然是会出错的，并对它进行有计划的防御之外，还必须了解一些常用的容错策略和容错设计模式，作为具体设计与编码实践的指导。这里的容错策略指的是"面对故障，我们该做些什么"，稍后将讲解的容错设计模式指的是"要实现某种容错策略，我们该如何去做"。常见的容错策略有以下几种。

❑ **故障转移**（Failover）：高可用的服务集群中，多数的服务——尤其是那些经常被其他服务所依赖的关键路径上的服务，均会部署多个副本。这些副本可能部署在不同的节点（避免节点宕机）、网络交换机（避免网络分区）甚至可用区（避免整个地区发生灾害或电力、骨干网故障）中。故障转移是指如果调用的服务器出现故障，系统不会立即向调用者返回失败结果，而是自动切换到其他服务副本，尝试通过其他副本返回成功调用的结果，从而保证整体的高可用性。

故障转移的容错策略应该有一定的调用次数限制，譬如允许最多重试三个服务，如果三个服务都发生报错，那还是会返回调用失败。原因不仅是因为重试是有执行成本的，更是因为过度的重试反而可能让系统处于更加不利的状况。譬如有以下调用链：

```
Service A → Service B → Service C
```

假设 A 的超时阈值为 100ms，而 B 调用 C 花费 60ms，如果不幸失败了，此时做故障转移其实已经没有太大意义了，因为即使下一次调用能够返回正确结果，也很可能同样需要耗费 60ms 时间，时间总和已经触及 A 服务的超时阈值，所以在这种情况下故障转移反而对系统是不利的。

❑ **快速失败**（Failfast）：还有另外一些业务场景是不允许做故障转移的，因为故障转移策略能够实施的前提是服务具备幂等性。对于非幂等的服务，重复调用就可能产生脏数据，而脏数据带来的麻烦远大于单纯的某次服务调用失败，此时就应该以快速失败作为首选的容错策略。譬如，在支付场景中，需要调用银行的扣款接口，如果该接口返回的结果是网络异常，程序很难判断到底是扣款指令发送给银行时出现的网络异常，还是银行扣款后返回结果给服务时出现的网络异常。为了避免重复扣款，此时最恰当可行的方案就是尽快让服务报错，坚决避免重试，尽快抛出异常，由调用者自行处理。

❑ **安全失败**（Failsafe）：在一个调用链路中的服务通常也有主路和旁路之分，换句话说，并不是每个服务都是不可或缺的，有部分服务失败了也不影响核心业务的正确性。譬如开发基于 Spring 管理的应用程序时，通过扩展点、事件或者 AOP 注入的逻辑往往就属于旁路逻辑，典型的有审计、日志、调试信息，等等。属于旁路逻辑的另一个显著特征是后续处理不会依赖其返回值，或者它的返回值是什么都不会影响后续处理的结果，譬如只是将返回值记录到数据库，而不使用它参与最终结果的运算。对这类逻辑，一种理想的容错策略是即使旁路逻辑实际调用失败了，也当作正确的来返回，如果需要返回值的话，系统就自动返回一个符合要求的数据类型的对应零值，然后自动记录一条服务调用出错的日志备查即可，这种策略被称为安全失败策略。

❑ **沉默失败**（Failsilent）：如果大量的请求需要等到超时或者长时间处理后才宣告失败，很容易由于某个远程服务的请求堆积而消耗大量的线程、内存、网络等资源，进而影响到整个系统的稳定。面对这种情况，一种合理的失败策略是当请求失败后，就默认服务提供者一定时间内无法再对外提供服务，不再向它分配请求流量，将错误隔离开来，避免对系统其他部分产生影响，此即为沉默失败策略。

❑ **故障恢复**（Failback）：故障恢复一般不单独存在，而是作为其他容错策略的补充措施。一般在微服务管理框架中，如果设置容错策略为故障恢复的话，通常默认会采用快速失败加上故障恢复的策略组合。故障恢复是指当服务调用出错之后，将该次调用失败的信息存入一个消息队列中，然后由系统自动开始异步重试调用。

故障恢复策略一方面可以尽力促使失败的调用最终能够被正常执行，另一方面也可以为服务注册中心和负载均衡器及时提供服务恢复的通知信息。故障恢复显然也是要求服务必须具备幂等性的，由于它的重试是在后台异步进行，即使最后调用成功了，原来的请求也早已响应完毕，所以故障恢复策略一般用于对实时性要求不高的主路逻辑，同时也适合处理那些不需要返回值的旁路逻辑。为了避免内存中异步调用任务堆积，故障恢复与故障转移一样，应该有最大重试次数的限制。

上面五种以"Fail"开头的策略是针对调用失败时如何进行弥补的，以下两种策略则是在调用之前就开始考虑如何获得最大的成功概率。

❑ **并行调用**（Forking）：并行调用策略很符合人们日常对一些重要环节进行的"双重保险"或者"多重保险"的处理思路，它是指一开始就同时向多个服务副本发起调用，只要有其中任何一个返回成功，那调用便宣告成功，这是一种在关键场景中使用更高的执行成本换取执行时间和成功概率的策略。

❑ **广播调用**（Broadcast）：广播调用与并行调用是相对应的，都是同时发起多个调用，

但并行调用是任何一个调用结果返回成功便宣告成功，广播调用则要求所有的请求
全部成功，这次调用才算成功，任何一个服务提供者出现异常都算调用失败。广播
调用通常用于实现"刷新分布式缓存"这类的操作。

容错策略并非计算机科学独有的，在交通、能源、航天等很多领域都有容错性设计，
也会使用到上面这些策略，并在自己的行业领域中进行解读与延伸。这里介绍的容错策略
并非全部，只是最常见的几种，笔者将它们各自的优缺点、应用场景总结为表 8-1，供大家
使用时参考。

表 8-1 常见容错策略优缺点及应用场景对比

容错策略	优点	缺点	应用场景
故障转移	系统自动处理，调用者对失败的信息不可见	增加调用时间，额外的资源开销	调用幂等服务；对调用时间不敏感的场景
快速失败	调用者有对失败的处理完全控制权；不依赖服务的幂等性	调用者必须正确处理失败逻辑，如果一味只是对外抛异常，容易引起雪崩	调用非幂等的服务；超时阈值较低的场景
安全失败	不影响主路逻辑	只适用于旁路调用	调用链中的旁路服务
沉默失败	控制错误不影响全局	出错的地方将在一段时间类不可用	频繁超时的服务
故障恢复	调用失败后自动重试，也不影响主路逻辑	重试任务可能产生堆积，重试仍然可能失败	调用链中的旁路服务；对实时性要求不高的主路逻辑也可以使用
并行调用	尽可能在最短时间内获得最高的成功率	额外消耗机器资源，大部分调用可能都是无用功	资源充足且对失败容忍度低的场景
广播调用	支持同时对批量的服务提供者发起调用	资源消耗大，失败概率高	只适用于批量操作的场景

8.1.2 容错设计模式

为了实现各式各样的容错策略，开发人员总结出了一些被实践证明是有效的服务容错
设计模式，譬如微服务中常见的断路器模式、舱壁隔离模式，重试模式，等等，以及将在
下一节介绍的流量控制模式，如滑动时间窗模式、漏桶模式、令牌桶模式，等等。

1. 断路器模式

断路器模式是微服务架构中最基础的容错设计模式，以 Hystrix 这种服务治理工具为
例，人们往往忽略了它的服务隔离、请求合并、请求缓存等其他服务治理职能，直接将它
称为微服务断路器或者熔断器。这个设计模式最早由技术作家 Michael Nygard 在 *Release
It!* 一书中提出，后又因 Martin Fowler 的 "Circuit Breaker"⊖一文而广为人知。

断路器的基本思路很简单，就是通过代理（断路器对象）来一对一（一个远程服务对

⊖ 文章地址：https://martinfowler.com/bliki/CircuitBreaker.html。

应一个断路器对象）地接管服务调用者的远程请求。断路器会持续监控并统计服务返回的成功、失败、超时、拒绝等各种结果，当出现故障（失败、超时、拒绝）的次数达到断路器的阈值时，它的状态就自动变为"OPEN"，后续此断路器代理的远程访问都将直接返回调用失败，而不会发出真正的远程服务请求。通过断路器对远程服务的熔断，避免因持续的失败或拒绝而消耗资源，以及因持续的超时而堆积请求，最终达到避免雪崩效应的目的。由此可见，断路器本质是一种快速失败策略的实现方式，它的工作过程可以通过图 8-1 来表示。

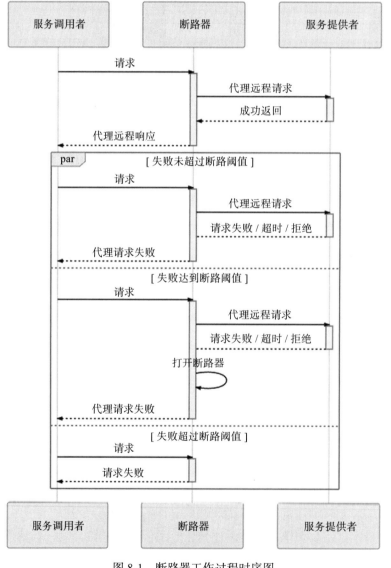

图 8-1 断路器工作过程时序图

从调用序列来看，断路器就是一种有限状态机。断路器模式就是根据自身状态变化自动调整代理请求策略的过程，一般要设置以下三种状态。

❏ CLOSED：表示断路器关闭，此时的远程请求会真正发送给服务提供者。断路器刚刚建立时默认处于这种状态，此后将持续监视远程请求的数量和执行结果，决定是否进入 OPEN 状态。

❏ OPEN：表示断路器开启，此时不会进行远程请求，直接向服务调用者返回调用失败的信息，以实现快速失败策略。

❏ HALF OPEN：这是一种中间状态。断路器必须带有自动的故障恢复能力，当进入 OPEN 状态一段时间以后，将"自动"（一般是由下一次请求而不是计时器触发的，所以这里的自动带引号）切换到 HALF OPEN 状态。在该状态下，断路器会放行一次远程调用，然后根据这次调用的结果，转换为 CLOSED 或者 OPEN 状态，以实现断路器的弹性恢复。

这些状态的转换逻辑与条件如图 8-2 所示。

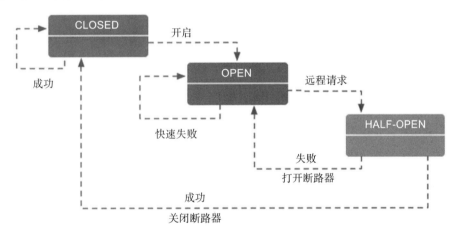

图 8-2　断路器的状态转换逻辑

OPEN 和 CLOSED 状态的含义是十分清晰的，与我们日常生活中电路的断路器并没有什么差别，值得讨论的是这两者的转换条件是什么？最简单直接的方案是只要遇到一次调用失败，就默认以后所有的调用都会失败，即断路器直接进入 OPEN 状态，但这样做的效果很差，虽然避免了故障扩散和请求堆积，但系统稳定性很差。现实中，比较可行的办法是在同时满足以下两个条件时，将断路器状态转变为 OPEN：

❏ 一段时间（譬如 10s 以内）内请求数量达到一定阈值（譬如 20 个请求）。这个条件的意思是如果请求本身就很少，就用不着断路器介入；

❏ 一段时间（譬如 10s 以内）内请求的故障率（发生失败、超时、拒绝的统计比例）到达一定阈值（譬如 50%）。这个条件的意思是如果请求本身都能正确返回，也用不着断路器介入。

当同时满足以上两个条件时，断路器就会转变为 OPEN 状态。括号中举例的数值是 Netflix Hystrix 的默认值，其他服务治理的工具，譬如 Resilience4j、Envoy 等也同样会包含类似的设置。

借着断路器的上下文，笔者顺带讲一下服务治理中两个常见的易混淆概念：服务熔断和服务降级之间的联系与差别。断路器的作用是自动进行服务熔断，这是一种快速失败的容错策略的实现方法。在快速失败策略明确反馈了故障信息给上游服务以后，上游服务必须能够主动处理调用失败的后果，而不是坐视故障扩散。这里的"处理"指的是一种典型的服务降级逻辑，降级逻辑可以包括，但不应该仅限于把异常信息抛到用户界面，而应该尽力通过其他路径解决问题，譬如把原本要处理的业务记录下来，留待以后重新处理是最低限度的通用降级逻辑。举个例子：你女朋友有事想召唤你，打你手机没人接，响了几声气冲冲地挂断后（快速失败），又打了你另外三个不同朋友的手机号（故障转移），都还是没能找到你（重试超过阈值）。这时候她生气地在微信上给你留言"三分钟不回电话就分手"，以此来与你取得联系。在这个不太"吉利"的故事里，女朋友给你留言这个行为便是服务降级逻辑。

服务降级不一定是在出现错误后才被动执行的，在许多场景中，人们所谈论的降级更可能是指需要主动迫使服务进入降级逻辑的情况。譬如，出于应对可预见的峰值流量，或者系统检修等原因，要关闭系统部分功能或部分旁路服务，这时候就有可能主动迫使这些服务降级。当然，此时服务降级就不一定是出于服务容错的目的了，更可能属于下一节要讲的流量控制的范畴。

2. 舱壁隔离模式

介绍了服务熔断和服务降级，我们再来看看另一个微服务治理中常见的概念：服务隔离。舱壁隔离模式是常用的实现服务隔离的设计模式。"舱壁"这个词来自造船业的舶来品，它原本的意思是设计舰船时，要在每个区域设计独立的水密舱室，一旦某个舱室进水，也只是影响这个舱室中的货物，而不至于让整艘舰船沉没。这种思想很符合容错策略中的失败静默策略。

前面在介绍断路器时已经多次提到，调用外部服务的故障大致可以分为"失败"（如 400 Bad Request、500 Internal Server Error 等错误）、"拒绝"（如 401 Unauthorized、403 Forbidden 等错误）以及"超时"（如 408 Request Timeout、504 Gateway Timeout 等错误）三大类，其中"超时"引起的故障更容易给调用者带来全局性的风险。这是由于目前主流的网络访问大多是基于 TPR 并发模型（Thread per Request）来实现的，只要请求一直不结束（无论是以成功结束还是以失败结束），就要一直占用着某个线程不能释放。而线程是典型的整个系统的全局性资源，尤其是在 Java 这类将线程映射为操作系统内核线程来实现的语言环境中，为了不让某一个远程服务的局部失败演变成全局失败，就必须设置某种止损方案，这便是服务隔离的意义。

我们来看一个更具体的场景，当分布式系统所依赖的某个服务，譬如图 8-3 中的"服务I"发生了超时，那在高流量的访问下——或者更具体点，假设平均 1s 内对该服务的调用会发生 50 次，这就意味着该服务如果长时间不结束的话，每秒会有 50 条用户线程被阻塞。如果这样的访问量一直持续，我们按 Tomcat 默认的 HTTP 超时时间（20s）来计算，20s 内将会阻塞 1000 条用户线程，此后才陆续会有用户线程因超时被释放出来，回到 Tomcat 的全局线程池中。一般 Java 应用的线程池最大线程连接数会设置到 200 ～ 400，这意味着此时系统在外部将表现为所有服务的全面瘫痪，而不是只有涉及"服务I"的功能不可用，因为 Tomcat 已经没有任何空余的线程来为其他请求提供服务了。

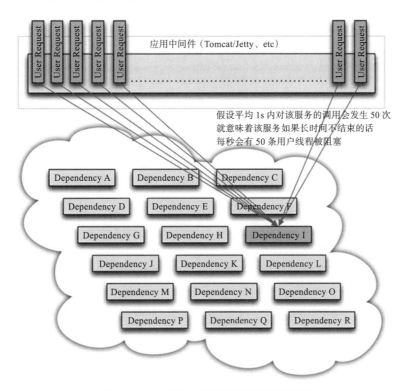

图 8-3　由于某个外部服务导致的阻塞⊖

对于这类情况，一种可行的解决办法是为每个服务单独设立线程池，这些线程池默认不预置活动线程，只用来控制单个服务的最大连接数。譬如，对出问题的"服务I"设置了一个最大线程数为 5 的线程池，这时候它的超时故障最多只会阻塞 5 条用户线程，而不至于影响全局。此时，其他不依赖"服务I"的用户线程依然能够正常对外提供服务，如图 8-4 所示。

⊖　图片来源：https://github.com/Netflix/Hystrix/wiki。

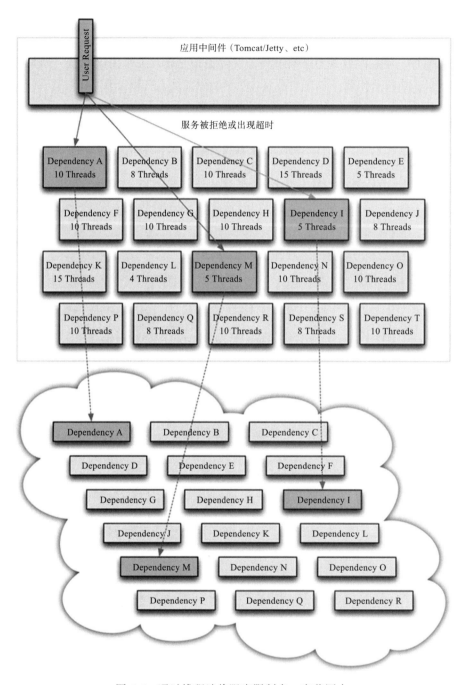

图 8-4　通过线程池将阻塞限制在一定范围内

　　使用局部的线程池来控制服务的最大连接数有许多好处，当服务出问题时可以隔离影响，当服务恢复后可以通过清理局部线程池，瞬间恢复该服务的调用，而如果是 Tomcat 的全局线程池被占满，再恢复就会十分麻烦。但是，局部线程池有一个显著的弱点，它额外增加了 CPU 的开销，因为每个独立的线程池都要进行排队、调度和下文切换工作。根据 Netflix 官方给出的数据，一旦启用 Hystrix 线程池来进行服务隔离，大概会为每次服务调用增加约 3 ~ 10ms 的延时，如果调用链中有 20 次远程服务调用，那每次请求就要多付出 60 ~ 200ms 的代价来换取服务隔离的安全保障。

为应对这种情况，还有一种更轻量的控制服务最大连接数的办法：信号量机制（Semaphore）。如果不考虑清理线程池、客户端主动中断线程这些额外的功能，仅仅是为了控制一个服务并发调用的最大次数，可以只为每个远程服务维护一个线程安全的计数器，并不需要建立局部线程池。具体做法是当服务开始调用时计数器加 1，服务返回结果后计数器减 1，一旦计数器超过设置的阈值就立即开始限流，在回落到阈值范围之前都不再允许请求。由于不需要承担线程的排队、调度、切换工作，所以单纯维护一个作为计数器的信号量的性能损耗，相对于局部线程池来说几乎可以忽略不计。

以上介绍的是从微观、服务调用的角度应用舱壁隔离设计模式，舱壁隔离模式还可以在更高层、更宏观的场景中使用，不是按调用线程，而是按功能、按子系统、按用户类型等条件来隔离资源。譬如，根据用户等级、用户是否为 VIP、用户来访的地域等各种因素，将请求分流到独立的服务实例去，这样即使某一个实例完全崩溃了，也只是影响到其中某一部分的用户，以尽可能控制波及范围。一般来说，我们会选择在服务调用端或者边车代理上实现服务层面的隔离，在 DNS 或者网关处实现系统层面的隔离。

3. 重试模式

行文至此，笔者讲解了如何使用断路器模式实现快速失败策略，使用舱壁隔离模式实现沉默失败策略，在断路器中举例的主动对非关键的旁路服务进行降级，亦可算作是对安全失败策略的一种体现。接下来，笔者以重试模式来介绍故障转移和故障恢复这两种容错策略的主流实现方案。

故障转移和故障恢复策略都需要对服务进行重复调用，差别是这些重复调用可能是同步的，也可能是后台异步进行；可能会重复调用同一个服务，也可能会调用到服务的其他副本。无论具体是通过怎样的方式调用、调用的服务实例是否相同，都可以归结为重试设计模式的应用范畴。重试模式适合解决系统中的瞬时故障，简单地说就是有可能自己恢复（Resilient，称为自愈，也叫作回弹性）的临时性失灵，如网络抖动、服务的临时过载（典型的如返回回了 503 Bad Gateway 错误）这些都属于瞬时故障。重试模式实现并不困难，即使完全不考虑框架的支持，靠程序员自己编写十几行代码也能够完成。在实践中，重试模式面临的风险反而大多来源于太过简单而导致的滥用。我们判断是否应该且是否能够对一个服务进行重试时，应同时满足以下几个前提条件。

❑ 仅在主路逻辑的关键服务上进行同步的重试，而非关键的服务，一般不把重试作为首选容错方案，尤其不该进行同步的重试。

❑ 仅对由瞬时故障导致的失败进行重试。尽管很难精确判定一个故障是否属于可自愈的瞬时故障，但从 HTTP 的状态码上至少可以获得一些初步的结论。譬如，当发出的请求收到了 401 Unauthorized 响应，说明服务本身是可用的，只是你没有权限调用，这时候再去重试就没有任何意义。功能完善的服务治理工具会提供具体的重试策略配置（如 Envoy 的 Retry Policy），可以根据包括 HTTP 响应码在内的各种具体条件来设置不同的重试参数。

❑ 仅对具备幂等性的服务进行重试。如果服务调用者和提供者不属于同一个团队，那服务是否幂等其实也是一个难以精确判断的问题，但仍可以找到一些总体上通用的原则。譬如，RESTful 服务中的 POST 请求是非幂等的，而 GET、HEAD、OPTIONS、TRACE 由于不会改变资源状态，所以应该被设计成幂等的；PUT 请求一般也是幂等的，因为 n 个 PUT 请求会覆盖相同的资源 $n-1$ 次；DELETE 也可看作是幂等的，同一个资源首次删除会得到 200 OK 响应，此后应该得到 204 No Content 响应。这些都是 HTTP 协议中定义的通用的指导原则，虽然对于具体服务如何实现并无强制约束力，但我们自己在建设系统时，遵循业界惯例本身就是一种良好的习惯。

❑ 重试必须有明确的终止条件，常用的终止条件有两种。
  ❍ 超时终止：并不限于重试，所有调用远程服务都应该有超时机制以避免无限期的等待。这里只是强调重试模式更加应该配合超时机制来使用，否则重试对系统很可能是有害的，笔者已经在前面介绍故障转移策略时举过具体的例子，这里就不重复了。
  ❍ 次数终止：重试必须要有一定限度，不能无限制地做下去，通常最多只重试 2 ~ 5 次。重试不仅会给调用者带来负担，对于服务提供者也同样是负担，所以应避免将重试次数设得太大。此外，如果服务提供者返回的响应头中带有 Retry-After，即使它没有强制约束力，我们也应该充分尊重服务端的要求，做个"有礼貌"的调用者。

由于重试模式可以在网络链路的多个环节中去实现，譬如客户端发起调用时自动重试、网关中自动重试、负载均衡器中自动重试，等等，而且现在的微服务框架都足够便捷，只需设置一两个开关参数就可以开启对某个服务甚至全部服务的重试机制。所以，对于没有太多经验的程序员，有可能根本意识不到其中会带来多大的负担。这里举个具体例子：一套基于 Netflix OSS 建设的微服务系统，如果同时在 Zuul、Feign 和 Ribbon 上都打开了重试功能，且不考虑重试被超时终止的话，那总重试次数就相当于它们的重试次数的乘积。假设它们都重试 4 次，且 Ribbon 可以转移 4 个服务副本来计算，理论上最多会产生高达 $4\times4\times4\times4=256$ 次调用请求。

熔断、隔离、重试、降级、超时等概念都是建立具有韧性的微服务系统所必需的保障措施。目前，这些措施的正确运作主要还是依靠开发人员对服务逻辑的了解，以及运维人员的经验去静态调整配置参数和阈值。但是面对能够自动扩缩（Auto Scale）的大型分布式系统，静态的配置越来越难以起到良好的效果，这就需要系统不仅要有能力自动根据服务负载来调整服务器的数量规模，还要有能力根据服务调用的统计结果，或者启发式搜索的结果来自动变更容错策略和参数。当然，这方面研究现在还处于各大厂商在内部分头摸索的初级阶段，是服务治理的未来重要发展方向之一。

　　本节介绍的容错策略和容错设计模式，最终目的均是为了避免服务集群中某个节点的故障导致整个系统发生雪崩效应，但仅仅做到容错，只让故障不扩散是远远不够的，我们还希望系统或者至少系统的核心功能能够表现出最佳的响应能力，不受或少受硬件资源、网络带宽和系统中一两个缓慢服务的拖累。下一节，我们将面向如何解决集群中的短板效应，去讨论服务质量、流量管控等话题。

8.2　流量控制

　　任何一个系统的运算、存储、网络资源都不是无限的，当系统资源不足以支撑外部超过预期的突发流量时，便应该有所取舍，建立面对超额流量自我保护的机制，这个机制就是微服务中常说的"限流"。在介绍限流的具体细节前，我们先一起来做一道小学三年级难度的四则运算场景应用题：

额外知识　场景应用题

已知条件：

1）系统中一个业务操作需要调用 10 个服务协作来完成；

2）该业务操作的总超时时间是 10s；

3）每个服务的处理时间平均是 0.5s；

4）集群中每个服务均部署了 20 个实例副本。

求解以下问题：

☐ 单个用户访问，完成一次业务操作，需要耗费系统多少处理器时间？

答：$0.5 \times 10 = 5$

☐ 集群中每个服务每秒最大能处理多少个请求？

答：$(1 \div 0.5) \times 20 = 40$

☐ 假设不考虑顺序且请求分发是均衡的，在保证不超时的前提下，整个集群能持续承受最多每秒多少笔业务操作？

答：$40 \times 10 \div 5 = 80$

☐ 如果集群在一段时间内持续收到 100 TPS 的业务请求，会出现什么情况？

答：这就超纲了小学水平，得看架构师的本事了。

对于最后这个问题，如果仍然按照小学生的解题思路，最大处理能力为 80 TPS 的系统遇到 100 TPS 的请求时，应该能完成其中的 80 TPS，也即有 20 TPS 的请求失败或被拒绝才对，这是最理想的情况，也是我们追求的目标。但事实上，如果不做任何处理，更可能出现的结果是这 100 个请求中的每一个都开始了处理，只是大部分请求完成了其中 10 次服务调用中的 8 次或者 9 次，就会超时退出，导致多数服务调用被白白浪费掉，没有几个请求能够走完整个业务操作。譬如早期的 12306 系统就明显存在这样的问题，全国人民都上去抢票的结果是全国人民谁都买不上票。为了避免这种状况出现，一个健壮的系统需要做到恰当的流量控制，更具体地说，它需要妥善解决以下三个问题。

- **依据什么限流**：对于要不要控制流量，要控制哪些流量，控制力度有多大等操作，我们无法在系统设计阶段静态地给出确定的结论，必须根据系统此前一段时间的运行状况，甚至未来一段时间的预测情况来动态决定。
- **具体如何限流**：要解决系统具体是如何做到允许一部分请求通行，而另外一部分流量实行受控的失败降级的问题，就必须了解并掌握常用的服务限流算法和设计模式。
- **超额流量如何处理**：对于超额流量可以有不同的处理策略，例如可以直接返回失败（如 429 Too Many Requests），或者迫使它们进入降级逻辑，这种策略被称为否决式限流；也可以让请求排队等待，暂时阻塞一段时间后再继续处理，这种被称为阻塞式限流。

8.2.1　流量统计指标

要做流量控制，首先要弄清楚到底哪些指标能反映系统的流量压力大小。相较而言，容错的统计指标是明确的，容错的触发条件基本上只取决于请求的故障率，发生失败、拒绝与超时都算作故障。但限流的统计指标就不那么明确了，那么限流中的"流"到底指什么呢？要解答这个问题，我们先来理清经常用于衡量服务流量压力，但又容易混淆的三个指标的定义。

- **每秒事务数**（Transaction per Second, TPS）：TPS 是衡量信息系统吞吐量的最终标准。"事务"可以理解为一个逻辑上具备原子性的业务操作。譬如你在 Fenix's Bookstore 买了一本书，将要进行支付，"支付"就是一笔业务操作，无论支付成功还是不成功，这个操作在逻辑上是原子的，即逻辑上不可能让你买本书时成功支付了前面 200 页，又失败了后面 300 页。
- **每秒请求数**（Hit per Second, HPS）：HPS 是指每秒从客户端发向服务端的请求数（请将 Hit 理解为 Request 而不是 Click，国内某些翻译把它理解为"每秒点击数"，多少有点望文生义的嫌疑）。如果只要一个请求就能完成一笔业务，那 HPS 与 TPS 是等价的，但在一些场景（尤其常见于网页中）里，一笔业务可能需要多次请求才能完成。譬如你在 Fenix's Bookstore 买了一本书要进行支付，尽管逻辑上它是原子操作，但在技术实现上，除非你能在银行开的商城中购物并直接扣款，否则这个操作就很难在一次请求里完成，总要经过显示支付二维码、扫码付款、校验支付是否成功等过程，中间不可避免地会发生多次请求。

- **每秒查询数**（Query per Second，QPS）：QPS 是指一台服务器能够响应的查询次数。如果只有一台服务器来应答请求，那 QPS 和 HPS 是等价的，但在分布式系统中，一个请求的响应往往要由后台多个服务节点共同协作来完成。譬如你在 Fenix's Bookstore 买了一本书要进行支付，尽管扫描支付二维码时客户端只发送了一个请求，但这背后的服务端很可能需要向仓储服务发送请求以确认库存信息避免超卖、向支付服务发送指令划转货款请求、向用户服务发送修改用户的购物积分请求等，这里面每次内部访问都要消耗掉一次或多次查询数。

以上这三个指标都是基于调用计数的指标，在整体目标上我们当然最希望能够基于 TPS 来限流，因为信息系统最终是为人类用户来提供服务的，用户不关心业务到底是由多少个请求、多少个后台查询共同协作来实现。但是，系统的业务五花八门，不同的业务操作给系统带来的压力往往差异巨大，不具备可比性。更关键的是，流量控制是针对用户实际操作场景来限流的，这不同于压力测试场景中无间隙（最多有些集合点）的全自动化操作，真实业务操作的耗时无可避免地受限于用户交互带来的不确定性，譬如前面例子中"扫描支付二维码"这个步骤，如果用户掏出手机扫描二维码前先顺便回了两条短信息，那整个付款操作就要持续更长时间。此时，如果按照业务开始时计数器加 1，业务结束时计数器减 1，通过限制最大 TPS 来限流的话，就不能准确地反映出系统所承受的压力，所以直接针对 TPS 来限流实际上是很难操作的。

目前，主流系统大多倾向使用 HPS 作为首选的限流指标，它是相对容易观察统计的，而且能够在一定程度上反应系统当前以及接下来一段时间的压力。但限流指标并不存在任何必须遵循的权威法则，根据系统的实际需要，哪怕完全不选择基于调用计数的指标都是有可能的。譬如下载、视频、直播等 I/O 密集型系统，往往会把每次请求和响应报文的大小，而不是调用次数作为限流指标，譬如只允许单位时间通过 100MB 的流量。又譬如网络游戏等基于长连接的应用，可能会把登录用户数作为限流指标，当连接用户数超过一定阈值时就会让你在登录前排队等候。

8.2.2 限流设计模式

与容错模式类似，对于具体如何限流，也有一些常用的设计模式可以参考使用，本节将介绍流量计数器、滑动时间窗、漏桶和令牌桶四种限流设计模式。

1. 流量计数器模式

做限流最容易想到的一种方法就是设置一个计算器，根据当前时刻的流量计数结果是否超过阈值来决定是否限流。譬如在前面的场景应用题中，我们计算得出该系统能承受的最大持续流量是 80 TPS，那就可以通过控制任何一秒内的业务请求次数来限流，超过 80 次就直接拒绝掉超额部分。这种做法很直观，也确实有些简单的限流是这样实现的，但它并不严谨，以下两个结论就可以证明这个观点。

1）即使每一秒的统计流量都没有超过 80 TPS，也不能说明系统没有遇到过大于 80 TPS 的流量压力。

可以想象如下场景，如果系统连续两秒都收到 60 TPS 的访问请求，但这两个 60 TPS 请求分别是在前 1 秒里面的后 0.5s，以及后 1s 中的前面 0.5s 所发生的。这样虽然每个周期的流量都不超过 80 TPS 请求的阈值，但是系统确实曾经在 1s 内发生了超过阈值的 120 TPS 请求。

2）即使连续若干秒的统计流量都超过了 80 TPS，也不能说明流量压力就一定超过了系统的承受能力。

可以想象如下场景，如果在 10s 的时间片段中，前 3s TPS 平均值到了 100，而后 7s 的平均值是 30 左右，此时系统是否能够处理完这些请求而不产生超时失败呢？答案是可以的，因为条件中给出的超时时间是 10s，而最慢的请求也能在 8s 左右处理完毕。如果只基于固定时间周期来控制请求阈值为 80 TPS，反而会误杀一部分请求，导致部分请求出现原本不必要的失败。

流量计数器的缺陷根源在于它只是针对时间点进行离散的统计，为了弥补该缺陷，一种名为"滑动时间窗"的限流模式被设计出来，它可以实现平滑的基于时间片段统计。

2. 滑动时间窗模式

滑动窗口算法（Sliding Window Algorithm）在计算机科学的很多领域中都有成功的应用，譬如编译原理中的窥孔优化（Peephole Optimization）、TCP 协议的流量控制（Flow Control）等都使用到滑动窗口算法。对分布式系统来说，无论是服务容错中对服务响应结果的统计，还是流量控制中对服务请求数量的统计，都经常要用到滑动窗口算法。关于这个算法的运作过程，建议你发挥想象力，在脑海中构造如下场景：在不断向前流淌的时间轴上，漂浮着一个固定大小的窗口，窗口与时间一起平滑地向前滚动。任何时刻静态地通过窗口内观察到的信息，都等价于一段长度与窗口大小相等、动态流动中时间片段的信息。由于窗口观察的目标都是时间轴，所以它被形象地称为"滑动时间窗模式"。

举个更具体的例子，假如我们准备观察的时间片段为 10s，并以 1s 为统计精度的话，那可以设定一个长度为 10 的数组（设计通常是以双头队列去实现，这里简化一下）和一个每秒触发 1 次的定时器。假如我们准备通过统计结果进行限流和容错，并定下限流阈值是最近 10s 内收到的外部请求不超过 500 个，服务熔断的阈值是最近 10s 内故障率不超过 50%，那每个数组元素（图 8-5 中称为 Buckets）中就应该存储请求的总数（实际是通过明细相加得到）及其中成功、失败、超时、拒绝的明细数，具体如图 8-5 所示。

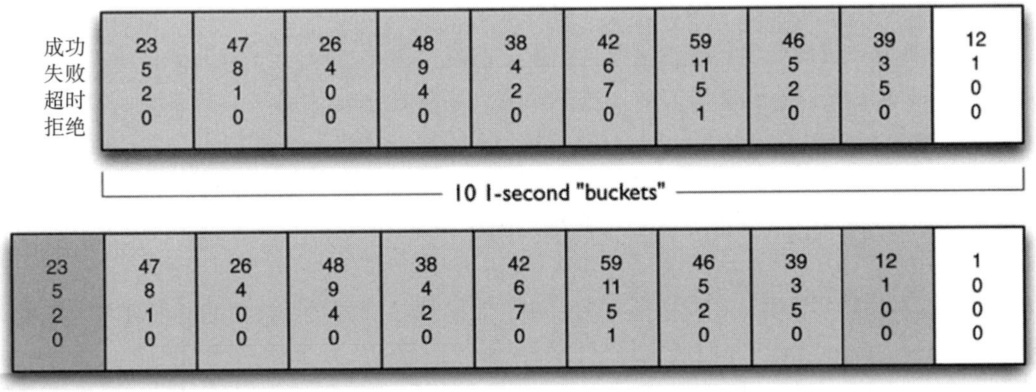

成功	23	47	26	48	38	42	59	46	39	12
失败	5	8	4	9	4	6	11	5	3	1
超时	2	1	0	4	2	7	5	2	5	0
拒绝	0	0	0	0	0	0	1	0	0	0

├─────────── 10 1-second "buckets" ───────────┤

23	47	26	48	38	42	59	46	39	12	1
5	8	4	9	4	6	11	5	3	1	0
2	1	0	4	2	7	5	2	5	0	0
0	0	0	0	0	0	1	0	0	0	0

图 8-5　滑动窗口模式示意[⊖]

当频率固定每秒一次的定时器被唤醒时，它应该完成以下几项工作，这也是滑动时间窗的工作过程。

1）将数组最后一位的元素丢弃，并把所有元素都后移一位，然后在数组第一位插入一个新的空元素。这个步骤即为"滑动窗口"。

2）将计数器中所有统计信息写入第一位的空元素中。

3）对数组中所有元素进行统计，并复位清空计数器的数据以供下一个统计周期使用。

滑动时间窗口模式的限流完全弥补了流量计数器的缺陷，可以保证在任意时间片段内，只需经过简单的调用计数比较，就能控制请求次数一定不会超过限流的阈值，这在单机限流或者分布式服务单点网关中的限流中很常用。不过，这种限流模式也有缺点，它通常只适用于否决式限流，超过阈值的流量就必须强制失败或降级，很难进行阻塞等待处理，也就很难在细粒度上对流量曲线进行整形，起不到削峰填谷的作用。下面笔者继续介绍两种适用于阻塞式限流的限流模式。

3. 漏桶模式

在计算机网络中，专门有一个术语——流量整形（Traffic Shaping）来描述如何限制网络设备的流量突变，使得网络报文以比较均匀的速度向外发送。流量整形通常都需要用到缓冲区来实现，当报文的发送速度过快时，首先在缓冲区中暂存，然后在控制算法的调节下均匀地发送这些被缓冲的报文。常用的控制算法有漏桶算法（Leaky Bucket Algorithm）和令牌桶算法（Token Bucket Algorithm）两种，这两种算法的思路截然相反，但达到的效果又是相似的。

所谓漏桶，就是大家小学做应用题时一定遇到的"一个水池，每秒以 X 升的速度注水，

───────────────

⊖　图片来源为 https://github.com/Netflix/Hystrix/wiki，虽然文中引用了 Hystrix 文档的图片，但 Hystrix 实际上是基于 RxJava 实现的，RxJava 的响应式编程思路与下面描述差异颇大。笔者的本意并不是去讨论某一款流量治理工具的具体实现细节，以下描述的步骤作为原理来理解是合适的。

同时又以 Y 升的速度出水，问水池什么时候装满"问题中的奇怪水池。你把请求当作水，"水"来了都先放进池子里，水池同时又以额定的速度出"水"，让请求进入系统中。这样，如果一段时间内注水速度过快的话，水池还能充当缓冲区，让出水口的速度不至于过快。不过，由于请求总是有超时时间的，所以缓冲区大小也必须是有限度的，当注水速度持续超过出水速度一段时间以后，水池终究会被灌满，此时，从网络的流量整形的角度看体现为部分数据包被丢弃，而从信息系统的角度看则体现为有部分请求会遭遇失败和降级。

漏桶在代码实现上非常简单，它其实就是一个以请求对象作为元素的先入先出队列（FIFO Queue），队列长度就相当于漏桶的大小，当队列已满时便拒绝新的请求进入。漏桶实现起来很容易，难点在于如何确定漏桶的两个参数：桶的大小和水的流出速率。如果桶设置得太大，那服务依然可能遭遇流量过大的冲击，不能完全发挥限流的作用；如果设置得太小，那很可能误杀掉一部分正常的请求，这种情况与流量计数器模式中举过的例子是一样的。流出速率在漏桶算法中一般是个固定值，对类似本节开头场景应用题中那样固定拓扑结构的服务是很合适的，但同时你也应该明白那是经过最大限度简化的场景，现实中系统的处理速度往往受到其内部拓扑结构变化和动态伸缩的影响，所以能够支持变动请求处理速率的令牌桶算法可能会更受程序员的青睐。

4. 令牌桶模式

如果说漏桶是小学应用题中的奇怪水池，那令牌桶就是你去银行办事时摆在门口的那台排队机。它与漏桶一样都是基于缓冲区的限流算法，只是方向刚好相反，漏桶是从水池里向系统发送请求，令牌桶则是系统往排队机中放入令牌。

假设我们要限制系统在 X 秒内最大请求次数不超过 Y，那就每间隔 X/Y 时间往桶中放一个令牌，当有请求进来时，首先要从桶中取得一个准入的令牌，然后才能进入系统进行处理。任何时候，一旦请求进入桶中却发现没有令牌可取了，就应该马上宣告失败或进入服务降级逻辑。与漏桶类似，令牌桶同样有最大容量，这意味着当系统比较空闲时，桶中令牌累积到一定程度就不再无限增加，此时预存在桶中的令牌便是请求最大缓冲的余量。上面这段话，可以转化为以下步骤来指导程序编码。

1）让系统以一个由限流目标决定的速率向桶中注入令牌，譬如要控制系统的访问不超过 100 次，速率即设定为 1/100=10(ms)。

2）桶中最多可以存放 N 个令牌，N 的具体数量由超时时间和服务处理能力共同决定。如果桶已满，第 N+1 个进入的令牌会被丢弃掉。

3）请求到时先从桶中取走 1 个令牌，如果桶已空就进入降级逻辑。

令牌桶模式的实现看似比较复杂，每间隔固定时间就要放新的令牌到桶中，但其实并不需要真的用一个专用线程或者定时器来做这件事情，只要在令牌中增加一个时间戳记录，每次获取令牌前，比较一下时间戳与当前时间，就可以轻易计算出这段时间需要放多少令牌进去，然后一次放完全部令牌即可，所以真正编码并不会显得复杂。

8.2.3　分布式限流

这节我们再向实际的信息系统前进一步，讨论分布式系统中的限流问题。此前，我们讨论的限流算法和模式全部是针对整个系统的限流，总是有意无意地假设或默认系统只提供一种业务操作，或者所有业务操作的消耗都是等价的，并不涉及不同业务请求进入系统的服务集群后，分别会调用哪些服务、每个服务节点处理能力有何差别等问题。那些限流算法，直接使用在单体架构的集群上是完全可行的，但到了微服务架构下，它们就最多只能应用于集群最入口处的网关上，对整个服务集群进行流量控制，而无法细粒度地管理流量在内部微服务节点中的流转情况。所以，我们把前面介绍的限流模式都统称为单机限流，把能够精细控制分布式集群中每个服务消耗量的限流算法称为分布式限流。

这两种限流算法实现上的核心差别在于如何管理限流的统计指标，单机限流很好办，因为指标都存储在服务的内存中，而分布式限流的目的就是要让各个服务节点协同限流，无论是将限流功能封装为专门的远程服务，抑或是在系统采用的分布式框架中提供专门的限流支持，都需要将原本在每个服务节点自己内存中的统计数据开放出来，让全局的限流服务可以访问到才行。

一种常见的简单分布式限流方法是将所有服务的统计结果都存入集中式缓存（如 Redis）中，以实现在集群内的共享，并通过分布式锁、信号量等机制，解决这些数据读写访问时并发控制的问题。在可以共享统计数据的前提下，原本用于单机的限流模式理论上也是可以应用于分布式环境中的，可是其代价也显而易见：每次服务调用都必须额外增加一次网络开销，所以这种方法的效率肯定是不高的，流量压力大时，限流本身还会显著降低系统的处理能力。

只要集中存储统计信息，就不可避免地会产生网络开销，所以，为了缓解这里产生的性能损耗，一种可以考虑的办法是在令牌桶限流模式基础上进行"货币化改造"，即不把令牌看作只有准入和不准入的"通行证"，而看作数值形式的"货币额度"。当请求进入集群时，首先在 API 网关处领取一定数额的"货币"，为了体现不同等级用户重要性的差别，他们的额度可以有所差异，譬如让 VIP 用户的额度更高甚至是无限的。我们将用户 A 的额度表示为 $Quanity_A$。由于任何一个服务在响应请求时都需要消耗集群一定量的处理资源，所以访问每个服务时都要求消耗一定量的"货币"，假设服务 X 要消耗的额度表示为 $Cost_X$，那当用户 A 访问了 N 个服务以后，他剩余的额度 $Limit_N$ 表示为：

$$Limit_N = Quanity_A - \sum_1^N Cost_X$$

此时，我们可以把剩余额度 $Limit_N$ 作为内部限流的指标，规定在任何时候，一旦剩余额度 $Limit_N$ 小于或等于 0，就不再允许访问其他服务了。此时必须先发生一次网络请求，重新向令牌桶申请一次额度，成功后才能继续访问，不成功则进入降级逻辑。除此之外的任何时刻，即 $Limit_N$ 不为零时，都无须额外的网络访问，因为计算 $Limit_N$ 是完全可以在本地完成的。

　　基于额度的限流方案对限流的精确度有一定的影响，可能存在业务操作已经进行了一部分服务调用，却无法从令牌桶中再获取到新额度，最终因"资金链断裂"而导致业务操作失败。这种失败的代价是比较高昂的，它白白浪费了部分已经完成了的服务资源，但总体来说，它仍是一种并发性能和限流效果上都相对折衷可行的分布式限流方案。上一节提到过，对于分布式系统来说，容错是必须要有、无法妥协的措施。但限流与容错不一样，做分布式限流从不追求"越彻底越好"，往往需要权衡方案付出的代价与得到的收益。

第 9 章 *Chapter 9*

可靠通信

　　微服务提倡分散治理（Decentralized Governance），不追求统一的技术平台，提倡让团队有自由选择的权利，不受制于语言和技术框架。在开发阶段构建服务时，分散治理打破了由技术栈带来的约束，好处是不言自明的。但在运维阶段部署服务时，尤其是在考量安全问题时，由 Java、Go、Python、Node.js 等多种语言和框架共同组成的微服务系统，出现安全漏洞的概率肯定要比只采用其中某种语言、某种框架所构建的单体系统更高。为了避免由于单个服务节点出现漏洞被攻击者突破，进而导致整个系统和内网都遭到入侵，我们就必须打破一些传统的安全观念，以构筑更加可靠的服务间通信机制。

9.1　零信任网络

　　长期以来，主流的网络安全观念提倡根据某类与宿主机相关的特征，譬如机器所处的位置，机器的 IP 地址、子网等，把网络划分为不同的区域，不同的区域对应不同的风险级别和允许访问的网络资源权限，将安全防护措施集中部署在各个区域的边界之上，重点关注跨区域的网络流量。我们熟知的 VPN、DMZ、防火墙、内网、外网等概念，都可以说是因此而生，这种安全模型今天被称为**基于边界的安全模型**（Perimeter-Based Security Model，后文简称"边界安全"）。

　　边界安全是完全合情合理的做法，在第 5 章笔者就强调过安全不可能是绝对的，我们必须在可用性和安全性之间权衡取舍，否则，一台关掉电源拔掉网线，完全不能对外提供服务的"服务器"无疑就是最为安全的。边界安全着重对经过网络区域边界的流量进行检查，对可信任区域（内网）内部机器之间的流量则给予直接信任或者较为宽松的处理策略，减小了安全设施对整个应用系统复杂度的影响以及网络传输性能的额外损耗，这当然是很合理的。不过，今天单纯的边界安全已不足以满足大规模微服务系统技术异构和节点膨胀的发展需要。边界安全的核心问题在于边界上的防御措施即使自身能做到永远滴水不漏、牢不可破，也很难保证内网中它所尽力保护的某一台服务器不会成为"猪队友"，一旦"可信的"网络区域中的某台服务器被攻陷，那边界安全措施就成了马其诺防线，攻击者很快就能以一台机器为跳板，侵入整个内网，这是边界安全基因决定的固有缺陷，从边界安全被提出的第一天起，这就是已经预料到的问题。微服务时代，我们已经转变了开发观念，承认服务总是会出错的，现在我们也必须转变安全观念，承认一定会有被攻陷的服务，为此，我们需要寻找到与之匹配的新的网络安全模型。

2010 年，Forrester Research 的首席分析师 John Kindervag 提出了**零信任安全模型**（Zero-Trust Security Model，后文简称"零信任安全"）的概念，最初提出时叫作"零信任架构"（Zero-Trust Architecture），这个概念当时并没有引发太大的关注，但随着微服务架构的日渐兴盛，越来越多的开发和运维人员注意到零信任安全模型与微服务所追求的安全目标是高度吻合的。

9.1.1 零信任安全模型的特征

零信任安全的中心思想是不应当以某种固有特征来自动信任任何流量，除非明确得到了能代表请求来源（不一定是人，更可能是另一台服务器）的身份凭证，否则一律不会有默认的信任关系。在 2019 年，Google 发表了一篇在安全与研发领域里都备受关注的论文"BeyondProd: A New Approach to Cloud-Native Security"[⊖]，此文详细列举了传统的基于边界的网络安全模型与云原生时代下基于零信任网络的安全模型之间的差异，并描述了要完成边界安全模型到零信任安全模型的迁移所要实现的具体需求点，笔者将其翻译转述为如表 9-1 所示内容。

表 9-1　传统网络安全模型与云原生时代零信任安全模型对比

传统、边界安全模型	云原生、零信任安全模型	具体需求
基于防火墙等设施，认为边界内可信	服务到服务通信需认证，环境内的服务之间默认没有信任	保护网络边界（仍然有效）；服务之间默认没有互信
用于特定的 IP 和硬件（机器）	资源利用率更高，重用、共享效果更好，包括 IP 和硬件	受信任的机器运行来源已知的代码
基于 IP 的身份	基于服务的身份	同上
服务运行在已知的、可预期的服务器上	服务运行在环境中的任何地方，包括私有云 / 公有云混合部署	同上
安全相关的需求由应用来实现，每个应用单独实现	由基础设施来实现，基础设施中集成了共享的安全性要求	集中策略实施点（Choke Point），一致地应用到所有服务

⊖ 论文地址为 https://cloud.google.com/security/beyondprod。BeyondCorp 和 BeyondProd 是谷歌最新一代安全框架的名字，从 2014 年起 Google 已连续发表了 6 篇关于 BeyondCorp 和 BeyondProd 的论文。

（续）

传统、边界安全模型	云原生、零信任安全模型	具体需求
对服务如何构建、评审、实施的安全需求的约束力较弱	安全相关的需求一致地应用到所有服务	同上
安全组件的可观测性较弱	有安全策略及其是否生效的全局视图	同上
发布不标准，发布频率较低	标准化的构建和发布流程，每个微服务变更独立，变更更频繁	简单、自动、标准化的变更发布流程
工作负载通常作为虚拟机部署或部署到物理主机，并使用物理机或管理程序进行隔离	封装的工作负载及其进程在共享的操作系统中运行，并由管理平台提供的某种机制来进行隔离	在共享的操作系统的工作负载之间进行隔离

　　表 9-1 系统地阐述了零信任安全在微服务、云原生环境中的具体落地过程了，整篇论文（除了介绍 Google 自己的实现框架外）就是以此为主线来展开论述的，但由于表格过于简单，论文原文写的较为分散晦涩，笔者按照自己的理解将其中的主要观点转述如下。

- **零信任网络不等同于放弃在边界上的保护设施**：虽然防火墙等位于网络边界的设施是属于边界安全而不是零信任安全的概念，但它仍然是一种提升安全性的有效且必要的做法。在微服务集群的前端部署防火墙，把内部服务节点间的流量与来自互联网的流量隔离开来，这种做法无论何时都是值得提倡的，至少能够让内部服务避开来自互联网未经授权流量的饱和攻击，如最典型的 DDoS（拒绝服务攻击）。

- **身份只来源于服务**：传统应用一般是部署在特定的服务器上，这些机器的 IP、MAC 地址很少会发生变化，此时系统的拓扑状态是相对静态的。基于这个前提，安全策略才会使用 IP 地址、主机名等作为身份标识符（Identifier），无条件信任具有特性身份表示的服务。在如今的微服务系统，尤其是在云原生环境中的微服务系统中，虚拟化基础设施已得到大范围应用，这使得服务所部署的 IP 地址、服务实例的数量随时都可能发生变化，因此，身份只能来源于服务本身所能够出示的身份凭证（通常是数字证书），而不再是服务所在的 IP 地址、主机名或者其他特征。

- **服务之间没有固有的信任关系**：这点决定了只有已知的、明确授权的调用者才能访问服务，阻止攻击者通过某个服务节点中的代码漏洞来越权调用其他服务。如果某个服务节点被成功入侵，这一原则可阻止攻击者扩大其入侵范围，与微服务设计模式中使用断路器、舱壁隔离实现容错来避免雪崩效应类似，在安全方面也应当采用这种"互不信任"的模式来减小入侵危害的影响范围。

- **集中、共享的安全策略实施点**：这点与微服务的"分散治理"刚好相反，微服务提倡每个服务自己独立地负责自身所有的功能性与非功能性需求。而 Google 这个观点相当于为分散治理原则做了一个补充——分散治理，但涉及安全的非功能性需求（如身份管理、安全传输层、数据安全层）最好除外。一方面，要写出高度安全的代码极为不易，为此付出的精力甚至可能远高于业务逻辑本身，如果你有兴趣阅读基于 Spring Cloud 的 Fenix's Bookstore 的源码，会很容易发现在 Security 工程中的代码量是该项目所有微服务中最多的。另一方面，也是更重要的一个方面是，让服务各自处理安全问题很容易出现实现不一致或者出现漏洞时要反复修改多处地方的情况。还有一些安全问题如果不立足于全局是很难彻底解决的，具体将在 9.2 节详细讲述。因此 Google 明确提出应该有集中式的"安全策略实施点"（原文中称之为 Choke Point），安全需求应该从微服务的应用代码下沉至云原生的基础设施里，这也契合其论文的标题"Cloud-Native Security"。

- **受信的机器运行来源已知的代码**：这点限制了服务只能使用认证过的代码和配置，并且只能运行在认证过的环境中。分布式软件系统除了促使软件架构发生重大变化之外，也使软件的发布流程发生较大的改变，使其严重依赖持续集成与持续部署（Continuous Integration / Continuous Delivery，CI/CD）。从开发人员编写代码，到自动化测试、自动集成，再到漏洞扫描，最后发布上线，这整套 CI/CD 流程被称作"软件供应链"（Software Supply Chain）。安全不仅仅局限于软件运行阶段，曾经有过 XCodeGhost 风波⊖这种针对软件供应链的有影响力的攻击事件，即在编译阶段将恶意代码嵌入软件当中，只要安装了此软件的用户就可能触发恶意代码。为此，零信任安全针对软件供应链的每一步都加入了安全控制策略。

- **自动化、标准化的变更管理**：这点也是为何提倡通过基础设施而不是应用代码去实现安全功能的另一个重要理由。如果将安全放在应用上，由于应用本身的分散治理，决定了安全也必然是难以统一和标准化的。做不到标准化就意味着做不到自动化，相反，一套独立于应用的安全基础设施，可以让运维人员轻松了解基础设施变更对安全性的影响，也可以在几乎不影响生产环境的情况下发布安全补丁程序。

- **强隔离性的工作负载**："工作负载"的概念贯穿了 Google 内部的 Borg 系统与后来的 Kubernetes 系统，它是指在虚拟化技术支持下运行的一组能够协同提供服务的镜像。在本书第四部分介绍云原生基础设施时，笔者会详细介绍容器化，它仅仅是虚拟化的一个子集。与传统虚拟机相比，容器的隔离能力是有所降低的，这种设计对性能非常有利，却对安全相对不利，因此在强调安全性的应用里，会有专门关注强隔离性的容器运行工具出现。

9.1.2　Google 的实践探索

Google 认为零信任安全模型的最终目标是实现整个基础设施之上的自动化安全控制，服务所需的安全能力可以与服务自身一起，以相同方式自动进行伸缩扩展。对于程序来说，做到安全是日常，风险是例外（Secure by Default and Insecure by Exception）；对于人类来说，做到袖手旁观是日常，主动干预是例外（Human Actions Should Be by Exception, Not

---

⊖　XcodeGhost 风波：https://en.wikipedia.org/wiki/XcodeGhost。

Routine），这的确是很美好的愿景，只是这种"喊口号"式的目标在软件发展史上曾提出过多次，却一直难以真正达成，其原因开篇就提过，安全不可能是绝对的，而是有成本的。很显然，零信任网络模型之所以在今天才被真正严肃地讨论，并不是因为它本身有多么巧妙、有什么此前没有想到的好办法，而是受制于前文提到的边界安全模型的"合理之处"，即"安全设施对整个应用系统复杂度的影响，以及网络传输性能的额外损耗"。

那零信任安全模型要实现这个目标要付出的代价是什么呢？笔者将按照 Google 论文所述来回答这个问题：为了保护服务集群内的代码与基础设施，Google 设计了一系列内部工具，才最终得以实现前面所说的那些安全原则。

- ❑ 为了在网络边界上保护内部服务免受 DDoS 攻击，设计了名为 Google Front End（名字意为"最终用户访问请求的终点"）的边缘代理，负责保证此后所有流量都在 TLS 之上传输，并自动将流量路由到适合的可用区域之中。

- ❑ 为了强制身份只来源于服务，设计了名为 Application Layer Transport Security（应用层传输安全）的服务认证机制，这是一个用于双向认证和传输加密的系统，可以自动将服务与它的身份标识符绑定，使得所有服务间流量都不必再使用服务名称、主机 IP 来判断对方的身份。

- ❑ 为了确保服务间不再有默认的信任关系，设计了 Service Access Policy（服务访问策略）来管理一个服务向另一个服务发起请求时所需提供的认证、鉴权和审计策略，并支持全局视角的访问控制与分析，以满足"集中、共享的安全策略实施点"的原则。

- ❑ 为了实现仅以受信的机器运行来源已知的代码，设计了名为 Binary Authorization（二进制授权）的部署时检查机制，确保在软件供应链的每一个阶段，都符合内部安全检查策略，并对此进行授权与鉴权。同时设计了名为 Host Integrity（宿主机完整性）的机器安全启动程序，在创建宿主机时自动验证包括 BIOS、BMC、Bootloader 和操作系统内核的数字签名。

- ❑ 为了工作负载能够具有强隔离性，设计了名为 gVisor 的轻量级虚拟化方案，这个方案与此前由 Intel 发起的 Kata Containers 的思路异曲同工。目的都是弥补容器共享操作系统内核而导致隔离性不足的安全缺陷，做法都是为每个容器提供一个独立的虚拟 Linux 内核，譬如 gVisor 是用 Go 实现了一个名为 Sentry 的能够提供传统操作系统内核功能的进程。严格来说，无论是 gVisor 还是 Kata Containers，尽管披着容器运行时的外衣，但本质上都是轻量级虚拟机。

作为一名普通的软件开发者，看完 Google 关于零信任安全的论文，或者听完笔者这些简要的转述，了解到即使 Google 也须花费如此庞大的精力才能做到零信任安全，最有可能的感受大概不是对零信任安全心生向往，而是准备对它挥手告别了。哪怕不需要开发、购买，免费将上面 Google 开发的安全组件赠送于你，大多数开发团队恐怕也没有足够的运维能力。

在微服务时代以前，传统的软件系统与研发模式的确很难承受零信任安全模型引发的代价，只有到了云原生时代，虚拟化的基础设施长足发展，能将复杂性隐藏于基础设施之内，开发者不需要为达成每一条安全原则而专门开发或引入可感知的安全设施；只有容器与虚拟化网络的性能足够高，可以弥补安全隔离与安全通信的额外损耗的前提下，零信任网络的安全模型才有生根发芽的土壤。

零信任安全模型在引入了比边界安全更细致、更复杂的安全措施的同时，也强调自动与透明的重要性，既要保证系统各个微服务之间能安全通信，也要保证不削弱微服务架构本身的设计原则，譬如集中式的安全并不抵触分散治理原则，安全机制并不影响服务的自动伸缩和有效的封装，等等。总而言之，只有零信任安全模型的成本在开发与运维上都是可接受的，它才不会变成仅仅具备理论可行性的"大饼"，不会给软件带来额外的负担。如何构建零信任网络安全模型是一个非常大而且比较前沿的话题，下一节，笔者将从实践角度出发，更具体、更量化地展示零信任安全模型的价值与权衡。

9.2 服务安全

在第 5 章，我们了解了那些跟具体架构形式无关的、业界主流的安全概念和技术标准（稍后就会频繁用到的 TLS、JWT、OAuth 2 等概念）；在 9.1 节，我们探讨了与微服务运作特点相适应的零信任安全模型。在本节，我们将从实践和编码的角度出发，介绍在微服务时代（以 Spring Cloud 为例）和云原生时代（以 Istio over Kubernetes 为例）分别是如何实现安全传输、认证和授权的，通过这两者的对比，探讨在微服务架构下如何将业界的安全技术标准引入并实际落地，实现零信任网络下安全的服务访问。

9.2.1 建立信任

零信任网络里不存在默认的信任关系，一切服务调用、资源访问成功与否，均需以调用者与提供者间已建立的信任关系为前提。此前我们曾讨论过，真实世界里，能够达成信任的基本途径不外乎基于共同私密信息的信任和基于权威公证人的信任两种；网络世界里，因为客户端和服务端之间一般没有什么共同私密信息，所以真正能采用的就只能是基于权威公证人的信任，这种信任有个标准的名字：公开密钥基础设施（Public Key Infrastructure，PKI）。

PKI 是构建传输安全层（Transport Layer Security，TLS）的必要基础。在任何网络设施都不可信任的假设前提下，无论是 DNS 服务器、代理服务器、负载均衡器还是路由器，传输路径上的每一个节点都有可能监听或者篡改通信双方传输的信息。要保证通信过程不受到中间人攻击的威胁，启用 TLS 对传输通道本身进行加密，让发送者发出的内容只有接受者可以解密是唯一具备可行性的方案。建立 TLS 传输，说起来似乎不复杂，只要在部署服务器时预置好 CA 根证书，以后用该 CA 为部署的服务签发 TLS 证书便是。但落到实际操作上，这事情就属于典型的"必须集中在基础设施中自动进行的安全策略实施点"，面对数量庞大且能够自动扩缩的服务节点，依赖运维人员手工去部署和轮换根证书必定是难以为继。除了随服务节点动态扩缩而来的运维压力外，微服务中 TLS 认证的频次也显著高于传统的应用，比起公众互联网中主流单向的 TLS 认证，在零信任网络中，往往要启用双向 TLS 认证（Mutual TLS Authentication，常简写为 mTLS），即不仅要确认服务端的身份，还要确认调用者的身份。

❑ **单向 TLS 认证**：只需要服务端提供证书，客户端通过服务端证书验证服务器的身份，但服务器并不验证客户端的身份。单向 TLS 用于公开的服务，即任何客户端都被允许连接到服务进行访问，它保护的重点是客户端免遭冒牌服务器的欺骗。

❑ **双向 TLS 认证**：客户端、服务端双方都要提供证书，双方各自通过对方提供的证书来验证对方的身份。双向 TLS 用于私密的服务，即服务只允许特定身份的客户端访问，它除了可以保护客户端不连接到冒牌服务器外，也可以保护服务端不遭到非法用户的越权访问。

对于以上提到的围绕 TLS 而展开的密钥生成、证书分发、签名请求（Certificate Signing Request，CSR）、更新轮换等操作起来非常烦琐的流程，稍有疏忽就会产生安全漏洞，所以尽管理论上可行，但实践中如果没有自动化的基础设施的支持，仅靠应用程序和运维人员的努力，是很难成功实施零信任安全模型的。下面我们结合 Fenix's Bookstore 的代码，聚焦于"认证"和"授权"这两个最基本的安全需求，看它们在微服务架构下，有或者没有基础设施支持时，是如何实现的。

9.2.2　认证

根据认证的目标对象可以把认证分为两种类型：一种是以机器作为认证对象，即访问服务的流量来源是另外一个服务，称为服务认证（Peer Authentication，直译过来是"节点认证"）；另一种是以人类作为认证对象，即访问服务的流量来自于最终用户，称为请求认证（Request Authentication）。无论哪一种认证，无论是否有基础设施的支持，均要有可行的方案来确定服务调用者的身份，建立起信任关系才能调用服务。

1. 服务认证

Istio 版本的 Fenix's Bookstore 采用了双向 TLS 认证作为服务调用双方的身份认证手段。得益于 Istio 提供的基础设施的支持，我们不需要 Google Front End、Application Layer Transport Security 这些安全组件，也不需要部署 PKI 和 CA，甚至无须改动任何代码就可以启用 mTLS 认证。不过，Istio 毕竟是新生事物，在你准备在生产系统中启用 mTLS 之前，要先想一下是否整个服务集群全部节点都受 Istio 管理？如果每一个服务提供者、调用者均受 Istio 管理，那 mTLS 就是最理想的认证方案。你只需要参考以下简单的 PeerAuthentication CRD 配置，即可对某个 Kubernetes 名称空间范围内所有的流量均启用 mTLS：

```
apiVersion: security.istio.io/v1beta1
kind: PeerAuthentication
metadata:
    name: authentication-mtls
    namespace: bookstore-servicemesh
spec:
    mtls:
        mode: STRICT
```

如果你的分布式系统还没有达到完全云原生的程度，其中仍存在部分不受 Istio 管理（即未注入边车）的服务端或者客户端（这是颇为常见的），你也可以将 mTLS 传输声明为"宽容模式"（Permissive Mode）。宽容模式的含义是受 Istio 管理的服务会允许同时接收纯文本和 mTLS 两种流量，纯文本流量仅用于与那些不受 Istio 管理的节点进行交互，你需要自行解决纯文本流量的认证问题；而对于服务网格内部的流量，就可以使用 mTLS 认证。宽容模式为普通微服务向服务网格迁移提供了良好的灵活性，让运维人员能够逐个服务进行 mTLS 升级，原本没有启用 mTLS 的服务在启用 mTLS 时甚至可以不中断现存已建立的纯文本传输连接，完全不会被最终用户感知到。一旦所有服务都完成迁移，便可将整个系统设置为严格 TLS 模式，即上面代码中的 mode: STRICT。

在 Spring Cloud 版本的 Fenix's Bookstore 里，因为没有基础设施的支持，一切认证工作就不得不在应用层面去实现。笔者选择的方案是借用 OAuth 2 协议的客户端模式来进行认证，其大体思路分为如下两步。

❑ 每一个要调用服务的客户端都与认证服务器约定好一组只有自己知道的密钥（Client Secret），这个约定过程应该由运维人员在线下自行完成，通过参数传给服务，而不是由开发人员在源码或配置文件中直接设定。笔者在演示工程的代码注释中专门强调了这点，以免有读者被示例代码中包含密钥的做法所误导。密钥就是客户端的身份证明，客户端调用服务时，会先使用该密钥向认证服务器申请 JWT 令牌，然后通过令牌证明自己的身份，最后访问服务。如以下代码所示，它定义了五个客户端，其中后面四个是集群内部的微服务，均使用客户端模式，且注明了授权范围是"SERVICE"（授权范围在后面 9.2.3 节中会用到），第一个是前端代码的微服务，使用密码模式，授权范围是"BROWSER"。

```
/**
 * 客户端列表
 */
private static final List<Client> clients = Arrays.asList(
    new Client("bookstore_frontend", "bookstore_secret", new String[]{GrantType.
PASSWORD, GrantType.REFRESH_TOKEN}, new String[]{Scope.BROWSER}),
    // 微服务一共有Security微服务、Account微服务、Warehouse微服务、Payment微服务四个客户端
    // 如果正式使用，这部分信息应该做成可以配置的，以便快速增加微服务的类型。clientSecret
    // 也不应该出现在源码中，应由外部配置传入
    new Client("account", "account_secret", new String[]{GrantType.CLIENT_
        CREDENTIALS}, new String[]{Scope.SERVICE}),
    new Client("warehouse", "warehouse_secret", new String[]{GrantType.CLIENT_
        CREDENTIALS}, new String[]{Scope.SERVICE}),
```

```
new Client("payment", "payment_secret", new String[]{GrantType.CLIENT_
    CREDENTIALS}, new String[]{Scope.SERVICE}),
new Client("security", "security_secret", new String[]{GrantType.CLIENT_
    CREDENTIALS}, new String[]{Scope.SERVICE})
);
```

❑ 每一个对外提供服务的服务端，都扮演着 OAuth 2 中的资源服务器的角色，它们均声明为要求提供客户端模式的凭证，如以下代码所示。

```
public ClientCredentialsResourceDetails clientCredentialsResourceDetails() {
    return new ClientCredentialsResourceDetails();
}
```

客户端要调用受保护的服务，就必须先出示能证明调用者身份的 JWT 令牌，否则就会遭到拒绝，这个操作本质上是授权，但是在授权过程中已实现了服务的身份认证。

由于每一个微服务都同时具有服务端和客户端两种身份，既消费其他服务，也提供服务供别人消费，所以在每个微服务中都应包含（放在公共 infrastructure 工程里）这些代码。Spring Security 提供的过滤器自动拦截请求、驱动认证及授权检查的执行、申请和验证 JWT 令牌等操作无论是开发期对程序员，还是运行期对用户都能做到相对透明。尽管如此，以上做法仍然是一种应用层面的、不加密传输的解决方案。前文提到在零信任网络中，面对可能的中间人攻击，TLS 是唯一可行的办法，言下之意是即使应用层的认证能一定程度上保护服务不被身份不明的客户端越权调用，但对传输过程中内容被监听、篡改，以及被攻击者在传输途中拿到 JWT 令牌后去冒认调用者身份调用其他服务等却是无法防御的。简言之，这种方案不适用于零信任安全模型，只能在默认内网节点间具备信任关系的边界安全模型上良好工作。

2. 用户认证

对于来自最终用户的请求认证，Istio 版本的 Fenix's Bookstore 仍然能做到单纯依靠基础设施解决问题，整个认证过程无须应用程序参与（生成 JWT 令牌还是在应用中生成的，因为 Fenix's Bookstore 并没有使用独立的用户认证服务器，只有应用本身才拥有用户信息）。当来自最终用户的请求进入服务网格时，Istio 会自动根据配置中的 JWKS（JSON Web Key Set）验证令牌的合法性，如果令牌没有被篡改过且在有效期内，就信任负载中的用户身份，并从令牌的 Iss 字段中获得 Principal。

关于 Iss、Principal 等概念，在第 5 章都介绍过，如果忘记了可以到前文复习一下。JWKS 之前没有提到，它代表一个密钥仓库。我们知道在分布式系统中，JWT 应采用非对称的签名算法（RSA SHA256、ECDSA SHA256 等，默认的 HMAC SHA256 属于对称加密），由认证服务器使用私钥对负载进行签名，再由资源服务器使用公钥对签名进行验证。常与 JWT 配合使用的 JWK（JSON Web Key）就是一种存储密钥的纯文本格式，本质上和 JKS（Java Key Storage）、P12（Predecessor of PKCS#12）、PEM（Privacy Enhanced Mail）这些常见的密钥格式在功能上并没有什么差别。JWKS 顾名思义就是一组 JWK 的集合，支持 JWKS 的系统，能通过 JWT 令牌 Header 中的 KID（Key ID）来自动匹配出应该使用哪个 JWK 来验证签名。

以下是 Istio 版本的 Fenix's Bookstore 中的用户认证配置，其中"jwks"字段配置的就是 JWKS（实际生产中并不推荐这样做，应该使用 jwksUri 来配置一个 JWKS 地址，以方便密钥轮换），根据这里配置的密钥信息，Istio 就能够验证请求中附带的 JWT 是否合法。

```
apiVersion: security.istio.io/v1beta1
kind: RequestAuthentication
metadata:
    name: authentication-jwt-token
    namespace: bookstore-servicemesh
spec:
    jwtRules:
    - issuer: "icyfenix@gmail.com"
            # Envoy默认只认"Bearer"作为JWT前缀，之前其他地方用的都是小写，这里专门兼容一下
        fromHeaders:
        - name: Authorization
          prefix: "bearer "
            # 在rsa-key目录下放了用来生成这个JWKS的证书，最初是用java keytool生成的jks
                格式，一般转jwks都是用pkcs12或者pem格式，为方便使用也一起附带了
        jwks: |
            {
                "keys": [
                    {
                        "e": "AQAB",
                        "kid": "bookstore-jwt-kid",
                        "kty": "RSA",
                        "n": "i-htQPOTvNMccJjOkCAzd3YlqBElURzkaeRLDoJYskyU59Jd
                        GO-p_q4JEH0DZOM2BbonGI4lIHFkiZLO4IBBZ5j2P7U6QYURt6-Ayj
                        S6RGw9v_wFdIRlyBI9D3EO7u8rCA4RktBLPavfEc5BwYX2Vb9wX6N63
                        tV48cP1CoGU0GtIq9HTqbEQs5KVmme5n4XOuzxQ6B2AGaPBJgdq_
                        K0ZWDkXiqPz6921X3oiNYPCQ22bvFxb4yFX8ZfbxeYc-1rN7PaUsK
                        009qOx-qRenHpWgPVfagMbNYkm0TOHNOWXqukxE-soCDI_Nc--
                        1khWCmQ9E2B82ap7IXsVBAnBIaV9WQ"
                    }
                ]
            }
        forwardOriginalToken: true
```

Spring Cloud 版本的 Fenix's Bookstore 就略微麻烦一些，它依然是采用 JWT 令牌作为用户身份凭证的载体，认证过程依然在 Spring Security 的过滤器里中自动完成，因讨论重点不在 Spring Security 的过滤器工作原理，所以详细过程就不展开了，主要路径是：过滤器→令牌服务→令牌实现。Spring Security 已经做好了认证所需的绝大部分工作，真正要开发者去编写的代码是令牌的具体实现，即代码中名为 RSA256PublicJWTAccessToken 的实现类。它的作用是加载 Resource 目录下的公钥证书 public.cert（注意，不要将密码、密钥、证书这类敏感信息打包到程序中，示例代码只是为了演示，实际生产应该由运维人员管理密钥），验证请求中的 JWT 令牌是否合法。

```
@Named
```

```
public class RSA256PublicJWTAccessToken extends JWTAccessToken {
    RSA256PublicJWTAccessToken(UserDetailsService userDetailsService) throws
        IOException {
        super(userDetailsService);
        Resource resource = new ClassPathResource("public.cert");
        String publicKey = new String(FileCopyUtils.copyToByteArray(resource.
            getInputStream()));
        setVerifierKey(publicKey);
    }
}
```

如果 JWT 令牌合法，Spring Security 的过滤器就会放行调用请求，并从令牌中提取出 Principal，放到自己的安全上下文中（即 SecurityContextHolder.getContext()）。开发实际项目时，你可以根据需要自行决定 Principal 的具体形式，既可以像 Istio 中那样直接从令牌中取出来，以字符串形式原样存放，节省一些数据库或者缓存的查询开销；也可以统一做些额外的转换处理，以方便后续业务使用，譬如将 Principal 自动转换为系统中的用户对象。Fenix's Bookstore 的转换操作是在 JWT 令牌的父类 JWTAccessToken 中完成的。可见尽管由应用自己来做请求验证会有一定的代码量和侵入性，但自由度确实会更高一些。

为方便不同版本实现之间的对比，在 Istio 版本中保留了 Spring Security 自动从令牌转换 Principals 为用户对象的逻辑，因此必须在 YAML 中包含 forwardOriginalToken: true 的配置，告诉 Istio 验证完 JWT 令牌后不要丢弃请求中的 Authorization Header，原样转发给后面的服务处理。

9.2.3 授权

经过认证之后，合法的调用者就有了可信任的身份，此时就已经不再需要区分调用者到底是机器（服务）还是人类（最终用户）了，只根据其身份角色来进行权限访问控制即可，即我们常说的 RBAC。不过为了更便于理解，Fenix's Bookstore 提供的示例代码仍然沿用此前的思路，分别针对来自"服务"和"用户"的流量来控制权限和访问范围。

举个具体例子，如果我们准备把一部分微服务视为私有服务，限制它只接收来自集群内部其他服务的请求，把另外一部分微服务视为公共服务，允许它接收来自集群外部的最终用户发出的请求；又或者我们想要控制一部分服务只能由移动应用调用，另外一部分服务只能由浏览器调用。那一种可行的方案就是为不同的调用场景设立角色，进行授权控制（另一种常用的方案是做 BFF 网关）。

在 Istio 版本的 Fenix's Bookstore 中，通过以下配置，限制了来自 bookstore-servicemesh 名称空间的内部流量只允许访问 accounts、products、pay 和 settlements 四个端点的 GET、POST、PUT、PATCH 方法，而对于来自 istio-system 名称空间（Istio Ingress Gateway 所在的名称空间）的外部流量就不作限制，直接放行。

```
apiVersion: security.istio.io/v1beta1
kind: AuthorizationPolicy
```

```
metadata:
  name: authorization-peer
  namespace: bookstore-servicemesh
spec:
  action: ALLOW
  rules:
    - from:
        - source:
            namespaces: ["bookstore-servicemesh"]
      to:
        - operation:
            paths:
              - /restful/accounts/*
              - /restful/products*
              - /restful/pay/*
              - /restful/settlements*
            methods: ["GET","POST","PUT","PATCH"]
    - from:
        - source:
            namespaces: ["istio-system"]
```

但对外部的请求（不来自 bookstore-servicemesh 名称空间的流量），又进行了另外一层控制，如果请求中没有包含有效的登录信息，就限制不允许访问 accounts、pay 和 settlements 三个端点，如以下配置所示：

```
apiVersion: security.istio.io/v1beta1
kind: AuthorizationPolicy
metadata:
  name: authorization-request
  namespace: bookstore-servicemesh
spec:
  action: DENY
  rules:
    - from:
        - source:
            notRequestPrincipals: ["*"]
            notNamespaces: ["bookstore-servicemesh"]
      to:
        - operation:
            paths:
              - /restful/accounts/*
              - /restful/pay/*
              - /restful/settlements*
```

Istio 已经提供了比较完善的目标匹配工具，如上面配置中用到的源 from、目标 to，还有未用到的条件匹配 when，以及其他如通配符、IP、端口、名称空间、JWT 字段等。要说灵活和功能强大，肯定还是不可能跟在应用中由代码实现的授权相媲美，但对绝大多数场景已经够用了。在便捷性、安全性、无侵入、统一管理等方面，Istio 这种在基础设施上实现授权的方案显然要更具优势。

在 Spring Cloud 版本的 Fenix's Bookstore 中，授权控制自然还是使用 Spring Security，通过应用程序代码来实现的。常见的 Spring Security 授权方法有两种。一种是使用它的

ExpressionUrlAuthorizationConfigurer，即类似如下编码所示的写法来进行集中配置，这与 Istio 的 AuthorizationPolicy CRD 中的写法在体验上是比较相似的，也是几乎所有 Spring Security 资料中都有介绍的最主流方式，适合对批量端点进行控制，不过在示例代码中并没有采用（没有什么特别理由，就是笔者的个人习惯而已）。

```
http.authorizeRequests()
    .antMatchers("/restful/accounts/**").hasScope(Scope.BROWSER)
    .antMatchers("/restful/pay/**").hasScope(Scope.SERVICE)
```

另一种写法，即示例代码中采用的方法，是通过 Spring 的全局方法级安全（Global Method Security）以及 JSR 250 的 @RolesAllowed 注解来做授权控制。这种写法对代码的侵入性更强，要以注解的形式分散写到每个服务甚至每个方法中，但好处是能以更方便的形式做出更加精细的控制效果。譬如要控制服务中某个方法只允许来自服务或者浏览器的调用，那直接在该方法上标注 @PreAuthorize 注解即可，还支持 SpEL 表达式来做条件。表达式中用到的 SERVICE、BROWSER 代表授权范围，是在声明客户端列表时传入的，具体可参见 9.2.2 节开头声明客户端列表的代码清单。

```
/**
 * 根据用户名称获取用户详情
 */
@GET
@Path("/{username}")
@Cacheable(key = "#username")
@PreAuthorize("#oauth2.hasAnyScope('SERVICE','BROWSER')")
public Account getUser(@PathParam("username") String username) {
    return service.findAccountByUsername(username);
}

/**
 * 创建新的用户
 */
@POST
@CacheEvict(key = "#user.username")
@PreAuthorize("#oauth2.hasAnyScope('BROWSER')")
public Response createUser(@Valid @UniqueAccount Account user) {
    return CommonResponse.op(() -> service.createAccount(user));
}
```

第 10 章

可观测性

随着分布式架构渐成主流，可观测性（Observability）一词也日益频繁地被人提起。最初，它与可控制性（Controllability）一起，是由匈牙利数学家 Rudolf E. Kálmán 针对线性动态控制系统提出的一组对偶属性，原本的含义是"可以由其外部输出推断其内部状态的程度"。

在学术界，虽然"可观测性"这个名词是近几年才从控制理论中借用的舶来概念，但是其内容在计算机科学中实际已有多年的实践积累。学术界一般会将可观测性分解为三个更具体的方向进行研究，分别是事件日志、链路追踪和聚合度量，这三个方向各有侧重，又不完全独立，它们天然就有重合或者可以结合之处。2017 年的分布式追踪峰会（2017 Distributed Tracing Summit）结束后，Peter Bourgon 撰写的文章"Metrics, Tracing, and Logging"系统地阐述了这三者的定义、特征，以及它们之间的关系与差异，如图 10-1 所示，受到了业界的广泛认可。

假如你平时只开发单体系统，从未接触过分布式系统的观测工作，那看到日志、追踪和度量，很有可能会只对日志这一项感到熟悉，其他两项会相对陌生。然而从 Peter Bourgon 给出的定义来看，尽管分布式系统中追踪和度量的必要性和复杂程度确实比单体系统时要更高，但是在单体时代，你肯定也已经接触过以上全部三项的工作，只是并未意识到而已，笔者将它们的特征转述如下。

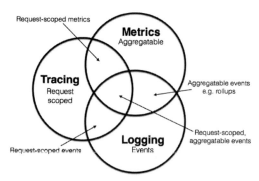

图 10-1　日志、追踪、度量的关系㊀

　㊀　图片来源：https://peter.bourgon.org/blog/2017/02/21/metrics-tracing-and-logging.html。

❑ 日志（Logging）：日志的职责是记录离散事件，通过这些记录分析出程序的行为，譬如曾经调用过什么方法，曾经操作过哪些数据，等等。输出日志很容易，但收集和分析日志可能会很复杂，面对成千上万的集群节点，面对迅速滚动的事件信息，面对以 TB 计算的文本，传输与归集并不简单。对大多数程序员来说，分析日志也许就是最常遇见也最有实践可行性的"大数据系统"了。

❑ 追踪（Tracing）：单体系统时代追踪的范畴基本只局限于栈追踪（Stack Tracing），例如调试程序时，在 IDE 打个断点，看到的调用栈视图上的内容便是追踪；编写代码时，处理异常调用了 Exception::printStackTrace() 方法，它输出的堆栈信息也是追踪。微服务时代，追踪就不只局限于调用栈了，一个外部请求需要内部若干服务的联动响应，这时候完整的调用轨迹将跨越多个服务，同时包括服务间的网络传输信息与各个服务内部的调用堆栈信息，因此，分布式系统中的追踪在国内常被称为"全链路追踪"（后文简称"链路追踪"），许多资料中也称它为"分布式追踪"（Distributed Tracing）。追踪的主要目的是排查故障，如分析调用链的哪一部分、哪个方法出现错误或阻塞，输入输出是否符合预期，等等。

❑ 度量（Metrics）：度量是指对系统中某一类信息的统计聚合。譬如，证券市场的每一只股票都会定期公布财务报表，通过财报上的营收、净利、毛利、资产、负债等一系列数据来体现过去一个财务周期中公司的经营状况，这便是一种信息聚合。Java 天生自带一种基本的度量，即由虚拟机直接提供的 JMX（Java Management eXtensions）度量，诸如内存大小、各分代的用量、峰值的线程数、垃圾收集的吞吐量、频率等都可以从 JMX 中获得。度量的主要目的是监控（Monitoring）和预警（Alert），如在某些度量指标达到风险阈值时触发事件，以便自动处理或者提醒管理员介入。

在工业界，目前针对可观测性的产品已经是一片红海，经过多年角逐，日志、度量两个领域的胜利者算是基本尘埃落定。日志收集和分析大多被统一到 Elastic Stack（ELK）技术栈上，如果说未来还能出现什么变化的话，也就是其中的 Logstash 有被 Fluentd 取代的趋势，让 ELK 变成 EFK，但整套 Elastic Stack 技术栈的地位已是相当稳固。度量方面，跟随 Kubernetes 统一容器编排的步伐，Prometheus 也击败了度量领域里以 Zabbix 为代表的众多前辈，即将成为云原生时代度量监控的事实标准，虽然从市场角度来说 Prometheus 还没有达到 Kubernetes 那种"拔剑四顾，举世无敌"的程度，但是从社区活跃度上看，Prometheus 已占有绝对的优势，在 Google 和 CNCF 的推动下，未来可期。

🔵 额外知识　Kubernetes 与 Prometheus 的关系

Kubernetes 是 CNCF 第一个孵化成功的项目，Prometheus 是 CNCF 第二个孵化成功的项目。

Kubernetes 起源于 Google 的编排系统 Borg，Prometheus 起源于 Google 为 Borg 做的度量监控系统 BorgMon。

　　追踪方面的情况与日志、度量有所不同，追踪是与具体网络协议、程序语言密切相关的。收集日志不必关心这段日志是由 Java 程序输出的还是由 Golang 程序输出的，对程序来说它们就只是一段非结构化文本而已，同理，度量对程序来说也只是一个个聚合的数据指标而已。但链路追踪不一样，各个服务之间是使用 HTTP 还是 gRPC 来进行通信会直接影响追踪的实现，各个服务是使用 Java、Golang 还是 Node.js 来编写，也会直接影响进程内调用栈的追踪方式。这种特性决定了追踪工具本身有较强的侵入性，通常是以插件式的探针来实现；也决定了追踪领域很难出现一家独大的情况，通常要有多种产品来针对不同的语言和网络进行追踪。近年来各种链路追踪产品层出不穷，市面上主流的工具既有像 Datadog 这样的一揽子商业方案，也有 AWS X-Ray 和 Google Stackdriver Trace 这样的云计算厂商产品，还有像 SkyWalking、Zipkin、Jaeger 这样来自开源社区的优秀产品。

　　图 10-2 是 CNCF Interactive Landscape 中列出的日志、追踪、度量领域的著名产品，其实这里很多不同领域的产品是跨界的，譬如 ELK 可以通过 Metricbeat 来实现度量的功能，Apache SkyWalking 的探针同时支持度量和追踪两方面的数据来源，由 OpenTracing 进化而来 OpenTelemetry 更是融合了日志、追踪、度量三者所长，有望成为三者兼备的统一可观测性解决方案。本章后面的讲解，也会紧扣每个领域中最具有统治性的产品来进行介绍。

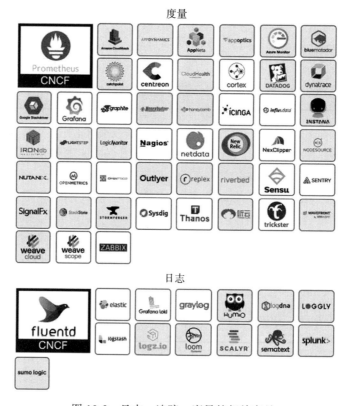

图 10-2　日志、追踪、度量的相关产品

追踪

图 10-2 （续）

10.1 事件日志

日志用于记录系统运行期间发生过的离散事件。相信没有哪一个生产系统能够缺少日志功能，然而却常常被人忽略。日志就像阳光与空气，无可或缺却不太被重视。程序员们说日志简单，其实是在说"打印日志"这个操作简单，打印日志是为了日后从中得到有价值的信息，而今天只要稍微复杂点的系统，尤其是复杂的分布式系统，就很难只依靠 tail、grep、awk 来从日志中挖掘信息了，往往还要有专门的全局查询和可视化功能。此时，从打印日志到分析查询之间，还隔着收集、缓冲、聚合、加工、索引、存储等若干个步骤，如图 10-3 所示。

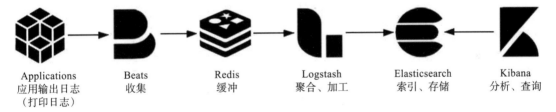

| Applications
应用输出日志
（打印日志） | Beats
收集 | Redis
缓冲 | Logstash
聚合、加工 | Elasticsearch
索引、存储 | Kibana
分析、查询 |

图 10-3 日志处理过程

这一整个链条中涉及大量值得注意的细节，复杂性并不亚于任何一项技术或业务功能的实现。接下来将以此为线索，以最成熟的 Elastic Stack 技术栈为例，介绍该链条每个步骤的目的与方法。

10.1.1 输出

要是说好的日志能像文章一样，让人读起来身心舒畅，这话肯定有夸大的成分，不过好的日志应该能做到像"流水账"一样，无有遗漏地记录信息，格式统一，内容恰当。其中"恰当"是一个难点，它要求日志不应该过多，也不应该过少。"多与少"一般不针对输出的日志行数，尽管笔者听过最夸张的系统是单节点 INFO 级别下每天的日志都能以 TB 计算（这是代码有问题的），给网络与磁盘 I/O 带来了不小压力，但笔者通常不以数量来衡量日志是否恰当，而是以内容来衡量。不该出现的内容不要有，该有的不要少。下面笔者先列出一些常见的"不应该有"的例子。

- **避免打印敏感信息**。不用专门提醒，任何程序员肯定都知道不该将密码、银行账号、身份证件这些敏感信息打到日志里，但笔者曾见过不止一个系统的日志中能直接找到这些信息。一旦这些敏感信息随日志流到了后续的索引、存储、归档等步骤中，清理起来将非常麻烦。不过，日志中应当包含必要的非敏感信息，譬如当前用户的 ID（最好是内部 ID，避免登录名或者用户名称），有些系统会直接用 MDC（Mapped Diagnostic Context，映射诊断上下文）将用户 ID 自动打印在日志模板（Pattern Layout）上。

- **避免引用慢操作**。日志中打印的信息应该是在上下文中可以直接取到的，如果当前上下文中根本没有这项数据，需要专门调用远程服务或者从数据库获取，又或者需要通过大量计算才能取到的话，那应该先考虑把这项信息放到日志中是不是必要且恰当的。

- **避免打印追踪诊断信息**。日志中不要打印方法输入参数、输出结果、方法执行时长之类的调试信息。这个观点是反直觉的，不少公司甚至会将其作为最佳实践来提倡，但是笔者仍坚持将其归入反模式中。日志的职责是记录事件，追踪诊断应由追踪系统去处理，哪怕贵公司完全没有开发追踪诊断方面功能的打算，笔者也建议使用 BTrace 或者 Arthas 这类"On-The-Fly"的工具来解决。之所以将其归为反模式，是因为上面说的敏感信息、慢操作等的主要源头就是这些原本想用于调试的日志。譬如，当前方法入口参数有个 User 对象，如果要输出这个对象，常见做法是将它序列化成 JSON 字符串然后打到日志里，这时候 User 里面的 Password 字段、BankCard 字段就很容易被暴露出来；再譬如，当前方法的返回值是个 Map，开发期的调试数据只做了三五个 Entity，觉得遍历一下把具体内容打到日志里面没什么问题，但到了生产期，这个 Map 里面有可能存放了成千上万个 Entity，这时候打印日志就相当于引用慢操作。

- **避免误导他人**。日志中给日后调试除错的人挖坑是十分恶劣却又常见的行为。相信程序员并不是专门要去误导别人，只是很可能会无意识地这样做了。譬如明明已经在逻辑中妥善处理好了某个异常，却习惯性地调用 printStackTrace() 方法，把堆栈打到日志中，一旦这个方法附近出现问题，由其他人来除错的话，很容易会盯着这段堆栈去找线索而浪费大量时间。

另一方面，日志中不该缺少的内容也"不应该少"，以下是笔者建议应该输出到日志中的部分内容。

- **处理请求时的 TraceID**。服务收到请求时，如果该请求没有附带 TraceID，就应该自动生成唯一的 TraceID 来对请求进行标记，并使用 MDC 自动输出到日志。TraceID 会贯穿整条调用链，目的是通过它把请求在分布式系统各个服务中的执行过程串联起来。TraceID 通常也会随着请求的响应返回到客户端，如果响应内容出现了异常，用户便能通过此 ID 快速找到与问题相关的日志。TraceID 是链路追踪里的概念，类似的还有用于标识进程内调用状况的 SpanID，在 Java 程序中这些都可以用 Spring Cloud Sleuth 来自动生成。TraceID 会在分布式跟踪中发挥最大的作用，在单体系统，将 TraceID 记录到日志并返回给最终用户，对快速定位错误也仍然十分有价值。

❑ **系统运行过程中的关键事件**。日志的职责就是记录事件，譬如进行了哪些操作、发生了与预期不符的情况、运行期间出现未能处理的异常或警告、定期自动执行的任务，等等，都应该在日志中完整地记录下来。原则上程序中发生的事件只要有价值就应该去记录，但应判断清楚事件的重要程度，选定相匹配的日志级别。至于如何快速处理大量日志，这是后面步骤要考虑的问题，如果输出日志实在太频繁以至于影响性能，应由运维人员去调整全局或单个类的日志级别来解决。

❑ **启动时输出配置信息**。与避免输出诊断信息不同，对于系统启动时或者检测到配置中心变化时更新的配置，应将非敏感的配置信息输出到日志中，譬如连接的数据库、临时目录的路径等，因为初始化配置的逻辑一般只会执行一次，不便于诊断时复现，所以应该输出到日志中。

10.1.2 收集与缓冲

写日志是在服务节点中进行的，但我们不可能在每个节点都单独建设日志查询功能。这不是资源或工作量的问题，而是分布式系统处理一个请求要跨越多个服务节点，为了能看到跨节点的全部日志，就要有能覆盖整个链路的全局日志系统。这个需求决定了每个节点输出日志到文件后，必须将日志文件统一收集起来集中存储、索引，由此便催生了专门的日志收集器。

最初，ELK 中的日志收集与下一节要讲的加工聚合的职责都是由 Logstash 来承担的，Logstash 除了部署在各个节点中作为收集的客户端（Shipper）外，还同时设有独立部署的节点，扮演归集转换日志的服务端（Master）的角色。Logstash 有良好的插件化设计，支持收集、转换、输出的插件化定制，应对多重角色本身并没有什么困难。但是 Logstash 与它的插件是基于 JRuby 编写的，要跑在单独的 Java 虚拟机进程上，而且 Logstash 默认的堆大小是 1GB。对于归集部分（Master）这种消耗并不是什么问题，但作为每个节点都要部署的日志收集器就显得太过负重了。后来，Elastic.co 公司将所有需要在服务节点中处理的工作整理成以 Libbeat 为核心的 Beats 框架，并使用 Golang 重写了一个功能较少，却更轻量高效的日志收集器，这就是今天流行的 Filebeat。

现在的 Beats 已经是一个很大的家族了，除了 Filebeat 外，Elastic.co 还提供了用于收集 Linux 审计数据的 Auditbeat、用于无服务计算架构的 Functionbeat、用于心跳检测的 Heartbeat、用于聚合度量的 Metricbeat、用于收集 Linux Systemd Journald 日志的 Journalbeat、用于收集 Windows 事件日志的 Winlogbeat，用于网络包嗅探的 Packetbeat，等等，如果再加上大量由社区维护的 Community Beats，几乎你能想到的数据都可以被收集到，以至于 ELK 也可以在一定程度上代替度量和追踪系统，实现它们的部分职能，这对于中小型分布式系统来说是便利的，但对于大型系统，笔者建议还是让专业的工具去做专业的事情。

　　日志收集器不仅要保证能覆盖全部数据来源，还要尽力保证日志数据的连续性，这其实并不容易做到。譬如淘宝这类大型的互联网系统，每天的日志量超过了 10 000TB（10PB）量级，日志收集器的部署实例数能到达百万量级⊖，此时归集到系统中的日志要与实际产生的日志保持绝对的一致性是非常困难的，也不应该为此付出过高成本。换言之，日志不追求绝对的完整精确，只追求在代价可承受的范围内尽可能地保证较高的数据质量。一种最常用的缓解压力的做法是将日志接收者从 Logstash 和 Elasticsearch 转移至抗压能力更强的队列缓存，譬如在 Logstash 之前架设一个 Kafka 或者 Redis 作为缓冲层，面对突发流量，Logstash 或 Elasticsearch 处理能力出现瓶颈时自动削峰填谷，甚至当它们短时间停顿时，也不会丢失日志数据。

10.1.3　加工与聚合

　　在将日志集中收集之后，存入 Elasticsearch 之前，一般还要对它们进行加工转换和聚合处理。这是因为日志是非结构化数据，一行日志中通常会包含多项信息，如果不做处理，那在 Elasticsearch 中就只能以全文检索的原始方式去使用日志，既不利于统计对比，也不利于条件过滤。举个具体例子，下面是一行 Nginx 服务器的 Access 日志，代表了一次页面访问操作：

```
14.123.255.234 - - [19/Feb/2020:00:12:11 +0800] "GET /index.html HTTP/1.1" 200
    1314 "https://icyfenix.cn" "Mozilla/5.0 (Windows NT 10.0; WOW64) AppleWebKit/
    537.36 (KHTML, like Gecko) Chrome/80.0.3987.163 Safari/537.36"
```

在这一行日志里面，包含了表 10-1 所列的 10 项独立数据项。

表 10-1　日志包含的 10 项独立数据项

数据项	值
IP	14.123.255.234
Username	null
Datetime	19/Feb/2020:00:12:11 +0800
Method	GET
URL	/index.html
Protocol	HTTP/1.1
Status	200
Size	1314
Refer	https://icyfenix.cn
Agent	Mozilla/5.0 (Windows NT 10.0; WOW64) AppleWebKit/537.36 (KHTML, like Gecko) Chrome/80.0.3987.163 Safari/537.36

⊖　数据来源：https://www.infoq.cn/article/lFABd9a1BFqSYo*m8vVb。

Logstash 的基本职能是把日志行中的非结构化数据，通过 Grok 表达式语法转换为上面表格这样的结构化数据，进行结构化的同时，还可能会根据需要，调用其他插件来完成时间处理（统一时间格式）、类型转换（如字符串、数值的转换）、查询归类（譬如将 IP 地址根据地理信息库按省市归类）等额外处理工作，然后以 JSON 格式输出到 Elasticsearch 中（这是最普遍的输出形式，Logstash 输出也有很多插件，可以具体定制不同的格式）。有了这些经过 Logstash 转换、已经结构化的日志，Elasticsearch 便可针对不同的数据项来建立索引，进行条件查询、统计、聚合等操作了。

提到聚合，这也是 Logstash 的另一个常见职能。日志中存储的是离散事件，离散的意思是每个事件都是相互独立的，譬如有 10 个用户访问服务，他们的操作所产生的事件都会在日志中分别记录。如果想从离散的日志中获得统计信息，譬如想知道这些用户中正常返回（200 OK）的有多少、出现异常的（500 Internal Server Error）的有多少，再生成一个可视化统计图表，一种解决方案是通过 Elasticsearch 本身的处理能力做实时的聚合统计，这很便捷，不过要消耗 Elasticsearch 服务器的运算资源。另一种解决方案是在收集日志后自动生成某些常用的、固定的聚合指标，这种聚合就会在 Logstash 中通过聚合插件来完成。这两种聚合方式都有不少实际应用，前者一般用于即席查询，后者用于固定查询。

10.1.4　存储与查询

经过收集、缓冲、聚合、加工的日志数据，终于可以放入 Elasticsearch 中索引存储了。Elasticsearch 是整个 Elastic Stack 技术栈的核心，其他步骤的工具，如 Filebeat、Logstash、Kibana 都有替代品，有自由选择的余地，唯独 Elasticsearch 在日志分析这方面完全没有什么值得一提的竞争者，几乎就是解决此问题的唯一答案。这样的结果与 Elasticsearch 本身是一款优秀产品有关，然而更关键的是 Elasticsearch 的优势正好与日志分析的需求完美契合。

❑ 从数据特征的角度看，日志是典型的基于时间的数据流，但它与其他时间数据流，譬如你的新浪微博、微信朋友圈这种社交网络数据又稍有区别：日志虽然增长速度很快，但已写入的数据几乎没有再发生变动的可能。日志的数据特征决定了所有用于日志分析的 Elasticsearch 都会使用时间范围作为索引，根据实际数据量的大小，范围可能是按月、按周或者按日、按时。以按日索引为例，由于你能准确地预知明天、后天的日期，因此全部索引都可以预先创建，这免去了动态创建的寻找节点、创建分片、在集群中广播变动信息等开销。又由于所有新的日志都是"今天"的日志，所以只要建立"logs_current"这样的索引别名来指向当前索引，就能避免代码因日期而变动。

❑ 从数据价值的角度看，日志基本只会以最近的数据为检索目标，随着时间推移，早期的数据将逐渐失去价值。这点决定了可以很容易区分出冷数据和热数据，进而对不同数据采用不同的硬件策略。譬如为热数据配备 SSD 磁盘和更好的处理器，为冷数据配备 HDD 磁盘和较弱的处理器，甚至可以放到更为廉价的对象存储（如阿里云的 OSS，腾讯云的 COS，AWS 的 S3）中归档。

注意，本节的主题是日志在可观测性方面的作用，另外还有一些基于日志的其他类型应用，譬如从日志记录的事件中挖掘业务热点，分析用户习惯等，这属于真正的大数据挖掘的范畴，并不在我们讨论"价值"的范围之内，事实上它们更可能采用的技术栈是 HBase 与 Spark 的组合，而不是 Elastic Stack。

❑ 从数据使用的角度看，分析日志很依赖全文检索和即席查询，对实时性的要求是处于实时与离线两者之间的"近实时"，即不强求日志产生后立刻能查到，但不能接受日志产生之后按小时甚至按天的频率来更新，这些检索能力和近实时性，也正好都是 Elasticsearch 的强项。

Elasticsearch 只提供了 API 层面的查询能力，通常与同样出自 Elastic.co 的 Kibana 一起搭配使用，可以将 Kibana 视为 Elastic Stack 的 GUI 部分。尽管 Kibana 只负责图形界面和展示，但它提供的能力远不止在界面上执行 Elasticsearch 的查询那么简单。Kibana 宣传的核心能力是"探索数据并可视化"，即对存储在 Elasticsearch 中的数据进行检索、聚合、统计后，定制形成各种图形、表格、指标、统计，以此观察系统的运行状态，找出日志事件中潜藏的规律和隐患。按 Kibana 官方的宣传语来说就是"一张图片胜过千万行日志"，如图 10-4 所示。

图 10-4　Kibana 可视化界面⊖

⊖　图片来自 Kibana 官网：https://www.elastic.co/cn/kibana。

10.2 链路追踪

虽然 2010 年之前就已经有了 X-Trace、Magpie 等跨服务的追踪系统了，但现代分布式链路追踪公认的起源是 Google 在 2010 年发表的论文"Dapper：a Large-Scale Distributed Systems Tracing Infrastructure"[⊖]。这篇论文介绍了 Google 从 2004 年开始使用的分布式追踪系统 Dapper 的实现原理。此后，业界所有有名的追踪系统，无论是国外 Twitter 的 Zipkin、Naver 的 Pinpoint（Naver 是 Line 的母公司，Pinpoint 出现其实早于 Dapper 论文发表，在 Dapper 论文中还提到了 Pinpoint），抑或是国内阿里的鹰眼、大众点评的 CAT、个人开源的 SkyWalking（后进入 Apache 基金会孵化毕业）都受到 Dapper 论文的直接影响。

从广义上讲，一个完整的分布式追踪系统应该由数据收集、数据存储和数据展示三个相对独立的子系统构成，而从狭义上讲，追踪则只是特指链路追踪数据的收集部分。譬如 Spring Cloud Sleuth 就属于狭义的追踪系统，通常会搭配 Zipkin（用于数据展示）和 Elasticsearch（用于数据存储）来组合使用，而上文提到的那些追踪系统大多都属于广义的追踪系统，也常被称为"APM 系统"（Application Performance Management）。

10.2.1 追踪与跨度

为了有效地进行分布式追踪，Dapper 提出了"追踪"与"跨度"两个概念。从客户端发起请求抵达系统的边界开始，记录请求流经的每一个服务，直到向客户端返回响应为止，这整个过程就称为一次"追踪"（Trace，为了不产生混淆，后文就直接使用英文 Trace 来指代了）。由于每次 Trace 都可能会调用数量不定、坐标不定的多个服务，为了能够记录具体调用了哪些服务，以及调用顺序、开始时点、执行时长等信息，每次开始调用服务前都要先埋入一个调用记录，这个记录称为一个"跨度"（Span）。Span 的数据结构应该足够简单，以便能放在日志或者网络协议的报文头里；也应该足够完备，起码应含有时间戳、起止时间、Trace 的 ID、当前 Span 的 ID、父 Span 的 ID 等能够满足追踪需要的信息。每一次 Trace 实际上都是由若干个有顺序、有层级关系的 Span 所组成的一棵"追踪树"（Trace Tree），如图 10-5 所示。

从目标来看，链路追踪的目的是为排查故障和分析性能提供数据支持，若系统在对外提供服务的过程中，能持续地接收请求并处理响应，同时能持续地生成 Trace，按次序整理好 Trace 中每一个 Span 所记录的调用关系，便能绘制出一幅系统的服务调用拓扑图。根据拓扑图中 Span 记录的时间信息和响应结果（正常或异常返回）就可以定位到缓慢或者出错的服务；将 Trace 与历史记录进行对比统计，就可以从系统整体层面分析服务性能，定位性能优化的目标。

⊖ 下载地址：https://static.googleusercontent.com/media/research.google.com/zh-CN//archive/papers/dapper-2010-1.pdf。

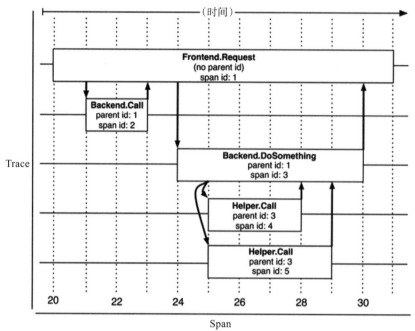

图 10-5 Trace 和 Span [⊖]

　　从实现来看，为每次服务调用记录 Trace 和 Span，并以此构成追踪树结构，听着好像没那么复杂，然而考虑到实际情况，追踪系统在功能性和非功能性上都面临不小的挑战。功能上的挑战来源于服务的异构性，各个服务可能采用不同的程序语言，服务间交互可能采用不同的网络协议，每兼容一种场景，都会增加功能实现方面的工作量。而非功能性的挑战则具体来源于以下这四个方面。

- **低性能损耗**：分布式追踪不能对服务本身产生明显的性能负担。追踪的主要目的之一就是寻找性能缺陷，越慢的服务越是需要追踪，所以工作场景都是性能敏感的地方。
- **对应用透明**：追踪系统通常是运维期才加入的系统，应该尽量以非侵入或者少侵入的方式来实现追踪，对开发人员做到透明化。
- **随应用扩缩**：现代的分布式服务集群都有根据流量压力自动扩缩的能力，这要求当业务系统扩缩时，追踪系统也能自动跟随，不需要运维人员人工参与。
- **持续的监控**：要求追踪系统必须能够 7×24 小时工作，否则就难以定位到系统偶尔抖动的行为。

10.2.2　数据收集

　　目前，追踪系统根据数据收集方式的差异，可分为三种主流的实现方式，分别是**基于**

⊖　图片来源于 Dapper 论文：https://static.googleusercontent.com/media/research.google.com/zh-CN//archive/papers/dapper-2010-1.pdf。

日志的追踪（Log-Based Tracing）、**基于服务的追踪**（Service-Based Tracing）和**基于边车代理的追踪**（Sidecar-Based Tracing），笔者分别介绍如下。

❑ 基于日志的追踪的思路是将 Trace、Span 等信息直接输出到应用日志中，然后随着所有节点的日志归集过程汇聚到一起，再从全局日志信息中反推出完整的调用链拓扑关系。日志追踪对网络消息完全没有侵入性，对应用程序只有很少量的侵入性，对性能影响也非常低。但其缺点是直接依赖于日志归集过程，日志本身不追求绝对的连续与一致，这也使得基于日志的追踪往往不如其他两种追踪实现精准。另外，业务服务的调用与日志的归集并不是同时完成的，也通常不由同一个进程完成，有可能业务调用已经顺利结束了，但由于日志归集不及时或者精度丢失，导致日志出现延迟或缺失记录，进而产生追踪失真。这也是前面笔者介绍 Elastic Stack 时提到的观点，ELK 在日志、追踪和度量方面都可以发挥作用，这对中小型应用确实有一定便利，但是大型系统最好还是选择由专业的工具做专业的事。日志追踪的代表产品是 Spring Cloud Sleuth，下面是一段由 Sleuth 在调用时自动生成的日志记录，可以从中观察到 TraceID、SpanID、父 SpanID 等追踪信息。

```
# 以下为调用端的日志输出：
Created new Feign span [Trace: cbe97e67ce162943, Span: bb1798f7a7c9c142,
    Parent: cbe97e67ce162943, exportable:false]
2019-06-30 09:43:24.022 [http-nio-9010-exec-8] DEBUG o.s.c.s.i.web.client.
    feign.TraceFeignClient - The modified request equals GET http://localhost:
    9001/product/findAll HTTP/1.1

X-B3-ParentSpanId: cbe97e67ce162943
X-B3-Sampled: 0
X-B3-TraceId: cbe97e67ce162943
X-Span-Name: http:/product/findAll
X-B3-SpanId: bb1798f7a7c9c142

# 以下为服务端的日志输出：
[findAll] to a span [Trace: cbe97e67ce162943, Span: bb1798f7a7c9c142, Parent:
    cbe97e67ce162943, cxportable:false]
Adding a class tag with value [ProductController] to a span [Trace:
    cbe97e67ce162943, Span: bb1798f7a7c9c142, Parent: cbe97e67ce162943,
    exportable:false]
```

❑ 基于服务的追踪是目前最常见的追踪实现方式，被 Zipkin、SkyWalking、Pinpoint 等主流追踪系统广泛采用。服务追踪的实现思路是通过某些手段给目标应用注入追踪探针（Probe），针对 Java 应用一般是通过 Java Agent 注入。探针在结构上可视为一个寄生在目标服务身上的小型微服务系统，它一般会有自己专用的服务注册、心跳检测等功能，有专门的数据收集协议，把从目标系统中监控到的服务调用信息，通过另外一次独立的 HTTP 或者 RPC 请求发送给追踪系统。因此，基于服务的追踪会比基于日志的追踪消耗更多的资源，也有更强的侵入性，换来的收益是追踪的精确性与稳定性都有所保证，不必再靠日志归集来传输追踪数据。

图 10-6 是一张 Pinpoint 的追踪效果截图，从图中可以看到参数、变量等相当详细的方法级调用信息。笔者在 10.1.1 节把"打印追踪诊断信息"列为反模式，如果需要诊断方法参数、返回值、上下文信息，或者方法调用耗时这类数据，通过追踪系统来实现是比通过日志系统实现更加恰当的解决方案。

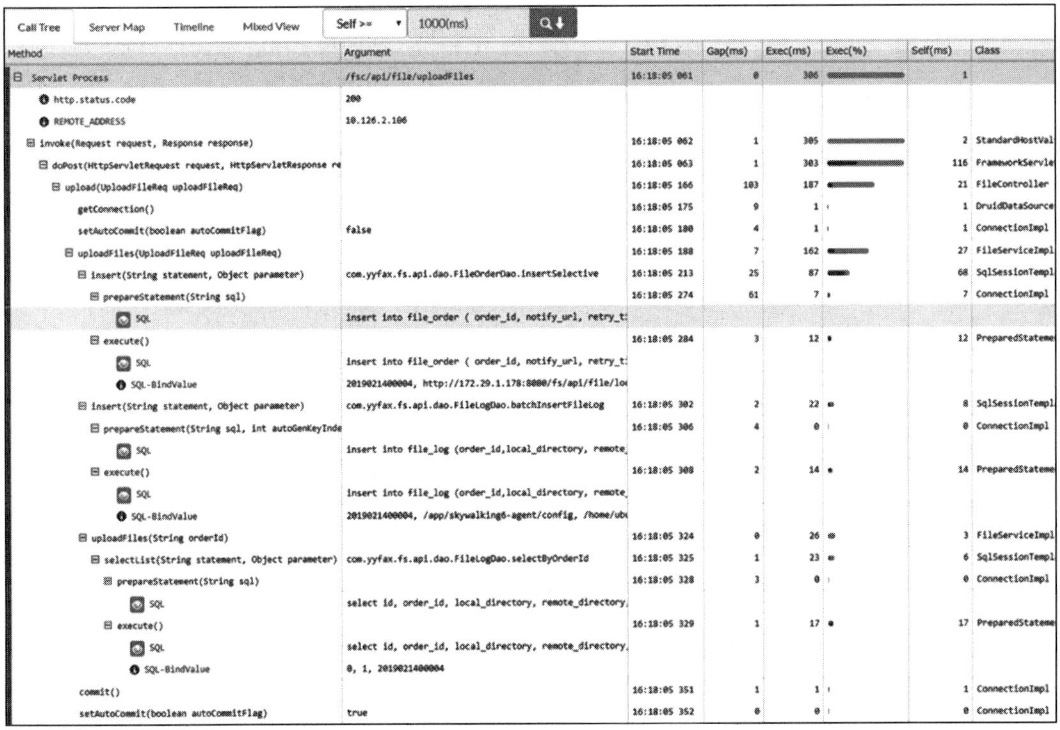

图 10-6　Pinpoint 的追踪截图

当然，这里也必须说明清楚，像图 10-6 中 Pinpoint 这种详细程度的追踪对应用系统的性能压力是相当大的，一般仅在除错时开启，而且 Pinpoint 本身就是比较重负载的系统（运行它必须先维护一套 HBase），这严重制约了它的适用范围，目前服务追踪的其中一个发展趋势是轻量化，国产的 SkyWalking 正是这方面的佼佼者。

❑ 基于边车代理的追踪是服务网格的专属方案，也是最理想的分布式追踪模型，它对应用完全透明，无论是日志还是服务本身都不会有任何变化；它与程序语言无关，无论应用采用什么编程语言实现，只要它还是通过网络（HTTP 或者 gRPC）来访问服务就可以被追踪到；它有自己独立的数据通道，追踪数据通过控制平面上报，避免了追踪对程序通信或者日志归集的依赖和干扰，保证了最佳的精确性。如果要说这种追踪实现方式的缺点，那就是服务网格现在还不够普及，但随着云原生的发展，相信它在未来会成为追踪系统的主流实现方式之一。此外，边车代理本身对应用透明的工作原理决定了它只能实现服务调用层面的追踪，不能做到像图 10-6 中 Pinpoint 那样本地方法调用级别的追踪诊断。

现在市场占有率最高的边车代理 Envoy 就提供了相对完善的追踪功能，但没有提供自己的界面端和存储端，所以 Envoy 和 Sleuth 一样都属于狭义的追踪系统，需要配合专门的 UI 与存储来使用，现在 SkyWalking、Zipkin、Jaeger、LightStep Tracing 等系统都可以接收来自 Envoy 的追踪数据，充当它的界面端。

10.2.3　追踪规范化

比起日志与度量，追踪这个领域的产品竞争要相对激烈得多。一方面，目前还没有像日志、度量那样出现具有明显统治力的产品，仍处于群雄混战的状态。另一方面，几乎市面上所有的追踪系统都是以 Dapper 的论文为原型发展出来的，基本上都算是"同门师兄弟"，功能上并没有太本质的差距，却又受制于实现细节，彼此互斥，很难搭配工作。这种局面只能怪当初 Google 发表的 Dapper 只是论文而不是有约束力的规范标准，只提供了思路，并没有规定细节，譬如该怎样进行埋点、Span 上下文具体该有什么数据结构，怎样设计追踪系统与探针或者界面端的 API 接口，等等，都没有权威的规定。

为了推进追踪领域的产品的标准化，2016 年 11 月，CNCF 技术委员会接受了 OpenTracing 作为基金会第三个项目。OpenTracing 是一套与平台无关、与厂商无关、与语言无关的追踪协议规范，只要遵循 OpenTracing 规范，任何公司的追踪探针、存储、界面都可以随时切换，也可以相互搭配使用。

在操作层面，OpenTracing 只是制定了一个很薄的标准化层，位于应用程序与追踪系统之间，使得即使探针与追踪系统不是同一个厂商的产品，只要它们都支持 OpenTracing 协议就可以互相通信。此外，OpenTracing 还规定了微服务之间发生调用时，应该如何传递 Span 信息（OpenTracing Payload），以上这些都如图 10-7 右边竖排文字部分所示。

OpenTracing 规范公布后，几乎所有业界有名的追踪系统，譬如 Zipkin、Jaeger、SkyWalking 等都很快宣布支持 OpenTracing，但 Google 自己却在此时出来反对，并提出了与 OpenTracing 目标类似的 OpenCensus 规范，随后又得到了巨头 Microsoft 的支持和参与。OpenCensus 不仅涉及追踪，还把指标度量纳入进来；内容上不仅涉及规范制定，还把数据采集的探针和收集器都一起以 SDK（目前支持五种语言）的形式提供出来。

OpenTracing 和 OpenCensus 迅速形成可观测性的两大阵营，一边是在这方面深耕多年的众多老牌 APM 系统厂商，另一边是分布式追踪概念的提出者 Google 以及与 Google 同样庞大的 Microsoft。对追踪系统的规范化工作，并没有平息厂商竞争的混乱，反倒把水搅得更浑了。

2019 年，OpenTracing 和 OpenCensus 又忽然宣布握手言和，共同发布了可观测性的终极解决方案 OpenTelemetry，并宣布会各自冻结 OpenTracing 和 OpenCensus 的发展。OpenTelemetry 野心颇大，不仅包括追踪规范，还包括日志和度量方面的规范、各种语言的 SDK，以及采集系统的参考实现，它距离一个完整的追踪与度量系统，仅仅是缺了界面端和指标预警这些会与用户直接接触的后端功能，将它们留给具体产品去实现，勉强算是 OpenTelemetry 没有对一众 APM 厂商赶尽杀绝，留了一条活路。

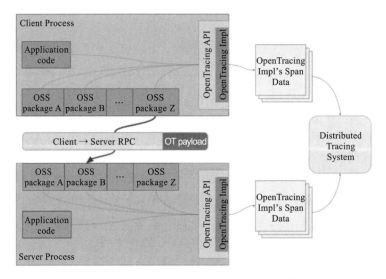

图 10-7　符合 OpenTracing 的软件架构[⊖]

OpenTelemetry 一诞生就带着无比炫目的光环，直接进入 CNCF 的孵化项目，它的目标是统一追踪、度量和日志三大领域（目前主要关注的是追踪和度量，日志方面，官方表示将放到下一阶段处理）。不过，OpenTelemetry 毕竟是 2019 年才出现的新生事物，尽管背景深厚，前途光明，但未来究竟如何发展，能否打败现在已经有的众多成熟系统，目前仍然言之尚早。

10.3　聚合度量

度量的目的是揭示系统的总体运行状态。相信大家应该见过这样的场景：在舰船的驾驶舱或者卫星发射中心的控制室，在整个房间最显眼的位置，布满整面墙壁的巨型屏幕里显示着一个个指示器、仪表板与统计图表，沉稳端坐中央的指挥官看着屏幕上闪烁变化的指标，果断决策，下达命令……如果以上场景被改成指挥官双手在键盘上飞舞，双眼紧盯着日志或者追踪系统，试图判断出系统工作是否正常，只是想象一下，就能感觉到一股身份与行为不一致的违和气息。由此可见度量与日志、追踪的差别，度量是用经过聚合统计后的高维度信息，以最简单直观的形式来总结复杂的过程，为监控、预警提供决策支持。

如果你人生经历比较平淡，没有驾驶航母的经验，甚至连一颗卫星或者导弹都没有发

⊖ 图片来源：https://medium.com/opentracing/towards-turnkey-distributed-tracing-5f4297d1736。

射过，那就只好打开电脑，按 CTRL+ALT+DEL 呼出任务管理器，看看图 10-8 所示这个熟悉的界面，它也是一个非常具有代表性的度量系统。

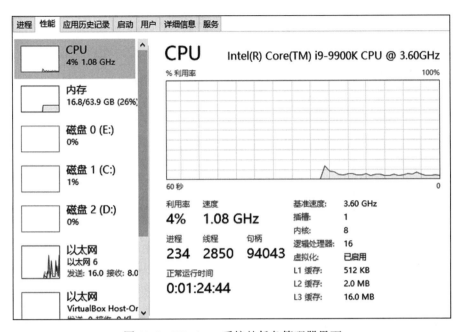

图 10-8　Windows 系统的任务管理器界面

度量总体上可分为客户端的指标收集、服务端的存储查询以及终端的监控预警三个相对独立的过程，每个过程在系统中一般也会设置对应的组件来实现，你不妨先翻到下面的图 10-9，看一眼 Prometheus 组件流程图，图中在 Prometheus Server 左边的部分都属于客户端过程，右边的部分就属于终端过程。

Prometheus 在度量领域的统治力虽然还暂时不如日志领域中 Elastic Stack 那么稳固，但在云原生时代，基本也已经能算是事实标准了，接下来，笔者将主要以 Prometheus 为例，介绍这三个过程的总体思路、大致内容与理论标准。

10.3.1　指标收集

指标收集部分要解决两个问题："如何定义指标"以及"如何将这些指标告诉服务端"。如何定义指标这个问题听起来应该是与目标系统密切相关的，必须根据实际情况才能讨论，但这并不是绝对的，无论目标是何种系统，都具备一些共性特征。确定目标系统前我们无法决定要收集什么指标，但指标的数据类型（Metric Type）是可数的，而所有通用的度量系统都是面向指标的数据类型来设计的。

❑ **计数度量器**（Counter）：这是最好理解也是最常用的指标形式。计数度量器就是对有相同量纲、可加减数值的合计量，譬如业务指标，销售额、货物库存量、职工人数等；技术指标，服务调用次数、网站访问人数等都属于计数器指标。

❑ **瞬态度量器**（Gauge）：瞬态度量器比计数器还简单，它表示某个指标在某个时点的数值，连加减统计都不需要。譬如当前 Java 虚拟机堆内存的使用量，这就是一个瞬态度量器；又譬如，网站访问人数是计数器指标，而网站在线人数则是瞬态度量指标。

❑ **吞吐率度量器**（Meter）：吞吐率度量器顾名思义是用于统计单位时间的吞吐量，即单位时间内某个事件的发生次数。譬如交易系统中常以 TPS 衡量事务吞吐率，即每秒发生了多少笔事务交易；又譬如港口的货运吞吐率常以"吨 / 每天"为单位计算，10 万吨 / 天的港口通常要比 1 万吨 / 天的港口的货运规模大。

❑ **直方图度量器**（Histogram）：直方图是常见的二维统计图，它的两个坐标分别是统计样本和该样本对应的某个属性的度量，以长条图的形式表示具体数值。譬如经济报告中要衡量某个地区历年的 GDP 变化情况，常会以 GDP 为纵坐标，时间为横坐标构成直方图来呈现。

❑ **采样点分位图度量器**（Quantile Summary）：分位图是统计学中比较各分位数的分布情况的工具，用于验证实际值与理论值的差距，评估理论值与实际值之间的拟合度。譬如，我们说"高考成绩一般符合正态分布"，这句话的意思是：高考成绩获得高分和低分的人数都较少，获得中等成绩的较多，将人数按不同分数段统计，得出的统计结果一般能够与正态分布的曲线较好地拟合。

除了以上常见的度量器之外，还有 Timer、Set、Fast Compass、Cluster Histogram 等其他各种度量器，不同的度量系统，其支持度量器类型的范围肯定会有差别，譬如 Prometheus 支持上面提到的五种度量器中的 Counter、Gauge、Histogram 和 Summary 四种。

对于"如何将这些指标告诉服务端"这个问题，通常有两种解决方案：拉取式采集（Pull-Based Metrics Collection）和推送式采集（Push-Based Metrics Collection）。所谓拉取是指度量系统主动从目标系统中拉取指标，相对地，推送就是由目标系统主动向度量系统推送指标。这两种方式并没有绝对的好坏优劣，以前很多老牌的度量系统，如 Ganglia、Graphite、StatsD 等是基于推送式采集的，而以 Prometheus、Datadog、Collectd 为代表的另一派度量系统则青睐拉取式采集⊖。关于采集方式的权衡，不仅仅在度量中有，所有涉及客户端和服务端通信的场景，都会涉及该谁主动的问题，上一节讲的追踪系统也是如此。

一般来说，度量系统只会支持其中一种指标采集方式，因为度量系统的网络连接数量，以及对应的线程或者协程数可能非常庞大，如何采集指标将直接影响整个度量系统的架构设计。

Prometheus 在基于拉取式采集架构的同时还能够有限度地兼容推送式采集，是因为它

⊖　Prometheus 官方解释选择 Pull 的原因：https://prometheus.io/docs/introduction/faq/#why-do-you-pull-rather-than-push？。

有 Push Gateway。如图 10-9 所示，这是一个位于 Prometheus Server 外部的相对独立的中介模块，将外部推送来的指标放到 Push Gateway 中暂存，然后再等候 Prometheus Server 从 Push Gateway 中去拉取。Prometheus 设计 Push Gateway 的本意是解决拉取式采集的一些固有缺陷，譬如目标系统位于内网，通过 NAT 访问外网，外网的 Prometheus 是无法主动连接目标系统的，这就只能由目标系统主动推送数据；又譬如某些小型短生命周期服务，可能还等不及 Prometheus 来拉取，服务就已经结束运行了，因此也只能由服务自己推送来保证度量的及时和准确。

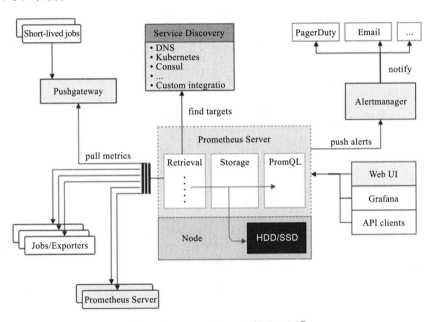

图 10-9　Prometheus 组件流程图⊖

在决定该谁主动以后，另一个问题是指标应该以怎样的网络访问协议、取数接口、数据结构来获取。与计算机科学中其他这类的问题类似，问题一贯的解决方向是"定义规范"，即由行业组织和主流厂商一起协商出专门用于度量的协议，让目标系统按照协议与度量系统交互。譬如，网络管理中的 SNMP、Windows 硬件的 WMI，以及此前提到的 Java 的 JMX 都属于这种思路的产物。但是，定义标准这个办法在度量领域中不是那么有效，上述列举的度量协议只在特定的一小块领域上流行过。原因一方面是业务系统要使用这些协议并不容易，你可以想象一下，让订单金额存到 SNMP 中，让基于 Golang 实现的系统把指标放到 JMX Bean 里，即便技术上可行，这也不像是正常程序员会干的事；另一方面，度量系统也不会甘心局限于某个领域，成为某项业务的附属品。度量面向的是广义上的信息系统，横跨存储（日志、文件、数据库）、通信（消息、网络）、中间件（HTTP 服务、API 服

⊖　图片来自 Prometheus 官网：https://github.com/prometheus/prometheus。

务），直到系统本身的业务指标，甚至还会包括度量系统本身（部署两个独立的 Prometheus 互相监控是很常见的）。所以，上面这些度量协议其实都没有成为最正确答案的希望。

鉴于没有了标准，有一些度量系统，譬如老牌的 Zabbix 就选择同时支持 SNMP、JMX、IPMI 等多种不同的度量协议，还有一些度量系统，以 Prometheus 为代表就相对强硬，选择不支持任何一种协议，只允许通过 HTTP 访问度量端点这一种访问方式。如果目标提供了 HTTP 的度量端点（如 Kubernetes、etcd 等本身就带有 Prometheus 的 Client Library）就直接访问，否则就需要一个专门的 Exporter 来充当媒介。

Exporter 是 Prometheus 提出的概念，它是目标应用的代表，既可以独立运行，也可以与应用运行在同一个进程中，只要集成 Prometheus 的 Client Library 便可。Exporter 以 HTTP 协议⊖返回符合 Prometheus 格式要求的文本数据给 Prometheus 服务器。

得益于 Prometheus 的良好社区生态，现在已经有大量各种用途的 Exporter，使得 Prometheus 的监控范围几乎能涵盖所有用户关心的目标，如表 10-2 所示。绝大多数用户都只需要针对自己系统业务方面的度量指标编写 Exporter 即可。

表 10-2　常用 Exporter

范围	常用 Exporter
数据库	MySQL Exporter、Redis Exporter、MongoDB Exporter、MSSQL Exporter 等
硬件	Apcupsd Exporter，IoT Edison Exporter，IPMI Exporter、Node Exporter 等
消息队列	Beanstalkd Exporter、Kafka Exporter、NSQ Exporter、RabbitMQ Exporter 等
存储	Ceph Exporter、Gluster Exporter、HDFS Exporter、ScaleIO Exporter 等
HTTP 服务	Apache Exporter、HAProxy Exporter、Nginx Exporter 等
API 服务	AWS ECS Exporter，Docker Cloud Exporter、Docker Hub Exporter、GitHub Exporter 等
日志	Fluentd Exporter、Grok Exporter 等
监控系统	Collectd Exporter、Graphite Exporter、InfluxDB Exporter、Nagios Exporter、SNMP Exporter 等
其他	Blockbox Exporter、JIRA Exporter、Jenkins Exporter，Confluence Exporter 等

顺便提一下，虽然前文提到了一堆没有希望成为最终正确答案的协议，但是有一种名为 OpenMetrics 的度量规范正在从 Prometheus 的数据格式中逐渐分离出来，有望成为监控数据格式的国际标准，最终结果如何，要取决于 Prometheus 本身的发展情况，还有 OpenTelemetry 与 OpenMetrics 的关系如何协调。

10.3.2　存储查询

指标从目标系统采集过来之后，应存储在度量系统中，以便被后续的分析界面、监控预警所使用。存储数据对于计算机软件来说是司空见惯的操作，但如果用传统关系数据库的思路来解决度量系统的存储，效果可能不会太理想。举个例子，假设你建设一个中等规

⊖　Prometheus 在 2.0 版本之前支持过 Protocol Buffer，目前已不再支持。

模的、有 200 个节点的微服务系统，每个节点要采集的存储、网络、中间件和业务等各种指标加一起，也按 200 个来计算，监控的频率如果按秒为单位的话，一天内就会产生超过 34 亿条记录：

$$200（节点）\times 200（指标）\times 86400（秒）= 3\ 456\ 000\ 000（记录）$$

大多数这种 200 节点规模的系统，本身一天的业务发生数据都远到不了 34 亿条，如果要建设度量系统，肯定不能让度量成为业务系统的负担，可见，度量的存储是需要专门研究、解决的问题。至于如何解决，让我们先来观察一段 Prometheus 的真实度量数据，如下所示：

```
{
    // 时间戳
    "timestamp": 1599117392,
    // 指标名称
    "metric": "total_website_visitors",
    // 标签组
    "tags": {
        "host": "icyfenix.cn",
        "job": "prometheus"
    },
    // 指标值
    "value": 10086
}
```

观察这段度量数据的特征：每一个度量指标由时间戳、名称、值和一组标签构成，除了时间外，指标不与任何其他因素相关。指标的数据总量固然不小，但它没有嵌套、没有关联、没有主外键，不必关心范式和事务，这些都是可以针对性优化的地方。事实上，业界早已存在专门针对该类型数据的数据库了，即"时序数据库"（Time Series Database）。

额外知识　时序数据库

时序数据库用于存储跟随时间而变化的数据，并且以时间（时间点或者时间区间）来建立索引的数据库。

时序数据库最早是应用于工业（电力行业、化工行业）应用的各类型实时监测、检查与分析设备所采集、产生的数据，这些工业数据的典型特点是产生频率快（每一个监测点一秒钟内可产生多条数据）、严重依赖于采集时间（每一条数据均要求对应唯一的时间）、测点多信息量大（常规的实时监测系统均可达到成千上万的监测点，监测点每秒钟都在产生数据）。

时间序列数据是历史烙印，具有不变性、唯一性、有序性。时序数据库同时具有数据结构简单，数据量大的特点。

Facebook 有研究表明 85% 的度量指标查询都与最近 26 个小时的数据写入有关，95% 以上时序操作是写操作，时序数据通常只是追加，很少删改或者根本不允许删改。针对数

据热点只集中在近期数据、多写少读、几乎不删改、数据只顺序追加这些特点，时序数据库被允许做出很激进的存储、访问和保留策略（Retention Policy）：

- ❑ 以日志结构的合并树（Log Structured Merge Tree，LSM-Tree）代替传统关系型数据库中的 B+ 树作为存储结构，LSM 适合的应用场景就是写多读少，且几乎不删改的数据。
- ❑ 设置激进的数据保留策略，譬如根据过期时间（TTL）自动删除相关数据以节省存储空间，同时提高查询性能。对于普通数据库来说，数据会存储一段时间后就被自动删除这种事情是不可想象的。
- ❑ 对数据进行再采样（Resampling）以节省空间，譬如最近几天的数据可能需要精确到秒，而查询一个月前的数据时，只需要精确到天，查询一年前的数据时，只要精确到周就够了，这样将数据重新采样汇总就可以极大节省存储空间。

时序数据库中甚至还有一种不罕见却更加极端的形式，叫作轮替型数据库（Round Robin Database，RRD），以环形缓冲（在 4.6 节介绍过）的思路实现，只能存储固定数量的最新数据，超期或超过容量的数据就会被轮替覆盖，因此虽然它有固定的数据库容量，却能接收无限量的数据输入。

Prometheus 服务端内置了一个强大的时序数据库实现，"强大"并非客气，近几年它在 DB-Engines 的排名中不断提升，目前已经跃居时序数据库排行榜的前三。该时序数据库提供了名为 PromQL 的数据查询语言，能对时序数据进行丰富的查询、聚合以及逻辑运算。某些时序库（如排名第一的 InfluxDB）也会提供类 SQL 风格查询，但 PromQL 不是，它是一套完全由 Prometheus 自己定制的数据查询 DSL，写起来风格有点像带运算与函数支持的 CSS 选择器。譬如要查找网站 "icyfenix.cn" 的访问人数，会是如下写法：

```
// 查询命令：
total_website_visitors{host="icyfenix.cn"}

// 返回结果：
total_website_visitors{host="icyfenix.cn",job="prometheus"}=(10086)
```

通过 PromQL 可以轻易实现指标之间的运算、聚合、统计等操作，在查询界面中往往需要通过 PromQL 计算多种指标的统计结果才能满足监控的需要，语法方面的细节笔者就不详细展开了，具体可以参考 Prometheus 的文档手册。

最后补充说明一下，时序数据库对度量系统来说是很合适的选择，但并不是说只有时序数据库才能解决度量指标的存储问题，Prometheus 流行之前最老牌的度量系统 Zabbix 就是用传统关系数据库来存储指标。

10.3.3 监控预警

指标度量是手段，最终目的是做分析和预警。界面分析和监控预警是与用户更加贴近的功能模块，但对度量系统本身而言，它们都属于相对外围的功能。与追踪系统的情况类似，广义上的度量系统由面向目标系统进行指标采集的客户端（Client，与目标系统进程在一起的 Agent，或者代表目标系统的 Exporter 等都可归为客户端），负责调度、存储和提供查询能力的服务端（Server，Prometheus 的服务端是有存储功能的，但也有很多度量服务端需要配合独立的存储来使用），以及面向最终用户的终端（Backend，UI 界面、监控预警功能等都归为终端）组成。狭义的度量系统就只包括客户端和服务端，不包含终端。

按照定义，Prometheus 应算是处于狭义和广义的度量系统之间，尽管它确实内置了一个界面解决方案"Console Template"，以模板和 JavaScript 接口的形式提供了一系列预设的组件（菜单、图表等），让用户编写一段简单的脚本就可以实现可用的监控功能。不过这种可用程度，往往不足以支撑正规的生产部署，只能说是为把度量功能嵌入系统的某个子系统提供了一定便利。在生产环境下，大多是 Prometheus 配合 Grafana 来进行展示的，这是 Prometheus 官方推荐的组合方案，但该组合也并非唯一选择，如果要搭配 Kibana 甚至 SkyWalking（8.x 版之后的 SkyWalking 支持从 Prometheus 获取度量数据）来使用也都是完全可行的。

良好的可视化能力对于提升度量系统的产品力十分重要，长期趋势分析（譬如根据对磁盘增长趋势的观察判断什么时候需要扩容）、对照分析（譬如版本升级后对比新旧版本的性能、资源消耗等方面的差异）、故障分析（不仅可以从日志、追踪指标自底向上分析故障，而且可以从高维度的度量指标自顶向下寻找问题的端倪）等分析工作，既需要度量指标的持续收集、统计，往往还需要对数据进行可视化，才能让人更容易地从数据中挖掘规律，毕竟数据最终还是要为人类服务的。

除了为分析、决策、故障定位等提供支持的用户界面外，度量信息的另外一种主要的消费途径是预警。譬如你希望当磁盘消耗超过 90% 时向你发送一封邮件或者一条微信消息，通知管理员过来处理，这就是一种预警。Prometheus 提供了专门用于预警的 Alert Manager，将 Alert Manager 与 Prometheus 关联后，可以设置某个指标在多长时间内达到何种条件就会触发预警状态，触发预警后，根据路由中配置的接收器，譬如邮件接收器、Slack 接收器、微信接收器，或者更通用的 WebHook 接收器等来自动通知用户。

不可变基础设施

虚拟化容器

容器是云计算、微服务等诸多软件行业核心技术的共同基石。容器的首要目标是让软件分发部署过程从传统的发布安装包、靠人工部署转变为直接发布已经部署好的、包含整套运行环境的虚拟化镜像。在容器技术成熟之前，主流的软件部署过程是由系统管理员编译或下载好二进制安装包，根据软件的部署说明文档准备好正确的操作系统、第三方库、配置文件、资源权限等各种前置依赖以后，才能将程序正确地运行起来。Chad Fowler 在提出"不可变基础设施"这个概念的文章"Trash Your Servers and Burn Your Code"㊀的开篇就直接吐槽：要把一个不知道打过多少个升级补丁、不知道经历了多少任管理员的系统迁移到其他机器上，毫无疑问会是一场灾难。

让软件能够在任何环境、任何物理机器上达到"一次编译，到处运行"曾是 Java 早年的宣传口号，这并不是一个简单的目标，不设前提的"到处运行"，仅靠 Java 语言和 Java 虚拟机是不可能达成的，因为一个计算机软件要能够正确运行，需要有以下三方面的兼容性来共同保障（这里仅讨论软件兼容性，不涉及"如果没有摄像头就无法运行照相程序"这类问题）。

- ❑ **ISA 兼容**：目标机器指令集的兼容性，譬如 ARM 架构的计算机无法直接运行面向 x86 架构编译的程序。
- ❑ **ABI 兼容**：目标系统或者依赖库的二进制兼容性，譬如 Windows 系统环境中无法直接运行 Linux 的程序，又譬如 DirectX 12 的游戏无法运行在 DirectX 9 之上。
- ❑ **环境兼容**：目标环境的兼容性，譬如没有正确设置的配置文件、环境变量、注册中心、数据库地址、文件系统的权限等，任何一个环境因素出现错误，都会让你的程

㊀ 文章地址：http://chadfowler.com/2013/06/23/immutable-deployments.html。

序无法正常运行。

> **额外知识　ISA 与 ABI**
>
> ISA（Instruction Set Architecture，指令集架构）是计算机体系结构中与程序设计相关的部分，包含基本数据类型、指令集、寄存器、寻址模式、存储体系、中断、异常处理以及外部 I/O。指令集架构包含一系列操作码（即通常所说的机器语言）以及由特定处理器执行的基本命令。
>
> ABI（Application Binary Interface，应用二进制接口）是应用程序与操作系统之间或其他依赖库之间的低级接口。ABI 涵盖了各种底层细节，如数据类型的宽度大小、对象的布局、接口调用约定等。ABI 不同于 API，API 定义的是源代码和库之间的接口，因此同样的代码可以在支持这个 API 的任何系统中编译，而 ABI 允许编译好的目标代码在使用兼容 ABI 的系统中直接运行，无须任何改动。

笔者把使用仿真（Emulation）以及虚拟化（Virtualization）技术来解决以上三项兼容性问题的方法都统称为虚拟化技术。根据抽象目标与兼容性高低的不同，虚拟化技术又分为下列五类。

- ❑ **指令集虚拟化**（ISA Level Virtualization）。通过软件来模拟不同 ISA 架构的处理器的工作过程，将虚拟机发出的指令转换为符合本机 ISA 的指令，典型代表为 QEMU 和 Bochs。其实指令集虚拟化就是仿真，它能提供几乎完全不受局限的兼容性，甚至能做到直接在 Web 浏览器上运行完整操作系统这种令人惊讶的效果，但由于每条指令都要由软件来转换和模拟，所以也是性能损失最大的虚拟化技术。

- ❑ **硬件抽象层虚拟化**（Hardware Abstraction Level Virtualization）。以软件或者直接通过硬件来模拟处理器、芯片组、内存、磁盘控制器、显卡等设备的工作过程。既可以使用纯软件的二进制翻译来模拟虚拟设备，也可以由硬件的 Intel VT-d、AMD-Vi 这类虚拟化技术，将某个物理设备直通（Passthrough）到虚拟机中使用，典型代表为 VMware ESXi 和 Hyper-V。如果没有预设语境，一般人们所说的"虚拟机"就是指这一类虚拟化技术。

- ❑ **操作系统层虚拟化**（OS Level Virtualization）。无论是指令集虚拟化还是硬件抽象层虚拟化，都会运行一套完全真实的操作系统来解决 ABI 兼容性和环境兼容性问题。虽然 ISA 兼容性是虚拟出来的，但 ABI 兼容性和环境兼容性却是真实存在的。操作系统层虚拟化不会提供真实的操作系统，而是采用隔离手段，使得不同进程拥有独立的系统资源和资源配额，看起来仿佛是独享了整个操作系统，但其实系统的内核仍然是被不同进程所共享的。

  操作系统层虚拟化的另一个名字就是本章的主角"容器化"（Containerization），由此可见，容器化仅仅是虚拟化的一个子集，只能提供操作系统内核以上的部分 ABI 兼容性与完整的环境兼容性。这意味着如果没有其他虚拟化手段的辅助，在 Windows 系统上是不可能运行 Linux 的 Docker 镜像的（现在可以是因为有其他虚拟机或者 WSL2 的支持），反之亦然。同时也决定了如果 Docker 宿主机的内核版本是 Linux Kernel 5.6，那无论上面运行的镜像是 Ubuntu、RHEL、Fedora、Mint 还是任何发行版的镜像，看到的内核一定都是相同的 Linux Kernel 5.6。容器化牺牲了一定的隔离性与兼容性，换来的是比前两种虚拟化更高的启动速度、运行性能和更低的执行负担。

❑ **运行库层虚拟化**（Library Level Virtualization）。与操作系统层虚拟化采用隔离手段来模拟系统不同，运行库层虚拟化选择使用软件翻译的方法来模拟系统，它以一个独立进程来可代替操作系统内核，可提供目标软件运行所需的全部能力。这种虚拟化方法获得的 ABI 兼容性高低，取决于软件是否能够准确和全面地完成翻译工作，典型代表为 WINE（Wine Is Not an Emulator 的缩写，一款在 Linux 下运行 Windows 程序的软件）和 WSL（特指 Windows Subsystem for Linux Version 1）。

❑ **语言层虚拟化**（Programming Language Level Virtualization）。由虚拟机将高级语言生成的中间代码转换为目标机器可以直接执行的指令，典型代表为 Java 的 JVM 和 .NET 的 CLR。虽然厂商肯定会提供在不同系统下都有相同接口的标准库，但本质上这种虚拟化并不直接解决任何 ABI 兼容性和环境兼容性问题。

11.1 容器的崛起

设计容器的最初目的不是部署软件，而是隔离计算机中的各类资源，以便降低软件开发、测试阶段可能产生的误操作风险，或者专门充当蜜罐，吸引黑客的攻击，以便监视黑客的行为。下面，笔者将以容器发展历史为线索，介绍容器技术在不同历史阶段中的主要关注点。

11.1.1 隔离文件：chroot

容器的起点可以追溯到 1979 年 UNIX 7 系统中提供的 chroot 命令，这个命令是英文单词"Change Root"的缩写，功能是当某个进程经过 chroot 操作之后，它的根目录就会被锁定在命令参数所指定的位置，以后它或者它的子进程将不能再访问和操作该目录之外的其他文件。

1991 年，世界上第一个监控黑客行动的蜜罐程序就是使用 chroot 来实现的，命令参数指定的根目录当时被作者戏称为"Chroot 监狱"（Chroot Jail），而黑客突破 chroot 限制的方法被称为"越狱"（Jailbreak）。后来，FreeBSD 4.0 系统重新实现了 chroot 命令，用它作为系统中进程沙箱隔离的基础，并将其命名为 FreeBSD Jail。再后来，苹果公司又以 FreeBSD 为基础研发出了举世闻名的 iOS 操作系统。此后，黑客们就将绕过 iOS 沙箱机制以 root 权限任意安装程序的方法称为"越狱"。当然，这些都是题外话了。

2000 年，Linux Kernel 2.3.41 引入了 pivot_root 技术来实现文件隔离，pivot_root 直接切换了根文件系统（rootfs），有效地避免了 chroot 命令可能出现的安全性漏洞。本文后续提到的容器技术，如 LXC、Docker 等也都是优先使用 pivot_root 来实现根文件系统切换的。

时至今日，chroot 命令依然活跃在 UNIX 系统及几乎所有主流的 Linux 发行版中，同时以命令行工具（chroot(8)）或者系统调用（chroot(2)）的形式存在，但无论是 chroot 命令还是 pivot_root，都不能提供完美的隔离性。原本按照 UNIX 的设计哲学，一切资源都可以视为文件，一切处理都可以视为对文件的操作，理论上，只要隔离了文件系统，一切资源都应该被自动隔离才对。可是哲学归哲学，现实归现实，从硬件层面暴露的低层次资源，如磁盘、网络、内存、处理器，到经操作系统层面封装的高层次资源，如 UNIX 分时（UNIX Time-Sharing，UTS）、进程 ID（Process ID，PID）、用户 ID（User ID，UID）、进程间通信（Inter-Process Communication，IPC），都存在大量以非文件形式暴露的操作入口。因此，以 chroot 为代表的文件隔离，仅仅是容器崛起之路的起点而已。

11.1.2　隔离访问：名称空间

2002 年，Linux Kernel 2.4.19 引入了一种全新的隔离机制：Linux 名称空间（Linux Namespace）。名称空间的概念在很多现代的高级程序语言中都存在，用于避免不同开发者提供的 API 相互冲突，相信身为开发人员的你肯定不陌生。

Linux 的名称空间是一种由内核直接提供的全局资源封装，是内核针对进程设计的访问隔离机制。进程在一个独立的 Linux 名称空间中朝系统看去，会觉得自己仿佛就是这方天地的主人，拥有这台 Linux 主机上的一切资源，不仅文件系统是独立的，还有着独立的 PID 编号（譬如拥有自己的 0 号进程，即系统初始化的进程）、UID/GID 编号（譬如拥有自己独立的 root 用户）、网络（譬如完全独立的 IP 地址、网络栈、防火墙等设置），等等，此时进程的心情简直不能再好了。

Linux 的名称空间是受"贝尔实验室九号项目"（一个分布式操作系统，"九号"项目并非代号，操作系统的名字就叫" Plan 9 from Bell Labs"，充满了赛博朋克风格）的启发而设计的，最初依然只是为了隔离文件系统，而非为了容器化的实现。这点从 Linux 在 2002 年发布时只提供了 Mount 名称空间，并且其构造参数为" CLONE_NEWNS"（即 Clone New Namespace 的缩写）而非"CLONE_NEWMOUNT"便能看出一些端倪。后来，要求系统隔离其他访问操作的呼声越来越高，从 2006 年起，Linux 内核陆续添加了 UTS、IPC 等名称空间的隔离，直到目前最新版本的 Linux Kernel 5.6 为止，Linux 名称空间支持以下八种资源的隔离（内核的官网 kernel.org 上仍然只列出了前六种，从 Linux 的 man 命令能查到全部八种），如表 11-1 所示。

如今，对文件、进程、用户、网络等各类信息的访问，都被囊括在 Linux 的名称空间中，即使一些今天仍没有被隔离的访问（譬如 syslog 就还没被隔离，容器内可以看到容器外其他进程产生的内核 syslog），日后也可以随内核版本的更新纳入这套框架中。现在距离完美的隔离性就只差最后一步了：资源的隔离。

表 11-1   Linux 名称空间支持八种资源的隔离

名称空间	隔离内容	内核版本
Mount	隔离文件系统，功能上大致可以类比 chroot	2.4.19
UTS	隔离主机的 Hostname、Domain name	2.6.19
IPC	隔离进程间通信的渠道（详见第 2 章中对 IPC 的介绍）	2.6.19
PID	隔离进程编号，无法看到其他名称空间中的 PID，意味着无法对其他进程产生影响	2.6.24
Network	隔离网络资源，如网卡、网络栈、IP 地址、端口等	2.6.29
User	隔离用户和用户组	3.8
Cgroup	隔离 cgroups 信息，进程有自己的 cgroups 的根目录视图（在 /proc/self/cgroup 不会看到整个系统的信息）。cgroups 的话题很重要，稍后笔者会安排一整节来介绍	4.6
Time	隔离系统时间，2020 年 3 月最新的 5.6 版内核开始支持进程独立设置系统时间	5.6

11.1.3   隔离资源：cgroups

如果要让一台物理计算机中的各个进程看起来像独享整台虚拟计算机，不仅要隔离各自进程的访问操作，还必须能独立控制分配给各个进程的资源使用配额，不然，一个进程发生了内存溢出或者占满了处理器，其他进程就莫名其妙地被牵连挂起，这样肯定算不上完美的隔离。

Linux 系统解决以上问题的方案是控制群组（Control Groups，目前常用的简写为 cgroups）。它与名称空间一样都是直接由内核提供功能，用于隔离或者分配并限制某个进程组能够使用的资源配额，资源配额包括处理器时间、内存大小、磁盘 I/O 速度等，具体可以参见表 11-2。

表 11-2   Linux 控制群组子系统的功能

控制群组子系统	功能
blkio	为块设备（如磁盘、固态硬盘、USB 等）设定 I/O 限额
cpu	控制 cgroups 中进程的处理器占用比率
cpuacct	自动生成 cgroups 中进程所使用的处理器时间的报告
cpuset	为 cgroups 中的进程分配独立的处理器（包括多路系统的处理器、多核系统的处理器核心）
devices	设置 cgroups 中进程访问某个设备的权限（读、写、创建三种权限）
freezer	挂起或者恢复 cgroups 中的进程
memory	设定 cgroups 中进程使用内存的限制，并自动生成内存资源使用报告
net_cls	使用等级识别符标记网络数据包，可允许 Linux 流量控制程序识别从具体 cgroups 中生成的数据包
net_prio	用来设置网络流量的优先级
hugetlb	主要针对 HugeTLB 系统进行限制
perf_event	允许 Perf 工具基于 cgroups 分组做性能监测

cgroups 项目最早是由 Google 的工程师（主要是 Paul Menage 和 Rohit Seth）在 2006 年发起的，当时取的名字就叫作"进程容器"（Process Container），不过"容器"这个名词的定义在那时候尚不如今天清晰，在不同场景中常有不同的含义，为避免混乱，2007 年这个项目才被重命名为 cgroups，并在 2008 年合并到 2.6.24 版内核后正式对外发布，这一阶段的 cgroups 被称为"第一代 cgroups"。2016 年 3 月发布的 Linux Kernel 4.5 版本中，搭载了由 Facebook 工程师（主要是 Tejun Heo）重新编写的"第二代 cgroups"，其关键改进是支持统一层级管理（Unified Hierarchy），使得管理员能更加清晰、精确地控制资源的层级关系。目前这两个版本的 cgroups 在 Linux 内核代码中是并存的，稍后介绍的 Docker 暂时仅支持第一代 cgroups。

11.1.4　封装系统：LXC

当文件系统、访问、资源都可以被隔离后，容器已经有了降生所需的全部前置条件，并且 Linux 的开发者们也已经明确地看到了这一点。为降低普通用户综合使用 namespaces、cgroups 这些低级特性的门槛，2008 年 Linux Kernel 2.6.24 刚刚开始提供 cgroups 的同一时间，就又马上发布了名为 Linux 容器（LinuX Container，LXC）的系统级虚拟化功能。

此前，在 Linux 上并不是没有系统级虚拟化的解决方案，譬如传统的 OpenVZ 和 Linux-VServer，它们都能够实现容器隔离，并且只会有很低的性能损失（按 OpenVZ 提供的数据，只有 1% ~ 3% 的损失），但都是非官方的技术，使用它们的最大阻碍是系统级虚拟化必须要有内核的支持，为此使用时就只能通过非官方内核补丁的方式修改标准内核，才能获得那些原本在内核中不存在的能力。

LXC 带着令人瞩目的光环登场，它的出现促使"容器"从一个阳春白雪的只流传于开发人员口中的技术词汇，逐渐向整个软件业的公共概念、共同语言发展，就如同今天的"服务器""客户端"和"互联网"一样。相信你现在肯定会好奇为什么现在一提到容器，大家首先联想到的是 Docker 而不是 LXC？为什么去问 10 个开发人员，至少有 9 个听过 Docker，但可能只有 1 个听说过 LXC？

LXC 的出现肯定受到了 OpenVZ 和 Linux-VServer 的启发，站在巨人的肩膀上过河并没有什么不对。可惜的是，LXC 在设定自己的发展目标时，也被前辈们的影响所局限住了。LXC 眼中的容器与 OpenVZ 和 Linux-VServer 定义的并无差别，是一种封装系统的轻量级虚拟机，而 Docker 眼中的容器则是一种封装应用的技术手段。这两种封装理念在技术层面并没有什么本质区别，但应用效果差异巨大。举个具体例子，如果你要建设一个 LAMP（Linux、Apache、MySQL、PHP）应用，按照 LXC 的思路，你应该先编写或者寻找到 LAMP 的 template（可以暂且不准确地类比为 LXC 版本的 Dockerfile 吧），以此构造出一个安装了 LAMP 的虚拟系统。如果从部署虚拟机的角度来看，这还挺方便的，作为那个时代（距今也就十年）的系统管理员，所有软件、补丁、配置都是自己搞定的，部署一台新虚拟机要花费一两天时间很正常，而有了 LXC 的 template，一下子都可以装好。但是，作为一名现代的系统管理员，这里的问题就相当大了，如果我想把 LAMP 改为 LNMP（Linux、Nginx、MySQL、PHP），该怎么办？如果我想把 LAMP 里的 MySQL 5 调整为 MySQL 8，该怎么办？此时只能寻找或者自己编写新的 template 来解决。但是，这台虚拟机的软件、版本都配置对了，下一台要构建 LYME 或者 MEAN，又该怎么办？以封装系统为出发点，仍是按照先装系统再装软件的思路，就永远无法在一两分钟甚至十几秒钟就构造出一个合乎要求的软件运行环境，也决定了 LXC 不可能形成今天的容器生态，所以，接下来舞台的聚光灯落到了 Docker 身上。

11.1.5　封装应用：Docker

2013 年宣布开源的 Docker 毫无疑问是容器发展历史上里程碑式的发明，然而 Docker 的成功似乎没有太多技术驱动的成分。至少对早期的 Docker 而言，确实没有什么能构成壁垒的技术，它的容器化能力直接来源于 LXC，它的镜像分层组合的文件系统直接来源于 AUFS。在 Docker 开源后不久，有人仅用一百多行 Shell 脚本便实现了 Docker 的核心功能（名为 Bocker⊖，提供了 docker build/pull/images/ps/run/exec/logs/commit/rm/rmi 等功能）。

那为何历史选择了 Docker，而不是 LXC 或者其他容器技术呢？对于这个问题，笔者将引用（转述非直译，有所精简）DotCloud 公司（当年创造 Docker 的公司，已于 2016 年倒闭）创始人 Solomon Hykes 在 Stackoverflow 上的一段问答来回应。

额外知识 **为什么要用 Docker 而不是 LXC？**

Docker 除了包装来自 Linux 内核的特性之外，它的价值还体现在如下几点上。

- ❑ **跨机器的绿色部署**：Docker 定义了一种将应用及其所有的环境依赖都打包到一起的格式，仿佛它原本就是绿色软件一样。而 LXC 并没有提供这样的能力，使用 LXC 部署的新机器的很多细节都需要人的介入，部署后虚拟机的环境几乎肯定会跟原本部署程序的机器有所差别。

- ❑ **以应用为中心的封装**：Docker 封装应用而非封装机器的理念贯穿了它的设计、API、界面、文档等多个方面。相比之下，LXC 将容器视为对系统的封装，这限制了容器的发展。

- ❑ **自动构建**：Docker 提供了开发人员在容器中构建产品的全部支持，使得开发人员无须关注目标机器的具体配置即可使用任意的构建工具链在容器中自动构建出最终产品。

- ❑ **多版本支持**：Docker 支持像 Git 一样管理容器的连续版本，进行检查版本间差异、提交或者回滚等操作。从历史记录中你可以看到该容器是如何一步一步构建成的，并且只增量上传或下载新版本中变更的部分。

- ❑ **组件重用**：Docker 允许将任何现有容器作为基础镜像来使用，以此构建出更加

⊖　下载地址：https://github.com/p8952/bocker。

专业的镜像。

□ **共享**：Docker 拥有公共的镜像仓库，成千上万的 Docker 用户可以在上面上传自己的镜像，同时也可以使用他人上传的镜像。

□ **工具生态**：Docker 开放了一套可自动化和自行扩展的接口，在此之上还有很多工具来扩展其功能，譬如容器编排、管理界面、持续集成等。

—— Solomon Hykes，Stackoverflow，2013

以上这段回答也同时被收录到 Docker 官网的 FAQ 上⊖，从 Docker 开源至今从未改变。促使 Docker 一问世就惊艳世间的，不是什么黑科技式的秘密武器，而是其符合历史潮流的创意与设计理念，以及充分开放的生态运营。可见，在正确的时候，正确的人手上有一个优秀的点子，确实有机会引爆一个时代。图 11-1 是 Docker 开源后一年（截至 2014 年 12 月）获得的成绩。

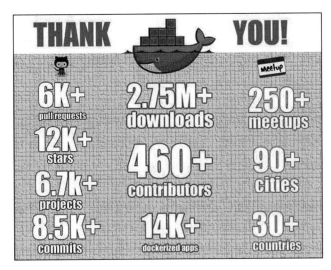

图 11-1　受到广泛认可的 Docker

从开源到现在也只过了短短数年时间，Docker 已成为软件开发、测试、分发、部署等各个环节都难以或缺的基础支撑，自身的架构也发生了相当大的改变，被分解为由 Docker Client、Docker Daemon、Docker Registry、Docker Container 等子系统，以及 Graph、Driver、libcontainer 等各司其职的模块组成，此时再说一百多行脚本就能实现 Docker 核心功能，或者 Docker 没有太高的技术含量，就不再合适了。

2014 年，Docker 开源了自己用 Go 语言开发的 libcontainer。这是一个越过 LXC 直接操作 namespaces 和 cgroups 的核心模块，它使得 Docker 能直接与系统内核打交道，而不必依赖 LXC 来提供容器化隔离能力。

⊖　地址：https://docs.docker.com/engine/faq/。

2015 年，在 Docker 的主导和倡议下，多家公司联合制定了"开放容器交互标准"（Open Container Initiative，OCI），这是一个关于容器格式和运行时的规范文件，其中包含运行时标准（runtime-spec）、容器镜像标准（image-spec）和镜像分发标准（distribution-spec，此标准还未正式发布）。运行时标准定义了应该如何运行一个容器、如何管理容器的状态和生命周期、如何使用操作系统的底层特性（namespaces、cgroups、pivot_root 等）；容器镜像标准规定了容器镜像的格式、配置、元数据的格式，可以理解为对镜像的静态描述；镜像分发标准则规定了镜像推送和拉取的网络交互过程。

为了符合 OCI 标准，Docker 推动自身的架构继续向前演进，首先将 libcontainer 独立出来，封装重构成 runC 项目，并捐献给 Linux 基金会管理。runC 是 OCI 运行时的首个参考实现，提出了"让标准容器无所不在"的口号。为了能够兼容所有符合标准的 OCI 运行时实现，Docker 进一步重构了 Docker Daemon 子系统，将其中与运行时交互的部分抽象为 containerd 项目，这是一个负责管理容器执行、分发、监控、网络、构建、日志等功能的核心模块，内部会为每个容器运行时创建一个 containerd-shim 适配进程，默认与 runC 搭配工作，但也可以切换到其他 OCI 运行时实现上（然而实际并没做到，最后 containerd 仍是紧密绑定于 runC）。2016 年，Docker 把 containerd 项目捐献给 CNCF 管理。runC 与 containerd 两个项目的捐赠托管，既是 Docker 对开源信念执着的追求，也是 Docker 在众多云计算大厂夹击下无奈的自救，这两个项目将成为未来 Docker 消亡和存续的伏笔。（看到本节末尾你就能理解这句矛盾的话了。）Docker、containerd 和 runC 的交互关系如图 11-2 所示。

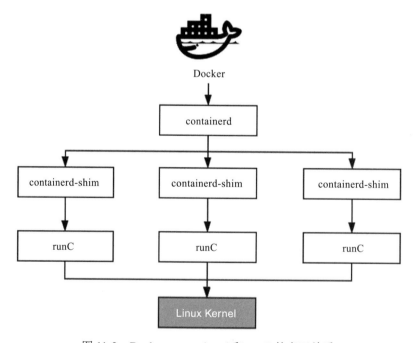

图 11-2　Docker、containerd 和 runC 的交互关系

以上笔者列举的这些 Docker 推动的开源与标准化工作，既是对 Docker 为开源乃至整个软件业做出贡献的赞赏，又是为后面介绍容器编排时讲述当前容器引擎的混乱关系做的铺垫。Docker 目前无疑在容器领域具有统治地位，但统治的稳固程度不仅没到高枕无忧，说是危机四伏都不为过。目前已经有可见的、足以威胁 Docker 地位的潜在可能性正在酝酿，这是源于虽然 Docker 赢得了容器战争，但 Docker Swarm 却输掉了容器编排战争。从结果回望当初，Docker 赢得容器战争有一些偶然，Docker Swarm 输掉的容器编排战争却是必然的。

11.1.6　封装集群：Kubernetes

如果说以 Docker 为代表的容器引擎是将软件的发布流程从分发二进制安装包转变为直接分发虚拟化后的整个运行环境，令应用得以实现跨机器的绿色部署，那以 Kubernetes 为代表的容器编排框架就是把大型软件系统运行所依赖的集群环境也进行了虚拟化，令集群得以实现跨数据中心的绿色部署，并能够根据实际情况自动扩缩。

容器的崛起之路讲到 Docker 和 Kubernetes 这个阶段，已经不再是介绍历史了，从这里开始发生的变化都是近几年软件行业中的热点事件，也是本章要讨论的主要话题。现在笔者暂时不打算介绍 Kubernetes 的技术细节，而是将它们留到后面的文章中进行更详细的解析。本节我们首先从宏观层面去理解 Kubernetes 的诞生与演变的驱动力，这对正确理解未来云原生的发展方向至关重要。

Kubernetes 可谓出身名门，前身是 Google 内部已运行多年的集群管理系统 Borg，于 2014 年 6 月使用 Go 语言完全重写后开源。自 Kubernetes 诞生之日起，只要与云计算稍微扯上关系的业界巨头都对 Kubernetes 争相追捧，IBM、Red Hat、Microsoft、VMware 和华为都是它最早期的代码贡献者。此时，云计算从实验室到工业化应用已经有十个年头，然而大量应用使用云计算的方式仍停滞在传统 IDC（Internet Data Center，网络数据中心）时代，仅仅是用云端的虚拟机代替了传统的物理机。尽管早在 2013 年，Pivotal（持有 Spring Framework 和 Cloud Foundry 的公司）就提出了"云原生"的概念，但是要实现服务化、具备韧性（Resilience）、弹性（Elasticity）、可观测性（Observability）的软件系统十分困难，在当时基本只能依靠架构师和程序员高超的个人能力，云计算本身帮不上什么忙。在云的时代不能充分利用云的强大能力，这让云计算厂商无比遗憾，也无比焦虑。直到 Kubernetes 横空出世，大家才等到了破局的希望，认准了这就是云原生时代的操作系统，是让复杂软件在云计算下获得韧性、弹性、可观测性的最佳路径，也是让厂商们推动云计算时代加速到来的关键引擎之一。

2015 年 7 月，Kubernetes 发布了第一个正式版本 1.0 版，同时 Google 宣布与 Linux 基金会共同筹建云原生基金会（CNCF），并且将 Kubernetes 托管到 CNCF，成为其第一个项目。随后，Kubernetes 以摧枯拉朽之势打败了容器编排领域的其他竞争对手，哪怕 Docker Swarm 有着 Docker 在容器引擎方面的先天优势，甚至 DotCloud 后来将 Swarm 直接内置入

Docker 中，都未能稍稍阻挡 Kubernetes 前进的步伐。Kubernetes 与容器引擎的调用关系如
图 11-3 所示。

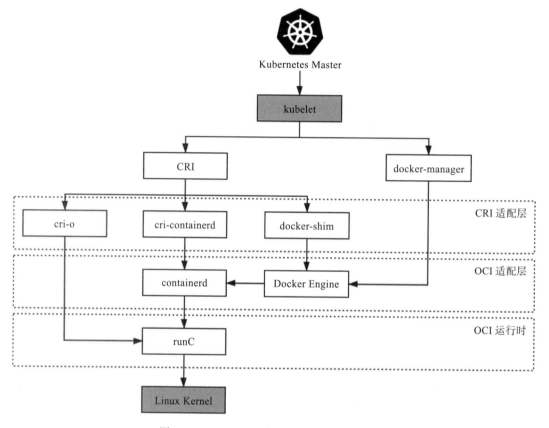

图 11-3　Kubernetes 与容器引擎的调用关系

　　Kubernetes 的成功与 Docker 的成功并不相同。Docker 靠的是优秀的理念，以一个"好
点子"引爆了一个时代。笔者相信就算没有 Docker 也会有 Cocker 或者 Eocker 的出现，但
由成立仅三年的 DotCloud 公司（三年后又倒闭）做成这样的产品确实有一定的偶然性。而
Kubernetes 的成功不仅有 Google 深厚的技术功底作为支撑，而且有领先时代的设计理念，
更加关键的是 Kubernetes 的出现符合所有云计算大厂的切身利益，有着业界巨头不遗余力
的广泛支持，所以它的成功是一种必然。

　　Kubernetes 与 Docker 的关系十分微妙，把握住两者关系的变化过程，是理解 Kubernetes
架构演变与 CRI、OCI 规范的良好线索。在 Kubernetes 开源的早期，它是完全依赖且绑定
于 Docker 的，并没有过多考虑日后有使用其他容器引擎的可能性。直至 Kubernetes 1.5 版
本之前，Kubernetes 管理容器的方式都是通过内部的 DockerManager 向 Docker Engine 以
HTTP 方式发送指令，通过 Docker 来完成镜像的增删改查操作，如图 11-3 最右边线路的箭

头所示。(图中的 kubelet 是集群节点中的代理程序,负责与管理集群的 Master 通信,其他节点的含义将在后文介绍。)将这个阶段 Kubernetes 与容器引擎的调用关系捋直,并结合上一节提到的 Docker 捐献 containerd 与 runC 项目后重构的调用,完整的调用链如下所示:

Kubernetes Master → kubelet → DockerManager → Docker Engine → containerd → runC

2016 年,Kubernetes 1.5 版本开始引入容器运行时接口(Container Runtime Interface,CRI),这是一个定义容器运行时应该如何接入 kubelet 的规范标准,从此 Kubernetes 内部的 DockerManager 就被更为通用的 KubeGenericRuntimeManager 所替代(实际上在 1.6.6 版本之前都仍然可以看到 DockerManager),kubelet 与 KubeGenericRuntimeManager 之间通过 gRPC 协议通信。由于 CRI 是在 Docker 之后才发布的规范,Docker 是肯定不支持 CRI 的,所以 Kubernetes 又提供了 DockerShim 服务作为 Docker 与 CRI 的适配层,由它与 Docker Engine 以 HTTP 形式通信,实现了原来 DockerManager 的全部功能。此时,Docker 对 Kubernetes 来说只是一项默认依赖,而非之前的无可或缺了,它们的调用链为:

Kubernetes Master → kubelet → KubeGenericRuntimeManager → DockerShim → Docker
Engine → containerd → runC

2017 年,由 Google、Red Hat、Intel、SUSE、IBM 联合发起的 CRI-O(Container Runtime Interface Orchestrator)项目发布了首个正式版本。从名字就可以看出,一方面,它肯定是完全遵循 CRI 规范实现的,另一方面,它可以支持所有符合 OCI 运行时标准的容器引擎,默认仍然是与 runC 搭配工作,若要换成 Clear Containers、Kata Containers 等其他 OCI 运行时引擎也完全没有问题。虽然开源版 Kubernetes 是使用 CRI-O、cri-containerd 抑或是 DockerShim 作为 CRI 实现,完全可以由用户自由选择(根据用户宿主机的环境选择),但在 Red Hat 自己扩展定制的 Kubernetes 企业版,即 OpenShift 4 中,调用链中已经没有了 Docker Engine 的身影:

Kubernetes Master → kubelet → KubeGenericRuntimeManager → CRI-O → runC

由于此时 Docker 在容器引擎中的市场份额仍然占有绝对优势,对于普通用户来说,如果没有明确的收益,就没有什么动力把 Docker 换成别的引擎,所以 CRI-O 即使摆出了直接挖掉 Docker 根基的凶悍姿势,也并没有给 Docker 带来太多即时可见的影响,不过能够想象此时 Docker 心中肯定充斥了难以言喻的危机感。

2018 年,由 Docker 捐献给 CNCF 的 containerd 项目,在 CNCF 的精心孵化下发布了 1.1 版。1.1 版与 1.0 版的最大区别是此时它完美地支持了 CRI 标准,这意味着原本用作 CRI 适配器的 cri-containerd 从此不再需要。此时,再观察 Kubernetes 到容器运行时的调用链,你会发现调用步骤会比通过 DockerShim、Docker Engine 与 containerd 交互的步骤减少两步,这又意味着用户只要愿意抛弃 Docker,在容器编排上便可至少省略一次 HTTP 调用,获得性能上的收益,且根据 Kubernetes 官方给出的测试数据⊖,这些免费的收益还相当可

⊖　测试数据:https://kubernetes.io/blog/2018/05/24/kubernetes-containerd-integration-goes-ga/。

观。Kubernetes 从 1.10 版本宣布开始支持 containerd 1.1，此时在调用链中已经能够完全抹去 Docker Engine 的存在：

Kubernetes Master → kubelet → KubeGenericRuntimeManager → containerd → runC

今天，要使用哪一种容器运行时取决于安装 Kubernetes 时宿主机上的容器运行时环境，但对于阿里云 ACK、腾讯云 TKE 等直接提供 Kubernetes 容器环境的云计算厂商来说，采用的容器运行时普遍都已是 containerd，毕竟运行性能对它们来说就是核心生产力和竞争力。

未来，随着 Kubernetes 持续发展壮大，Docker Engine 经历从不可或缺、默认依赖、可选择、直到淘汰是大概率事件，这件事情表面上是 Google、Red Hat 等云计算大厂联手所为，但实际淘汰它的还是技术发展的潮流趋势，就如同 Docker 诞生时依赖 LXC，到最后用 libcontainer 取代 LXC 一般。同时，我们也该看到事情的另一面，现在连 LXC 都还没有被淘汰，反倒发展出了更加专注于与 OpenVZ 等系统级虚拟化竞争的 LXD，相信 Docker 本身也很难彻底消亡，如已经习惯使用的 CLI 界面，已经形成成熟生态的镜像仓库等都应该会长期存在，只是在容器编排领域，未来的 Docker 很可能只会以 runC 和 containerd 的形式存续下去，毕竟它们最初都源于 Docker。

11.2　以容器构建系统

自从 Docker 提出的"以封装应用为中心"的容器发展理念成功取代 LXC 的"以封装系统为中心"的理念以后，一个容器封装一个单进程应用已经成为被广泛认可的最佳实践。然而单体时代过去之后，分布式系统里应用的概念已不再等同于进程，此时的应用需要多个进程共同协作，通过集群的形式对外提供服务，而以虚拟化方法实现这个目标的过程就被称为容器编排（Container Orchestration）。

容器之间顺畅地交互通信是协作的核心需求，但容器协作并不仅仅是将容器以高速网络互相连接而已。如何调度容器，如何分配资源，如何扩缩规模，如何最大限度地接管系统中的非功能特性，如何让业务系统尽可能免受分布式复杂性的困扰，都是容器编排框架必须考虑的问题。只有恰当解决了这一系列问题，云原生应用才有可能获得比传统应用更高的生产力。

11.2.1　隔离与协作

笔者并不打算过多介绍 Kubernetes 具体有哪些功能，例如 Kubernetes 由 Pod、Node、Deployment、ReplicaSet 等各种类型的资源组成的服务、集群管理平面与节点之间如何工作、每种资源该如何配置使用等。如果你希望了解这方面信息，可以从 Kubernetes 官网的文档库或任何一本以 Kubernetes 为主题的使用手册中得到。

　　笔者真正希望说清楚的问题是"为什么 Kubernetes 会设计成现在这个样子""为什么以容器构建系统应该这样做"，而寻找这些问题的答案最好是从它们的设计意图出发。为此，笔者虚构了一系列从简单到复杂的场景供你代入其中，理解并解决这些场景中的问题，并不要求你对 Kubernetes 有多深入的了解，但要求你至少使用过 Kubernetes 和 Docker，基本了解它们的核心功能与命令；此外还会涉及一点儿 Linux 系统内核资源隔离的基础知识，别担心，只要你读懂了上一节，就已经完全够用了。

　　现在来设想一下，如果让你设计一套容器编排系统，协调各种容器共同完成一项工作，会遇到什么问题？你会如何着手解决？让我们从最简单的场景出发。

　　　　场景一：假设你现在有两个应用，一个是 Nginx，另一个是为该 Nginx 收集日志的 Filebeat，你希望将它们封装为容器镜像，以方便日后分发。

　　最直接的方案就是将 Nginx 和 Filebeat 直接编译成同一个容器镜像，这是可以做到的，而且并不复杂，然而这样做会埋下很大的隐患：它违背了 Docker 提倡的单个容器封装单进程应用的最佳实践。Docker 设计的 Dockerfile 只允许有一个 ENTRYPOINT，这并非无故添加的人为限制，而是因为 Docker 只能通过监视 PID 为 1 的进程（即由 ENTRYPOINT 启动的进程）的运行状态来判断容器的工作状态是否正常，然后根据状态决定是否执行清理自动重启等操作。设想一下，即使我们使用了 supervisord 之类的进程控制器来解决同时启动 Nginx 和 Filebeat 进程的问题，如果它们因某种原因不停发生崩溃、重启，那 Docker 也无法察觉到，它只能观察到 supervisord 的运行状态，因此，以上需求会理所当然地演化成场景二。

　　　　场景二：假设你现在有两个 Docker 镜像，其中一个封装了 HTTP 服务，为便于称呼，我们称它为 Nginx 容器，另一个封装了日志收集服务，我们称它为 Filebeat 容器。现在要求 Filebeat 容器能收集 Nginx 容器产生的日志信息。

　　场景二依然不难解决，只要在 Nginx 容器和 Filebeat 容器启动时，分别将它们的日志目录和收集目录挂载为宿主机同一个磁盘位置的 Volume 即可，这种操作在 Docker 中是十分常用的容器间的信息交换手段。不过，容器间信息交换的不仅仅是文件系统，假如此时我又引入了一个新的工具——confd（Linux 下的一种配置管理工具，作用是根据配置中心（etcd、ZooKeeper、Consul）的变化自动更新 Nginx 的配置），这里便又会遇到新的问题。confd 需要向 Nginx 发送 HUP 信号，以便通知 Nginx 配置已经发生了变更，而发送 HUP 信号自然要求 confd 与 Nginx 能够进行 IPC 通信才行。尽管共享 IPC 名称空间不如共享 Volume 常见，但 Docker 同样支持了该功能。docker run 提供了 --ipc 参数，用于把多个容器挂载到同一个父容器的 IPC 名称空间之下，以实现容器间共享 IPC 名称空间的需求。类似地，如果要共享 UTS 名称空间，可以使用 --uts 参数；如果要共享网络名称空间，则可以使用 --net 参数。

以上便是 Docker 针对场景二这种不跨机器的多容器协作所给出的解决方案，自动地为多个容器设置好共享名称空间其实就是 Docker Compose 提供的核心能力。这种针对具体应用需求来共享名称空间的方案，确实可以工作，却不够优雅，也谈不上有什么扩展性。容器的本质是对 cgroups 和 namespaces 所提供的隔离能力的一种封装，在 Docker 提倡的单进程封装的理念影响下，容器蕴含的隔离性多了仅针对单个进程的额外限制，而 Linux 的 cgroups 和 namespaces 原本都是针对进程组而非单个进程来设计的，同一个进程组中的多个进程天然就可以共享相同的访问权限与资源配额。如果现在我们把容器与进程在概念上对应起来，那容器编排的第一个扩展点，就是要找到容器领域中与"进程组"相对应的概念，这是实现容器从隔离到协作的第一步，在 Kubernetes 的设计里，这个对应物叫作 Pod。

额外知识　**Pod 名字的由来与含义**

Pod 的概念在容器正式出现之前的 Borg 系统中就已经存在了。从 Google 发表的" Large-Scale Cluster Management at Google with Borg "[⊖] 可以看出，Kubernetes 时代的 Pod 整合了 Borg 时代的" Prod"（Production Task 的缩写）与" Non-Prod"的职能。由于 Pod 一直没有权威的中文翻译，笔者在后续文章中会尽量用英文指代，偶尔需要中文的场合就使用 Borg 中 Prod 的译法（即"生产任务"）来指代。

有了"容器组"的概念，场景二的问题便只需要将多个容器放到同一个 Pod 中即可解决。扮演容器组的角色，满足容器共享名称空间的需求，是 Pod 的两大最基本职责之一，同处于一个 Pod 内的多个容器，相互之间以超亲密的方式协作。请注意，"超亲密"在这里并非某种带强烈感情色彩的形容词，而是一种有具体定义的协作程度。对于普通非亲密的容器，它们一般以网络交互方式（其他譬如共享分布式存储来交换信息也算跨网络）协作；对于亲密协作的容器，它们一般被调度到同一个集群节点上，可以通过共享本地磁盘等方式协作；而超亲密的协作是特指多个容器位于同一个 Pod 的特殊关系，它们将默认共享如下内容。

- ❏ **UTS 名称空间**：所有容器都有相同的主机名和域名。
- ❏ **网络名称空间**：所有容器都共享一样的网卡、网络栈、IP 地址等。因此，同一个 Pod 中不同容器占用的端口不能冲突。
- ❏ **IPC 名称空间**：所有容器都可以通过信号量或者 POSIX 共享内存等方式通信。
- ❏ **时间名称空间**：所有容器都共享相同的系统时间。

同一个 Pod 的容器，只有 PID 名称空间和文件名称空间默认是隔离的。PID 的隔离令每个容器都有独立的进程 ID 编号，它们封装的应用进程就是 PID 为 1 的进程，可以通过 Pod 元数据定义中的 spec.shareProcessNamespace 来改变这点。一旦要求共享 PID 名称空间，容器封装的应用进程就不再具有 PID 为 1 的特征了，这有可能导致部分依赖该特征

⊖　下载地址：https://pdos.csail.mit.edu/6.824/papers/borg.pdf。

的应用出现异常。在文件名称空间方面，容器要求文件名称空间的隔离是很理所当然的需求，因为容器需要相互独立的文件系统以避免冲突，但容器间可以共享存储卷，这是通过 Kubernetes 的 Volume 来实现的。

📺 额外知识 **Kubernetes 中 Pod 名称空间共享的实现细节**

Pod 内部多个容器共享 UTS、IPC、网络等名称空间是通过一个名为 Infra Container 的容器来实现的，这个容器是整个 Pod 中第一个启动的容器，只有几百 KB 大小（代码只有很短的几十行⊖），Pod 中的其他容器都会以 Infra Container 作为父容器，UTS、IPC、网络等名称空间实质上都来自 Infra Container 容器。

如果容器设置为共享 PID 名称空间，那么 Infra Container 中的进程将作为 PID 1 进程，而其他容器的进程将以它的子进程的方式存在，此时将由 Infra Container 来负责进程管理（譬如清理僵尸进程）、感知状态和传递状态。

由于 Infra Container 的代码除了注册 SIGINT、SIGTERM、SIGCHLD 等信号的处理器外，就只是一个以 pause() 方法为循环体的无限循环，永远处于 Pause 状态，所以也常被称为 "Pause Container"。

Pod 的另外一个基本职责是实现原子性调度，如果容器编排不跨越集群节点，是否具有原子性都无关紧要。但是在集群环境中，在容器可能跨机器调度时，这个特性就变得非常重要。如果以容器为单位来调度，不同的容器就有可能被分配到不同的机器上。两台机器之间本来就是物理隔离，依靠网络连接的，这时候谈什么名称空间共享、cgroups 配额共享都将毫无意义，我们由此将场景二又演化成以下场景三。

场景三：假设你现在有 Filebeat、Nginx 两个 Docker 镜像，在一个具有多个节点的集群环境下，要求每次调度都必须让 Filebeat 和 Nginx 容器运行于同一个节点上。

两个关联的协作任务必须一起调度的需求在容器出现之前就存在已久，譬如在传统的多线程（或多进程）并发调度中，如果两个线程（或进程）的工作是强依赖的，单独给其中一个分配处理时间、而另一个被挂起会导致程序无法工作，如此就有了协同调度（Coscheduling）的概念，以保证一组紧密联系的任务能够被同时分配资源。如果我们在容器编排中仍然坚持将容器视为调度的最小粒度，那对容器运行所需资源的需求声明就只能设定在容器上，这样集群每个节点剩余资源越紧张，单个节点无法容纳全部协同容器的概率就越大，协同的容器被分配到不同节点的可能性就越高。

协同调度是十分麻烦的，实现起来要么很低效，譬如 Apache Mesos 的 Resource Hoarding

⊖ 下载地址：https://github.com/kubernetes/kubernetes/tree/master/build/pause。

调度策略，就要等所有需要调度的任务都完备后才会开始分配资源；要么很复杂，譬如 Google 就曾针对 Borg 的下一代 Omega 系统发表过论文"Omega: Flexible, Scalable Schedulers for Large Compute Clusters"⊖，介绍 Omega 是如何通过乐观并发（Optimistic Concurrency）、冲突回滚的方式做到高效率且高复杂度的协同调度的。但是如果将运行资源的需求声明定义在 Pod 上，直接以 Pod 为最小的原子单位来实现调度，由于多个 Pod 之间必定不存在超亲密的协同关系，只会通过网络非亲密地协作，就没有协同的说法，自然也不需要考虑复杂的调度了。关于 Kubernetes 的具体调度实现，笔者会在第 14 章中展开讲解。

Pod 是隔离与调度的基本单位，也是我们接触的第一种 Kubernetes 资源。Kubernetes 将一切皆视为资源，不同资源之间依靠层级关系相互组合、协作的这个思想是贯穿 Kubernetes 整个系统的两大核心设计理念之一，不仅在容器、Pod、主机、集群等计算资源上是这样，如图 11-4 所示，在工作负载、持久存储、网络策略、身份权限等其他领域中也都有一致的体现。

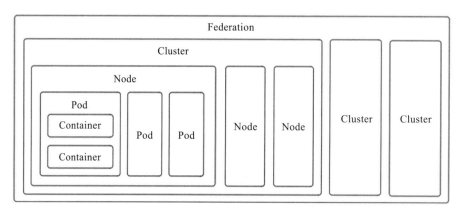

图 11-4　Kubernetes 的计算资源

由于 Pod 是 Kubernetes 中最重要的资源，又是资源模型中一种仅在逻辑上存在、没有物理对应的概念（因为对应的"进程组"也只是个逻辑概念），是其他编排系统没有的概念，所以笔者专门花费了一些篇幅去介绍它的设计意图，而不是像帮助手册那样直接给出它的作用和特性。对于 Kubernetes 中的其他计算资源，像 Node、Cluster 等都有切实的物理对应物，相信你很容易就能理解，所以笔者就不逐一介绍了，仅将它们的设计意图列举如下。

❑ **容器**（Container）：延续了自 Docker 以来一个容器封装一个应用进程的理念，是镜像管理的最小单位。

❑ **生产任务**（Pod）：补充了容器化后缺失的与进程组对应的"容器组"的概念，Pod 中的容器共享 UTS、IPC、网络等名称空间，是资源调度的最小单位。

□ **节点**（Node）：对应于集群中的单台机器，这里的机器既可以是生产环境中的物理机，也可以是云计算环境中的虚拟节点，节点是处理器和内存等资源的资源池，是硬件单元的最小单位。

□ **集群**（Cluster）：对应于整个集群，Kubernetes 提倡面向集群来管理应用。当你要部署应用的时候，只需要通过声明式 API 将你的意图写成一份元数据（Manifest），将它提交给集群即可，而无须关心它具体分配到哪个节点（尽管通过标签选择器完全可以控制它分配到哪个节点，但一般不需要这样做）、如何实现 Pod 间通信、如何保证韧性与弹性，等等，所以集群是处理元数据的最小单位。

□ **集群联邦**（Federation）：对应于多个集群，通过集群联邦可以统一管理多个 Kubernetes 集群，它的一种常见应用是能满足跨可用区域多活、跨地域容灾的需求。

11.2.2　韧性与弹性

笔者曾看过一部叫作《泡泡男孩》的电影，讲述了一个体内没有任何免疫系统的小男孩，终日只能生活在无菌的圆形气球里，对常人来说不值一提的细菌，都能直接威胁到他的性命。小男孩尽管能够降生于世间，但并不能真正与世界交流，这种生命是极度脆弱的。

真实世界的软件系统与电影世界中的小男孩亦具有可比性。让容器得以相互连通、相互协作仅仅是以容器构建系统的第一步，我们不仅希望得到一个能够运行起来的系统，还希望得到一个能够健壮运行、能够抵御意外与风险的系统。在 Kubernetes 的支持下，你确实可以通过直接创建 Pod 将应用运行起来，但这样的应用就如同电影中只能存活在气球中的小男孩一般脆弱，无论是软件缺陷、意外操作或者硬件故障，都可能导致在复杂协作过程中的某个容器出现异常，进而出现系统性崩溃。为此，架构师专门设计了服务容错的策略和模式，Kubernetes 作为云原生时代的基础设施，也尽力帮助程序员以最小的代价来实现容错，为系统健壮运行提供底层支持。

控制器模式是继资源模型之后，本节介绍的另一个 Kubernetes 核心设计理念，而如何实现具有韧性与弹性的系统是展示 Kubernetes 控制器设计模式的最好示例。下面，我们就从如何解决场景四的问题开始。

场景四：假设有一个由数十个 Node、数百个 Pod、近千个 Container 所组成的分布式系统，要避免系统因为外部流量压力、代码缺陷、软件更新、硬件升级、资源分配等原因而出现中断，作为管理员，你希望编排系统为你提供哪种支持？

作为用户，当然最希望容器编排系统能自动把所有意外因素都消灭掉，让任何一个服务都永远健康，永不出错。但永不出错的服务是不切实际的，所以只能退而求其次，让编排系统在这些服务出现问题或者运行状态不正确的时候，能自动调整成正确的状态。这种需求听起来也是贪心的，却已经具备足够的可行性，相应的解决办法在工业控制系统里已经有非常成熟的应用，叫作控制回路（Control Loop）。

Kubernetes 官方文档是以房间中空调自动调节温度为例介绍了控制回路的一般工作过程：当你设置好了温度，就是告诉空调你对温度的"期望状态"（Desired State），而传感器测量出的房间的实际温度是"当前状态"（Current State）。根据当前状态与期望状态的差距，由控制器通过控制空调的制冷开关来调节温度，使当前状态逐渐接近期望状态，如图 11-5 所示。

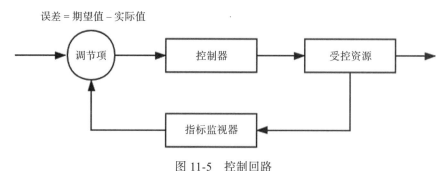

图 11-5　控制回路

将这种控制回路的思想应用到容器编排上，自然会为 Kubernetes 中的资源附加上期望状态与实际状态两项属性。不论是已经出现在上节的资源模型中，用于抽象容器运行环境的计算资源，还是没有登场的另一部分对应安全、服务、令牌、网络等功能的资源，用户要想使用这些资源来实现某种需求，就不提倡像平常编程那样去调用某个或某一组方法来达成目的，而是要通过描述清楚这些资源的期望状态，由 Kubernetes 中对应监视这些资源的控制器来驱动资源的实际状态逐渐向期望状态靠拢。这种交互风格被称为 Kubernetes 的声明式 API，如果你已有实际操作 Kubernetes 的经验，那你日常在元数据文件中定义的 spec 字段所描述的便是资源的期望状态。

额外知识　Kubernetes 的资源对象与控制器

目前，Kubernetes 已支持相当多的资源对象，并且可以使用 CRD（Custom Resource Definition，用户资源自定义）来自定义扩充，可以使用 kubectl api-resources 来查看它们。笔者根据用途对这些资源对象进行了分类。

❑ 用于描述如何创建、销毁、更新、扩缩 Pod，包括 Autoscaling（HPA）、CronJob、DaemonSet、Deployment、Job、Pod、ReplicaSet、StatefulSet。

❑ 用于配置信息的设置与更新，包括 ConfigMap、Secret。

❑ 用于持久性地存储文件或者 Pod 之间的文件共享，包括 Volume、LocalVolume、PersistentVolume、PersistentVolumeClaim、StorageClass。

❑ 用于维护网络通信和服务访问的安全，包括 SecurityContext、ServiceAccount、Endpoint、NetworkPolicy。

❑ 用于定义服务与访问，包括 Ingress、Service、EndpointSlice。

❑ 用于划分虚拟集群、节点和资源配额，包括 Namespace、Node、ResourceQuota。

这些资源对象在控制器管理框架中一般都会有相应的控制器来管理，下面列举一些常见的控制器，并按照它们的启动情况分类如下。

☐ 必须启用的控制器：EndpointController、ReplicationController、PodGCController、ResourceQuotaController、NamespaceController、ServiceAccountController、GarbageCollectorController、DaemonSetController、JobController、Deployment-Controller、ReplicaSetController、HPAController、DisruptionController、StatefulSetController、CronJobController、CSRSigningController、CSRApproving-Controller、TTLController。

☐ 默认启用的可选控制器，可通过选项禁止：TokenController、Node-Controller、ServiceController、RouteController、PVBinderController、AttachDetachController。

☐ 默认禁止的可选控制器，可通过选项启用：BootstrapSignerController、Token-CleanerController。

与资源相对应，只要是实际状态有可能发生变化的资源对象，通常都会由对应的控制器进行追踪，每个控制器至少会追踪一种类型的资源对象。为了管理众多资源控制器，Kubernetes 设计了统一的控制器管理框架（kube-controller-manager）来维护这些控制器的正常运作，以及统一的指标监视器（kube-apiserver）来为控制器提供其工作时追踪资源的度量数据。

由于毕竟不是在写 Kubernetes 的操作手册，所以笔者只能以两三种资源和控制器为代表来举例说明，而无法将每个控制器都详细展开讲解。只要将场景四进一步具体化，转换成下面的场景五，便可以得到一个很好的例子，这里以部署控制器（Deployment Controller）、副本集控制器（ReplicaSet Controller）和自动扩缩控制器（HPA Controller）为例来介绍 Kubernetes 控制器模式的工作原理。

场景五：通过服务编排，对任何分布式系统自动实现以下三种通用的能力。

1）Pod 出现故障时，能够自动恢复，不中断服务。

2）Pod 更新程序时，能够滚动更新，不中断服务。

3）Pod 遇到压力时，能够水平扩展，不中断服务。

前文曾提到虽然 Pod 本身也是资源，完全可以直接创建，但由 Pod 直接构成的系统是十分脆弱的，在实际生产中并不提倡。正确的做法是通过副本集（ReplicaSet）来创建 Pod。ReplicaSet 也是一种资源，属于工作负荷类，代表一个或多个 Pod 副本的集合。你可以在 ReplicaSet 资源的元数据中描述你期望的 Pod 副本的数量（即 spec.replicas 的值）。当 ReplicaSet 成功创建之后，副本集控制器就会持续跟踪该资源，如果一旦有 Pod 发生崩溃退出，或者状态异常（默认是靠进程返回值，你还可以在 Pod 中设置探针，以自定义的方式告诉 Kubernetes 出现何种情况时 Pod 才算状态异常），ReplicaSet 都会自动创建新的 Pod 来替代异常的 Pod；如果异常出现了额外数量的 Pod，也会被 ReplicaSet 自动回收，总之就是确保在任何时候集群中的这个 Pod 副本的数量都向期望状态靠拢。

ReplicaSet 本身就能满足场景五中的第一项能力，即可以保证 Pod 出现故障时自动恢复，但是在升级程序版本时，ReplicaSet 不得不主动中断旧的 Pod 的运行，重新创建新的 Pod，这会造成服务中断。对于那些不允许中断的业务，以前的 Kubernetes 曾经提供了 kubectl rolling-update 命令来辅助实现滚动更新。

所谓滚动更新（Rolling Update）是指先停止少量旧副本，维持大量旧副本继续提供服务，当停止的旧副本更新成功，新副本可以提供服务以后，再重复以上操作，直至所有的副本都更新成功。将这个过程放到 ReplicaSet 上，就是先创建新版本的 ReplicaSet，然后一边让新的 ReplicaSet 逐步创建新版 Pod 的副本，一边让旧的 ReplicaSet 逐渐减少旧版 Pod 的副本。

之所以 kubectl rolling-update 命令会被淘汰，是因为这样的命令式交互完全不符合 Kubernetes 的设计理念（这是台面上的说法，笔者觉得淘汰的根本原因是它不好用），如果你希望改变某个资源的某种状态，应该将期望状态告诉 Kubernetes，而不是去教 Kubernetes 具体该如何操作。因此，新的部署资源（Deployment）与部署控制器被设计出来，由 Deployment 来创建 ReplicaSet，再由 ReplicaSet 来创建 Pod，当你更新 Deployment 中的信息（譬如更新了镜像的版本）后，部署控制器就会跟踪到新的期望状态，自动创建新的 ReplicaSet，并逐渐缩减旧的 ReplicaSet 的数量，直至升级完成后彻底删除掉旧的 ReplicaSet，如图 11-6 所示。

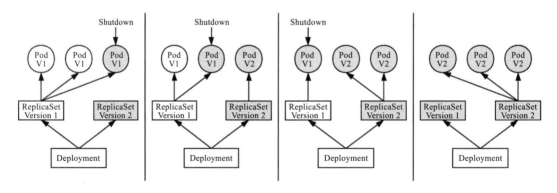

图 11-6　Deployment 滚动更新过程

对于场景五的最后一种能力，遇到流量压力时，管理员完全可以手动修改 Deployment 中的副本数量，或者通过 kubectl scale 命令指定副本数量，促使 Kubernetes 部署更多的 Pod 副本来应对压力。然而这种扩容方式需要人工参与，且只靠人类经验来判断需要扩容的副本数量，不容易做到精确与及时，为此 Kubernetes 又提供了 Autoscaling 资源和自动扩缩控制器，从而自动根据度量指标，如处理器、内存占用率、用户自定义的度量值等，来设

置 Deployment（或者 ReplicaSet）的期望状态，实现当度量指标出现变化时，系统自动按照
"Autoscaling → Deployment → ReplicaSet → Pod"这样的顺序层层变更，最终实现根据度
量指标自动扩容 / 缩容。

　　故障恢复、滚动更新、自动扩缩这些特性，在云原生时代里常被概括成服务的韧性
（Resilience）与弹性（Elasticity），ReplicaSet、Deployment、Autoscaling 的用法，也属于所
有 Kubernetes 教材资料都会讲到的"基础必修课"。如果你准备学习 Kubernetes 或者其他
与云原生相关的技术，建议最好不要死记硬背地学习每个资源的元数据文件如何编写、有
哪些指令、有哪些功能，而是站在解决问题的角度去理解为什么 Kubernetes 要设计这些资
源和控制器，为什么这些资源和控制器会被设计成现在这种样子。

　　如果你觉得已经理解了前面的几种资源和控制器的例子，那不妨思考以下几个问题：
假设我想限制某个 Pod 持有的最大存储卷数量，应该如何设计？假设集群中某个 Node 发生
硬件故障，Kubernetes 要让调度任务避开这个 Node，应该如何设计？假设一旦这个 Node
重新恢复，Kubernetes 要尽快利用上面的资源，又该如何设计？只要你真正接受了资源与
控制器是贯穿整个 Kubernetes 的两大设计理念，即便不去查文档手册，也应该能想出个大
概轮廓，以此为基础再去看手册或者源码时，想必就能够事半功倍。

11.3　以应用为中心的封装

　　看完容器技术的发展历程，不知你会不会有种"套娃式"的迷惑感？容器的崛起缘于
chroot、namespaces、cgroups 等内核提供的隔离能力，系统级虚拟化技术使得同一台机器
上互不干扰地运行多个服务成为可能；为了降低用户使用内核隔离能力的门槛，随后出现
了 LXC，它是 namespaces、cgroups 特性的上层封装，使得"容器"一词真正走出实验室，
走入工业界的实际应用中；为了实现跨机器的软件绿色部署，出现了 Docker，它（最初）
是 LXC 的上层封装，彻底改变了软件打包分发的方式，并迅速被大量企业广泛采用；为了
满足大型系统对服务集群化的需要，出现了 Kubernetes，它（最初）是 Docker 的上层封装，
让以多个容器共同协作构建出的健壮的分布式系统，成为今天云原生时代的技术基础设施。

　　那 Kubernetes 会是容器化崛起之路的终点吗？它达到了人们对云原生时代技术基础设施
的期望了吗？从能力角度讲，是可以这样说的，Kubernetes 被誉为云原生时代的操作系统，
自诞生之日起就因其出色的管理能力、扩展性与以声明代替命令的交互理念收获了无数喝彩
声。但是，从易用角度讲，坦白说差距还非常大，云原生基础设施的其中一个重要目标是
接管业务系统复杂的非功能特性，让业务研发与运维工作变得足够简单，不受分布式的牵
绊，然而 Kubernetes 被诟病最多的就是复杂，自诞生之日起就以陡峭的学习曲线而闻名。

　　举个具体例子，用 Kubernetes 部署一套 Spring Cloud 版的 Fenix's Bookstore，你需要
分别部署一个到多个配置中心、注册中心、服务网关、安全认证、用户服务、商品服务、
交易服务，为每个微服务都配置好相应的 Kubernetes 工作负载与服务访问，为每一个微服

务的 Deployment、ConfigMap、StatefulSet、HPA、Service、ServiceAccount、Ingress 等资源都编写好元数据配置。这个过程最难的地方不仅在于烦琐，还在于要写出合适的元数据描述文件，既需要懂开发（网关中服务调用关系、使用容器的镜像版本、运行依赖的环境变量这些参数等），又需要懂运维（要部署多少个服务，配置何种扩容缩容策略、数据库的密钥文件地址等），有时候还需要懂平台（需要什么样的调度策略，如何管理集群资源），一般企业根本找不到合适的角色来为它管理、部署和维护应用。

但以上复杂性不能说是 Kubernetes 带来的，而是分布式架构本身的特点导致。对于大规模的分布式集群，无论是最终用户部署应用，还是软件公司管理应用都存在诸多痛点。这些困难的实质源于 Docker 容器镜像封装了单个服务，Kubernetes 通过资源封装了服务集群，却没有一个载体真正封装整个应用，将原本属于应用内部的技术细节圈禁起来，不暴露给最终用户、系统管理员和平台维护者，让使用者去埋单；应用难以管理的原因在于封装应用的方法没能将开发、运维、平台等各种角色的关注点恰当地分离。

既然微服务时代，应用的形式已经不再限于单个进程，那也该到了重新定义"以应用为中心的封装"这句话的时候了。至于具体怎样的封装才算正确，今天还未有特别权威结论，不过经过人们的不断探索，已经窥见未来容器应用的一些雏形，下面笔者将列出近几年来研究的几种主流思路供你参考。

11.3.1　Kustomize

最初，由 Kubernetes 官方给出的"如何封装应用"的解决方案是"用配置文件来配置配置文件"，这不是绕口令，你可以理解为一种针对 YAML 的模板引擎的变体。Kubernetes 官方认为应用就是一组具有相同目标的 Kubernetes 资源的集合，如果逐一管理、部署每项资源元数据过于烦琐的话，那就提供一种便捷的方式，把应用中不变的信息与易变的信息分离开以解决管理问题，把应用所有涉及的资源自动生成一个多合一（All-in-One）的整合包以解决部署问题。

完成这项工作的工具叫作 Kustomize，它原本只是一个独立的小程序，从 Kubernetes 1.14 版本起，被纳入 kubectl 命令之中，成为 Kubernetes 提供的内置功能。Kustomize 使用 Kustomization 文件来组织与应用相关的所有资源，Kustomization 本身也是一个以 YAML 格式编写的配置文件，里面定义了构成应用的全部资源，以及资源中需根据情况被覆盖的变量值。

Kustomize 的主要价值是根据环境来生成不同的部署配置。只要建立多个 Kustomization 文件，开发人员就能以基于基准进行派生（Base and Overlay）的方式，对不同的模式（譬如生产模式、调试模式）、不同的项目（同一个产品对不同客户的客制化）定制出不同的资源整合包。在配置文件里，无论是开发人员关心的信息，还是运维人员关心的信息，只要是在元数据中描述的内容，最初都是由开发人员来编写，然后在编译期间由负责 CI/CD 的产品人员针对项目进行定制，最后在部署期间由运维人员通过 kubectl 的补丁（Patch）机制更改其中需要运维人员关注的属性，譬如构造一个补丁来增加 Deployment 的副本个数，构造另外一个补丁来设置 Pod 的内存限制，等等。

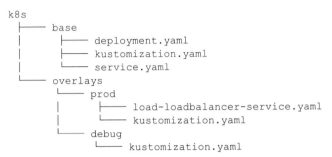

```
k8s
├── base
│   ├── deployment.yaml
│   ├── kustomization.yaml
│   └── service.yaml
└── overlays
    ├── prod
    │   ├── load-loadbalancer-service.yaml
    │   └── kustomization.yaml
    └── debug
        └── kustomization.yaml
```

Kustomize 使用 Base、Overlay 和 Patch 生成最终配置文件的思路与 Docker 中分层镜像的思路有些相似，既规避了以"字符替换"对资源元数据文件的入侵，也不需要用户学习额外的 DSL 语法（譬如 Lua）。从效果来看，使用由 Kustomize 编译生成的 All-in-One 整合包来部署应用是相当方便的，只要一行命令就能够把应用涉及的所有服务一次安装好，在本书附带的演示工程（附录 A）中，Kubernetes 版本和 Istio 版本的 Fenix's Bookstore 都使用了这种方式来发布应用，你不妨实际体验一下。

但是 Kustomize 毕竟只是一个"小工具"性质的辅助功能，对于开发人员，Kustomize 只能简化产品针对不同情况的重复配置，并没有真正解决应用管理复杂的问题，要做的事、要写的配置，最终都没有减少，只是不用反复去写罢了；对于运维人员，应用维护不只是安装部署，应用的整个生命周期，除了安装外还有更新、回滚、卸载、多版本、多实例、依赖项维护等诸多问题。这些问题需要更强大的管理工具去解决，譬如下一节的主角 Helm。不过 Kustomize 能够以极小的成本，在一定程度上分离开发和运维工作，无须像 Helm 那样用一套独立的体系来管理应用，这种轻量便捷，本身也是一种可贵的价值。

11.3.2　Helm 与 Chart

另一种更具系统性的管理和封装应用的解决方案参考了各大 Linux 发行版管理应用的思路，典型代表为 Deis 公司开发的 Helm 和它的应用格式 Chart。Helm 一开始的目标就很明确：如果说 Kubernetes 是云原生操作系统，那 Helm 就要成为这个操作系统上的应用商店与包管理工具。

对于 Linux 系统下的包管理工具和封装格式，如 Debian 系的 apt-get 命令与 dpkg 格式、RHEL 系的 yum 命令与 rpm 格式，相信大家并不陌生。有了包管理工具，你只要知道应用的名称，就可以很方便地从应用仓库中下载、安装、升级、部署、卸载、回滚程序，而且包管理工具自己掌握着应用的依赖信息和版本变更情况，具备完整的自管理能力，对于每个应用需要依赖哪些前置的第三方库，在安装的时候都会一并处理好。

Helm 模拟的就是上面这种做法，它提出了与 Linux 包管理直接对应的 Chart 格式和

Repository 应用仓库，针对 Kubernetes 特有的一个应用经常要部署多个版本的特点，提出了 Release 的专有概念。

Chart 用于封装 Kubernetes 应用涉及的所有资源，通常以目录内的文件集合的形式存在。目录名称就是 Chart 的名称（没有版本信息），譬如官方仓库中 WordPress Chart 的目录结构是这样的：

```
WordPress
├── templates
│       ├── NOTES.txt
│       ├── deployment.yaml
│       ├── externaldb-secrets.yaml
│       ├── 版面原因省略其他资源文件
│       └── ingress.yaml
├── Chart.yaml
├── requirements.yaml
└── values.yaml
```

其中有几个固定的配置文件：Chart.yaml 给出了应用自身的详细信息（名称、版本、许可证、自述、说明、图标，等等），requirements.yaml 给出了应用的依赖关系，依赖项指向的是另一个应用的坐标（名称、版本、Repository 地址），values.yaml 给出了所有可配置项目的预定义值。可配置项是指需要运维人员在部署期间调整的那些参数，存储在 templates 目录下的资源文件中。部署应用时，Helm 会先将管理员设置的值覆盖到 values.yaml 的默认值上，然后以字符串替换的形式传递给 templates 目录的资源模板，最后生成要部署到 Kubernetes 的资源文件。由于 Chart 封装了足够丰富的信息，所以 Helm 除了支持命令行操作外，也能很容易地根据这些信息自动生成图形化的应用安装、参数设置界面。

Repository 仓库用于实现 Chart 的搜索与下载服务，Helm 社区维护了公开的 Stable 和 Incubator 的中央仓库（界面如图 11-7 所示），也支持其他人或组织搭建私有仓库和公共仓库，并能够通过 Hub 服务把不同个人或组织搭建的公共仓库聚合起来，形成更大型的分布式应用仓库，以便于 Chart 的查找与共享。

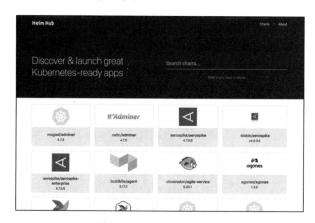

图 11-7　Helm Hub 商店

Helm 提供了应用全生命周期、版本、依赖项的管理能力，还支持额外的扩展插件，能够加入 CI/CD 或者其他方面的辅助功能，使得它已经从单纯的工具升级到应用管理平台。强大的功能让 Helm 获得不少支持，很多应用主动入驻到其官方仓库中。从 2018 年起，Helm 项目被托管到 CNCF，成为其中的一个孵化项目。

Helm 以模仿 Linux 包管理器的思路去管理 Kubernetes 应用，在一定程度上是可行的，不过，在 Linux 与 Kubernetes 中部署应用时还是存在一些差别，最重要的一点是在 Linux 中 99% 的应用都只会安装一份，而 Kubernetes 为了保证可用性，同一个应用部署多份副本才是常规操作。Helm 为了支持对同一个 Chart 包进行多次部署，每次安装应用时都会产生一个版本（Release），相当于该 Chart 的安装实例。对于无状态的服务，Helm 依靠不同的版本就已经足够支持多个服务并行工作，但对于有状态的服务来说，这些服务会与特定资源或者服务产生依赖关系，譬如要部署数据库，通常要依赖特定的存储来保存持久化数据，这样事情就变得复杂起来。Helm 无法很好地管理这种有状态的依赖关系，所以这一类问题就成为 Operator 要解决的痛点。

11.3.3　Operator 与 CRD

Operator 不应被称作一种工具或者系统，它应该算是一种封装、部署和管理 Kubernetes 应用的方法，尤其是针对最复杂的有状态应用去封装运维能力的解决方案，最早由 CoreOS 公司（于 2018 年被 Red Hat 收购）的华人程序员邓洪超提出。

如果 11.2 节介绍 Kubernetes 资源与控制器模式时你没有开小差，那么 Operator 中最核心的理念你其实已经理解得差不多了。简单地说，Operator 是通过 Kubernetes 1.7 版本开始支持的自定义资源（CRD，此前曾经以 TPR，即 Third Party Resource 的形式提供过类似的能力），把应用封装为另一种更高层次的资源，再把 Kubernetes 的控制器模式从面向内置资源扩展到面向所有自定义资源，以此来完成对复杂应用的管理。下面引用了一段 Red Hat 官方对 Operator 设计理念的阐述⊖。

> **额外知识　Operator 设计理念**
>
> Operator 是使用自定义资源（CR，Custom Resource，是 CRD 的实例），管理应用及其组件的自定义 Kubernetes 控制器。高级配置和设置由用户在 CR 中提供。Kubernetes Operator 基于嵌入在 Operator 逻辑中的最佳实践将高级指令转换为低级操作。Kubernetes Operator 监视 CR 类型并采取特定于应用的操作，确保当前状态与该资源的理想状态相符。
>
> —— Red Hat

以上这段文字不是笔者转述，而是直接由 Red Hat 官方撰写和翻译成中文的，准确、严

⊖　原文地址：https://www.redhat.com/zh/topics/containers/what-is-a-kubernetes-operat。

谨但比较拗口，但是什么叫作"高级指令"？什么叫作"低级操作"？两者之间具体如何转换？为了理解这些问题，我们需要先弄清楚有状态和无状态应用的含义及影响，再来理解 Operator 所做的工作。

有状态应用（Stateful Application）与无状态应用（Stateless Application）是指应用程序是否要自己持有运行所需的数据，如果程序每次运行都跟首次运行一样，不会依赖之前任何操作遗留下来的痕迹，那它就是无状态的；反之，如果程序推倒重来之后，用户能察觉到该应用已经发生变化，那它就是有状态的。无状态应用在分布式系统中具有非常大的价值，我们都知道分布式中的 CAP 不兼容原理，如果无状态，那就不必考虑状态一致性，没有了 C，那 A 和 P 便可以兼得，换言之，只要资源足够，无状态应用天生就是高可用的。但不幸的是，现在的分布式系统中多数关键的基础服务都是有状态的，如缓存、数据库、对象存储、消息队列等，只有 Web 服务器这类服务属于无状态。

站在 Kubernetes 的角度看，是否有状态的本质差异在于有状态应用会直接依赖于某些外部资源，譬如 Elasticsearch 建立实例时必须依赖特定的存储位置，重启后仍然指向同一个数据文件的实例才能被认为是相同的实例。另外，有状态应用的多个应用实例之间往往有着特定的拓扑关系与顺序关系，譬如 etcd 的节点间的选主和投票，各节点都需要知道彼此的存在。为了管理好那些与应用实例密切相关的状态信息，Kubernetes 从 1.9 版本开始正式发布了 StatefulSet 及对应的 StatefulSetController。与普通 ReplicaSet 中的 Pod 相比，由 StatefulSet 管理的 Pod 具备以下几项额外特性。

❑ **Pod 会按顺序创建和销毁**：StatefulSet 中的各个 Pod 会按顺序地创建出来，创建后续的 Pod 前，必须要保证前面的 Pod 已经转入就绪状态。删除 StatefulSet 中的 Pod 时会按照与创建顺序的逆序来执行。

❑ **Pod 具有稳定的网络名称**：Kubernetes 中的 Pod 都具有唯一的名称，在普通的 ReplicaSet 中这是靠随机字符产生的，而在 StatefulSet 中管理的 Pod，会以带有顺序的编号作为名称，且能够在重启后依然保持不变。

❑ **Pod 具有稳定的持久化存储**：StatefulSet 中的每个 Pod 都可以拥有自己独立的 PersistentVolumeClaim 资源。即使 Pod 被重新调度到其他节点上，它所拥有的持久化磁盘也依然会被挂载到该 Pod，这点会在第 13 章中进一步介绍。

只是罗列出特性，应该很难快速理解 StatefulSet 的设计意图，笔者打个比方来帮助你理解：如果把 ReplicaSet 中的 Pod 比喻为养殖场中的"肉猪"，那 StatefulSet 就是被家庭当宠物圈养的"荷兰猪"，不同的肉猪在食用功能上并没有什么区别，但每只宠物猪都是独一无二的，有专属于自己的名字、习性与记忆。事实上，早期的 StatefulSet 就曾经有一段时间用过 PetSet 这个名字。

当 StatefulSet 出现以后，Kubernetes 就能满足 Pod 重新创建后仍然保留上一次运行状态的需求，不过有状态应用的维护并不仅限于此，譬如对于一套 Elasticsearch 集群来说，通过 StatefulSet 最多只能做到创建集群、删除集群、扩容缩容等最基本的操作，其他的运维操作，譬如备份和恢复数据、创建和删除索引、调整平衡策略等也十分常用，但是 StatefulSet 并不能为此提供任何帮助。

　　笔者再举个实际例子来说明 Operator 是如何满足那些 StatefulSet 覆盖不到的有状态服务管理需求的：假设要部署一套 Elasticsearch 集群，通常要在 StatefulSet 中定义相当多的细节，譬如服务的端口、Elasticsearch 的配置、更新策略、内存大小、虚拟机参数、环境变量、数据文件位置，等等，为了让你对已经反复提及的 Kubernetes 的复杂性有更加直观的体验，这里将贴出满足这个需求的 YAML 全文，如下所示。

```
apiVersion: v1
kind: Service
metadata:
  name: elasticsearch-cluster
spec:
  clusterIP: None
  selector:
    app: es-cluster
  ports:
  - name: transport
    port: 9300
---
apiVersion: v1
kind: Service
metadata:
  name: elasticsearch-loadbalancer
spec:
  selector:
    app: es-cluster
  ports:
  - name: http
    port: 80
    targetPort: 9200
  type: LoadBalancer
---
apiVersion: v1
kind: ConfigMap
metadata:
  name: es-config
data:
  elasticsearch.yml: |
    cluster.name: my-elastic-cluster
    network.host: "0.0.0.0"
    bootstrap.memory_lock: false
    discovery.zen.ping.unicast.hosts: elasticsearch-cluster
    discovery.zen.minimum_master_nodes: 1
    xpack.security.enabled: false
    xpack.monitoring.enabled: false
  ES_JAVA_OPTS: -Xms512m -Xmx512m
---
apiVersion: apps/v1beta1
kind: StatefulSet
metadata:
  name: esnode
```

```
spec:
  serviceName: elasticsearch
  replicas: 3
  updateStrategy:
    type: RollingUpdate
  template:
    metadata:
      labels:
        app: es-cluster
    spec:
      securityContext:
        fsGroup: 1000
      initContainers:
      - name: init-sysctl
        image: busybox
        imagePullPolicy: IfNotPresent
        securityContext:
          privileged: true
        command: ["sysctl", "-w", "vm.max_map_count=262144"]
      containers:
      - name: elasticsearch
        resources:
            requests:
                memory: 1Gi
        securityContext:
          privileged: true
          runAsUser: 1000
          capabilities:
            add:
            - IPC_LOCK
            - SYS_RESOURCE
        image: docker.elastic.co/elasticsearch/elasticsearch:7.9.1
        env:
        - name: ES_JAVA_OPTS
          valueFrom:
              configMapKeyRef:
                  name: es-config
                  key: ES_JAVA_OPTS
        readinessProbe:
          httpGet:
            scheme: HTTP
            path: /_cluster/health?local=true
            port: 9200
          initialDelaySeconds: 5
        ports:
        - containerPort: 9200
          name: es-http
        - containerPort: 9300
          name: es-transport
        volumeMounts:
        - name: es-data
          mountPath: /usr/share/elasticsearch/data
        - name: elasticsearch-config
          mountPath: /usr/share/elasticsearch/config/elasticsearch.yml
          subPath: elasticsearch.yml
```

```
    volumes:
      - name: elasticsearch-config
        configMap:
          name: es-config
          items:
            - key: elasticsearch.yml
              path: elasticsearch.yml
  volumeClaimTemplates:
  - metadata:
      name: es-data
    spec:
      accessModes: [ "ReadWriteOnce" ]
      resources:
        requests:
          storage: 5Gi
```

出现如此大量的细节配置，其根本原因在于 Kubernetes 完全不知道 Elasticsearch 是什么，所有 Kubernetes 不知道的信息、不能启发式推断出来的信息，都必须由用户在资源的元数据定义中明确列出，必须一步一步、手把手地"教会" Kubernetes 如何部署 Elasticsearch，这种形式就属于 Red Hat 在 Operator 设计理念介绍中所说的"低级操作"。

如果我们使用 Elastic.co 官方提供的 Operator，那情况就会简单得多。Elasticsearch Operator 提供了一种 kind: Elasticsearch 的自定义资源，在它的帮助下，仅需十行代码，将用户的意图是"部署三个版本为 7.9.1 的 ES 集群节点"说清楚，便能实现与前面 StatefulSet 那一大堆配置相同乃至更强大的效果，如下面代码所示。

```
apiVersion: elasticsearch.k8s.elastic.co/v1
kind: Elasticsearch
metadata:
  name: elasticsearch-cluster
spec:
  version: 7.9.1
  nodeSets:
  - name: default
    count: 3
    config:
      node.master: true
      node.data: true
      node.ingest: true
      node.store.allow_mmap: false
```

有了 Elasticsearch Operator 的自定义资源，相当于 Kubernetes 已经学会了怎样操作 Elasticsearch，知道所有与它相关的参数含义与默认值，而无须用户再手把手地教了，这种就是所谓的"高级指令"。

Operator 将简洁的高级指令转化为 Kubernetes 中具体操作的方法，与前面 Helm 或者 Kustomize 的方法并不相同。Helm 和 Kustomize 最终仍然是依靠 Kubernetes 的内置资源来跟 Kubernetes 打交道的，Operator 则要求开发者自己实现一个专门针对该自定义资源的控制器，在控制器中维护自定义资源的期望状态。通过程序编码来扩展 Kubernetes，比只通过内置资源来扩展要灵活得多，譬如当需要更新集群中某个 Pod 对象的时候，由 Operator 的开发者自己编码实现的控制器完全可以在原地对 Pod 进行重启，而无须像 Deployment 那样必须先删除旧的 Pod，再创建新的 Pod。

使用 CRD 定义高层次资源、使用配套的控制器来维护期望状态，带来的好处不仅仅是操作更加便捷，而是在遵循 Kubernetes 一贯基于资源与控制器的设计原则的同时，又不必再受制于 Kubernetes 内置资源的表达能力。只要 Operator 的开发者愿意编写代码，前面曾经提到的那些 StatefulSet 不能支持的能力，如备份恢复数据、创建 / 删除索引、调整平衡策略等操作，都完全可以实现。

把运维的操作封装在程序代码中，表面看最大的受益者是运维人员，开发人员要为此付出更多劳动。然而 Operator 并没有受到开发人员的抵制，反而因代码相对于资源配置的表达能力的提升，以及开发与运维之间协作成本的降低而备受好评。Operator 变成了近两、三年容器封装应用的一股新潮流，现在很多复杂的分布式系统都有了官方或者第三方提供的 Operator⊖。Red Hat 公司也持续在 Operator 上面大量投入，推出了简化开发人员编写 Operator 的 Operator Framework/SDK⊖。

目前看来，Operator 也许是应对有状态应用的封装运维的最有可行性的方案，但这依然不是一项轻松的工作。以 etcd 的 Operator 为例，etcd 本身不算什么特别复杂的应用，Operator 实现的功能看起来也相当基础，主要有创建集群、删除集群、扩容缩容、故障转移、滚动更新、备份恢复等功能，但代码已经超过一万行了。现在开发 Operator 的门槛的确相对较高，通常由专业的平台开发人员而非业务开发或者运维人员去完成，但是 Operator 符合技术潮流，顺应软件业界所提倡的 DevOps 一体化理念，待 Operator 的生态进一步成熟之后，开发和运维人员都将能从中受益，未来应该能成长为一种应用封装的主流形式。

11.3.4　开放应用模型

本节介绍的最后一种应用封装的方案，是阿里云和微软公司在 2019 年 10 月上海 QCon 大会上联合发布的开放应用模型（Open Application Model，OAM），它不仅是中国云计算企业参与制定乃至主导发起的国际技术规范，也是业界首个云原生应用标准定义与架构模型。

开放应用模型思想的核心是如何分离开发人员、运维人员与平台人员的关注点，即开发人员关注业务逻辑的实现，运维人员关注程序平稳运行，平台人员关注基础设施的能力与稳定性，长期让几个角色关注同一个 All-in-One 资源文件，并不能擦出什么火花，反而会将配置工作弄得越来越复杂。

开放应用模型把云原生应用定义为"由一组相互关联但又离散独立的组件构成，这些

⊖　这里收集了其中一部分：https://github.com/operator-framework/awesome-operators。
⊖　项目地址：https://github.com/operator-framework/operator-sdk。

组件实例化在合适的运行时上，由配置来控制行为并共同协作提供统一的功能"。为了便于跟稍后的概念对应，笔者首先把这句话拆解、翻译为另一种形式。

额外知识　OAM 定义的应用

一个 Application 由一组 Component 构成，每个 Component 的运行状态由 Workload 描述，每个 Component 可以施加 Trait 来获取额外的运维能力，同时我们可以使用 Application Scope 将 Components 划分到一个或者多个应用边界中，便于统一配置、限制、管理。把 Component、Trait 和 Scope 组合在一起实例化部署，形成具体的 Application Configuration，以实现应用的多实例部署与升级。

然后，笔者通过解析上述所列的核心概念来帮助你理解 OAM 对应用的定义。这句话里面每一个用英文标注出来的技术名词都是 OAM 在 Kubernetes 基础上扩展而来概念，每一个名词都有专门的自定义资源与之对应，换而言之，它们并非纯粹的抽象概念，而是可以被实际使用的自定义资源。这些概念的具体含义如下。

❏ Component（服务组件）：由 Component 构成应用的思想自 SOA 以来就屡见不鲜了，然而 OAM 的 Component 不仅仅特指构成应用"整体"的一个"部分"，它还有一个重要职责是抽象那些应该由开发人员关注的元素。譬如应用的名字、自述、容器镜像、运行所需的参数，等等。

❏ Workload（工作负荷）：Workload 决定了应用的运行模式，每个 Component 都要设定自己的 Workload 类型，OAM 按照"是否可访问、是否可复制、是否长期运行"预定义了六种 Workload 类型⊖，如表 11-3 所示。如有必要还可以通过 CRD 与 Operator 去扩展。

表 11-3　OAM 的六种工作负荷

工作负荷	是否可访问	是否可复制	是否长期运行
Server	√	√	√
Singleton Server	√	×	√
Worker	×	√	√
Singleton Worker	×	×	√
Task	×	√	×
Singleton Task	×	×	×

❏ Trait（运维特征）：开发活动有大量复用功能的技巧，但运维活动却很贫乏，平时能写个 Shell 脚本或者简单工具已经算是个高级的运维人员了。OAM 的 Trait 就用于封装模块化后的运维能力，可以针对运维中的可重复操作预先设定好一些具体的 Trait，譬如日志收集 Trait、负载均衡 Trait、水平扩缩容 Trait 等。这些预定义的

⊖ 新版的 OAM 规范已经放弃了这六种预置工作负荷。

Traits 定义里，会注明它们可以作用于哪种类型的工作负荷、能填哪些参数、哪些必填项、参数的作用描述是什么，等等。

❑ Application Scope（应用边界）：多个 Component 共同组成一个 Scope，你可以根据 Component 的特性或者作用域来划分 Scope，譬如具有相同网络策略的 Component 放在同一个 Scope 中，具有相同健康度量策略的 Component 放到另一个 Scope 中。同时，一个 Component 也可能属于多个 Scope，譬如一个 Component 完全可能既需要配置网络策略，也需要配置健康度量策略。

❑ Application Configuration（应用配置）：将 Component（必需）、Trait（必需）、Scope（非必需）组合到一起进行实例化，就形成了一个完整的应用配置。

OAM 使用上述介绍的这些自定义资源对原先 All-in-One 的复杂配置做了一定层次的解耦，开发人员负责管理 Component；运维人员负责将 Component 组合并与 Trait 绑定变成 Application Configuration；平台人员或基础设施提供方负责提供 OAM 的解释能力，将这些自定义资源映射到实际的基础设施中。不同角色分工协作，整体简化了单个角色关注的内容，使得不同角色可以更聚焦、更专业地做好本角色的工作，整个过程如图 11-8 所示。

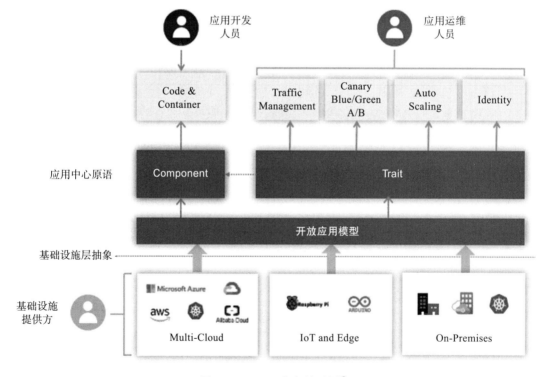

图 11-8　OAM 角色关系图[⊖]

⊖　图片来源：https://github.com/oam-dev/spec/。

OAM 未来能否成功，很大程度上取决于云计算厂商的支持力度，因为 OAM 的自定义资源一般是由云计算基础设施负责解释和驱动的，譬如阿里云的 EDAS 就已内置了对 OAM 的支持。如果你希望能够应用于私有 Kubernetes 环境，目前 OAM 的主要参考实现是 Rudr（已声明废弃）和 Crossplane。Crossplane 是一个仅发起一年多的 CNCF 沙箱项目，主要参与者包括阿里云、微软、Google、Red Hat 等公司的工程师。Crossplane 提供了 OAM 中全部的自定义资源以及控制器，安装后便可用 OAM 定义的资源来描述应用。

后记

今天容器圈的发展一日千里，各种新规范、新技术层出不穷，本节根据人气和代表性，列举了其中最出名的四种，其他未提到的应用封装技术还有 CNAB、Armada、Pulumi 等。这些封装技术的功能会有一定的重叠，但并非都是重复的轮子，实际应用时往往会联合其中多个工具一起使用。应该如何封装应用才是最佳的实践，目前尚且没有定论，但是以应用为中心的理念却已经成为明确的共识。

容器间网络

本章我们将讨论虚拟化网络方面的话题，如果不加任何限定，"虚拟化网络"是一项内容十分丰富，研究历史十分悠久的计算机技术，是计算机科学中一门独立的分支，完全不依附于虚拟化容器而存在。网络运营商常提及的"网络功能虚拟化"（Network Function Virtualization，NFV），网络设备商和网络管理软件提供商常提及的"软件定义网络"（Software Defined Networking，SDN）等都属于虚拟化网络的范畴。对于普通的软件开发者而言，要完全理解和掌握虚拟化网络，需要储备大量开发中不常用到的专业知识，消耗大量的时间成本，一般并无必要。

本节我们讨论的虚拟化网络是狭义的，它特指"如何基于 Linux 系统的网络虚拟化技术来实现容器间网络通信"，更通俗一点，就是只关注那些为了使相互隔离的 Linux 网络名称空间可相互通信而设计出来的虚拟化网络设施，讨论这个问题所需的网络知识，基本还是在普通开发者应该具有的合理知识范畴之内。在这个语境中的"虚拟化网络"就是直接为容器服务的，说它是依附于容器而存在亦无不可，因此为避免混淆，笔者在后文中会尽量回避"虚拟化网络"这个范畴过大的概念，而是以"Linux 网络虚拟化"和"容器网络与生态"为题来展开。

12.1　Linux 网络虚拟化

在 Linux 目前提供的八种名称空间里，网络名称空间无疑是隔离内容最多的一种，它为名称空间内的所有进程提供了全套的网络设施，包括独立的设备界面、路由表、ARP 表、IP 地址表、iptables/ebtables 规则、协议栈，等等。虚拟化容器是以 Linux 名称空间的隔离性为基础来实现的，所以解决隔离的容器之间、容器与宿主机之间，乃至跨物理网络的不同容器间通信问题的责任，很自然也落在了 Linux 网络虚拟化技术的肩上。本节中我们将暂时放下容器编排、云原生、微服务等这些上层概念，走入 Linux 网络的底层世界，去学习一些与设备、协议、通信相关的基础网络知识。

本节的阅读对象设定为以实现业务功能为主、平常并不直接接触网络设备的普通开发人员，对于平台基础设施的开发人员或者运维人员，本节可能会显得过于啰嗦或过于基础，如果你已经掌握了这些知识，完全可以快速阅读，或者直接跳过这部分内容。

12.1.1　网络通信模型

如果抛开虚拟化，只谈网络的话，笔者认为首先应该了解的知识是 Linux 系统的网络通信模型，即信息是如何从程序中发出，通过网络传输，再被另一个程序接收到的。从整体上看，Linux 系统的通信过程无论按理论上的 OSI 七层模型，还是以实际上的 TCP/IP 四层模型来解构，都明显呈现出"逐层调用，逐层封装"的特点，这种逐层处理的方式与栈结构，譬如程序执行时的方法栈很类似，因此它通常被称为"Linux 网络协议栈"，简称"网络栈"，有时也称"协议栈"。图 12-1 体现了 Linux 网络通信过程与 OSI 或者 TCP/IP 模型的对应关系，也展示了网络栈中的数据流动的路径。

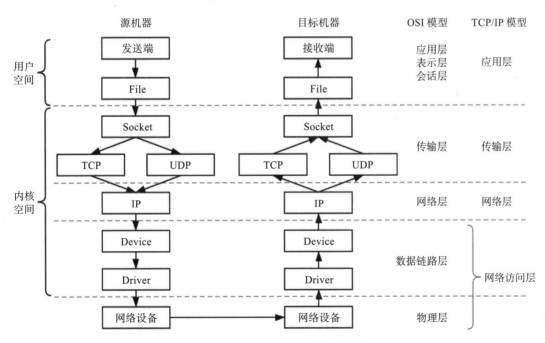

图 12-1　Linux 系统下的网络通信模型

在图 12-1 中传输模型的左侧，笔者特别标出了网络栈在用户空间与内核空间的部分，可见几乎整个网络栈（应用层以下）都位于系统内核空间之中。之所以采用这种设计，主要是从数据安全隔离的角度来考虑的。由内核去处理网络报文的收发，无疑会有更高的执行开销，譬如数据在内核态和用户态之间来回复制的额外成本，因此会损失一些性能，但是能够保证应用程序无法窃听或者伪造另一个应用程序的通信内容。针对特别关注收发性能的应用场景，也有直接在用户空间中实现全套协议栈的旁路方案，譬如开源的 Netmap 以及 Intel 的 DPDK，都能做到零复制收发网络数据包。

图 12-1 中传输模型的箭头展示的是数据流动的方向，它体现了信息从程序中发出以后，到被另一个程序接收到之前，将经历如下几个阶段。

- Socket：应用层的程序是通过 Socket 编程接口与内核空间的网络协议栈通信的。Linux Socket 是从 BSD Socket 发展而来的，现在 Socket 已经不局限于某个操作系统的专属功能，成为各大主流操作系统共同支持的通用网络编程接口，是网络应用程序实际的交互基础。应用程序通过读写收、发缓冲区（Receive/Send Buffer）来与 Socket 进行交互，在 UNIX 和 Linux 系统中，出于"一切皆是文件"的设计哲学，对 Socket 的操作被实现为对文件系统（socketfs）的读写访问操作，通过文件描述符（File Descriptor）来进行。

- TCP/UDP：传输层协议族里最重要的协议无疑是传输控制协议（Transmission Control Protocol，TCP）和用户数据报协议（User Datagram Protocol，UDP）两种，它们也是 Linux 内核中直接支持的协议。此外还有流控制传输协议（Stream Control Transmission Protocol，SCTP）、数据报拥塞控制协议（Datagram Congestion Control Protocol，DCCP）等。

  不同协议的处理流程大致是一样的，只是封装的报文以及头、尾部信息会有所不同。这里以 TCP 协议为例，内核发现 Socket 的发送缓冲区中有新的数据被复制进来后，会把数据封装为 TCP Segment 报文，常见网络协议的报文基本上都是由报文头（Header）和报文体（Body，也叫 Payload）两部分组成。系统内核将缓冲区中用户要发送出去的数据作为报文体，然后把传输层中的必要控制信息，譬如代表哪个程序发，由哪个程序收的源、目标端口号，用于保证可靠通信（重发与控制顺序）的序列号，用于校验信息是否在传输中出现损失的校验和（Check Sum）等信息封装入报文头中。

- IP：网络层协议最主要就是网际协议（Internet Protocol，IP），其他还有因特网组管理协议（Internet Group Management Protocol，IGMP）、大量的路由协议（EGP、NHRP、OSPF、IGRP）等。

  以 IP 协议为例，它会将来自上一层（本例中的 TCP 报文）的数据包作为报文体，再次加入自己的报文头，譬如指明数据应该发到哪里的路由地址、数据包的长度、协议的版本号，等等，封装成 IP 数据包后再发往下一层。关于 TCP 和 IP 协议报文的内容，笔者曾在 4.5 节中详细讲解过，有需要的读者可以参考。

- Device：网络设备是网络访问层中面向系统一侧的接口，这里所说的设备与物理硬件设备并不是同一个概念，Device 只是一种向操作系统端开放的接口，其背后既可能代表真实的物理硬件，也可能是某段具有特定功能的程序代码，譬如即使不存在物理网卡，也依然可以存在回环设备（Loopback Device）。许多网络抓包工具，如tcpdump、Wirshark 便是在此处工作的，前面介绍微服务流量控制时曾提到的网络流量整形，通常也是在这里完成的。Device 的主要作用是抽象出统一的界面，让程序代码去选择或影响收发包出入口，譬如决定数据应该从哪块网卡设备发送出去；准备好网卡驱动工作所需的数据，譬如来自上一层的 IP 数据包、下一跳（Next Hop）的 MAC 地址（这个地址是通过 ARP Request 得到的）等。

❑ Driver：网卡驱动程序是网络访问层中面向硬件一侧的接口，它会通过 DMA 将主存中待发送的数据包复制到驱动内部的缓冲区之中。数据被复制的同时，也会将上层提供的 IP 数据包、下一跳 MAC 地址这些信息，加上网卡的 MAC 地址、VLANTag 等信息一并封装成以太帧（Ethernet Frame），并自动计算校验和。对于需要确认重发的信息，如果没有收到接收者的确认（ACK）响应，那重发的处理也是在这里自动完成的。

上面这些阶段是信息从程序中对外发出时经过协议栈的过程，接收过程则是从相反方向进行的逆操作。程序发送数据做的是层层封包，加入协议头，传给下一层；接收数据则是层层解包，提取协议体，传给上一层，你可以类比来理解数据包接收过程，这里就不再专门列举了。

12.1.2　干预网络通信

网络协议栈的处理是一套相对固定和封闭的流程，整套处理过程中，除了在网络设备层能看到一点点程序以设备的形式介入处理的空间外，其他过程似乎就没有什么可供程序插手的空间了。然而事实并非如此，从 Linux Kernel 2.4 版本开始，内核开放了一套通用的、可供代码干预数据在协议栈中流转的过滤器框架。这套名为 Netfilter 的框架是 Linux防火墙和网络的主要维护者 Rusty Russell 提出并主导设计的，它围绕网络层（IP 协议）的周围，埋下了五个钩子（Hook），每当有数据包流到网络层，经过这些钩子时，就会自动触发由内核模块注册在这里的回调函数，这样程序代码就能够通过回调函数来干预 Linux 的网络通信，如图 12-2 所示。这五个钩子的名字与含义如下。

❑ PREROUTING：来自设备的数据包进入协议栈后立即触发此钩子。PREROUTING钩子在进入 IP 路由之前触发，这意味着只要接收到数据包，无论是否真的发往本机，都会触发此钩子。一般用于目标网络地址转换（Destination NAT，DNAT）。

❑ INPUT：报文经过 IP 路由后，如果确定是发往本机的，将会触发此钩子，一般用于加工发往本地进程的数据包。

❑ FORWARD：报文经过 IP 路由后，如果确定不是发往本机的，将会触发此钩子，一般用于处理转发到其他机器的数据包。

❑ OUTPUT：从本机程序发出的数据包，在经过 IP 路由前，将会触发此钩子，一般用于加工本地进程的输出数据包。

❑ POSTROUTING：从本机网卡发出的数据包，无论是本机的程序所发出的，还是由本机转发给其他机器的，都会触发此钩子，一般用于源网络地址转换（Source NAT，SNAT）。

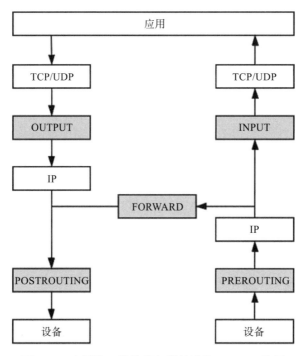

图 12-2　应用收、发数据包所经过的 Netfilter 钩子

Netfilter 允许在同一个钩子处注册多个回调函数，因此向钩子注册回调函数时必须提供明确的优先级，以便触发时能按照优先级从高到低进行激活。由于回调函数会存在多个，看起来就像挂在同一个钩子上的一串链条，因此钩子触发的回调函数集合被称为"回调链"（Chained Callback），这个名字也导致后续基于 Netfilter 设计的 Xtables 系工具，如稍后介绍的 iptables 均有使用到"链"（Chain）的概念。虽然现在看来 Netfilter 只是一些简单的事件回调机制，然而这样一套简单的设计，却成为整座 Linux 网络大厦的核心基石，Linux 系统提供的许多网络能力，如数据包过滤、封包处理（设置标志位、修改 TTL 等）、地址伪装、网络地址转换、透明代理、访问控制、基于协议类型的连接跟踪、带宽限速，等等，都是在 Netfilter 基础之上实现的。

以 Netfilter 为基础的应用有很多，其中使用最广泛的无疑要数 Xtables 系列工具，譬如 iptables、ebtables、arptables、ip6tables 等。这里面至少 iptables 是用过 Linux 系统的开发人员都或多或少使用过的，它常被称为 Linux 系统"自带的防火墙"，然而 iptables 实际能做的事情已远远超出防火墙的范畴，严谨地讲，iptables 比较贴切的定位应是能够代替 Netfilter 多数常规功能的 IP 包过滤工具。由于 Netfilter 的钩子回调虽然很强大，但仍要通过程序编码才能使用，并不适合系统管理员用来日常运维，而设计 iptables 的目的便是以配置去实现原本用 Netfilter 编码才能做到的事情。iptables 先把用户常用的管理意图总结成具体的行为预先准备好，然后在满足条件时自动激活行为。以下列出了部分 iptables 预置的行为。

- □ DROP：直接将数据包丢弃。
- □ REJECT：向客户端返回 Connection Refused 或 Destination Unreachable 报文。
- □ QUEUE：将数据包放入用户空间的队列，供用户空间的程序处理。
- □ RETURN：跳出当前链，该链里后续的规则不再执行。
- □ ACCEPT：同意数据包通过，继续执行后续的规则。
- □ JUMP：跳转到其他用户自定义的链继续执行。
- □ REDIRECT：在本机做端口映射。
- □ MASQUERADE：地址伪装，自动用修改源或目标的 IP 地址来做网络地址转换。
- □ LOG：在 /var/log/messages 文件中记录日志信息。

这些行为本来能够被挂载到 Netfilter 钩子的回调链上，但 iptables 进行了一层额外抽象，不是把行为与链直接挂钩，而是根据这些底层操作的目的，先总结为更高层次的规则。举个例子，假设挂载规则的目的是实现网络地址转换，那就应该对符合某种特征的流量（譬如来源于某个网段、从某张网卡发送出去）、在某个钩子上（譬如通常在 POSTROUTING 做 SNAT，通常在 PREROUTING 做 DNAT）进行 MASQUERADE 行为，这样具有相同目的的规则，就应该放到一起才便于管理，由此便形成"规则表"的概念。iptables 内置了五张不可扩展的规则表（其中 security 表并不常用，很多资料只计算了前四张表），如下所示。

1）raw 表：用于去除数据包上的连接追踪机制（Connection Tracking）。

2）mangle 表：用于修改数据包的报文头信息，如服务类型（Type of Service，ToS）、生存周期（Time to Live，TTL）以及为数据包设置 Mark 标记，典型的应用是链路的服务质量管理（Quality of Service，QoS）。

3）nat 表：用于修改数据包的源或者目的地址等信息，典型的应用是网络地址转换。

4）filter 表：用于对数据包进行过滤，控制到达某条链上的数据包是继续放行、直接丢弃或拒绝（ACCEPT、DROP、REJECT），典型的应用是防火墙。

5）security 表：用于在数据包上应用 SELinux，这张表并不常用。

以上五张规则表是具有优先级的：raw → mangle → nat → filter → security，也即上面列举它们的顺序。在 iptables 中新增规则时，需要按照规则的意图指定要存入哪张表中，如果没有指定，将默认存入 filter 表。此外，每张表能够使用到的链也有所不同，具体表与链的对应关系如表 12-1 所示。

表 12-1　表与链的对应关系

	PREROUTING	POSTROUTING	FORWARD	INPUT	OUTPUT
raw	√	×	×	×	√
mangle	√	√	√	√	√
nat（Source）	×	√	×	√	×
nat（Destination）	√	×	×	×	√
filter	×	×	√	√	√
security	×	×	√	√	√

从名字上就能看出预置的五条链直接源自于 Netfilter 的钩子，它们与五张规则表的对应关系是固定的，用户不能增加自定义的表，或者修改已有表与链的关系，但可以增加自定义的链，新增的自定义链与 Netfilter 的钩子没有天然的对应关系，换言之就是不会被自动触发，只有显式使用 JUMP 行为，从默认的五条链中跳转过去才能被执行。

iptables 不仅仅是 Linux 系统自带的一个网络工具，它在容器间通信中也扮演着相当重要的角色。譬如 Kubernetes 用来管理 Service 的 Endpoints 的核心组件 kube-proxy，就依赖 iptables 来完成 ClusterIP 到 Pod 的通信（也可以采用 IPVS，IPVS 同样是基于 Netfilter 的），这种通信的本质就是一种 NAT 访问。对于 Linux 用户，以上都是相当基础的网络常识，但如果你平常较少在 Linux 系统下工作，就可能需要一些用 iptables 充当防火墙过滤数据、充当路由器转发数据、充当网关做 NAT 的实际例子来帮助理解，由于这些操作在网上很容易就能找到，笔者便不举例说明了。

行文至此，本章用了两个小节的篇幅去介绍 Linux 下网络通信的协议栈模型，以及程序如何干涉在协议栈中流动的信息，它们与虚拟化并没有什么直接关系，是整个 Linux 网络通信的必要基础。从下一节开始，我们就要开始专注与网络虚拟化密切相关的内容了。

12.1.3　虚拟化网络设备

虚拟化网络并不需要完全遵照物理网络的样子来设计，不过，由于已有大量现成的代码原本就是面向物理存在的网络设备来编码实现，也出于方便理解和知识继承方面的考虑，虚拟化网络与物理网络中的设备还是有相当高的相似性的。所以，笔者准备从网络中那些与网卡、交换机、路由器等对应的虚拟设施，以及如何使用这些虚拟设施来组成网络入手，介绍容器间网络的通信基础设施。

1. 网卡：tun/tap、veth

目前主流的虚拟网卡方案有 tun/tap 和 veth 两种，在时间上 tun/tap 出现得更早，它是一组通用的虚拟驱动程序包，里面包含两个设备，分别是用于网络数据包处理的虚拟网卡驱动，以及用于内核空间与用户空间交互的字符设备（Character Device，这里具体指 /dev/net/tun）驱动。大概在 2000 年左右，Solaris 系统为了实现隧道协议（Tunneling Protocol）

开发了这套驱动，并从 Linux Kernel 2.1 版开始移植到 Linux 内核中，当时是源码中的可选模块，2.4 版之后发布的内核都会默认编译 tun/tap 的驱动。

　　tun 和 tap 是两个相对独立的虚拟网络设备，其中 tap 模拟了以太网设备，操作二层数据包（以太帧），tun 则模拟了网络层设备，操作三层数据包（IP 报文）。使用 tun/tap 设备的目的是实现把来自协议栈的数据包先交由某个打开了 /dev/net/tun 字符设备的用户进程处理后，再把数据包重新发回到链路中。你可以通俗地理解为它一端连接着网络协议栈，另一端连接着用户态程序，而普通的网卡驱动则是一端连接着网络协议栈，另一端连接着物理网卡。只要协议栈中的数据包能被用户态程序截获并加工处理，程序员就有足够的舞台空间去玩出各种花样，譬如数据压缩、流量加密、透明代理等功能都能够以此为基础来实现，以最典型的 VPN 应用程序为例，程序发送给 tun 设备的数据包，会经过如图 12-3 所示的顺序流进 VPN 程序。

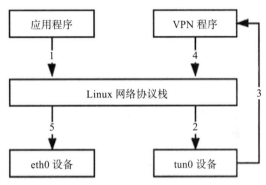

图 12-3　VPN 中数据流动示意图

　　应用程序通过 tun0 设备对外发送数据包后，tun0 设备如果发现另一端的字符设备已被 VPN 程序打开（这就是一端连接着网络协议栈，另一端连接着用户态程序），便会把数据包通过字符设备发送给 VPN 程序，VPN 收到数据包，会修改后再将其封装成新报文，譬如数据包原本是发送给 A 地址的，VPN 把整个包进行加密，然后作为报文体，封装到另一个发送给 B 地址的新数据包当中。这种将一个数据包套进另一个数据包的处理方式被形象地形容为 "隧道"（Tunneling），隧道技术是在物理网络中构筑逻辑网络的经典做法。而其中提到的加密，也有标准的协议可遵循，譬如 IPSec 协议。

　　使用 tun/tap 设备传输数据需要经过两次协议栈，不可避免地会有一定的性能损耗，如果条件允许，容器对容器的直接通信并不会把 tun/tap 作为首选方案，一般是基于稍后介绍的 veth 来实现的。但是 tun/tap 没有 veth 那样要求设备成对出现、数据要原样传输的限制，数据包到用户态程序后，程序员就有完全掌控的权力，要进行哪些修改，要发送到什么地方，都可以通过编写代码去实现，因此 tun/tap 方案比起 veth 方案有更广泛的适用范围。

　　veth 是另外一种主流的虚拟网卡方案，在 Linux Kernel 2.6 版本，Linux 在开始支持网络名称空间隔离的同时，也提供了专门的虚拟以太网（Virtual Ethernet，习惯简写做 veth）让两个隔离的网络名称空间之间可以互相通信。直接把 veth 比喻成虚拟网卡其实并不准确，如果要和物理设备类比，它应该相当于由交叉网线连接的一对物理网卡。

额外知识　交叉线序、直连线序
　　交叉网线是指一头是 T568A 标准，另外一头是 T568B 标准的网线。直连网线则是

指两头采用同一种标准的网线。

网卡对网卡这样的同类设备需要使用交叉线序的网线来连接，网卡到交换机、路由器就采用直连线序的网线，不过现在的网卡大多带有线序翻转功能，直连线也可以网卡对网卡地连通了。

veth 实际上不是一个设备，而是一对设备，因而也常被称作 veth pair。要使用 veth，必须在两个独立的网络名称空间中进行才有意义，因为 veth pair 是一端连着协议栈，另一端彼此相连的，在 veth 设备的其中一端输入数据，这些数据就会从设备的另外一端原样不变地流出，它工作时的数据流动如图 12-4 所示。

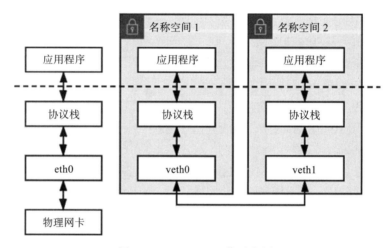

图 12-4　veth pair 工作示意图

由于两个容器之间采用 veth 通信不需要反复多次经过网络协议栈，这让 veth 有比 tap/tun 更好的性能，也让 veth pair 的实现变得十分简单，内核中只用几十行代码实现一个数据复制函数就完成了 veth 的主体功能。veth 以模拟网卡直连的方式很好地解决了两个容器之间的通信问题，然而对多个容器间通信，如果仍然单纯只用 veth pair 的话，事情就会变得非常麻烦，让每个容器都为与它通信的其他容器建立一对专用的 veth pair 并不实际，这时就迫切需要一台虚拟化的交换机来解决多容器之间的通信问题了。

2. 交换机：Linux Bridge

既然有了虚拟网卡，很自然就会联想到让网卡接入交换机，以实现多个容器间的相互连接。Linux Bridge 便是 Linux 系统下的虚拟化交换机，虽然它以"网桥"（Bridge）而不是"交换机"（Switch）为名，但是在使用过程中，你会发现 Linux Bridge 的目的看起来像交换机、功能像交换机、程序实现也像交换机，实际就是一台虚拟交换机。

Linux Bridge 是在 Linux Kernel 2.2 版本开始提供的二层转发工具，由 brctl 命令创建和管理。Linux Bridge 创建以后，便能够接入任何位于二层的网络设备，无论是真实的物理设

备（譬如 eth0）抑或是虚拟设备（譬如 veth 或者 tap）都能与 Linux Bridge 配合工作。当有
二层数据包（以太帧）从网卡进入时 Linux Bridge 将根据数据包的类型和目标 MAC 地址，
按如下规则转发处理。

- 如果数据包是广播帧，转发给所有接入网桥的设备。
- 如果数据包是单播帧：
  - 且 MAC 地址在地址转发表中不存在，则洪泛（Flooding）给所有接入网桥的设
    备，并将响应设备的接口与 MAC 地址学习（MAC Learning）到自己的 MAC 地
    址转发表中。
  - 且 MAC 地址在地址转发表中已存在，则直接转发到地址表中指定的设备。
- 如果数据包是此前转发过的，又重新发回到此 Bridge，说明冗余链路产生了环路。
  由于以太帧不像 IP 报文那样有生存周期来约束，因此一旦出现环路，如果没有额外
  措施来处理的话就会永不停歇地转发下去。对于这种数据包就需要交换机实现生成
  树协议（Spanning Tree Protocol，STP）来交换拓扑信息，生成唯一拓扑链路以切断
  环路。

上面提到的这些名词，譬如二层转发、泛洪、MAC 学习、地址转发表、STP，等等，
都是物理交换机中极为成熟的概念，它们在 Linux Bridge 中都有对应的实现，所以说 Linux
Bridge 不仅用起来像交换机，实现起来也像交换机。不过，它与普通的物理交换机还是有
一点差别，普通交换机只会单纯地做二层转发，Linux Bridge 却还支持把发给它自身的数据
包接入主机的三层协议栈中。

对于通过 brctl 命令显式接入网桥的设备，Linux Bridge 与物理交换机的转发行为是完
全一致的，都不允许给接入的设备设置 IP 地址，因为网桥是根据 MAC 地址做二层转发的，
就算设置了三层的 IP 地址也毫无意义。然而 Linux Bridge 与普通交换机的区别是除了显式
接入的设备外，它自己也无可分割地连接着一台有着完整网络协议栈的 Linux 主机，因为
Linux Bridge 本身肯定是在某台 Linux 主机上创建的，可以看作 Linux Bridge 有一个与自
己名字相同的隐藏端口，隐式地连接了创建它的那台 Linux 主机。因此，Linux Bridge 允许
给自己设置 IP 地址，比普通交换机多出一种特殊的转发情况：如果数据包的目的 MAC 地
址为网桥本身，并且网桥设置了 IP 地址的话，那该数据包即被认为是收到发往创建网桥那
台主机的数据包，此数据包将不会转发到任何设备，而是直接交给上层（三层）协议栈去
处理。

此时，网桥就取代了 eth0 设备来对接协议栈，进行三层协议的处理。设置这条特殊转
发规则的好处是：只要通过简单的 NAT 转换，就可以实现一个最原始的单 IP 容器网络。这
种组网是最基本的容器间通信形式，下面笔者举个具体例子来帮助你理解。假设现有如下
设备，它们的连接情况如图 12-5 所示，具体配置如下。

- 网桥 br0：分配 IP 地址 192.168.31.1。
- 容器：三个网络名称空间（容器），分别编号为 1、2、3，均使用 veth pair 接入网桥，

且有如下配置。

- ❍ 在容器一端的网卡名为 veth0，在网桥一端的网卡名为 veth1、veth2、veth3。
- ❍ 为三个容器中的 veth0 网卡分配 IP 地址：192.168.1.10、192.168.1.11、192.168.1.12。
- ❍ 三个容器中的 veth0 网卡设置网关为网桥，即 192.168.31.1。
- ❍ 网桥中的 veth1、veth2、veth3 无 IP 地址。
- ❑ 物理网卡 eth0：分配的 IP 地址为 14.123.254.86。
- ❑ 外部网络：外部网络中有一台服务器，地址为 122.246.6.183。

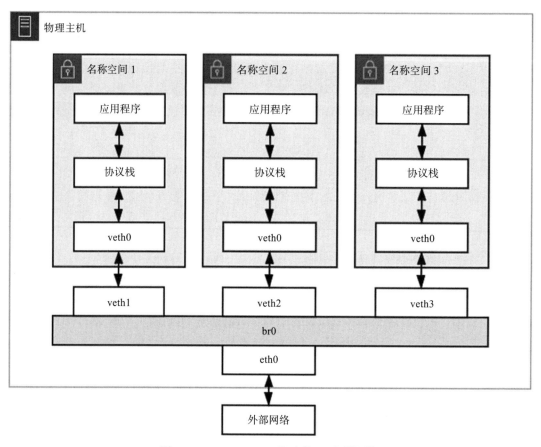

图 12-5　Linux Bridge 构建单 IP 容器网络

如果名称空间 1 中的应用程序想访问外网地址为 122.246.6.183 的服务器，由于容器没有自己的公网 IP 地址，程序发出的数据包必须经过如下步骤处理后，才能最终到达外网服务器。

1）应用程序调用 Socket API 发送数据，此时生成的原始数据包为：

❍ 源MAC：veth0的MAC

○目标MAC：网关的MAC（即网桥的MAC）
○源IP：veth0的IP，即192.168.31.1
○目标IP：外网的IP，即122.246.6.183

2）从 veth0 发送的数据，会在 veth1 中原样发出，网桥将从 veth1 中接收到一个目标
MAC 为自己的数据包，并且网桥有配置 IP 地址，由此触发 Linux Bridge 的特殊转发规则。
这样这个数据包便不会转发给任何设备，而是转交给主机的协议栈处理。

注意，从这步以后就是三层路由了，已不在网桥的工作范围之内，是由 Linux 主机依
靠 Netfilter 进行 IP 转发（IP Forward）去实现的。

3）数据包经过主机协议栈，Netfilter 的钩子被激活，预置好的 iptables NAT 规则会修
改数据包的源 IP 地址，将其改为物理网卡 eth0 的 IP 地址，并在映射表中记录设备端口及
两个 IP 地址之间的对应关系，经过 SNAT 之后的数据包，最终会从 eth0 出去，此时报文头
中的地址为：

○源MAC：eth0的MAC
○目标MAC：下一跳（Hop）的MAC
○源IP：eth0的IP，即14.123.254.86
○目标IP：外网的IP，即122.246.6.183

4）可见，经过主机协议栈后，数据包的源和目标 IP 地址均为公网的 IP，这个数据包
在外部网络中可以根据 IP 正确路由到目标服务器中。当目标服务器处理完毕，对该请求
发出响应后，返回数据包的目标地址也是公网 IP。当返回的数据包经过链路所有跳点，由
eth0 达到网桥时，报文头中的地址为：

○源MAC：eth0的MAC
○目标MAC：网桥的MAC
○源IP：外网的IP，即122.246.6.183
○目标IP：eth0的IP，即14.123.254.86

5）这同样是一个以网桥 MAC 地址为目标的数据包，同样会触发特殊转发规则，交由
协议栈处理。此时 Linux 将根据映射表中的转换关系做 DNAT，把目标 IP 地址从 eth0 替换
回 veth0 的 IP，最终 veth0 收到的响应数据包为：

○源MAC：网桥的MAC
○目标MAC：veth0的MAC
○源IP：外网的IP，即122.246.6.183
○目标IP：veth0的IP，即192.168.31.1

在以上处理过程中，Linux 主机独立承担了三层路由的职责，在一定程度上扮演了路由
器的角色。由于有 Netfilter 的存在，对网络层的路由转发，就无须像 Linux Bridge 一样专
门提供 brctl 这样的命令去创建一个虚拟设备，通过 Netfilter 可以很容易地在 Linux 内核完
成根据 IP 地址进行路由的操作。你也可以这样理解：Linux Bridge 是一个人工创建的虚拟
交换机，而 Linux 内核则是一个天然的虚拟路由器。

限于篇幅，笔者这里仅举例介绍 Linux Bridge 这一种虚拟交换机的方案，其他如 OVS
（Open vSwitch）等同样常见，而且更强大、更复杂的方案就不再涉及了。

3. 网络：VXLAN

有了虚拟化网络设备后，下一步就是要使用这些设备组成网络。容器分布在不同的物理主机上，每一台物理主机都有物理网络相互联通，然而这种网络的物理拓扑结构是相对固定的，很难跟上云原生时代分布式系统的逻辑拓扑结构的变动频率，譬如服务的扩缩、断路、限流，等等，都可能要求网络随之做出相应的变化。正因如此，软件定义网络（Software Defined Network，SDN）的需求在云计算和分布式时代变得前所未有地迫切。SDN 的核心思路是在物理网络上再构造一层虚拟化的网络，将控制平面和数据平面分离开来，实现流量的灵活控制，为核心网络及应用的创新提供良好的平台。SDN 里位于下层的物理网络被称为 Underlay，它着重解决网络的连通性与可管理性，位于上层的逻辑网络被称为 Overlay，它着重为应用提供与软件需求相符的传输服务和网络拓扑。

软件定义网络已经发展了十余年时间，远比云原生、微服务这些概念出现得早。网络设备商基于硬件设备开发出了 EVI（Ethernet Virtualization Interconnect，以太网虚拟化互联）、TRILL（Transparent Interconnection of Lots of Link，多链接透明互联）、SPB（Shortest Path Bridging，最短路径桥接）等大二层网络技术；软件厂商也提出了 VXLAN（Virtual eXtensible LAN，虚拟局域网扩展）、NVGRE（Network Virtualization Using Generic Routing Encapsulation，使用通用路由封装的网络虚拟化）、STT（A Stateless Transport Tunneling Protocol for Network Virtualization，无状态传输隧道协议网络虚拟化）等一系列基于虚拟交换机实现的 Overlay 网络。由于跨主机的容器间通信用的大多是 Overlay 网络，所以在本节笔者会以 VXLAN 为例去介绍 Overlay 网络的原理。

VXLAN 你可能没听说过，但 VLAN 相信只要从事计算机专业的人都会有所了解。VLAN 的全称是"虚拟局域网"（Virtual Local Area Network），从名称来看它也算是网络虚拟化技术的早期成果之一。由于二层网络本身的工作特性决定了它非常依赖于广播，无论是广播帧（如 ARP 请求、DHCP、RIP 都会产生广播帧），还是泛洪路由，其执行成本都随着接入二层网络的设备数量的增长而等比例增加，当设备太多，广播又频繁的时候，很容易形成广播风暴（Broadcast Radiation）。因此，VLAN 的首要职责就是划分广播域，将连接在同一个物理网络上的设备区分开来，划分的具体方法是在以太帧的报文头中加入 VLAN Tag，让所有广播只针对具有相同 VLAN Tag 的设备生效。这样既缩小了广播域，也提高了安全性和可管理性，因为两个 VLAN 之间不能直接通信。如果确有通信的需要，就必须通过三层设备来进行，譬如单臂路由（Router on a Stick）或者三层交换机。

然而 VLAN 有两个明显的缺陷，第一个缺陷在于 VLAN Tag 的设计，定义 VLAN 的 802.1Q 规范是在 1998 年提出的，当时的网络工程师完全不可能预料到未来云计算会如此普及，因而只给 VLAN Tag 预留了 32 位的存储空间，其中还要分出 16 位存储标签协议识别符（Tag Protocol Identifier）、3 位存储优先权代码点（Priority Code Point）、1 位存储标准格式指示（Canonical Format Indicator），剩下的 12 位才会用来存储 VLAN ID（Virtualization Network Identifier，VNI），换言之，VLAN ID 最多只能有 2^{12}（4096）种取值。在云计算数据中心出现后，即使不考虑虚拟化的需求，单是需要分配 IP 的物理设备都有可能数以万计甚至数以十万计，这样看来，4096 个 VLAN 肯定是不够用的。后来 IEEE 的工程师们又提出 802.1AQ 规范来弥补这个缺陷，大致思路是给以太帧连续打上两个 VLAN Tag，每个 Tag 里仍然只有 12 位的 VLAN ID，但两个加起来就可以存储 2^{24}（16 777 216）个不同的 VLAN ID，由于两个 VLAN Tag 并排放在报文头上，802.1AQ 规范还有了一个 QinQ（802.1Q in 802.1Q）的昵称别名。

QinQ 是 2011 年推出的规范，但是直到现在都没有特别普及，除了需要设备支持外，它还弥补不了 VLAN 的第二个缺陷：跨数据中心传递。VLAN 本身是为二层网络所设计的，但是在两个独立数据中心之间，信息只能通过三层网络传递，由于云计算的发展普及，大型分布式系统已不局限于单个数据中心，完全有跨数据中心运作的可能性，此时如何让 VLAN Tag 在两个数据中心间传递又成为不得不考虑的麻烦事。

为了统一解决以上两个问题，IETF 定义了 VXLAN 规范，这是三层虚拟化网络（Network Virtualization over Layer 3，NVO3）的标准技术规范之一，是一种典型的 Overlay 网络。VXLAN 采用 L2 over L4（MAC in UDP）的报文封装模式，把原本在二层传输的以太帧放到四层 UDP 协议的报文体内，同时加入了自己定义的 VXLAN Header。VXLAN Header 里直接就有 24 位的 VLAN ID，同样可以存储 1677 万个不同的取值，使得二层网络可以在三层范围内进行扩展，不再受数据中心间传输的限制。VXLAN 的整个报文结构如图 12-6 所示。

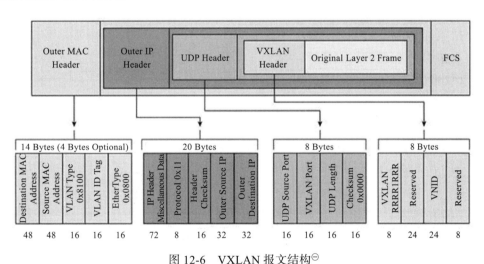

图 12-6　VXLAN 报文结构[○]

VXLAN 对网络基础设施的要求很低，不需要专门的硬件提供的特别支持，只要三层可达的网络就能部署 VXLAN。VXLAN 的每个边缘入口上都布置了一个 VTEP（VXLAN

○　图片来源：https://www.ciscolive.com/c/dam/r/ciscolive/emea/docs/2019/pdf/DEVWKS-1445.pdf。

Tunnel Endpoint）设备，它既可以是物理设备，也可以是虚拟化设备，负责 VXLAN 协议报文的封包和解包。互联网号码分配局（Internet Assigned Numbers Authority，IANA）专门分配了 4789 作为 VTEP 设备的 UDP 端口（以前 Linux VXLAN 用的默认端口是 8472，目前这两个端口在许多场景中仍有并存的情况）。

从 Linux Kernel 3.7 版本起，Linux 系统就开始支持 VXLAN。到了 3.12 版本，Linux 对 VXLAN 的支持已达到完全完备的程度，能够处理单播和组播，能够运行于 IPv4 和 IPv6 之上，一台 Linux 主机经过简单配置之后，便可以把 Linux Bridge 作为 VTEP 设备使用。

VXLAN 带来了很高的灵活性、扩展性和可管理性，同一套物理网络中可以任意创建多个 VXLAN，每个 VXLAN 中接入的设备都仿佛是在一个完全独立的二层局域网中一样，不会受到外部广播的干扰，也很难遭受外部的攻击，这使得 VXLAN 能够良好地匹配分布式系统的弹性需求。不过，VXLAN 也带来了额外的复杂度和性能开销，具体表现在如下两个方面。

❏ 传输效率的下降。如果你仔细数过前面 VXLAN 报文结构中 UDP、IP、以太帧报文头的字节数，会发现经过 VXLAN 封装后的报文，新增加的报文头部分就占了整整 50 字节（VXLAN 报文头占 8 字节，UDP 报文头占 8 字节，IP 报文头占 20 字节，以太帧的 MAC 头占 14 字节），而原本需要的 14 字节，被封到了最里面的以太帧中。以太网的 MTU 默认是 1500 字节，如果是传输大量数据，额外损耗 50 字节并不算很高的成本，但如果传输的数据只有几个字节，那传输消耗在报文头上的成本就很高昂了。

❏ 传输性能的下降。每个 VXLAN 报文的封包和解包操作都属于额外的处理过程，尤其是用软件来实现的 VTEP，额外的运算资源消耗有时候会成为不可忽略的性能影响因素。

4. 副本网卡：MACVLAN

理解了 VLAN 和 VXLAN 的原理后，我们就有足够的前置知识去了解 MACVLAN 这最后一种网络设备虚拟化的方式了。

前文提到，两个 VLAN 之间是完全二层隔离的，不存在重合的广播域，因此要通信就只能通过三层设备，而最简单的三层通信就是通过单臂路由实现。笔者以图 12-7 所示的网络拓扑结构来举个具体例子，介绍单臂路由是如何工作的。

假设位于 VLAN-A 中的主机 A1 希望将数据包发送给 VLAN-B 中的主机 B2，由于 A、B 两个 VLAN 之间的二层链路不通，因此引入了单臂路由。单臂路由不属于任何 VLAN，它与交换机之间的链路允许任何 VLAN ID 的数据包通过，而这个通信的接口也被称为 TRUNK。这样，A1 要和 B2 通信，就要将数据包先发送给路由（只需把路由设置为网关即可），然后路由会根据数据包上的 IP 地址得知 B2 的位置，去掉 VLAN-A 的 VLAN Tag，改用 VLAN-B 的 VLAN Tag 重新封装数据包后再发回给交换机，交换机收到后就可以顺利转发给 B2 了。这个过程并不复杂，但你是否注意到一个问题，路由器应该设置怎样的 IP 地址呢？由于 A1、B2 各自处于独立的网段上，它们又各自要将同一个路由作为网关使用，这就要求路由器必须同时具备 192.168.1.0/24 和 192.168.2.0/24 的 IP 地址。如果真的只有 VLAN-A、VLAN-B 两个 VLAN，那为路由器上的两个接口分别设置不同的 IP 地址，然后用两条网线分别连接到交换机上也勉强算是一个解决办法，但 VLAN 最多支持 4096 个 VLAN，如果要接四千多条网线就太离谱了。为了解决这个问题，802.1Q 规范中专门定义了子接口（Sub-Interface）的概念，其作用是允许在同一张物理网卡上，针对不同的 VLAN 绑定不同的 IP 地址。

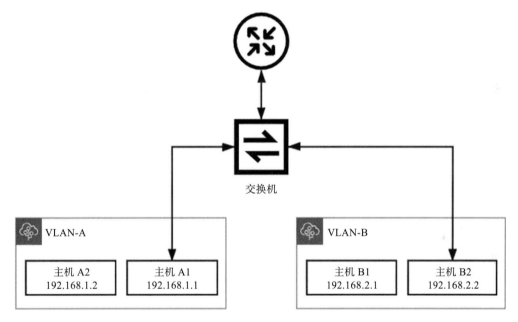

图 12-7　VLAN 单臂路由原理

MACVLAN 借用了 VLAN 子接口的思路，并且在这个基础上进一步优化，不仅允许为同一个网卡设置多个 IP 地址，还允许在同一张网卡上设置多个 MAC 地址，这也是 MACVLAN 名字的由来。原本 MAC 地址是网卡接口的"身份证"，应该是严格的一对一关系，而 MACVLAN 打破了这层关系，方法是在物理设备之上、网络栈之下生成多个虚拟的设备，每个设备都有一个 MAC 地址，新增设备的操作本质上相当于在系统内核中注册一个收发特定数据包的回调函数，每个回调函数都能对一个 MAC 地址的数据包进行响应，当物理设备收到数据包时，会先根据 MAC 地址进行一次判断，确定交给哪个设备来处理，如图 12-8 所示。从交换机一侧的视角来看，这个端口后面仿佛是另一台已经连接了多个设备的交换机一样。

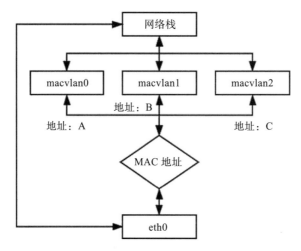

图 12-8 MACVLAN 原理

用 MACVLAN 技术虚拟出来的副本网卡，在功能上和真实的网卡是完全对等的，此时真正的物理网卡实际上承担着类似交换机的职责，它会在收到数据包后，根据目标 MAC 地址判断这个包应转发给哪块副本网卡处理。由同一块物理网卡虚拟出来的副本网卡，天然处于同一个 VLAN 之中，可以直接二层通信，不需要将流量转发到外部网络。

与 Linux Bridge 相比，这种以网卡模拟交换机的方法在目标上并没有本质的不同，但 MACVLAN 在内部实现上要比 Linux Bridge 轻量得多。从数据流来看，副本网卡的通信只比物理网卡多了一次判断而已，能获得很高的网络通信性能；从操作步骤来看，由于 MAC 地址是静态的，所以 MACVLAN 不需要像 Linux Bridge 那样考虑 MAC 地址学习、STP 协议等复杂的算法，这也进一步突出了 MACVLAN 的性能优势。

除了模拟交换机的 Bridge 模式外，MACVLAN 还支持虚拟以太网端口聚合（Virtual Ethernet Port Aggregator，VEPA）模式、Private 模式、Passthru 模式、Source 模式等其他工作模式，有兴趣的读者可以参考相关资料，笔者就不逐一介绍了。

12.1.4 容器间通信

经过对虚拟化网络基础知识的一番了解后，在最后这个小节，我们将尝试使用这些知识去解构容器间的通信原理，毕竟运用知识去解决问题才是笔者介绍网络虚拟化的根本目的。这节我们先以 Docker 为目标，谈一谈 Docker 所提供的容器通信方案。下一节将介绍 CNI 下的 Kubernetes 网络插件生态。也许你看完后会觉得 Docker 的网络通信相对简单，对于某些分布式系统的需求来说甚至过于简陋了，然而，虽然容器间的网络方案多种多样，但通信主体却是固定的，不外乎没有物理设备的虚拟主体（容器、Pod、Service、Endpoint 等）、不需要跨网络的本地主机，以及通过网络连接的外部主机三种层次，所有的容器网络通信问题，都可以归结为本地主机内部的多个容器之间、本地主机与内部容器之间和跨越不同主机的多个容器之间的通信问题，其中的许多原理都是相通的，所以 Docker 网络的简单，在检验前面网络知识有没有理解到位时倒不失为一种优势。

Docker 的网络方案在操作层面上是指能够直接通过 docker run --network 参数指定的网络，或者先通过 docker network create 命令创建后再被容器使用的网络。安装 Docker 过程中会自动在宿主机上创建一个名为 docker0 的网桥，以及三种不同的 Docker 网络，分别是 bridge、host 和 none，你可以通过 docker network ls 命令查看这三种网络，具体如下所示：

```
$ docker network ls
NETWORK ID          NAME                DRIVER              SCOPE
2a25170d4064        bridge              bridge              local
a6867d58bd14        host                host                local
aeb4f8df39b1        none                null                local
```

这三种网络，对应 Docker 提供的三种开箱即用的网络方案，分别如下。

- **桥接模式**，使用 --network=bridge 指定，这也是未指定网络参数时的默认网络。桥接模式下，Docker 会为新容器分配独立的网络名称空间，创建好 veth pair，一端接入容器，另一端接入 docker0 网桥。Docker 会为每个容器自动分配好 IP 地址，默认配置下地址范围是 172.17.0.0/24，docker0 的地址默认是 172.17.0.1，并且设置所有容器的网关为 docker0，这样所有接入同一个网桥内的容器可以直接依靠二层网络来通信，而在此范围之外的容器、主机就必须通过网关来访问，具体过程笔者在介绍 Linux Bridge 时已经详细讲解过，这里不再赘述。

- **主机模式**，使用 --network=host 指定。主机模式下，Docker 不会为新容器创建独立的网络名称空间，这样容器一切的网络设施，如网卡、网络栈等都直接使用宿主机上的真实设施，容器也就不会拥有自己的独立的 IP 地址。主机模式下，Docker 与外界通信时无须进行 NAT 转换，没有性能损耗，但缺点也十分明显，没有隔离就无法避免网络资源的冲突，譬如端口号就不允许重复。

- **空置模式**，使用 --network=none 指定。空置模式下，Docker 会给新容器创建独立的网络名称空间，但是不会创建任何虚拟的网络设备，此时容器能看到的只有一个回环设备（Loopback Device）而已。提供这种方式是为了方便用户去做自定义的网络配置，如增加网络设备、管理 IP 地址，等等。

除了三种开箱即用的网络外，Docker 还支持以下由用户自行创建的网络。

- **容器模式**，创建容器后使用 --network=container: 容器名称指定。容器模式下，新创建的容器将会加入指定的容器的网络名称空间，共享一切网络资源，但其他资源，如文件、PID 等默认仍然是隔离的。两个容器间可以直接使用回环地址（localhost）通信，但端口号等网络资源不能有冲突。

- **MACVLAN 模式**：使用 docker network create -d macvlan 创建。此网络允许为容器指定一个副本网卡，容器通过副本网卡的 MAC 地址来使用宿主机上的物理设备，在追求通信性能的场合，这种网络是最好的选择。Docker 的 MACVLAN 只支持

Bridge 通信模式，因此在功能表现上与桥接模式类似。

❑ **Overlay 模式**：使用 docker network create -d overlay 创建。Docker 说的 Overlay 网络实际上就是特指 VXLAN，这种网络模式主要用于 Docker Swarm 服务之间的通信。然而由于 Docker Swarm 败于 Kubernetes，并未成为主流，所有这种网络模式实际很少使用。

12.2　容器网络与生态

容器网络的第一个业界标准源于 Docker 在 2015 年发布的 libnetwork 项目，如果你还记得 11.1 节中关于 libcontainer 的故事，那从名字上就可以很容易地推断出 libnetwork 项目的目的与意义所在。这是 Docker 用 Go 编写的、专门用来抽象容器间网络通信的一个独立模块，与 libcontainer 是作为 OCI 的标准实现而设计类似，libnetwork 是作为 Docker 提出的 CNM 规范（Container Network Model，容器网络模型）的标准实现而设计的。不过，与 libcontainer 因孵化出 runC 项目，时至今日仍然广为人知的结局不同，libnetwork 随着 Docker Swarm 的失败，已经基本失去了实用价值。

12.2.1　CNM 与 CNI

如今 CNM 与容器网络的事实标准 CNI(Container Networking Interface，容器网络接口)在目标上几乎是完全重叠的，由此决定了 CNM 与 CNI 之间只能是"你死我活"的竞争关系，这与容器运行时中提及的 CRI 和 OCI 的关系明显不同，CRI 与 OCI 的目标并不一样，两者有足够的空间可以和平共处。

尽管 CNM 规范已是明日黄花，但它作为容器网络的先行者，对后续的容器网络标准制定有直接的指导意义。提出容器网络标准的目的就是把网络功能从容器运行时引擎或者容器编排系统中剥离出去。网络的专业性和针对性极强，如果不把它变成外部可扩展的功能，都由自己来做的话，不仅费时费力，还讨不到好。这个特点从图 12-9 所列的部分容器网络提供商中就可见一斑。

网络的专业性与针对性也决定了 CNM 和 CNI 均采用了插件式的设计，需要接入什么样的网络，就设计一个对应的网络插件即可。所谓插件，在形式上也就是一个可执行文件，再配上相应的 Manifest 描述。为了方便插件编写，CNM 将协议栈、网络接口（对应于 veth、tap/tun 等）和网络（对应于 Bridge、VXLAN、MACVLAN 等）分别抽象为 Sandbox、Endpoint 和 Network，并在接口的 API 中提供了这些抽象资源的读写操作。而 CNI 中尽管也有 Sandbox、Network 的概念，含义也与 CNM 大致相同，不过在 Kubernetes 资源模型的支持下，它无须刻意强调某一种网络资源应该如何描述、如何访问，因此结构上显得更加轻便。

图 12-9　部分容器网络提供商

从程序功能上看，CNM 和 CNI 的网络插件提供的能力都能划分为网络的管理与 IP 地址的管理两类，插件可以选择只实现其中的某一功能，也可以全部实现。

- **管理网络创建与删除**。解决如何创建网络，如何将容器接入网络，以及如何退出和删除网络。这个过程实际上是对容器网络的生命周期管理，如果你更熟悉 Docker 命令，可以类比理解为 docker network 命令所做的事情。CNM 规范中定义了创建网络、删除网络、容器接入网络、容器退出网络、查询网络信息、创建通信 Endpoint、删除通信 Endpoint 等十个编程接口，而 CNI 中就更加简单了，只要实现对网络的增加与删除两项操作即可。你甚至不需要学过 Go 语言，只从名称上就能轻松看明白以下接口中每个方法的含义是什么。

```
type CNI interface {
    AddNetworkList (net *NetworkConfigList, rt *RuntimeConf) (types.Result, error)
    DelNetworkList (net *NetworkConfigList, rt *RuntimeConf) error
    AddNetwork (net *NetworkConfig, rt *RuntimeConf) (types.Result, error)
    DelNetwork (net *NetworkConfig, rt *RuntimeConf) error
}
```

- **管理 IP 地址分配与回收**。解决如何为三层网络分配唯一的 IP 地址的问题。二层网络的 MAC 地址天然具有唯一性，所以无须刻意地考虑如何分配的问题。但是三层网络的 IP 地址只有通过精心规划，才能保证在全局网络中都是唯一的，否则，如果两个容器之间存在相同地址，那它们最多只能做 NAT，而不可能做到直接通信。

相比基于 UUID 或者数字序列实现的全局唯一 ID 产生器，IP 地址的全局分配工作要更困难一些。首先是要符合 IPv4 的网段规则，且保证不重复，这在分布式环境里只能依赖 etcd、ZooKeeper 等协调工具来实现，Docker 自己也提供了类似的 libkv 来完成这项工作。其次是必须考虑回收的问题，否则一旦 Pod 发生持续重启就有可能耗尽某个网段中的所有地址。最后是必须关注时效性，原本获取 IP 地址时采用标准的 DHCP 协议（Dynamic Host Configuration Protocol，动态主机配置协议）即可，但 DHCP 有可能产生长达数秒的延迟，对于某些生存周期很短的 Pod，这已经超出了它的忍受限度，因此在容器网络中，往往 Host-Local 的 IP 分配方式会比 DHCP 更实用。

12.2.2　CNM 到 CNI

容器网络标准能够提供一致的网络操作界面，无论什么网络插件都使用一致的 API，提高了网络配置的自动化程度，提升了在不同网络间迁移的体验，对最终用户、容器提供商、网络提供商来说是三方共赢的事情。

CNM 规范发布以后，借助 Docker 在容器领域的强大号召力，很快得到了网络提供商与开源组织的支持，不说专门为 Docker 设计针对容器互联的网络，最起码会让现有的网络方案兼容于 CNM 规范，以便能在容器圈中多分一杯羹，譬如 Cisco 的 Contiv、OpenStack 的 Kuryr、Open vSwitch 的 OVN（Open Virtual Networking）以及来自开源项目的 Calico 和 Weave 等都是 CNM 阵营中的成员。唯一对 CNM 持不同意见的是那些和 Docker 存在直接竞争关系的产品，譬如 Docker 的最大竞争对手，来自 CoreOS 公司的 RKT 容器引擎。其实凭良心说，并不是其他容器引擎想刻意去抵制 CNM，而是 Docker 制定 CNM 规范时完全是基于 Docker 本身来设计，并没有考虑 CNM 用于其他容器引擎的可能性。

为了平衡 CNM 规范的影响力，也为了在 Docker 的主导背景下寻找一条出路，RKT 提出了与 CNM 目标类似的 "RKT 网络提案"（RKT Networking Proposal）。一个业界标准成功与否，很大程度上取决于它的支持者阵营的规模，对于容器网络这种插件式的规范更是如此。Docker 力推的 CNM 毫无疑问是当时统一容器网络标准的最有力竞争者，如果没有外力的介入，有极大可能成为最后的胜利者。然而，影响容器网络发展的外力还是出现了，即使此前笔者没有提过 CNI，你也应该很容易猜到，在容器圈里能够掀翻 Docker 的 "外力"，唯有 Kubernetes 一家而已。

Kubernetes 在开源的初期（Kubernetes 1.5 提出 CRI 规范之前），在容器引擎上是选择彻底绑定于 Docker 的，但是，在容器网络的选择上，Kubernetes 一直坚持独立于 Docker 自己来维护网络。在 CNM 和 CNI 提出之前，Kubernetes 会使用 Docker 的空置网络模式（--network=none）来创建 Pause 容器，然后通过内部的 kubenet 来创建网络设施，再让 Pod 中的其他容器加入 Pause 容器的名称空间中以共享这些网络设施。

 额外知识　kubenet

kubenet 是 kubelet 内置的一个非常简单的网络，它采用网桥来实现 Pod 间通信。kubenet 会自动创建一个名为 cbr0 的网桥，当有新的 Pod 启动时，会由 kubenet 自动将其接入 cbr0 网桥中，再将控制权交还给 kubelet，完成后续的 Pod 创建流程。kubenet 采用 Host-Local 的 IP 地址管理方式，具体来说是根据当前服务器对应的节点资源上的 PodCIDR 字段所设的网段来分配 IP 地址。当有新的 Pod 启动时，会由本地节点的 IP 段分配一个空闲的 IP 供 Pod 使用。

在 CNM 规范还未提出之前，Kubernetes 自己来维护网络是必然的结果，因为 Docker 自带的网络基本上只聚焦于如何解决本地通信，完全无法满足 Kubernetes 跨集群节点的容器编排的需要。在 CNM 规范提出之后，原本 Kubernetes 应该是除 Docker 外最大的受益者才对，因为 CNM 的价值就是能很方便地引入其他网络插件来替代 Docker 自带的网络，但 Kubernetes 却对 Docker 的 CNM 规范表现得颇为犹豫，经过一番评估考量，Kubernetes 最终决定转而支持当时极不成熟的 RKT 的网络提案，与 CoreOS 合作以 RKT 网络提案为基础发展出 CNI 规范。

Kubernetes Network SIG 的负责人、Google 的工程师 Tim Hockin 专门撰写过一篇文章——"Why Kubernetes doesn't use libnetwork"来解释为何 Kubernetes 要拒绝 CNM 与 libnetwork。当时"容器编排战争"还处于三国争霸（Kubernetes、Apache Mesos、Docker Swarm）的拉锯阶段，即使强势如 Kubernetes，拒绝 CNM 其实也要冒不小的风险，付出颇大的代价，因为这个决定不可避免会引发一系列技术和非技术的问题，譬如网络提供商要为 Kubernetes 专门编写不同的网络插件、由 docker run 命令启动的独立容器将无法与 Kubernetes 启动的容器直接通信，等等。

促使 Kubernetes 拒绝 CNM 的理由也同样有来自于技术和非技术方面的。技术方面，Docker 的网络模型做出了许多对 Kubernetes 无效的假设：Docker 的网络有本地网络（不带任何跨节点协调能力，譬如 Bridge 模式就没有全局统一的 IP 分配）和全局网络（跨主机的容器通信，例如 Overlay 模式）的区别，本地网络对 Kubernetes 来说毫无意义，而全局网络又默认依赖 libkv 来实现全局 IP 地址管理等跨机器的协调工作。这里的 libkv 是 Docker 建立的 lib* 家族中的另一位成员，用来对标 etcd、ZooKeeper 等分布式 K/V 存储，这对于已经拥有了 etcd 的 Kubernetes 来说如同鸡肋。非技术方面，Kubernetes 决定放弃 CNM 的原因很大程度上还是他们与 Docker 在发展理念上的冲突，Kubernetes 当时已经开始推进 Docker 从必备依赖变为可选引擎的重构工作，而 Docker 则坚持 CNM 只能基于 Docker 来设计。Tim Hockin 在文章中举了一个例子：CNM 的网络驱动没有向外部暴露网络所连接容器的具体名称，只使用一个内部分配的 ID 来代替，这让外部（包括网络插件和容器编排系统）很难将网络连接的容器与自己管理的容器关联起来，当他们向 Docker 开发人员反馈这个问题时，被以"工作符合预期结果"（Working as Intended）为理由直接关闭掉。Tim Hockin 还专门列出了这些问题的详细清单，如 libnetwork #139、libnetwork #486、libnetwork #514、libnetwork #865、docker #18864，这些问题被 Kubernetes 认为是人为地使用 CNM 给非 Docker 的第三方容器引擎设置障碍。在整个沟通过程中，Docker 表现得也极为强硬，明确表示他们对偏离当前路线或委托控制的想法都不太欢迎。上面这些"非技术"的问题，即使没有 Docker 的支持，Kubernetes 自己也并非不能从"技术上"去解决，但 Docker 的理念令 Kubernetes 感到忧虑，因为 Kubernetes 在 Docker 之上扩展了很多功能，且不想将这些功能永远绑定在 Docker 之上。

CNM 与 libnetwork 是在 2015 年 5 月 1 日发布，CNI 则是在 2015 年 7 月发布，两者

正式诞生只相差不到两个月时间，这显然是竞争的需要而非单纯的巧合。五年之后的今天，这场容器网络的话语权之争已经尘埃落定，CNI 获得全面的胜利，除了 Kubernetes 和 RKT 外，Amazon ECS、RedHat OpenShift、Apache Mesos、Cloud Foundry 等容器编排圈子中除了 Docker 之外的其他具有影响力的参与者都已宣布支持 CNI 规范，原本已经加入了 CNM 阵营的 Contiv、Calico、Weave 网络提供商也纷纷推出了自己的 CNI 插件。

12.2.3　网络插件生态

时至今日，支持 CNI 的网络插件已多达数十种，笔者不太可能逐一细说，不过，跨主机通信的网络实现模式只有下面这三种，我们不妨以网络实现模式为主线，针对每种模式介绍一个具有代表性的插件，以达到对网络插件生态窥斑见豹的效果。

- ❑ **Overlay 模式**：我们已经学习过 Overlay 网络，知道这是一种虚拟化的上层逻辑网络，好处在于它不受底层物理网络结构的约束，有更大的自由度，更好的易用性；坏处是由于额外的包头封装导致信息密度降低，额外的隧道封包、解包会导致传输性能下降。

  在虚拟化环境（例如 OpenStack）中的网络限制往往较多，譬如不允许机器之间直接进行二层通信，只能通过三层转发。在这类被限制网络的环境里，基本上只能选择 Overlay 网络插件，常见的 Overlay 网络插件有 Flannel（VXLAN 模式）、Calico（IPIP 模式）、Weave 等。

  这里以 Flannel-VXLAN 为例，由 CoreOS 开发的 Flannel 可以说是最早的跨节点容器通信解决方案，很多其他网络插件的设计中都能找到 Flannel 的影子。早在 2014 年，VXLAN 还没有进入 Linux 内核的时候，Flannel 就已经开始流行，当时的 Flannel 只能采用自定义的 UDP 封包实现自己私有协议的 Overlay 网络，由于封包、解包的操作只能在用户态中进行，而数据包在内核态的协议栈中流转，导致数据要在用户态、内核态之间反复复制，性能堪忧。从此 Flannel 就给人留下了速度慢的坏印象。VXLAN 进入 Linux 内核后，这种内核态、用户态的转换消耗完全消失，Flannel-VXLAN 的效率比起 Flannel-UDP 有了很大提升，目前已经成为最常用的容器网络插件之一。

- ❑ **路由模式**：路由模式其实属于 Underlay 模式的一种特例，这里将它单独作为一种网络实现模式来介绍。相比 Overlay 网络，路由模式的主要区别在于它的跨主机通信是直接通过路由转发来实现的，因而无须在不同主机之间进行隧道封包。这种模式的好处是性能比 Overlay 网络有明显提升，坏处是路由转发要依赖底层网络环境的支持，并不是你想做就能做到的。路由网络要求要么所有主机都位于同一个子网之内，都是二层连通的，要么不同二层子网之间由支持边界网关协议（Border Gateway Protocol，BGP）的路由相连，并且网络插件也同样支持 BGP 协议去修改路由表。

  上一节介绍 Linux 网络基础知识时，笔者提到在 Linux 系统中不需要专门的虚拟路由，因为 Linux 本身就具备路由的功能。路由模式就是依赖 Linux 内置在系统之中的路由协议，将路由表分发到子网的每一台物理主机的。这样，当跨主机访问容器时，Linux 主机可以根据自己的路由表得知该容器具体位于哪台物理主机之中，从而直接将数据包转发过去，避免了 VXLAN 的封包、解包而导致的性能降低。常见的路由网络有 Flannel（HostGateway 模式）、Calico（BGP 模式）等。

这里以 Flannel-HostGateway 为例，Flannel 通过在各个节点上运行的 Flannel Agent（Flanneld）将容器网络的路由信息设置到主机的路由表上，这样一来，所有的物理主机都将拥有整个容器网络的路由数据，且容器间的数据包可以被 Linux 主机直接转发，使得通信效率与裸机直连相差无几。不过，由于 Flannel Agent 只能修改运行主机上的路由表，一旦主机之间隔了其他路由设备，譬如路由器或者三层交换机，这个包就会在路由设备上被丢掉，要解决这种问题就必须依靠 BGP 路由和 Calico-BGP 这类支持标准 BGP 协议修改路由表的网络插件共同协作才行。

❑ **Underlay 模式**：这里的 Underlay 模式特指让容器和宿主机处于同一网络，两者拥有相同地位的网络方案。Underlay 网络要求容器的网络接口能够直接与底层网络进行通信，因此该模式是直接依赖于虚拟化设备与底层网络能力的。常见的 Underlay 网络插件有 MACVLAN、SR-IOV（Single Root I/O Virtualization）等。

对于真正的大型数据中心、大型系统，Underlay 模式才是最有发展潜力的网络实现模式。这种模式能够最大限度地利用硬件的能力，往往有着最优秀的性能表现。但也是由于它直接依赖于硬件与底层网络环境，必须根据软、硬件情况来进行部署，难以做到 Overlay 网络那样开箱即用的灵活性。

这里以 SR-IOV 为例，SR-IOV 不是某种专门的网络名字，而是一种将 PCIe 设备共享给虚拟机使用的硬件虚拟化标准，目前多用于网络设备中，理论上也可以支持其他的 PCIe 硬件。通过 SR-IOV 能够让硬件在虚拟机上实现独立的内存地址、中断和 DMA 流，而无须虚拟机管理系统的介入。对于容器系统来说，SR-IOV 的价值是可以直接在硬件层面虚拟多张网卡，并且以硬件直通（Passthrough）的形式交付给容器使用。但是 SR-IOV 直通部署起来通常比较烦琐，现在容器用的 SR-IOV 方案很多是使用 MACVTAP 来对 SR-IOV 网卡进行转接的，MACVTAP 提升了 SR-IOV 的易用性，但是这种转接又会带来额外的性能损失，并不一定会比其他网络方案有更好的表现。

了解过 CNI 插件大致的实现原理与分类后，相信你的下一个问题就是哪种 CNI 网络最好？如何选择合适的 CNI 插件？选择 CNI 网络插件时主要有两方面的考量因素，首先必须是你的系统所处的环境是支持 CNI 插件的，这点在前面已经有针对性地介绍过。在环境可以支持的前提下，另外一个因素就是性能与功能方面是否合乎你的要求。

性能方面，笔者引用一组测试数据供你参考。这些数据来自于 2020 年 8 月刊登在 IETF 的论文 "Considerations for Benchmarking Network Performance in Containerized Infrastructures" [一]，

　㊀ 下载地址：https://tools.ietf.org/id/draft-dcn-bmwg-containerized-infra-01.html。

文中测试了不同 CNI 插件在裸金属服务器之间（BMP to BMP，Bare Metal Pod）、虚拟机之间（VMP to VMP，Virtual Machine Pod），以及裸金属服务器与虚拟机之间（BMP to VMP）的本地网络和跨主机网络的通信表现。囿于篇幅，这里只列出最具代表性的裸金属服务器之间的跨主机通信，其吞吐量和延迟时间的结果如图 12-10 与图 12-11 所示。

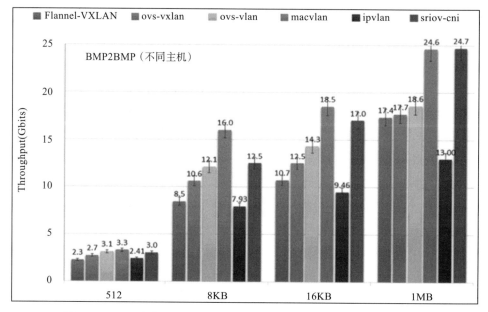

图 12-10　512 字节 ~ 1MB 字节中 TCP 吞吐量（结果越高，性能越好）

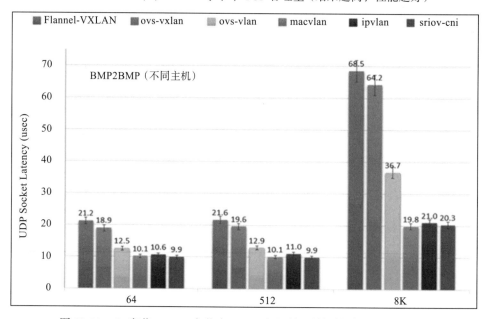

图 12-11　64 字节 ~ 8KB 字节中 UDP 延迟时间（结果越低，性能越好）

由测试结果可见，MACVLAN 和 SR-IOV 这样的 Underlay 网络插件的吞吐量最高、延迟最低，仅从网络性能上看它们肯定是最优秀的，而 Flannel-VXLAN 这样的 Overlay 网络插件，其吞吐量只有 MACVLAN 和 SR-IOV 的 70% 左右，延迟却高了两至三倍之多。可见 Overlay 为了易用性、灵活性所付出的代价还是不可忽视的，但是对于那些不以网络 I/O 为性能瓶颈的系统而言，这样的代价并非一定不可接受，就看你如何对通用性与性能进行权衡取舍。

功能方面的问题就比较简单了，完全取决于你的需求是否能够满足。对于容器编排系统来说，网络并非孤立的功能模块，只提供网络通信就可以。譬如 Kubernetes 的 NetworkPolicy 资源是用于描述"两个 Pod 之间是否可以访问"这类 ACL 策略，但它不属于 CNI 的范畴，因此不是每个 CNI 插件都会支持 NetworkPolicy 的声明，如果有这方面的需求，就应该放弃 Flannel，去选择 Calico、Weave 等插件。类似的例子还有很多，笔者不再一一列举。

Chapter 13 | 第 13 章

持久化存储

容器是镜像的运行时实例，为了保证镜像能够重复地产出具备一致性的运行时实例，必须要求镜像本身是持久且稳定的，这决定了在容器中发生的一切数据变动操作都不能真正写入镜像当中，否则必然会破坏镜像稳定不变的性质。为此，容器中的数据修改操作大多是基于写入时复制（Copy-on-Write）策略来实现的，容器会利用叠加式文件系统（OverlayFS）的特性，在用户意图修改镜像时，自动将变更的内容写入独立区域，再与原有数据叠加到一起，使其从外观上看来像是"覆盖"了原有内容。这种改动通常都是临时的，一旦容器终止运行，这些存储于独立区域中的变动信息也将被一并移除，不复存在。由此可见，如果不进行额外的处理，容器默认是不具备持久化存储能力的。

而另一方面，容器作为信息系统的运行载体，必定会产出有价值的、应该被持久保存的信息，譬如扮演数据库角色的容器，大概没有什么系统能够接受数据库像缓存服务一样重启之后丢失全部数据；多个容器之间也经常需要通过共享存储来实现某些交互操作，譬如以前举过的例子，Nginx 容器产生日志、Filebeat 容器收集日志，两者需要共享同一块日志存储区域才能协同工作。正因为镜像的稳定性与生产数据的持久性存在矛盾，由此才产生了本章的主题：如何实现容器的持久化存储。

13.1 Kubernetes 存储设计

Kubernetes 在规划持久化存储能力的时候，依然遵循着它的一贯设计哲学，即用户负责以资源和声明式 API 来描述自己的意图，Kubernetes 负责根据用户意图来完成具体的操作。不过，仅描述清楚用户的存储意图也并不是一件容易的事，相比 Kubernetes 提供的其他能力的资源，其内置的存储资源显得格外复杂，甚至可以说是有些烦琐的。如果

你是 Kubernetes 的拥趸，无法认同笔者对 Kubernetes 的评价，那不妨来看一看下列围绕
"Volume"所衍生出的概念，它们仅仅是与 Kubernetes 存储相关的概念的一个子集而已，
请你思考一下这些概念是否全都是必需的，是否还有整合的空间，以及是否有化繁为简的
可能性。

📷 额外
知识
概念：Volume、PersistentVolume、PersistentVolumeClaim、Provisioner、StorageClass、
Volume Snapshot、Volume Snapshot Class、Ephemeral Volumes、FlexVolume Driver、
Container Storage Interface、CSI Volume Cloning、Volume Limits、Volume Mode、
Access Modes、Storage Capacity……

操作：Mount、Bind、Use、Provision、Claim、Reclaim、Reserve、Expand、Clone、
Schedule、Reschedule……

诚然，Kubernetes 提出了如此多关于存储的概念，最重要的原因是存储技术本来就门
类众多，为了尽可能多地兼容各种存储技术，Kubernetes 不得不预置了很多 In-Tree（意思
是在 Kubernetes 的代码树里）插件来对接，让用户根据自己的业务按需选择。同时，为了
兼容那些不在预置范围内的需求场景，支持用户使用 FlexVolume 或者 CSI 来定制 Out-of-
Tree（意思是在 Kubernetes 的代码树之外）插件，实现更加丰富多样的存储能力。表 13-1
列出了 Kubernetes 目前提供的部分存储与扩展插件。

表 13-1　Kubernetes 目前提供的部分存储扩展插件

Temp	Ephemeral（本地）	Persistent（网络）	Extension
EmptyDir	HostPath GitRepo Local Secret ConfigMap DownwardAPI	AWS Elastic Block Store GCE Persistent Disk Azure Data Disk Azure File Storage vSphere CephFS and RBD GlusterFS iSCSI Cinder Dell EMC ScaleIO ……	FlexVolume CSI

迫使 Kubernetes 的存储设计如此复杂的另外一个非技术层面的原因是：Kubernetes 是
一个工业级的、面向生产应用的容器编排系统，这意味着即使发现某些已存在的功能有更
好的实现方式，直到旧版本被淘汰前，原本已支持的功能都不允许突然间被移除或者替换
掉，否则，如果生产系统更新版本，已有的功能就出现异常，那么产品累积的良好信誉就
会受损。

为了兼容而导致的烦琐，在一定程度上可以被谅解，但这样的设计的确令 Kubernetes
的学习曲线变得更加陡峭。Kubernets 官方文档的主要作用是提供参考，它并不会告诉你

Kubernetes 中各种概念的演化历程、版本发布新功能的时间线、改动的缘由与背景等信息。Kubernetes 的文档系统只会以"平坦"的方式来陈述所有目前可用的功能，这有利于熟练的管理员快速查询到关键信息，却不利于初学者去理解 Kubernetes 的设计思想。由于难以理解那些概念和操作的本意，初学者往往只能死记硬背，也很难分辨出它们应该如何被"更正确"的使用。所以，介绍 Kubernetes 设计理念的职责，只能由 Kubernetes 官方的 Blog 这类定位超越了参考手册的信息渠道或者其他非官方资料去完成。本节，笔者会以 Volume 概念从操作系统到 Docker 再到 Kubernetes 的演进历程为主线，梳理前面提及的那些概念与操作，以此帮助大家理解 Kubernetes 的存储设计。

13.1.1　Mount 和 Volume

Mount 和 Volume 都是源自操作系统的常用术语。Mount 是动词，表示将某个外部存储挂载到系统中；Volume 是名词，表示物理存储的逻辑抽象，目的是为物理存储提供有弹性的分割方式。容器源于对操作系统层的虚拟化，为了满足容器内生成数据的外部存储需求，很自然地会将 Mount 和 Volume 的概念延拓至容器中。我们要了解容器存储的发展，不妨就以 Docker 的 Mount 操作为起始点。

目前，Docker 内置了三种挂载类型，分别是 Bind（--mount type=bind）、Volume（--mount type=volume）和 tmpfs（--mount type=tmpfs），如图 13-1 所示。其中 tmpfs 用于在内存中读写临时数据，不属于本节主要讨论的对象持久化存储范畴，所以后面我们只着重关注 Bind 和 Volume 两种挂载类型。

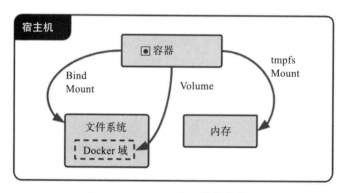

图 13-1　Docker 的三种挂载类型

Bind Mount 是 Docker 最早提供的（发布时就支持）挂载类型，作用是把宿主机的某个目录（或文件）挂载到容器的指定目录（或文件）下，譬如以下命令中参数 -v 表达的意思就是将外部的 HTML 文档挂载到 Nginx 容器的默认网站根目录下：

```
docker run -v /icyfenix/html:/usr/share/nginx/html nginx:latest
```

请注意，虽然命令中的 -v 参数是 --volume 的缩写，但 -v 最初只是用来创建 Bind

Mount 而不是创建 Volume Mount 的，这种迷惑的行为也并非 Docker 的本意，只是由于 Docker 刚发布时考虑得不够周全，随随便便就在参数中占用了 Volume 这个词，到后来真的需要扩展 Volume 的概念来支持 Volume Mount 时，前面的 -v 已经被用户广泛使用了，所以只得如此将就着继续用。从 Docker 17.06 版本开始，它在 Docker Swarm 中借用了 --mount 参数，该参数默认创建的是 Volume Mount，可以通过明确的 type 子参数来指定另外两种挂载类型。上面的命令等价于如下形式：

```
docker run --mount type=bind,source=/icyfenix/html,destination=/usr/share/
    nginx/html nginx:latest
```

从 Bind Mount 到 Volume Mount，实质是容器发展过程中对存储抽象能力提升的外在表现。从 Bind 这个名字以及 Bind Mount 的实际功能可以合理地推测出，Docker 最初认为 Volume 就只是一种"外部宿主机的磁盘存储到内部容器的映射关系"，但后来发现事情并没有那么简单：存储的位置并不局限于外部宿主机，存储的介质并不局限于物理磁盘，存储的管理也并不局限于映射关系。

譬如，Bind Mount 只允许容器与本地宿主机之间建立某个目录的映射，如果想要在不同宿主机上的容器共享同一份存储，就必须先把共享存储挂载到每一台宿主机操作系统的某个目录下，然后才能逐个挂载到容器内使用，这种跨宿主机共享存储的场景如图 13-2 所示。

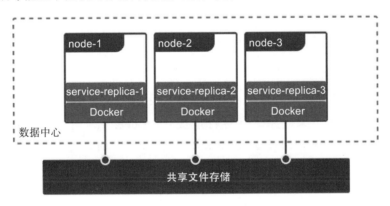

图 13-2　跨主机的共享存储需求

这种存储范围超越了宿主机的共享存储，配置过程却要涉及大量与宿主机环境相关的操作，只能由管理员人工去完成，不仅烦琐，而且很难自动化（每台宿主机环境的差异所致）。

又譬如，即便只考虑单台宿主机的情况，基于可管理性的需求，Docker 也完全有支持 Volume Mount 的必要。在 Bind Mount 的设计里，Docker 只有容器的控制权，而存放容器生产数据的主机目录是完全独立的，与 Docker 没有任何关系，既不受 Docker 保护，也不受 Docker 管理。数据很容易被其他进程访问到，甚至被修改和删除。如果用户想对挂载的目录进行备份、迁移等管理运维操作，也只能在 Docker 之外靠管理员人工进行，增加了数据安全与操作意外的风险。因此，Docker 希望能有一种抽象的资源来代表在宿主机或网络中存储的区域，以便让 Docker 能管理这些资源，由此就很自然地联想到了操作系统里 Volume 的概念。

提出 Volume 的最核心的目的是提升 Docker 对不同存储介质的支撑能力，这同时也可以减轻 Docker 本身的工作量。存储并不是仅有挂载在宿主机上的物理存储这一种介质，云计算时代，网络存储逐渐成为数据中心的主流选择，不同的网络存储有各自的协议和交互接口，而且并非所有存储系统都适合先挂载到操作系统，再挂载到容器上，如果 Docker 想要越过操作系统去支持挂载某种存储系统，首先必须要知道该如何访问它，然后才能将容器中的读写操作自动转移到该位置。Docker 把解决如何访问存储系统的功能模块称为存储驱动（Storage Driver）。通过 docker info 命令，你能查看到当前 Docker 所支持的存储驱动。虽然 Docker 已经内置了市面上主流的 OverlayFS 驱动，譬如 Overlay、Overlay2、AUFS、BTRFS、ZFS 等，但面对云计算的快速迭代，仅靠 Docker 自己来支持全部云计算厂商的存储系统是完全不现实的，为此，Docker 提出了与 Storage Driver 相对应的 Volume Driver（卷驱动）的概念。用户可以通过 docker plugin install 命令安装外部的卷驱动，并在创建 Volume 时指定一个与其存储系统相匹配的卷驱动，譬如希望数据存储在 AWS Elastic Block Store 上，就找一个 AWS EBS 的驱动，如果想存储在 Azure File Storage 上，就找一个对应的 Azure File Storage 驱动。如果创建 Volume 时不指定卷驱动，将默认为 local 类型，在 Volume 中存放的数据会存储在宿主机的 /var/lib/docker/volumes/ 目录中。

13.1.2　静态存储分配

现在我们把讨论主角转回容器编排系统上。Kubernetes 同样将操作系统和 Docker 的 Volume 概念延续了下来，并对其进行了细化。Kubernetes 将 Volume 分为持久化的 PersistentVolume 和非持久化的普通 Volume 两类。为了不与前面定义的 Volume 概念混淆，后面特指 Kubernetes 中非持久化的 Volume 时，都会带着“普通”这个前缀。

普通 Volume 的设计目标不是为了持久地保存数据，而是为同一个 Pod 中多个容器提供可共享的存储资源，因此 Volume 具有十分明确的生命周期——与挂载它的 Pod 相同的生命周期，这意味着尽管普通 Volume 不具备持久化的存储能力，但至少比 Pod 中运行的任何容器的存活期都更长。Pod 中不同的容器能共享相同的普通 Volume，当容器重新启动时，普通 Volume 中的数据也能够保留。当然，一旦整个 Pod 被销毁，普通 Volume 也将不复存在，数据在逻辑上也会被销毁掉，至于实质上是否会真正删除数据，就取决于存储驱动具体是如何实现 Unmount、Detach、Delete 接口的，由于本节的主题为“持久化存储”，所以无持久化能力的普通 Volume 就不再展开介绍了。

从操作系统里传承下来的 Volume 概念，在 Docker 和 Kubernetes 中继续按照一致的逻辑延伸拓展，只不过 Kubernetes 为将其与普通 Volume 区别开来，专门取了 PersistentVolume 这个名字，你可以从图 13-3 中直观地看出普通 Volume、PersistentVolume 和 Pod 之间的关系差异。

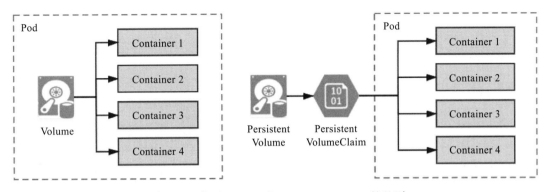

图 13-3 普通 Volume 与 PersistentVolume 的差别

从 Persistent 这个单词就能看出，PersistentVolume 是指能够持久化存储数据的一种资源对象，它可以独立于 Pod 存在，且生命周期与 Pod 无关，因此也决定了 PersistentVolume 不应该依附于任何一个宿主机节点，否则必然会对 Pod 调度产生干扰限制。前面表 13-1 中 Persistent 一列里都是网络存储便是很好的印证。

额外知识 Local PersistentVolume

对于部署在云端数据中心的系统，通过网络访问同一个可用区中的远程存储，速度是完全可以接受的。但对于私有部署的系统，基于性能考虑，使用本地存储往往更为常见。

考虑到这样的实际需求，从 1.10 版本起，Kubernetes 开始支持 Local Persistent-Volume，这是一种将一整块本地磁盘作为 PersistentVolume 供容器使用的专用方案。"专用方案"就是字面意思，即 Local PersistentVolume 并不适用于全部应用，只是针对以磁盘 I/O 为瓶颈的特定场景的解决方案，副作用十分明显：由于不能保证这种本地磁盘在每个节点中都一定存在，所以 Kubernetes 在调度时就必须考虑到 PersistentVolume 的分布情况，只能把使用了 Local PersistentVolume 的 Pod 调度到有这种 PersistentVolume 的节点上。调度器中专门有个 Volume Binding 模式来支持这项处理，但一旦使用了 Local PersistentVolume，无疑会限制 Pod 的可调度范围。

将 PersistentVolume 与 Pod 分离后，便需要专门考虑 PersistentVolume 该如何被 Pod 引用的问题。原本在 Pod 中引用其他资源是常有的事，要么通过资源名称直接引用，要么通过标签选择器（Selector）间接引用。但是类似的方法在这里却都不太妥当，至于原因，请你想一下"Pod 该使用何种存储"这件事情应该是由系统管理员（运维人员）说了算，还是由用户（开发人员）说了算。最合理的答案是他们一起说了才算，因为只有开发人员能准确评估 Pod 需要消耗多大的存储空间，只有运维人员清楚地知道当前系统可以使用的存储设备状况。为了让他们得以提供各自擅长的信息，Kubernetes 又额外设计出了

PersistentVolumeClaim 资源。Kubernetes 官方给出的概念定义也特别强调了 PersistentVolume 是由管理员（运维人员）负责维护，由用户（开发人员）通过 PersistentVolumeClaim 来匹配到合乎需求的 PersistentVolume。

📖 额外 知识　PersistentVolume 是由管理员负责提供的集群存储。

　　　　PersistentVolumeClaim 是由用户负责提供的存储请求。

—— Kubernetes Documentation/Reference，PersistentVolume

PersistentVolume 是 Volume 这个抽象概念的具象化表现，通俗地说，它是已经被管理员分配好的具体的存储，这里的"具体"是指有明确的存储系统地址，有明确的容量、访问模式、存储位置等信息；而 PersistentVolumeClaim 则是 Pod 对其所需存储能力的声明，通俗地说就是满足这个 Pod 正常运行要满足怎样的条件，譬如要消耗多大的存储空间、要支持怎样的访问方式。因此两者并不是谁引用谁的固定关系，而是根据实际情况动态匹配的，两者配合的具体工作过程如下。

1）管理员准备好要使用的存储系统，它应是某种网络文件系统（NFS）或者云储存系统，一般来说应该具备跨主机共享的能力。

2）管理员根据存储系统的实际情况手工预先分配好若干个 PersistentVolume，并定义好每个 PersistentVolume 可以提供的具体能力。譬如以下例子所示：

```
apiVersion: v1
kind: PersistentVolume
metadata:
  name: nginx-html
spec:
  capacity:
    storage: 5Gi                          # 最大容量为5GB
  accessModes:
    - ReadWriteOnce                       # 访问模式为RXO
  persistentVolumeReclaimPolicy: Retain   # 回收策略是Retain
  nfs:                                    # 存储驱动是NFS
    path: /html
    server: 172.17.0.2
```

以上 YAML 中定义的存储能力具体为：

❑ 存储的最大容量是 5GB。

❑ 存储的访问模式是"只能被一个节点读写挂载"（ReadWriteOnce，RWO），另外两种可选的访问模式是"可以被多个节点以只读方式挂载"（ReadOnlyMany，ROX）和"可以被多个节点读写挂载"（ReadWriteMany，RWX）。

❑ 存储的回收策略是 Retain，即在 Pod 被销毁时并不会删除数据。另外两种可选的回收策略分别是 Recycle 和 Delete。Recycle 策略下在 Pod 被销毁时，由 Kubernetes 自动执行 rm -rf /volume/* 这样的命令来自动删除资料。Delete 策略下，Kubernetes 会自动调用 AWS EBS、GCE PersistentDisk、OpenStack Cinder 这些云存储的删除指令。

❏ 存储驱动是 NFS，其他常见的存储驱动还有 AWS EBS、GCE PD、iSCSI、RBD（Ceph Block Device）、GlusterFS、HostPath 等。

3）用户根据业务系统的实际情况创建 PersistentVolumeClaim，声明 Pod 运行所需的存储能力。譬如以下例子所示：

```
kind: PersistentVolumeClaim
apiVersion: v1
metadata:
  name: nginx-html-claim
spec:
  accessModes:
    - ReadWriteOnce      # 支持RXO访问模式
  resources:
    requests:
      storage: 5Gi       # 最小容量5GB
```

以上 YAML 中声明了容量不得小于 5GB，必须支持 RWO 的访问模式。

4）Kubernetes 在创建 Pod 的过程中，会根据系统中 PersistentVolume 与 PersistentVolumeClaim 的供需关系对两者进行撮合。如果系统中存在满足 PersistentVolumeClaim 声明中要求能力的 PersistentVolume，则撮合成功，将它们绑定。如果撮合不成功，Pod 就不会被继续创建，直至系统中出现新的或让出空闲的 PersistentVolume 资源。

5）以上几步都顺利完成的话，意味着 Pod 的存储需求得到了满足，可继续 Pod 的创建过程。整个过程如图 13-4 所示。

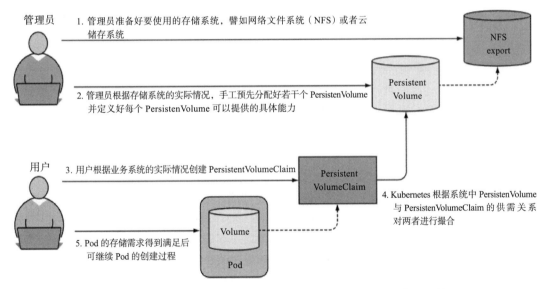

图 13-4　PersistentVolumeClaim 与 PersistentVolume 的工作过程⊖

⊖　图片来自《 Kubernetes in Action 》：https://www.manning.com/books/kubernetes-in-action。

Kubernetes 对 PersistentVolumeClaim 与 PersistentVolume 的撮合结果是产生一对一的绑定关系，"一对一"的意思是 PersistentVolume 一旦绑定在某个 PersistentVolumeClaim 上，直到释放以前都会被这个 PersistentVolumeClaim 所独占，不能再与其他 PersistentVolumeClaim 进行绑定。这意味着即使 PersistentVolumeClaim 申请的存储空间比 PersistentVolume 能够提供的要少，依然要求整个存储空间都为该 PersistentVolumeClaim 所用，这有可能会造成资源的浪费。譬如，某个 PersistentVolumeClaim 要申请 3GB 的存储容量，而当前 Kubernetes 手上只剩下一个 5 GB 的 PersistentVolume，此时 Kubernetes 只好将这个 PersistentVolume 与申请资源的 PersistentVolumeClaim 进行绑定，平白浪费了 2 GB 空间。假设后续有另外一个 PersistentVolumeClaim 申请 2 GB 的存储空间，那它也只能等待管理员分配新的 PersistentVolume，或者有其他 PersistentVolume 被回收之后才能被成功分配。

13.1.3 动态存储分配

对于中小规模的 Kubernetes 集群，PersistentVolume 已经能够满足有状态应用的存储需求，它依靠人工介入来分配空间的设计，简单直观，却算不上先进，一旦应用规模增大，其很难被自动化的问题就会突显出来。这是由于在 Pod 创建过程中去挂载某个 Volume 时，要求该 Volume 必须是真实存在的，否则 Pod 启动可能依赖的数据（如一些配置、数据、外部资源等）都将无从读取。Kubernetes 有能力随着流量压力和硬件资源状况，自动扩缩 Pod 的数量，但是当 Kubernetes 自动扩展出一个新的 Pod 时，并没有办法让 Pod 去自动挂载一个还未被分配资源的 PersistentVolume。想解决这个问题，要么允许多个不同的 Pod 共用相同的 PersistentVolumeClaim，这种方案确实只靠 PersistentVolume 就能解决，却损失了隔离性，难以通用；要么就要求每个 Pod 用到的 PersistentVolume 都是已经被预先建立并分配好的，这种方案靠管理员提前手工分配好是可以实现的，却损失了自动化能力。

无论哪种情况，都难以符合 Kubernetes 工业级编排系统的产品定位，对于大型集群，面对成百上千，甚至成千上万的 Pod，靠管理员手工分配存储肯定是难以应付的。在 2017 年 Kubernetes 发布 1.6 版本后，终于提供了今天被称为动态存储分配（Dynamic Provisioning）的动态存储解决方案，让系统管理员摆脱了人工分配 PersistentVolume 的窘境，与之相对，人们把此前的分配方式称为静态存储分配（Static Provisioning）。

所谓动态存储分配方案，是指在用户声明存储能力的需求时，不是通过 Kubernetes 撮合来获得一个管理员人工预置的 PersistentVolume，而是由特定的资源分配器（Provisioner）自动地在存储资源池或者云存储系统中分配符合用户存储需求的 PersistentVolume，然后挂载到 Pod 中使用。完成这项工作的资源被命名为 StorageClass，它的具体工作过程如下。

1）管理员根据存储系统的实际情况，先准备好对应的资源分配器。Kubernetes 官方已经提供了一系列预置的 In-Tree 资源分配器，放置在 kubernetes.io 的 API 组之下。其中部分资源分配器已经有了官方的 CSI 驱动，譬如 vSphere 的 Kubernetes 自带驱动为 kubernetes.io/vsphere-volume，VMware 的官方驱动为 csi.vsphere.vmware.com。

2）管理员不再手工分配 PersistentVolume，而是根据存储配置 StorageClass。Pod 是可以动态扩缩的，而存储则是相对固定的，哪怕使用的是具有扩展能力的云存储，也会将它们视为存储容量、IOPS 等参数可变的固定存储来看待。譬如你可以将来自不同云存储提供商、不同性能、支持不同访问模式的存储配置为各种类型的 StorageClass，这也是它名字中"Class"（类型）的由来，如以下例子所示：

```
apiVersion: storage.k8s.io/v1
kind: StorageClass
metadata:
  name: standard
provisioner: kubernetes.io/aws-ebs   #AWS EBS的Provisioner
parameters:
  type: gp2
reclaimPolicy: Retain
```

3）用户依然通过 PersistentVolumeClaim 来声明所需的存储，但是应在声明中明确指出该由哪个 StorageClass 来代替 Kubernetes 处理该 PersistentVolumeClaim 的请求，譬如以下例子所示：

```
apiVersion: v1
kind: PersistentVolumeClaim
metadata:
  name: standard-claim
spec:
  accessModes:
  - ReadWriteOnce
  storageClassName: standard   #明确指出该由哪个StorageClass来处理该PersistentVolumeClaim的请求
  resource:
    requests:
      storage: 5Gi
```

4）如果 PersistentVolumeClaim 中要求的 StorageClass 及它用到的资源分配器均可用，那这个 StorageClass 就会接管原本由 Kubernetes 撮合 PersistentVolume 与 PersistentVolumeClaim 的操作，按照 PersistentVolumeClaim 中声明的存储需求，自动生成满足该需求的 PersistentVolume 描述信息，并发送给资源分配器处理。

5）资源分配器接收到 StorageClass 发来的创建 PersistentVolume 的请求后，会操作其背后的存储系统去分配空间，如果分配成功，就生成并返回符合要求的 PersistentVolume 供 Pod 使用。

6）以上几步都顺利完成的话，意味着 Pod 的存储需求得到了满足，可继续 Pod 的创建过程，整个过程如图 13-5 所示。

Dynamic Provisioning 与 Static Provisioning 并不是各有用途的互补设计，而是对同一个问题先后出现的两种解决方案。你完全可以只用 Dynamic Provisioning 来满足所有 Static Provisioning 能够满足的存储需求，包括那些不需要动态分配的场景，甚至之前例子里使用 HostPath 在本地静态分配存储的操作，都可以指定 no-provisioner 作为资源分配器的

StorageClass，以 Local Persistent Volume 来代替，譬如以下例子所示：

```
apiVersion: storage.k8s.io/v1
kind: StorageClass
metadata:
  name: local-storage
provisioner: kubernetes.io/no-provisioner
volumeBindingMode: WaitForFirstConsumer
```

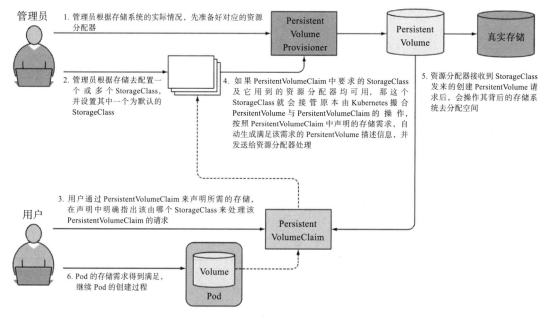

图 13-5　StorageClass 运作过程⊖

　　使用 Dynamic Provisioning 来分配存储无疑是更合理的设计，不仅省去了管理员的人工操作的中间层，而且不再需要将 PersistentVolume 这样的概念暴露给最终用户，因为 Dynamic Provisioning 里的 PersistentVolume 只是处理过程的中间产物，用户不需要接触和理解它，只需要知道由 PersistentVolumeClaim 去描述存储需求，由 StorageClass 去满足存储需求即可。只描述意图而不关心中间具体的处理过程是声明式编程的精髓，也是流程自动化的必要基础。

　　由 Dynamic Provisioning 来分配存储还能获得更高的可管理性，譬如前面提到的回收策略，当希望 PersistentVolume 跟随 Pod 一同被销毁时，以前经常会将回收策略配置为 Recycle 来回收空间，即让系统自动执行 rm -rf /volume/* 命令，这种方式往往过于粗暴，遇到更精细的管理需求，譬如"删除到回收站"或者"敏感信息粉碎式彻底删除"这样的功能时就很麻烦。而 Dynamic Provisioning 中由于有资源分配器的存在，其创建、回收都是

　　⊖　图片来自《Kubernetes in Action》：https://www.manning.com/books/kubernetes-in-action。

由资源分配器的代码所管理，所以更灵活。现在 Kubernetes 官方已经明确建议废弃 Recycle 策略，如有这类需求，应由 Dynamic Provisioning 去实现。

Static Provisioning 的主要使用场景已局限于管理员能够手工管理存储的小型集群，它符合很多小型系统尤其是私有化部署系统的现状，但并不符合当今运维自动化所提倡的思路。Static Provisioning 的存在，在某种意义上也可以视为对历史的一种兼容，在可见的将来，Kubernetes 肯定仍会把 Static Provisioning 作为用户分配存储的一种主要方案供用户选用。

13.2 容器存储与生态

容器存储具有很强的多样性，如何对接后端实际的存储系统并且完全发挥出它所有的功能，并不是 Kubernetes 团队所擅长的工作，这件事情只有存储提供商自己才能做到最好。由此可以理解容器编排系统为何会有很强烈的意愿把存储功能独立到外部去实现，在前面的讲解中，笔者已经反复提到 In-Tree、Out-of-Tree 插件，在这一节，我们会以存储插件的接口与实现为中心，去解析 Kubernetes 的容器存储生态。

13.2.1 Kubernetes 存储架构

正式开始讲解 Kubernetes 的 In-Tree、Out-of-Tree 存储插件前，我们有必要先了解一点 Kubernetes 存储架构的知识，大体上弄清楚一个真实的存储系统是如何接入新创建的 Pod 中，成为可以读写访问的 Volume 的，以及当 Pod 被销毁时，Volume 如何被回收，回归到存储系统中的。Kubernetes 参考了传统操作系统接入或移除新存储设备的做法，把接入或移除外部存储分解为以下三种操作。

- ❏ 首先，决定应准备（Provision）哪种存储设备，Provision 可类比为给操作系统扩容而购买了新的存储设备。这步确定了接入存储设备的来源、容量、性能以及其他技术参数，它的逆操作是移除（Delete）存储。
- ❏ 然后，将准备好的存储设备附加（Attach）到系统中，Attach 可类比为将存储设备接入操作系统，此时尽管设备还不能使用，但你已经可以用操作系统的 fdisk -l 命令看到设备。这步确定了存储的设备名称、驱动方式等面向系统侧的信息，它的逆操作是分离（Detach）存储设备。
- ❏ 最后，将附加好的存储挂载（Mount）到系统中，Mount 可类比为将设备挂载到系统的指定位置，也就是起到操作系统中 mount 命令的作用。这步确定了存储设备的访问目录、文件系统格式等面向应用侧的信息，它的逆操作是卸载（Unmount）存储设备。

以上提到的 Provision、Delete、Attach、Detach、Mount、Unmount 六种操作，并不是直接由 Kubernetes 来实现，而是在存储插件中完成的，它们会分别被 Kubernetes 通过两个控制器及一个管理器来调用，如图 13-6 所示，这些控制器、管理器的作用分别如下。

❑ PV 控制器（PersistentVolume Controller）：在 11.2 节中介绍过，Kubernetes 里所有的控制器都遵循相同的工作模式——让实际状态尽可能接近期望状态。PV 控制器的期望状态有两个，分别是"所有未绑定的 PersistentVolume 都能处于可用状态"以及"所有处于等待状态的 PersistentVolumeClaim 都能匹配到与之绑定的 PersistentVolume"。PV 控制器内部也有两个相对独立的核心逻辑（ClaimWorker 和 VolumeWorker）来分别跟踪这两种期望状态，可以简单地理解为 PV 控制器实现了 PersistentVolume 和 PersistentVolumeClaim 的生命周期管理职能，在这个过程中，它会根据需要调用存储驱动插件的 Provision/Delete 操作。

❑ AD 控制器（Attach/Detach Controller）：AD 控制器的期望状态是"所有被调度到的准备创建新 Pod 的节点都附加了要使用的存储设备；当 Pod 被销毁后，原本运行 Pod 的节点都分离了不再使用的存储"，如果实际状态不符合该期望，会根据需要调用存储驱动插件的 Attach/Detach 操作。

❑ Volume 管理器（Volume Manager）：Volume 管理器实际上是 kubelet 的一部分，是 kubelet 的众多管理器之一，主要用来支持本节点中 Volume 执行 Attach/Detach/Mount/Unmount 操作。你可能注意到了，这里不仅有 Mount/Unmount 操作，也有 Attach/Detach 操作，这是历史原因导致的，由于最初版本的 Kubernetes 中并没有 AD 控制器，Attach/Detach 操作也在 kubelet 中完成。现在 kubelet 默认情况下已经不再执行 Attach/Detach 操作了，但有少量旧程序已经依赖了由 kubelet 来执行 Attach/Detach 操作的内部逻辑，所以 kubelet 不得不设计一个 --enable-controller-attach-detach 参数，如果将其设置为 false，就会重新回到旧的兼容模式上，由 kubelet 代替 AD 控制器来完成 Attach/Detach 操作。

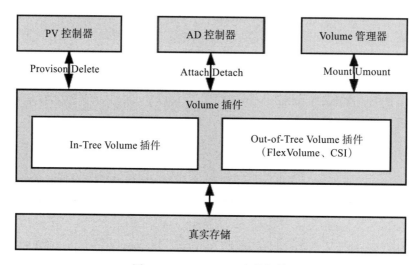

图 13-6　Kubernetes 存储架构

后端的真实存储依次经过 Provision、Attach、Mount 操作之后，就形成了可以在容器中挂载的 Volume，当存储插件的生命周期完结，依次经过 Unmount、Detach、Delete 操作之后，Volume 便能够被存储系统回收。对于某些存储插件来说，其中有一些操作可能是无效的，譬如 NFS，实际使用中并不需要 Attach，此时存储插件只需将 Attach 设置为空操作即可。

13.2.2　FlexVolume 与 CSI

Kubernetes 目前同时支持 FlexVolume 与 CSI（Container Storage Interface，容器存储接口）两套独立的存储扩展机制。FlexVolume 是 Kubernetes 很早期版本（1.2 版本开始提供，1.8 版本达到 GA 状态）就开始支持的扩展机制，它是只针对 Kubernetes 的私有的存储扩展，目前已经处于冻结状态，可以正常使用但不再发展新的功能。CSI 则是从 Kubernetes 1.9版本（1.13 版本达到 GA 状态）开始加入的扩展机制，其组件架构如图 13-7 所示，与之前介绍过的 CRI 和 CNI 相同，CSI 是公开的技术规范，任何容器运行时、容器编排引擎只要愿意支持，都可以使用 CSI 规范去扩展自己的存储能力，这是目前 Kubernetes 重点发展的扩展机制。

由于 FlexVolume 是为 Kubernetes 量身订做的，所以 FlexVolume 的实现逻辑与上一节介绍的 Kubernetes 的存储架构高度一致。FlexVolume 驱动其实就是一个实现了 Attach、Detach、Mount、Unmount 操作的可执行文件（甚至可以仅仅是个 Shell 脚本）而已，该可执行文件应该存放在集群每个节点的 /usr/libexec/kubernetes/kubelet-plugins/volume/exec 目录里，其工作过程就是当 AD 控制器和 Volume 管理器需要进行 Attach、Detach、Mount、Unmount 操作时自动调用它的对应方法接口，如图 13-7 所示。

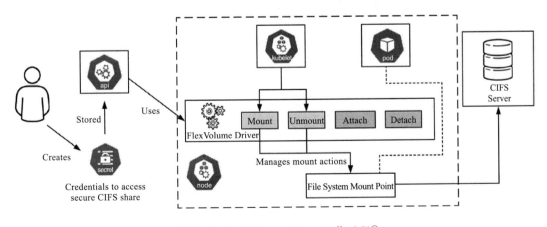

图 13-7　FlexVolume Driver 工作过程⊖

⊖　图片来源：https://laptrinhx.com/kubernetes-volume-plugins-evolution-from-flexvolume-to-csi-2724482856/。

如果仅仅考虑支持最基本的 Static Provisioning，那实现一个 FlexVolume 驱动确实是非常简单的。然而也是由于 FlexVolume 过于简单了，导致应用时会有诸多不便之处。

❑ FlexVolume 并不是全功能的驱动：它不包含 Provision 和 Delete 操作，也就无法直接用于 Dynamic Provisioning，除非你愿意再单独编写一个 External Provisioner。

❑ FlexVolume 的部署、维护都相对烦琐：它是独立于 Kubernetes 的可执行文件，当集群节点增加时，需要由管理员在新节点上部署 FlexVolume 驱动，有经验的系统管理员通常会专门编写一个 DaemonSet 来代替人工完成这项任务。

❑ FlexVolume 实现复杂交互时也相对烦琐：FlexVolume 的每一次操作，都是对插件可执行文件的一次独立调用，这种插件实现方式在各种操作需要相互通信时会很别扭。譬如你希望在执行 Mount 操作的时候生成一些额外的状态信息，供后面执行的 Unmount 操作使用，此时只能把信息记录在某个约定好的临时文件中，对于一个面向生产的容器编排系统，这样的做法实在是过于简陋了。

相比 FlexVolume 的种种不足，CSI 可以说是一个十分完善的存储扩展规范，这里的"十分完善"并不是客套话，根据 GitHub 的自动代码行统计，FlexVolume 的规范文档仅有 155 行，而 CSI 则长达 2704 行。总体上看，CSI 规范可以分为需要容器系统去实现的组件以及需要存储提供商去实现的组件两大部分。前者包括存储整体架构、Volume 的生命周期模型、驱动注册、Volume 创建、挂载、扩容、快照、度量等内容，目前，通过 Kubernetes 提供的插件都已经完整地实现这些内容了，其中涉及的主要组件如下。

❑ Driver Register：负责注册第三方插件，CSI 0.3 版本之后已经处于 Deprecated 状态，将会被 Node Driver Register 所取代。

❑ External Provisioner：调用第三方插件的接口来完成数据卷的创建与删除操作。

❑ External Attacher：调用第三方插件的接口来完成数据卷的挂载和操作。

❑ External Resizer：调用第三方插件的接口来完成数据卷的扩容操作。

❑ External Snapshotter：调用第三方插件的接口来完成快照的创建和删除操作。

❑ External Health Monitor：调用第三方插件的接口来提供度量监控数据功能。

需要存储提供商去实现的组件才是 CSI 的主体部分，即前文中多次提到的"第三方插件"。这部分着重定义了外部存储挂载到容器过程中所涉及操作的抽象接口和具体的通信方式，主要包括以下三个 gRPC 接口。

❑ CSI Identity 接口：用于描述插件的基本信息，譬如插件版本号、插件所支持的 CSI 规范版本、插件是否支持存储卷创建及删除功能、是否支持存储卷挂载功能，等等。此外 Identity 接口还用于检查插件的健康状态，开发者可以通过实现 Probe 接口对外提供存储的健康度量信息。

❑ CSI Controller 接口：用于从存储系统的角度对存储资源进行管理，譬如准备和移除存储（Provision、Delete 操作）、附加与分离存储（Attach、Detach 操作）、对存储进行快照，等等。存储插件并不一定要实现这个接口的所有方法，对于存储本身就不支持的功能，可以在 CSI Identity 接口中声明为不提供。

❑ **CSI Node 接口**：用于从集群节点的角度对存储资源执行各种操作，譬如存储卷的
分区和格式化、将存储卷挂载到指定目录上或者将存储卷从指定目录上卸载等。

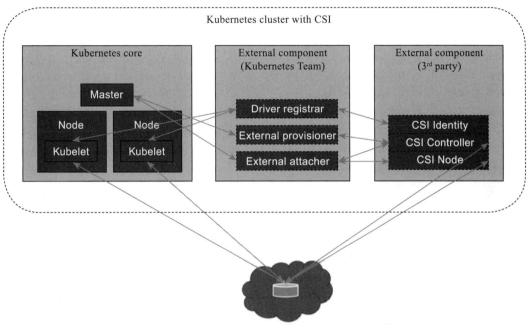

图 13-8　CSI 组件架构⊖

与 FlexVolume 以单独的可执行程序的存在形式不同，CSI 插件本身便是由一组标准
的 Kubernetes 资源所构成的，CSI Controller 接口是一个以 StatefulSet 方式部署的 gRPC 服
务，CSI Node 接口则是基于 DaemonSet 方式部署的 gRPC 服务。这意味着虽然 CSI 实现起
来要比 FlexVolume 复杂得多，但是却很容易安装——如同安装 CNI 插件及其他应用那样，
直接载入 Manifest 文件即可，也不会遇到 FlexVolume 那样需要人工运维，或者自己编写
DaemonSet 来维护集群节点变更的问题。此外，通过 gRPC 协议传递参数比通过命令行参
数传递参数更加严谨、灵活和可靠，最起码不会出现多个接口之间协作只能写临时文件这
样的尴尬状况。

13.2.3　从 In-Tree 到 Out-of-Tree

Kubernetes 曾内置了相当多的 In-Tree 的存储驱动，甚至还早于 Docker 宣布支持卷驱
动功能，这种策略使得 Kubernetes 能够在云存储提供商发布官方驱动之前就将其纳入支

⊖　图片来源：https://medium.com/google-cloud/understanding-the-container-storage-interface-csi-ddbeb966a3b。

持范围中，同时减轻了管理员维护的工作量，并为它在诞生初期快速占领市场做出了一定的贡献。但是，这种策略也让 Kubernetes 丧失了随时添加或修改存储驱动的灵活性，只能在更新大版本时才能加入或者修改驱动，导致云存储提供商被迫与 Kubernetes 的发布节奏保持一致。此外，还涉及第三方存储代码混杂在 Kubernetes 二进制文件中可能引起的可靠性及安全性问题。因此，当 Kubernetes 成为市场主流以后——准确地说是从 1.14 版本开始，Kubernetes 启动了 In-Tree 存储驱动的 CSI 外置迁移工作。按照计划，在 1.21 到 1.22 版本（大约在 2021 年中期）时，Kubernetes 中主要的存储驱动，如 AWS EBS、GCE PD、vSphere 等都会迁移至符合 CSI 规范的 Out-of-Tree 实现，不再提供对 In-Tree 的支持。这种做法在设计上无疑是正确的，然而，这又带来了此前提过的该如何兼容旧功能的策略问题，譬如下面的 YAML 定义了一个 Pod：

```yaml
apiVersion: v1
kind: Pod
metadata:
  name: nginx-pod-example
spec:
  containers:
  - name: nginx
    image: nginx:latest
    volumeMounts:
    - name: html-pages-volume
      mountPath: /usr/share/nginx/html
    - name: config-volume
      mountPath: /etc/nginx
  volumes:
  - name: html-pages-volume
    hostPath:                      # 来自本地的存储
      path: /srv/nginx/html
      type: Directory
  - name: config-volume
    awsElasticBlockStore:          # 来自AWS ESB的存储
      volumeID: vol-0b39e0b08745caef4
      fsType: ext4
```

代码中用到了类型为 hostPath 的 Volume，这相当于 Docker 中驱动类型为 local 的 Volume，不需要专门的驱动；而类型为 awsElasticBlockStore 的 Volume，从名字上就能看出是指存储驱动为 AWS EBS 的 Volume，当 CSI 迁移完成，awsElasticBlockStore 从 In-Tree 卷驱动中移除之后，它就应该按照 CSI 的写法改写成如下形式：

```yaml
  - name: config-volume
    csi:
      driver: ebs.csi.aws.com
      volumeAttributes:
        - volumeID: vol-0b39e0b08745caef4
        - fsType: ext4
```

这样的要求有悖于升级版本不应影响还在大范围使用的已有功能的原则，所以 Kubernetes 1.17 版本中又提出了称为 CSIMigration 的解决方案，让 Out-of-Tree 的驱动能够自动伪装成 In-Tree 的接口来提供服务。

笔者专门花这两段来介绍 Volume 的 CSI 迁移，倒不是由于它有多么重要的特性，而是这种兼容性设计本身就是 Kubernetes 设计理念的一个缩影，在 Kubernetes 的代码与功能中随处可见。好的设计需要权衡多个方面的利益，很多时候都得顾及现实的影响，要求设计向现实妥协，而不能仅仅考虑理论最优的方案。

13.2.4 容器插件生态

现在几乎所有云计算厂商都支持自家的容器通过 CSI 规范去接入外部存储，能够应用于 CSI 与 FlexVolume 的存储插件更是多达上百款，其中部分容器存储提供商如图 13-9 所示，已经算是形成了初步的生态环境。限于篇幅，笔者不打算去谈论各种 CSI 存储插件的细节，而是采取与 CNI 网络插件类似的讲述方式，以不同的存储类型为线索，介绍其中有代表性的实现。

图 13-9 部分容器存储提供商

目前出现过的存储系统和设备均可以划分到块存储、文件存储和对象存储这三种存储类型之中，划分的根本依据其实并非各种存储系统或设备如何存储数据——那完全是存储系统的事情，更合理的划分依据应该是各种存储系统或设备提供何种形式的接口供外部访问数据，不同的外部访问接口将反过来影响存储的内部结构、性能与功能表现。虽然块存储、文件存储和对象存储可以彼此协同工作，但它们各自都有明确的擅长领域与优缺点，理解它们的工作原理，因地制宜地选择最适合的存储类型，才能让系统达到最佳的工作状态。下面按照它们出现的时间顺序分别介绍。

❏ **块存储**：块存储是数据存储的最古老形式，数据都存储在固定长度的一个或多个块（Block）中，想要读写访问数据，就必须使用与存储类型相匹配的协议（SCSI、SATA、SAS、FCP、FCoE、iSCSI 等）来进行。建议读者参考上一章网络通信中网络栈的数据流动过程，把存储设备中由块构成的信息流与网络设备中由数据包构成的信息流进行对比，事实上，像 iSCSI 这种协议确实是建设在 TCP/IP 网络之上的，上层以 SCSI 作为应用层协议对外提供服务。

我们熟悉的硬盘就是最经典的块存储设备，以机械硬盘为例，一个块就是一个扇区，大小通常在 512 字节至 4096 字节。老式机械硬盘用柱面、磁头、扇区号（Cylinder-Head-Sector，CHS）组成的编号进行寻址，现代机械硬盘只用一个逻辑块编号（Logical Block Addressing，LBA）进行寻址。为了便于管理，硬盘通常会以多个块（这些块甚至可以来自不同的物理设备，譬如磁盘阵列的情况）来组成一个逻辑分区（Partition），将分区进行高级格式化之后就形成了卷（Volume），这便与 13.1 节中提到的"Volume 是源于操作系统的概念"衔接了起来。

块存储由于贴近底层硬件，没有文件、目录、访问权限等的牵绊，所以性能通常都是最优秀的，吞吐量高，延迟低。尽管人类作为信息系统的最终用户，并不会直接面对块来操作数据，多数应用程序也是基于文件而不是块来读写数据，但是操作系统内核中的许多地方都直接通过块设备（Block Device）接口来访问硬盘，一些追求 I/O 性能的软件，譬如高性能的数据库，也会支持直接读写块设备以提升磁盘 I/O。块存储的特点是具有排他性，一旦块设备被某个客户端挂载，其他客户端就无法再访问上面的数据了，因此，Kubernetes 中挂载的块存储的访问模式大都要求必须是 RWO（ReadWriteOnce）的。

❑ **文件存储**：文件存储是最贴近人类用户的数据存储形式，数据存储在长度不固定的文件之中，用户可以针对文件进行新增、写入、追加、移动、复制、删除、重命名等各种操作，通常文件存储还会提供文件查找、目录管理、权限控制等额外的高级功能。文件存储的访问不像块存储那样有五花八门的协议，POSIX 接口已经成为事实标准，被各种商用的存储系统和操作系统共同支持。关于 POSIX 的文件操作接口笔者就不去举例了，你不妨参考 Linux 下的各种文件管理命令来自行想象一下。

绝大多数传统的文件存储都是基于块存储来实现的，"文件"这个概念的出现是因为"块"对人类用户来说实在是太难以使用、难以管理了。可以近似地认为文件是由块所组成的更高级存储单位。对于固定不会发生变动的文件，直接让每个文件连续占用若干个块，在文件头尾加入标志区分即可，磁带、CD-ROM、DVD-ROM 就采用了由连续块来构成文件的存储方案；但对于可能发生变动的场景，就必须考虑如何跨多个不连续的块来构成文件。这种需求从数据结构角度看只需在每个块中记录好下一个块的地址，形成链表结构即可满足。但是链表的缺点是只能依次顺序访问，这样访问文件中任何内容都要从头读取多个块，显然过于低效了。真正被广泛运用的解决方案是把形成链表的指针整合起来统一存放，这便形成了文件分配表（File Allocation Table，FAT）。既然已经有了专门组织块结构来构成文件的分配表，那在表中再加入其他控制信息，就能很方便地扩展出更多的高级功能，譬如除了文件占用的块地址信息外，加上文件的逻辑位置就形成了目录，加上文件的访问标志就形成了权限，还可以加上文件的名称、创建时间、所有者、修改者等一系列元数据信息来构成其他应用形式。人们把定义文件分配表应该如何实现、存储哪些信息、提供什么功能的标准称为文件系统（File System），FAT32、NTFS、exFAT、ext2/3/4、XFS、BTRFS 等都是很常用的文件系统。而前面介绍存储插件接口时提到的对分区进行的高级格式化操作，实际上就是在初始化一套空白的文件系统，供后续用户与应用程序访问。

文件存储相对于块存储来说是更高层次的存储类型，加入目录、权限等元素后形成的树状结构以及路径访问方式方便了人类理解、记忆和访问；文件系统能够提供哪个进程打开或正在读写某个文件的信息，这也有利于文件的共享处理。但在另一方面，计算机需要对路径进行分解，然后逐级向下查找，最后才能查到需要的文件。要从文件分配表中确定具体数据存储的位置，要判断文件的访问权限，要记录每次修改文件的用户与时间，这些额外操作对于性能产生负面影响也是无可避免的，因此，如果一个系统选择不采用文件存储，那磁盘 I/O 性能一般就是最主要的决定因素。

❑ **对象存储**：对象存储是相对较新的数据存储形式，是一种随着云数据中心的兴起而发展起来的存储，是以非结构化数据为目标的存储方案。这里的"对象"可以理解为一个元数据及与其配对的一个逻辑数据块的组合，元数据提供了对象所包含的上下文信息，譬如数据的类型、大小、权限、创建人、创建时间等，数据块则存储了对象的具体内容。你也可以简单地理解为数据和元数据这两样东西共同构成了一个对象。每个对象都有属于自己的全局唯一标识，这个标识会直接开放给最终用户使用，作为访问该对象的主要凭据，通常会是 UUID 的形式。对象存储的访问接口就是根据该唯一标识，对逻辑数据块进行读 / 写 / 删除操作，通常接口都十分简单，甚至连修改操作都不会提供。

对象存储基本上只会在分布式存储系统之上去实现，由于对象存储天生就有明确的"元数据"概念，不必依靠文件系统来提供数据的描述信息，因此，完全可以将一大批对象的元数据集中存放在某一台（组）服务器上，再辅以多台 OSD（Object Storage Device）服务器来存储对象的数据块部分。当外部要访问对象时，多台 OSD 能够同时对外发送数据，因此对象存储不仅易于共享、容量庞大，还能提供非常高的吞吐量。不过，由于需要先经过元数据查询确定 OSD 存放对象的确切位置，该过程可能涉及多次网络传输，延迟方面就会表现得相对较差。

由于对象的元数据仅描述对象本身的信息，与其他对象都没有关联，换言之每个对象都是相互独立的，自然也就不存在目录的概念，所以对象存储天然就是扁平化的，与软件系统中很常见的 K/V 访问类似，不过许多对象存储会提供 Bucket 的概念，用户可以在逻辑上把它当作"单层的目录"来使用。由于对象存储天生的分布式特性，以及极其低廉的扩展成本，很适合 CDN 一类的应用，用于存放图片和音视频等媒体内容以及网页和脚本等静态资源。

理解了三种存储类型的基本原理后，接下来又到了治疗选择困难症的环节。主流的云计算厂商，譬如国内的阿里云、腾讯云、华为云都有自己专门的块存储、文件存储和对象存储服务。关于选择服务提供商的问题，这里不作建议，你可以根据价格、合作关系、技术和品牌知名度等因素自行处理。关于应该选择哪种存储类型的问题，这里以世界云计算市场占有率第一的亚马逊为例，简要对比介绍它选用的不同存储类型产品的差异。

❑ 亚马逊的块存储服务是 Amazon Elastic Block Store（AWS EBS），你购买 EBS 之后，在 EC2（亚马逊的云计算主机）里看见的是一块原始的、未格式化的块设备。这点就决定了 EBS 并不能作为一个独立存储而存在，它总是和 EC2 同时被创建，EC2 的操作系统也只能安装在 EBS 之上。EBS 的大小理论上取决于建立的分区方案，即块大小乘以块数量。MBR 分区的块数量是 2^{32}，块大小通常是 512B，总容量为 2 TB；GPT 分区的块数量是 2^{64}，块大小通常是 4096B，总容量 64 ZB。当然这是理论值，64 ZB 已经超过了世界上所有信息的总和，不会有操作系统支持这么离谱的容量，AWS 也设置了上限是 16 TB，在此范围内的实际值就只取决于你的预算额度；EBS 的性能取决于你选择的存储介质类型（SSD、HDD）和优化类型（通用性、预置型、吞吐量优化、冷存储优化等），这也将直接影响存储的费用成本。

EBS 适合作为系统引导卷，适合追求磁盘 I/O 的大型工作负载以及追求低时延的应用，譬如 Oracle 等可以直接访问块设备的大型数据库更为合适。但 EBS 只允许被单个节点挂载，难以共享，这点在单机时代是天经地义的，但在云计算和分布式时代就成为很要命的缺陷。除了少数特殊的工作负载外（如前面说的 Oracle 数据库），笔者并不建议将它作为容器编排系统的主要外置存储来使用。

❑ 亚马逊的文件存储服务是 Amazon Elastic File System（AWS EFS），你购买 EFS 之后，只要在 EFS 控制台上创建好文件系统，并且管理好网络信息（如 IP 地址、子网）就可以直接使用，无须依附于任何 EC2 云主机。EFS 本质是完全托管在云端的网络文件系统（Network File System，NFS），可以在任何兼容 POSIX 的操作系统中直接挂载它，而不会在 /dev 中看到新设备存在。按照本节开头 Kubernetes 存储架构中的操作来说就，是你只需要考虑 Mount，而无须考虑 Attach。

得益于 NFS 的天然特性，EFS 的扩缩可以是完全自动、实时的，创建新文件时无须预置存储，删除已有文件时也不必手动缩容以节省费用。在高性能网络的支持下，EFS 的性能已经能够达到相当高的水平，尽管由于网络访问的限制，性能最高的 EFS 依然比不过最高水平的 EBS，但仍然能充分满足绝大多数应用运行的需要。还有最重要的一点优势是由于脱离了块设备的束缚，EFS 能够轻易地被成百上千个 EC2 实例共享，考虑到 EFS 的性能、动态弹性、可共享等因素，笔者给出的明确建议是它可以作为大部分容器工作负载的首选存储。

❑ 亚马逊的对象存储服务是 Amazon Simple Storage Service（AWS S3），S3 通常是以 REST Endpoint 的形式对外部提供文件访问服务的，在这种方式下你应该直接使用程序代码来访问 S3，而不是靠操作系统或者容器编排系统去挂载它。如果你真的希望这样做，也可以通过存储网关（如 AWS Storage Gateway）将 S3 的存储能力转换为 NFS、SMB、iSCSI 等访问协议，经过转换后，操作系统或者容器就能将其作为 Volume 来挂载了。

S3 也许是 AWS 最出名、使用面最广的存储服务，这个结果不是由于它的性能优异，事实上 S3 的性能比起 EBS 和 EFS 来说是相对最差的，但它的优势在于它名字中"Simple"所标榜的简单，我们挂载外部存储的目的十有八九是为了给程序提供存储服务，使用 S3 不必写一行代码就能够直接通过 HTTP Endpoint 进行读写访问，且完全不需要考虑容量、维护和数据丢失的风险，这就是简单的价值。S3 的另一大优势就是它的价格相对于 EBS 和 EFS 来说往往要低一至两个数量级，因此程序的备份还原、数据归档、灾难恢复、静态页面的托管、多媒体分发等功能就非常适合使用 S3 来完成。

图 13-10 是对 AWS 的三种存储的对比，从目前的存储技术发展来看，不会有哪一种存储方案能够包打天下。不同业务系统的场景需求不同，对存储的诉求就不同，选择自然也不同。

AMAZON S3	AMAZON EBS	AMAZON EFS
Can be publicly accessible	Accessible only via the given EC2 Machine	Accessible via several EC2 machines and AWS services
Web interface	File System interface	Web and file system interface
Object Storage	Block Storage	Object storage
Scalable	Hardly scalable	Scalable
Slower than EBS and EFS	Faster than S3 and EFS	Faster than S3, slower than EBS
Good for storing backups	**Is meant to be EC2 drive**	**Good for shareable applications and workloads**

图 13-10　AWS S3、EFS、EBS 的对比⊖

⊖　图片来源：https://blog.dellemc.com/en-us/kubernetes-data-protection-hits-mainstream-with-container-storage-interface-csi-117/。

Chapter 14 第 14 章

资源与调度

调度是容器编排系统最核心的功能之一，"编排"一词本身便包含"调度"的含义。调度是指为新创建的 Pod 找到一个最恰当的宿主机节点来运行它，这个过程成功与否、结果恰当与否，关键取决于容器编排系统是如何管理与分配集群节点的资源的。可以认为调度是必须以容器编排系统的资源管控为前提，那我们就先从 Kubernetes 的资源模型谈起。

14.1　资源模型

开篇先来厘清一个概念：资源是什么。资源在 Kubernetes 中是极为常用的术语，广义上讲，Kubernetes 系统中所有能够接触的方方面面都被抽象成了资源，譬如表示工作负荷的资源（Pod、ReplicaSet、Service 等），表示存储的资源（Volume、PersistentVolume、Secret 等），表示策略的资源（SecurityContext、ResourceQuota、LimitRange 等），表示身份的资源（ServiceAccount、Role、ClusterRole 等）。"一切皆为资源"的设计是 Kubernetes 能够顺利施行声明式 API 的必要前提。Kubernetes 以资源为载体，建立了一套同时囊括抽象元素（如策略、依赖、权限）和物理元素（如软件、硬件、网络）的领域特定语言。通过不同层级间资源的使用关系来描述上至整个集群甚至集群联邦，下至某一块内存区域或者一小部分处理器核心的状态，这些对资源状态的描述的集合，共同构成了一幅信息系统工作运行的全景图。

在 11.2 节里，笔者首次提到 Kubernetes 的资源模型，并将它与控制器模式一并列为 Kubernetes 中最重要的两个设计思想。本节，我们将再次讨论资源模型，但是这里所说的主要是狭义上的物理资源，特指排除了广义上那些逻辑方面的抽象资源，只包括能够与真实物理底层硬件对应的资源，譬如处理器资源、内存资源、磁盘存储资源，等等。由于我们讨论的话题是调度，作为调度最基本单位的 Pod，只会与这些和物理硬件直接相关的资源产生供需关系，所以后文中提到资源，如无额外说明，均特指狭义上的物理资源。

从编排系统的角度来看，Node 是资源的提供者，Pod 是资源的使用者，调度是对两者进行恰当的撮合。Node 通常能够提供三方面资源：计算资源（如处理器、图形处理器、内存）、存储资源（如磁盘容量、不同类型的介质）和网络资源（如带宽、网络地址）。其中与调度关系最密切的是处理器和内存，虽然它们同属于计算资源，但两者在调度时又有一些微妙的差别。处理器这样的资源被称作可压缩资源（Compressible Resource），特点是当可压缩资源不足时，Pod 只会处于"饥饿状态"，运行变慢，但不会被系统杀死，即容器不会被直接终止，或被要求限时退出。而像内存这样的资源，则被称作不可压缩资源（Incompressible Resource），特点是当不可压缩资源不足，或者超过了容器自己声明的最大限度时，Pod 就会因为内存溢出（Out-Of-Memory，OOM）而被系统直接杀掉。

Kubernetes 给处理器资源设定的默认计量单位是"逻辑处理器的个数"。至于具体"一个逻辑处理器"应该如何理解，就要取决于节点的宿主机是如何解释的，通常会是 /proc/cpuinfo 中看到的处理器数量。它有可能是多路处理器系统上的一个处理器、多核处理器中的一个核心、云计算主机上的一个虚拟化处理器（Virtual CPU，vCPU），或者处理器核心里的一条超线程（Hyper-Threading）。总之，Kubernetes 只负责保证 Pod 能够使用到"一个处理器"的计算能力，对不同硬件环境构成的 Kubernetes 集群，乃至同一个集群中不同硬件的宿主机节点来说，"一个处理器"所代表的真实算力完全有可能是不一样的。

在具体设置方面，Kubernetes 沿用了云计算中处理器限额设置的一贯做法。如果不明确标注单位，譬如直接写 0.5，默认单位就是 Core，即 0.5 个处理器；也可以明确使用 Millcore 为单位，譬如写成 500m 同样代表 0.5 个处理器，因为 Kubernetes 规定了 1 Core = 1000 Millcores。而对于内存来说，它早已有广泛使用的计量单位，即 Byte，如果设置中不明确标注单位就会默认以 Byte 计数。为了实际设置的方便，Kubernetes 还支持 Ei、Pi、Ti、Gi、Mi、Ki，以及 E、P、T、G、M、K 为单位，它们略微有一点点差别，以 Mi 和 M 为例，它们分别是 Mebibyte 与 Megabyte 的缩写，前者表示 1024 × 1024 Bytes，后者表示 1000 × 1000 Bytes。

14.2　服务质量与优先级

设定资源计量单位的目的是使管理员能够限制某个 Pod 对资源的过度占用，避免影响到其他 Pod 的正常运行。Pod 由一到多个容器组成，资源最终交由 Pod 的各个容器去使用，所以资源的需求是设定在容器上的，具体的配置是 Pod 的 spec.containers[].resource.limits/requests.cpu/memory 字段。但是对资源需求的配额不是针对容器的，而是针对 Pod 整体，Pod 的资源配额无须手动设置，它就是其包含的每个容器资源需求的累加值。

为容器设定最大的资源配额的做法从 cgroups 诞生后已经屡见不鲜，但你是否注意到

Kubernetes 给出的配置中有 requests 和 limits 两个设置项呢？这两者的区别其实很简单：requests 是供调度器使用的，Kubernetes 选择哪个节点运行 Pod，只会根据 requests 的值来进行决策；limits 才是供 cgroups 使用的，Kubernetes 在向 cgroups 传递资源配额时，会按照 limits 的值来进行设置。

Kubernetes 采用这样的设计完全是基于 "心理学" 的原因，因为 Google 根据 Borg 和 Omega 系统长期运行的实践经验总结出了一条经验法则：用户提交工作负载时设置的资源配额，并不是容器调度必须严格遵守的值，因为根据实际经验，大多数的工作负载在运行过程中真正使用到的资源，其实都远小于它所请求的资源配额。

> 📷 **额外知识** 即使我们已经努力建议用户不要过度申请资源配额，但仍难免有大量用户过度消费，他们总希望避免因用户增长而产生资源不足的现象。
>
> —— "Large-Scale Cluster Management at Google with Borg"，Google

"多多益善" 的想法完全符合人类的心理，大家提交的资源需求通常都是按照可能面临的最大压力去估计的，甚至考虑到了未来用户增长所导致的新需求。为了避免服务因资源不足而中断，都会往大了去申请，这点我们可以理解，但如果直接按照申请的资源去分配限额，所导致的结果必然是一方面服务器在大多数时间里都会有大量硬件资源闲置，另一方面这些闲置资源又已经分配出去，有了明确的所有者，不能再被其他人使用，难以真正发挥价值。

当然，仅依靠将一个资源配额的设置拆分成 requests 和 limits 两个设置项是不太可能解决这个矛盾的，Kubernetes 为此还进行了许多额外的处理。一旦不按照最保守、最安全的方式去分配资源，就意味着容器编排系统必须为有可能出现的极端情况买单。如果允许节点给 Pod 分配的资源总和超过自己最大的可提供资源的话，假如某个时刻这些 Pod 的总消耗真的超标了，便会不可避免地导致节点无法继续遵守调度时对 Pod 许下的资源承诺，此时，Kubernetes 只能杀掉一部分 Pod 腾出资源来保证其余 Pod 的正常运行，这个操作就是稍后会介绍的驱逐机制（Eviction）。要进行驱逐，首先 Kubernetes 就必须制定资源不足时该先牺牲哪些 Pod、保留哪些 Pod 的明确准则，由此就形成了 Kubernetes 的服务质量等级（Quality of Service Level，QoS Level）和优先级（Priority）的概念。试想 Kubernetes 若不是为了理性对抗人类 "多多益善" 的心理，尽可能提高硬件利用效率，而是直接按申请的最大资源去安排调度，那原本它是无须理会这些麻烦事的。

质量等级是 Pod 的一个隐含属性，也是 Kubernetes 优先保障重要的服务，放弃一些没那么重要的服务的衡量标准。不知道你是否想到这样一个细节：如果不去设置 limits 和 requests 会怎样？如果不设置处理器和内存的资源，就意味着没有上限，该 Pod 可以使用节点上所有可用的计算资源。但你先别高兴得太早，虽然这类 Pod 能以最灵活的方式去使用资源，但也正是这类 Pod 扮演着最不稳定的风险来源的角色。在论文 "Large-Scale Cluster

Management at Google with Borg"⊖中，Google 明确提出了针对这类 Pod 的一种近乎带惩罚性质的处理建议：当节点硬件资源不足时，优先杀掉这类 Pod，说得文雅一点，就是给予这类 Pod 最低的服务质量等级。

Kubernetes 目前提供的服务质量等级一共分为三级，由高到低分别为 Guaranteed、Burstable 和 BestEffort。如果 Pod 中所有的容器都设置了 limits 和 requests，且两者的值相等，那此 Pod 的服务质量等级便为最高的 Guaranteed；如果 Pod 中有部分容器的 requests 值小于 limits 值，或者只设置了 requests 而未设置 limits，那此 Pod 的服务质量等级为第二级 Burstable；如果是上文说的那种情况，limits 和 requests 两个都没设置则属于最低的 BestEffort。

通常建议将数据库应用等有状态的应用，或者一些重要的必须不能中断的业务的服务质量等级定为 Guaranteed，这样除非 Pod 使用超过了它们的 limits 所描述的不可压缩资源，或者节点的内存压力大到 Kubernetes 已经杀光所有等级更低的 Pod 了，否则它们都不会被系统自动杀死。相对地，应将一些临时的、不那么重要的任务设置为 BestEffort，这样有利于调度时在更大的节点范围中寻找宿主机，也有利于在宿主机中利用更多的资源快速地完成任务，然后退出，尽量缩减影响范围；当然，遇到系统资源紧张时，它们也更容易被系统杀掉。

📖 额外
知识　所有动物生来平等，但有些动物比其他动物更加平等。

——《动物庄园》，乔治·奥威尔，1945 年

除了服务质量等级以外，Kubernetes 还允许系统管理员自行决定 Pod 的优先级，这是通过类型为 PriorityClass 的资源来实现的。优先级决定了 Pod 之间并不是平等的关系，且这种不平等不是谁会占用更多资源的问题，而是会直接影响 Pod 调度与生存的关键。

优先级会影响调度这很容易理解，它是指当多个 Pod 同时被调度的话，高优先级的 Pod 会优先被调度。Pod 越晚被调度，就越大概率因节点资源已被占用而不能成功。但受优先级影响更大的另一方面是指 Kubernetes 的抢占机制（Preemption），在正常未设置优先级的情况下，如果 Pod 调度失败，就会暂时处于 Pending 状态被搁置起来，直到集群中有新节点加入或者旧 Pod 退出。但是，如果有一个被设置了明确优先级的 Pod 调度失败无法创建的话，Kubernetes 就会在系统中寻找一批牺牲者（Victim），将它们杀掉以便给更高优先级的 Pod 让出资源。寻找的原则是根据在优先级低于待调度的 Pod 的所有已调度的 Pod 里，按照优先级从低到高排序，从最低的杀起，直至腾出的资源足以支持待调度 Pod 成功调度所需的资源为止，或者已经找不到更低优先级的 Pod 为止。

⊖　下载地址：https://pdos.csail.mit.edu/6.824/papers/borg.pdf。

14.3　驱逐机制

前面笔者动不动就说要杀掉某个 Pod，听起来实在是欠优雅的，在 Kubernetes 中专业的称呼是"驱逐"（Eviction，即资源回收）。Pod 的驱逐机制是通过 kubelet 来执行的，kubelet 是部署在每个节点的集群管理程序，由于本身就运行在节点中，所以最容易感知到节点的资源实时消耗情况。kubelet 一旦发现某种不可压缩资源将要耗尽时，就会主动终止节点上较低服务质量等级的 Pod，以保证其他更重要的 Pod 的安全。被驱逐的 Pod 中的所有容器都会被终止，Pod 的状态也会被更改为 Failed。

我们已经接触过内存这一种最重要的不可压缩资源，默认配置下，前面所说的"资源即将耗尽"的"即将"，具体阈值是可用内存小于 100Mi。除了可用内存（memory.available）外，其他不可压缩资源还包括宿主机的可用磁盘空间（nodefs.available）、文件系统可用 inode 数量（nodefs.inodesFree），以及可用的容器运行时镜像存储空间（imagefs.available）。后面三个的阈值都是按照实际容量的百分比来计算的，具体的默认值如下：

```
memory.available < 100Mi
nodefs.available < 10%
nodefs.inodesFree < 5%
imagefs.available < 15%
```

管理员可以在 kubelet 启动时，通过命令行参数来修改这些默认值，譬如可用内存只剩余 100 Mi 时才启动驱逐对于多数生产系统来说过于危险了，笔者建议在生产环境中考虑通过以下命令调整为剩余 10% 内存时开始驱逐：

```
$ kubelet --eviction-hard=memory.available<10%
```

如果你是一名 Java、C#、Golang 等习惯了自动内存管理机制的程序员，笔者还要提醒你的是 Kubernetes 的驱逐不能完全等同于编程语言中的垃圾收集。垃圾收集是安全的内存回收行为，而驱逐 Pod 是一种毁坏性的清理行为，有可能导致服务中断，必须更加谨慎。譬如，要同时兼顾硬件资源可能只是短时间内间歇性地超过了阈值的场景，以及资源正在被快速消耗，很快就会危及高服务质量的 Pod 甚至整个节点稳定性的场景。因此，驱逐机制中就有了软驱逐（Soft Eviction）、硬驱逐（Hard Eviction）以及优雅退出期（Grace Period）的概念。

❑ **软驱逐**：通常配置一个较低的警戒线（譬如可用内存仅剩 20%），触及此线时，系统将进入一段观察期。如果只是暂时的资源抖动，在观察期内能够恢复到正常水平的话，那就不会真正启动驱逐操作。否则，若资源持续超过警戒线一段时间，就会触发 Pod 的优雅退出（Grace Shutdown），系统会通知 Pod 进行必要的清理工作（譬如将缓存的数据落盘），然后自行结束。在优雅退出期结束后，系统会强制杀掉还未曾自行了断的 Pod。

❑ **硬驱逐**：通常配置一个较高的终止线（譬如可用内存仅剩 10%），一旦触及此红线，立即强制杀掉 Pod，而不会优雅退出。

软驱逐是为了减少资源抖动对服务的影响，硬驱逐是为了保障核心系统的稳定，它们并不矛盾，一般会同时使用，譬如以下例子所示：

```
$ kubelet --eviction-hard=memory.available<10% \
          --eviction-soft=memory.available<20% \
          --eviction-soft-grace-period=memory.available=1m30s \
          --eviction-max-pod-grace-period=600
```

Kubernetes 的驱逐与编程语言中的垃圾收集的另一个不同之处是，垃圾收集可以"应收尽收"，而驱逐显然不行，不能无缘无故把整个节点中所有可驱逐的 Pod 都清空掉。但是，通常也不能只清理到刚刚低于警戒线就停止，必须考虑驱逐之后的新 Pod 调度与旧 Pod 运行的新增消耗。譬如 kubelet 驱逐了若干个 Pod，让资源使用率勉强低于阈值，那么很可能在极短的时间内，资源使用率又会因某个 Pod 稍微占用了些许资源而重新超过阈值，再产生新的驱逐，如此往复。为此，Kubernetes 提供了 --eviction-minimum-reclaim 参数设置一旦驱逐发生之后，至少清理出来多少资源才会终止。

不过，问题到这里还是没有全部解决，Kubernetes 中很少会单独创建 Pod，通常都是由 ReplicaSet、Deployment 等更高层资源来管理，这意味着当 Pod 被驱逐之后，它不会从此彻底消失，Kubernetes 将自动生成一个新的 Pod 来取代，并经过调度选择一个节点继续运行。如果没有额外的处理，那很大概率这个 Pod 会被系统调度到当前节点上重新创建，因为上一次调度就选择了这个节点，而且这个节点刚刚驱逐完一批 Pod 得到了空闲资源，所以它显然符合此 Pod 的调度需求。为了避免上述情况，Kubernetes 还提供了另一个参数 --eviction-pressure-transition-period 来约束调度器，设置在驱逐发生之后多长时间内不得往该节点调度 Pod。

关于驱逐机制，你还应该意识到，这些措施既然被设计为以参数的形式开启，就说明了它们一定不是放之四海皆准的通用准则。举个例子，假设当前 Pod 是由 DaemonSet 控制的，一旦该 Pod 被驱逐，你又强行不允许节点在一段时间内接受调度，那显然这就有违 DaemonSet 的语义。目前 Kubernetes 并没有办法区分 Pod 是由 DaemonSet 抑或是别的高层次资源创建，因此这种假设情况确实有可能发生，比较合理的方案是让 DaemonSet 创建 Guaranteed 而不是 BestEffort 等级的 Pod。总而言之，在 Kubernetes 还没有成熟到变为"傻瓜式"容器编排系统之前，因地制宜地配置和运维是非常必要的。

最后，服务质量、优先级、驱逐机制这些概念，都是在 Pod 层面上限制资源，是仅针对单个 Pod 的低层次约束，但现实中我们还常会遇到面向更高层次去控制资源的需求，譬如，想限制由多个 Pod 构成的微服务系统消耗的总资源，或者由多名成员组成的团队消耗的总资源。举个具体例子，想要在拥有 32 GiB 内存和 16 个处理器的集群里，允许 A 团队使用 20 GiB 内存和 10 个处理器的资源，再允许 B 团队使用 10 GiB 内存和 4 个处理器的资源，再预留 2 GiB 内存和 2 个处理器供将来分配。要满足这种资源限制的需求，Kubernetes 的解决方案是先为它们建立一个专用的名称空间，然后在名称空间里建立 ResourceQuota 对象来描述如何进行整体的资源约束。

但是 ResourceQuota 与调度就没有直接关系了，它针对的对象也不是 Pod，所以这里所说的资源可以是广义上的资源，不仅能够设置处理器、内存等物理资源的限额，还可以设置诸如 Pod 最大数量、ReplicaSet 最大数量、Service 最大数量、全部 PersistentVolumeClaim 的总存储容量等各种抽象资源的限额。甚至当 Kubernetes 预置的资源模型不能满足约束需要时，还能够根据实际情况去拓展，譬如要控制 GPU 的使用数量，完全可以通过 Kubernetes 的设备插件（Device Plugin）机制拓展出诸如 nvidia.com/gpu: 4 这样的配置来。

14.4 默认调度器

本章的最后一节，我们回过头来探讨开篇提出的问题：Kubernetes 是如何撮合 Pod 与 Node 的，这其实也是最难的一个问题。调度是为新创建出来的 Pod 寻找一个最恰当的宿主机节点去运行它，这句话里就包含"运行"和"恰当"两个调度中关键过程，具体分析如下。

- ❏ 运行：从集群所有节点中找出一批剩余资源可以满足该 Pod 运行的节点。为此，Kubernetes 调度器设计了一组名为 Predicate 的筛选算法。
- ❏ 恰当：从符合运行要求的节点中找出一个最适合的节点完成调度。为此，Kubernetes 调度器设计了一组名为 Priority 的评价算法。

这两个算法的具体内容稍后会详细解释，这里要先说明白一点：在几个、十几个节点的集群里进行调度，调度器怎么实现都不会太困难，但是对于数千个乃至更多节点的大规模集群，要实现高效的调度就绝不简单。请你想象一下，有一个由数千节点组成的集群，每次创建 Pod 都必须依据各节点的实时资源状态来确定调度的目标节点，然而各节点的资源是随着程序运行无时无刻不在变动的，资源状况只有节点本身最清楚，如果每次调度都要发生数千次的远程访问来获取这些信息的话，那压力与耗时都很难降下来，结果不仅会令调度器成为集群管理的性能瓶颈，还会出现因耗时过长，某些节点上资源状况已发生变化，调度器的资源信息过时而导致调度结果不准确等问题。

> 额外知识　由于调度器的工作负载与集群规模大致成正比，随着集群和它们的工作负载不断增长，调度器很有可能成为扩展性瓶颈所在。
>
> —— "Omega: Flexible, Scalable Schedulers for Large Compute Clusters"，Google

针对以上问题，Google 在论文 "Omega: Flexible, Scalable Schedulers for Large Compute Clusters" ⊖里总结了自身的经验，并参考了当时 Apache Mesos 和 Hadoop on Demand(HOD) 的实现，提出了一种共享状态（Shared State）的双循环调度机制。这种调度机制后来不仅

⊖ 下载地址：https://static.googleusercontent.com/media/research.google.com/zh-CN//pubs/archive/41684.pdf。

应用在 Google 的 Omega 系统（Borg 的下一代集群管理系统）中，也同样被 Kubernetes 继承了下来，它的整体工作流程如图 14-1 所示。

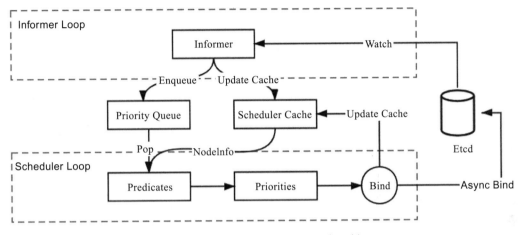

图 14-1 状态共享的双循环调度机制

"状态共享的双循环"中的第一个控制循环可被称为"Informer Loop"，它是一系列 Informer⊖ 的集合，这些 Informer 持续监视 etcd 中与调度相关资源（主要是 Pod 和 Node）的变化情况，一旦 Pod、Node 等资源出现变动，就会触发对应 Informer 的 Handler。Informer Loop 的职责是根据 etcd 中的资源变化去更新调度队列（Priority Queue）和调度缓存（Scheduler Cache）中的信息，譬如当有新 Pod 生成时，就将其入队（Enqueue）到调度队列中，如有必要，还会根据优先级触发上一节提到的插队和抢占操作。又譬如有新的节点加入集群，或者已有节点资源信息发生变动时，Informer 也会将这些信息更新同步到调度缓存之中。

另一个控制循环可被称为"Scheduler Loop"，它的核心逻辑是不停地将调度队列中的 Pod 出队（Pop），然后使用 Predicate 算法进行节点选择。Predicate 本质上是一组节点过滤器（Filter），它根据预设的过滤策略来筛选节点。Kubernetes 中默认有三种过滤策略，分别如下所示。

❏ **通用过滤策略**：最基础的调度过滤策略，用来检查节点能否满足 Pod 声明中需要的资源需求。譬如处理器、内存资源是否满足，主机端口与声明的 NodePort 是否存在冲突，Pod 的选择器或者 nodeAffinity 指定的节点是否与目标相匹配，等等。

❏ **卷过滤策略**：与存储相关的过滤策略，用来检查节点挂载的 Volume 是否存在冲突（譬如将一个块设备挂载到两个节点上），或者 Volume 的可用区域是否与目标节点冲突，等等。在 13.1 节中提到的 Local PersistentVolume 的调度检查，便是在这里处理的。

⊖ Informer 是 Client-Go 框架中的概念：https://godoc.org/k8s.io/client-go/informers。

❑ **节点过滤策略**：与宿主机相关的过滤策略，最典型的是 Kubernetes 的污点与容忍度（Taint and Toleration）机制，譬如默认情况下 Kubernetes 会设置 Master 节点不允许被调度，这就是通过在 Master 中施加污点来避免的。之前提到的控制节点处于驱逐状态，或者在驱逐后一段时间不允许调度，也是在这个策略里实现的。

Predicate 算法所使用的一切数据均来自于调度缓存，而绝对不会去远程访问节点本身。只有 Informer Loop 与 etcd 的监视操作才会涉及远程调用，Scheduler Loop 中除了最后的异步绑定要发起一次远程的 etcd 写入外，其余都是进程内访问，这一点是调度器执行效率的重要保证。

调度缓存就是两个控制循环的共享状态（Shared State），这样的设计避免了每次调度时主动去轮询所有集群节点，保证了调度器的执行效率，但是并不能完全避免因节点信息同步不及时而导致调度过程中实际资源发生变化的情况，譬如节点的某个端口在获取调度信息后、发生实际调度前被意外占用了。为此，当调度结果出来之后，kubelet 真正创建 Pod 之前，还必须执行一次 Admit 操作，在该节点上重新调用 Predicate 算法来进行二次确认。

经过 Predicate 算法筛选出符合要求的节点集，交给 Priorities 算法来打分（0 ~ 10 分）并排序，以便挑选出"最恰当"的一个。"恰当"是带有主观色彩的词语，Kubernetes 也提供了不同的打分规则来满足不同的主观需求，譬如最常用的 LeastRequestedPriority 规则，它的计算公式是：

```
score = (cpu((capacity-sum(requested))×10/capacity) + memory((capacity-
    sum(requested))×10/capacity))/2
```

从公式上很容易看出这就是在选择处理器和内存空闲资源最多的节点，因为这些资源剩余越多，得分就越高。经常与它配合使用的是 BalancedResourceAllocation 规则，它的公式是：

```
score = 10 - variance(cpuFraction,memoryFraction,volumeFraction)×10
```

此公式中 cpuFraction、memoryFraction、volumeFraction 的含义分别是 Pod 请求的处理器、内存和存储资源占该节点上对应可用资源的比例，variance 函数的作用是计算资源之间的差距，差距越大，函数值越大。由此可知 BalancedResourceAllocation 规则的意图是希望调度完成后，所有节点里各种资源的分配尽量均衡，避免节点上出现诸如处理器资源被大量分配而内存大量剩余的尴尬状况。Kubernetes 内置的评分规则还有 ImageLocalityPriority、NodeAffinityPriority、TaintTolerationPriority 等，有兴趣的读者可以阅读 Kubernetes 的源码，笔者就不再逐一解释了。

经过 Predicate 的筛选、Priorities 的评分之后，调度器已经选出了调度的最终目标节点，最后一步是通知目标节点的 kubelet 去创建 Pod。调度器并不会直接与 kubelet 通信来创建 Pod，它只需要把待调度的 Pod 的 nodeName 字段更新为目标节点的名字即可，kubelet 本身会监视该值的变化来接手后续工作。不过，从调度器在 etcd 中更新 nodeName，kubelet 从

etcd 中检测到变化，执行 Admit 操作二次确认调度可行性，最后到 Pod 开始实际创建的这个过程可能会持续一段不短的时间，如果一直等待这些工作都完成了才宣告调度最终完成，那势必也会显著影响调度器的效率。实际上 Kubernetes 调度器采用了乐观绑定（Optimistic Binding）的策略来解决此问题，它会同步更新调度缓存中 Pod 的 nodeName 字段，并异步更新 etcd 中 Pod 的 nodeName 字段，这个操作被称为绑定（Binding）。如果最终调度成功了，那 etcd 与调度缓存中的信息最终必定会保持一致，否则，如果调度失败了，那将会由 Informer 来根据 Pod 的变动，清空调度成功却没有创建成功的 Pod 的 nodeName 字段，重新同步回调度缓存中，以便促使另外一次调度的开始。

最后，请注意笔者在介绍这一节时用的标题是"默认调度器"，这是强调以上行为仅是 Kubernetes 默认的行为。对调度过程的大部分行为，你都可以通过 Scheduler Framework 暴露的接口来进行扩展和自定义，如图 14-2 所示，矩形箭头框的部分就是 Scheduler Framework 暴露的扩展点。由于 Scheduler Framework 属于 Kubernetes 内部的扩展机制（通过 Golang 的 Plugin 机制来实现，需静态编译），通用性与本章提到的其他扩展机制（CRI、CNI、CSI 等）无法相提并论，属于较为高级的 Kubernetes 管理技能，所以这里笔者仅简单地提一下，就不多做介绍了。

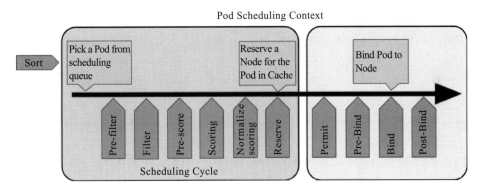

图 14-2　Scheduler Framework 的可扩展性[一]

〇　图片来源：https://medium.com/dev-genius/kubernetes-scheduling-system-f8705e7ee226。

服务网格

容器编排系统管理的最细粒度只能到达容器层次，在此粒度之下的技术细节，仍然只能依赖程序员自己来管理，编排系统很难提供有效的支持。2016 年，原 Twitter 基础设施工程师 William Morgan 和 Oliver Gould 在 GitHub 上发布了第一代服务网格产品 Linkerd，并在很短的时间内围绕 Linkered 组建了 Buoyant 公司。随后，在担任 CEO 的 William Morgan 发表的文章"What's A Service Mesh? And Why Do I Need One?"中首次正式地定义了"服务网格"（Service Mesh）一词，自此，服务网格作为一种新兴通信理念开始迅速传播，越来越频繁地出现在各个公司以及技术社区的视野中。服务网格之所以能够获得企业与社区的重视，是因为它很好地弥补了容器编排系统对分布式应用细粒度管控能力不足的缺憾。

> **额外知识**　服务网格是一种用于管控服务间通信的基础设施，职责是支持现代云原生应用网络请求在复杂拓扑环境中的可靠传递。在实践中，服务网格通常会以轻量化网络代理的形式来体现，这些代理与应用程序代码会部署在一起，对应用程序来说，它完全不会感知到代理的存在。
>
> —— What's A Service Mesh? And Why Do I Need One?，William Morgan，
> Buoyant CEO，2017

服务网格并不是什么神秘、难以理解的黑科技，它只是一种处理程序间通信的基础设施，典型的存在形式是部署在应用旁边，一对一为应用提供服务的边车代理以及管理这些边车代理的控制程序。"边车"本来就是一种常见的容器设计模式，用来形容外挂在容器上的辅助程序。早在容器盛行以前，边车代理就已有了成功的应用案例，譬如 2014 年开始的 Netflix Prana 项目，由于 Netfilix OSS 套件是用 Java 语言开发的，为了让非 JVM 语言的微服务，譬如以 Python、Node.js 编写的程序同样能接入 Netfilix OSS 生态，享受到 Eureka、

Ribbon、Hystrix 等框架的支持，Netflix 建立了 Prana 项目，它的作用是为每个服务提供一个专门的 HTTP Endpoint，使得非 JVM 语言的程序能通过访问该 Endpoint 来获取系统中所有服务的实例、相关路由节点、系统配置参数等在 Netfilix 组件中管理的信息。

　　Netflix Prana 的代理需要由应用程序主动去访问才能发挥作用，但在容器的刻意支持下，服务网格无须应用程序的任何配合，就能强制性地对应用通信进行管理。它使用了类似网络攻击里中间人流量劫持的手段，完全透明（既无须程序主动访问，也不会被程序感知到）地接管容器与外界的通信，将管理的粒度从容器级别细化到每个单独的远程服务级别，使得基础设施干涉应用程序、介入程序行为的能力大为增强。如此一来，云原生希望用基础设施接管应用程序非功能性需求的目标就能更进一步，从容器粒度延伸到远程访问，分布式系统继容器和容器编排之后，又发掘到另一块更广袤的舞台空间。

15.1　透明通信的涅槃

　　Kubernetes 为它管理的工作负载提供了工业级的韧性与弹性，也为每个处于运行状态的 Pod 维护了相互连通的虚拟化网络。不过，程序之间的通信不同于简单地在网络上拷贝数据，具备可连通的网络环境仅仅是程序间能够可靠通信的必要但非充分的条件，作为一名经历过 SOA、微服务、云原生洗礼的分布式程序员，你必定已深谙路由、容错、限流、加密、认证、授权、跟踪、度量等问题在分布式系统中都是无可回避的。

　　在 2.1.2 节，笔者曾讲述了三十多年间计算机科学家们对于"远程服务调用能否实现为透明通信"的一场声势浩大的争论。今天，服务网格的诞生在某种意义上可以说是当年透明通信的重生，服务网格试图以容器、虚拟化网络、边车代理等技术所构筑的新一代通信基础设施为武器，重新对已盖棺定论三十多年的程序间远程通信不是透明的原则发起冲击。今天，这场关于通信的变革仍然在酝酿发展当中，最后到底会是成功的逆袭，抑或是另一场失败，笔者不敢妄言定论，但是作为程序通信发展历史的一名见证者，笔者丝毫不吝对服务网格投去最高的期许与最深的祝愿。

15.1.1　通信成本

　　程序间通信作为分布式架构的核心内容，在第 1 章就已从宏观角度讲述过它的演进过程。在本节，我们会从更微观、更聚焦的角度，分析不同时期应用程序是如何看待与实现通信方面的非功能性需求，以及如何做到可靠通信的。下面我们通过以下五个阶段的变化，理解分布式服务的通信是如何逐步演化成服务网格的。

　　❑ **第一阶段：将通信的非功能性需求视作业务需求的一部分，通信的可靠性由开发人员来保障。**

　　本阶段是软件企业刚刚开始尝试分布式时选择的早期技术策略。这类系统原本所具有的通信能力一般并不是作为系统功能的一部分被设计出来，而是遇到问题后修补累积所形成的。开始时，系统往往只具备最基本的网络 API，譬如集成了 OKHTTP、gRPC 这样的库来访问远程服务，如果远程访问接收到异常，就编写对应的重试或降级逻辑去处理。在系统进入生产环境以后，遇到并解决的一个个通信问题，逐渐在业务系统中留下了越来越多关于通信的代码逻辑。这些通信的逻辑由业务系统的开发人员直接编写，与业务逻辑直接共处在一个进程空间之中，如图 15-1 所示⊖。

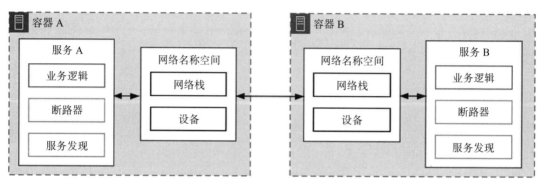

图 15-1　控制逻辑和业务逻辑耦合

这一阶段的主要矛盾是绝大多数擅长业务逻辑的开发人员并不擅长处理的通信方面的问题，要写出正确、高效、健壮的分布式通信代码，是一项专业性极强的工作。由此决定了大多数普通软件企业都很难在这个阶段支撑起一个靠谱的分布式系统来。另一方面，把专业的通信功能强加于普通开发人员，无疑为他们带来了更多工作量，尤其是这些"额外的工作"与原有的业务逻辑耦合在一起，让系统越来越复杂，也越来越容易出错。

❑ **第二阶段：将代码中的通信功能抽离重构成公共组件库，通信的可靠性由专业的平台开发人员来保障。**

开发人员解耦依赖的一贯有效办法是抽取分离代码与封装重构组件。微服务的普及离不开一系列封装了分布式通信能力的公共组件库，代表产品有 Twitter 的 Finagle、Spring Cloud 中的许多组件等。这些公共的通信组件由熟悉分布式的专业的平台开发人员编写和维护，不仅效率更高、质量更好，一般还都提供了经过良好设计的 API 接口，让业务代码既可以使用它们的能力，又无须把处理通信的逻辑散布于业务代码当中，如图 15-2 所示。

分布式通信组件让普通开发人员开发出靠谱的微服务系统成为可能，这是无可抹杀的成绩，但普通开发人员使用它们的成本依然很高，不仅要学习分布式的知识，还要学习这些公共组件的使用方法。最麻烦的是，对于同一种问题往往需要用到多种不同的组件才能解决。这是因为通信组件首先是一段特定编程语言开发出来的程序，是与语言绑定的，一个由 Python 编写的组件再优秀，对 Java 系统来说也没有太多的实用价值。目前，基于公共

⊖　在本图与后面一系列图片中，笔者均以"断路器"和"服务发现"这两个常见的功能来泛指所有分布式通信所需的能力，实际上并不局限于这两个功能。

组件库开发微服务仍然是应用最为广泛的解决方案，却不是一种完美的解决方案，这是微服务基础设施完全成熟之前必然会出现的应用形态，同时也一定是微服务进化过程中必然会被替代的过渡形态。

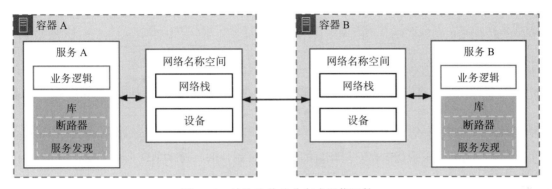

图 15-2　抽取公共的分布式通信组件

□ **第三阶段**：将负责通信的公共组件库分离到进程之外，程序间通过网络代理来交互，通信的可靠性由专门的网络代理提供商来保障。

为了能够把分布式通信组件与具体的编程语言脱钩，也为了避免开发人员还要专门学习这些组件的编程模型与 API 接口，这一阶段进化出了能专门负责可靠通信的网络代理。这些网络代理不再与业务逻辑部署于同一个进程空间，但仍然与业务系统处于同一个容器或者虚拟机中，可以通过回环设备甚至 UDS（UNIX Domain Socket）进行交互，具备相当高的网络性能。只要让网络代理接管程序七层或四层流量，就能够在代理上完成断路、容错等几乎所有的分布式通信功能，前面提到过的 Netflix Prana 就属于这类产品的典型代表，如图 15-3 所示。

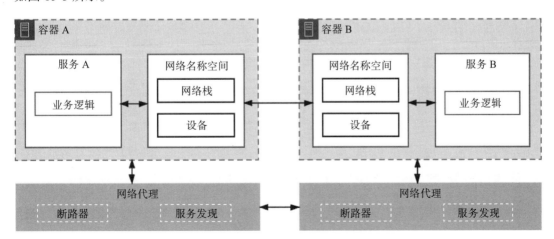

图 15-3　通过网络代理获得可靠的通信能力

通过网络代理来提升通信质量的思路提出以后，它本身的使用范围其实并不算特别广泛，但它的方向是正确的。这种思路后来演化出了两种改进形态。一方面，如果将网络代理从进程身边拉远，让它与进程分别处于不同的机器上，这样就可以同时给多个进程提供可靠通信的代理服务，这条路线逐渐演变成了今天常见的微服务网关，在网关上同样可以实现流控、容错等功能。另一方面，如果将网络代理往进程方向靠近，不仅让它与进程处于一个共享了网络名称空间的容器组之中，还要让它透明并强制地接管通信，这便演变成了下一阶段所说的边车代理。

❑ **第四阶段**：将网络代理以边车的形式注入应用容器，自动劫持应用的网络流量，通信的可靠性由专门的通信基础设施来保障。

与前一阶段的独立代理相比，如图 15-4 所示，以边车模式运作的网络代理拥有两个无可比拟的优势。第一个优势是它对流量的劫持是强制性的，通常是靠直接写容器的 iptables 转发表来实现。此前，独立的网络代理只有当程序首先去访问它时，它才能被动地为程序提供可靠通信服务，只要程序有选择不访问它的可能性，代理就永远只能充当服务者而不能成为管理者，上阶段的图 15-3 中保留了两个容器网络设备直接连接的箭头就代表这种可能性，而这一阶段的图 15-4 中，服务与网络名称空间的虚线箭头代表被劫持后应用程序以为存在，但实际并不存在的流量。

第二个优势是边车代理对应用是透明的，无须对已部署的应用程序代码进行任何改动，不需要引入任何的库（这点并不是绝对的，有部分边车代理也会要求有轻量级的 SDK），也不需要程序专门去访问某个特定的网络位置。这意味着它对所有现存程序都具备开箱即用的适应性，无须修改旧程序就能直接享受到边车代理的服务，这样它的适用范围就变得十分广泛。目前边车代理的代表产品有 Linkerd、Envoy、MOSN 等。

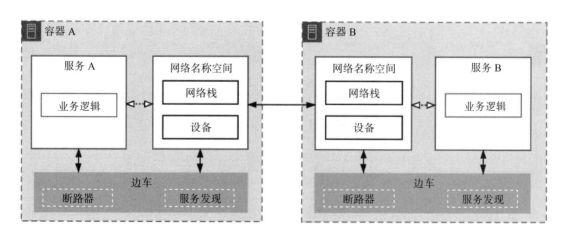

图 15-4　边车代理模式

如果说边车代理还有什么不足之处的话，那大概就是来自于运维人员的不满了。边车代理能够透明且具有强制力地解决可靠通信的问题，但它本身也需要有足够的信息才能完成这项工作，譬如获取可用服务的列表，譬如得到每个服务名称对应的 IP 地址，等等。这些信息不会自动到边车里去，需要由管理员主动去告知代理，或者代理主动从约定好的位置获取。可见，管理代理本身也会产生额外的通信需求。如果没有额外的支持，这些管理方面的通信都得由运维人员去埋单，由此而生的不满便可以理解。为了管理与协调边车代理，程序间通信进化到了最后一个阶段：服务网格。

❑ **第五阶段：将边车代理统一管控起来实现安全、可控、可观测的通信，将数据平面与控制平面分离开来，实现通用、透明的通信，这项工作由专门的服务网格框架来保障。**

从总体架构看，服务网格包括两大块内容，分别是由一系列与微服务共同部署的边车代理，以及用于控制这些代理的管理器所构成。代理与代理之间需要通信，用以转发程序间通信的数据包；代理与管理器之间也需要通信，用以传递路由管理、服务发现、数据遥测等控制信息。服务网格使用数据平面（Data Plane）通信和控制平面（Control Plane）通信来形容这两类流量，图 15-5 中实线就表示数据平面通信，虚线表示控制平面通信。

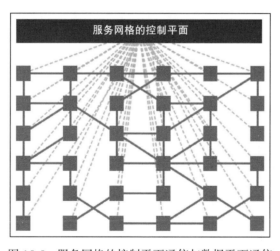

图 15-5 服务网格的控制平面通信与数据平面通信

数据平面与控制平面并不是什么新鲜概念，它们最初就是用在计算机网络中的术语，通常是指网络层次的划分，软件定义网络中将解耦数据平面与控制平面作为其最主要特征之一。服务网格把计算机网络的经典概念引入程序通信之中，既可以说是对程序通信的一种变革创新，也可以说是对网络通信的一种发展传承。

分离数据平面与控制平面的实质是将"程序"与"网络"进行解耦，将网络可能出现的问题（譬如中断后重试、降级），与可能需要的功能（譬如实现追踪度量）的处理过程从程序中拿出，放到由控制平面指导的数据平面通信中去处理，制造出一种"这些问题在程序间通信中根本不存在"的假象，仿佛网络和远程服务都是完美可靠的。这种完美的假象，让应用之间可以非常简单地交互而不必考虑过多异常情况，也能够在不同的程序框架、不同的云服务提供商环境之间平稳地迁移；同时，还能让管理者不依赖程序支持就得到遥测所需的全部信息，根据角色、权限进行统一的访问控制。

15.1.2　数据平面

在接下来的两个小节里，笔者会延续服务网格将"程序"与"网络"解耦的思路，介绍数据平面通信与控制平面通信中的几个核心问题的解决方案。在工业界，数据平面已有 Linkerd、Nginx、Envoy 等产品，控制平面也有 Istio、Open Service Mesh、Consul 等产品，后文笔者主要是以目前市场占有率最高的 Istio 与 Envoy 为例进行讲述，但讲述的目的是介绍两种平面通信的技术原理，而不是介绍 Istio 和 Envoy 的功能与用法，这里涉及的原理在各种服务网格产品中一般都是通用的，并不局限于某一种具体实现。

数据平面由一系列边车代理构成，核心职责是转发应用的入站（Inbound）和出站（Outbound）数据包，因此数据平面也被称为转发平面（Forwarding Plane）。同时，为了在不可靠的物理网络中保证程序间通信最大的可靠性，数据平面必须根据控制平面下发策略的指导，在应用无感知的情况下自动完成服务路由、健康检查、负载均衡、认证鉴权、产生监控数据等一系列工作。为了达成上述工作目标，至少需要妥善解决以下三个关键问题。

- ❏ 代理注入：边车代理是如何注入应用程序中的？
- ❏ 流量劫持：边车代理是如何劫持应用程序的通信流量的？
- ❏ 可靠通信：边车代理是如何保证应用程序的通信可靠性的？

1. 代理注入

从职责上说，注入边车代理是控制平面的工作，但从本章的叙述逻辑上看，将其放在数据平面中介绍更合适。把边车代理注入应用的过程并不一定全都是透明的，现在的服务网格产品使用以下三种方式将边车代理接入应用程序中。

- ❏ **基座模式**（Chassis）：这种方式接入的边车代理对程序就是不透明的，它至少会包括一个轻量级的 SDK，通信由 SDK 中的接口去处理。基座模式的好处是在程序代码的帮助下，有可能达到更好的性能，功能也相对更容易实现，但坏处是对代码有侵入性，对编程语言有依赖性。这种模式的典型产品是由华为开源后捐献给 Apache 基金会的 ServiceComb Mesher。基座模式目前并不属于主流方式，所以笔者就不展开介绍了。
- ❏ **注入模式**（Injector）：根据注入方式不同，又可以分为以下两种。
  - ○ 手动注入模式：这种注入方式对使用者来说不透明，但对程序来说是透明的。由于边车代理的定义就是一个与应用共享网络名称空间的辅助容器，这天然就契合了 Pod 的设定，因此在 Kubernetes 中要进行手动注入是十分简单的——只是为 Pod 增加一个额外容器而已，即使没有工具帮助，自己修改 Pod 的 Manifest 也能轻易办到。如果你以前未曾尝试过，不妨找一个 Pod 的配置文件，用 istioctl kube-inject -f YOUR_POD.YAML 命令来查看一下手动注入会对原有的 Pod 产生什么变化。

○ 自动注入模式：这种注入方式对使用者和程序都是透明的，也是 Istio 推荐的代理注入方式。在 Kubernetes 中，服务网格一般是依靠"动态准入控制"（Dynamic Admission Control）中的 Mutating Webhook 控制器来实现自动注入的。

> **额外知识** istio-proxy 是 Istio 对 Envoy 代理的包装容器，其中包含用 Golang 编写的 pilot-agent 和用 C++ 编写的 envoy 两个进程。pilot-agent 进程负责 Envoy 的生命周期管理，譬如启动、重启、优雅退出等，并维护 Envoy 所需的配置信息，譬如初始化配置，随时根据控制平面的指令热更新 Envoy 的配置等。

笔者以 Istio 自动注入边车代理（istio-proxy 容器）的过程为例，介绍一下自动注入的具体流程。只要对 Istio 有基本了解的同学都知道，对任何设置了 istio-injection=enabled 标签的名称空间，Istio 都会自动为其新创建的 Pod 注入一个名为 istio-proxy 的容器。之所以能做到自动这一点，是因为 Istio 预先在 Kubernetes 中注册了一个类型为 MutatingWebhookConfiguration 的资源，它的主要内容如下所示：

```
apiVersion: admissionregistration.k8s.io/v1beta1
kind: MutatingWebhookConfiguration
metadata:
  name: istio-sidecar-injector
  .....
webhooks:
- clientConfig:
    service:
      name: istio-sidecar-injector
      namespace: istio-system
      path: /inject
  name: sidecar-injector.istio.io
  namespaceSelector:
    matchLabels:
      istio-injection: enabled
  rules:
  - apiGroups:
    - ""
    apiVersions:
    - v1
    operations:
    - CREATE
    resources:
    - pods
```

以上配置会告诉 Kubernetes，对于符合标签 istio-injection: enabled 的名称空间，在 Pod 资源进行 CREATE 操作时，应该先自动触发一次 Webhook 调用，调用的位置是 istio-system 名称空间中的服务 istio-sidecar-injector，调用的 URL 路径是 /inject。在这次调用中，

Kubernetes 会把新建的 Pod 的元数据定义作为参数发送给 HTTP Endpoint，然后从服务返回结果中得到注入边车代理的新 Pod 定义，以此自动完成注入。

2. 流量劫持

边车代理做流量劫持最典型的方式是基于 iptables 进行的数据转发，笔者曾在 12.1 节中介绍过 Netfilter 与 iptables 的工作原理。这里仍然以 Istio 为例，它在注入边车代理后，除了生成封装 Envoy 的 istio-proxy 容器外，还会生成一个 initContainer，作用是自动修改容器的 iptables，具体内容如下所示：

```
initContainers:
  image: docker.io/istio/proxyv2:1.5.1
  name: istio-init
- command:
  - istio-iptables -p "15001" -z "15006"-u "1337" -m REDIRECT -i '*' -x ""
    -b '*' -d 15090,15020
```

以上命令行中的 istio-iptables 是 Istio 提供的用于配置 iptables 的 Shell 脚本，这行命令的意思是让边车代理拦截所有进出 Pod 的流量，包括的动作为拦截除 15090、15020 端口（这两个分别是 Mixer 和 Ingress Gateway 的端口，关于 Istio 占用的固定端口可参考官方文档所列）外的所有入站流量，全部转发至 15006 端口（Envoy 入站端口），经 Envoy 处理后，再从 15001 端口（Envoy 出站端口）发送出去。该命令会在 iptables 中的 PREROUTING 和 OUTPUT 链中挂载相应的转发规则，使用 iptables -t nat -L -v 命令可以看到如下所示配置信息：

```
Chain PREROUTING
 pkts bytes target          prot opt in       out       source       destination
 2701 162K ISTIO_INBOUND    tcp --   any      any       anywhere     anywhere

Chain OUTPUT
 pkts bytes target          prot opt in       out       source       destination
   15  900 ISTIO_OUTPUT     tcp --   any      any       anywhere     anywhere

Chain ISTIO_INBOUND (1 references)
 pkts bytes target          prot opt in       out       source       destination
    0    0 RETURN           tcp --   any any  anywhere   anywhere     tcp dpt:ssh
    2  120 RETURN           tcp --   any any  anywhere   anywhere     tcp dpt:15090
 2699 162K RETURN           tcp --   any any  anywhere   anywhere     tcp dpt:15020
    0    0 ISTIO_IN_REDIRECT tcp --  any any  anywhere   anywhere

Chain ISTIO_IN_REDIRECT (3 references)
 pkts bytes target          prot opt in       out source    destination
    0    0 REDIRECT   tcp -- any   any  anywhere  anywhere redir ports 15006

Chain ISTIO_OUTPUT (1 references)
 pkts bytes target    prot opt in       out      source            destination
    0    0 RETURN   all -- any   lo       127.0.0.6         anywhere
    0    0 ISTIO_IN_REDIRECT all -- any   lo  anywhere
         !localhost  owner UID match 1337
    0    0 RETURN   all -- any   lo  anywhere  anywhere
```

```
        ! owner UID match 1337
15    900 RETURN  all -- any  any  anywhere anywhere owner UID match 1337
 0      0 ISTIO_IN_REDIRECT  all -- any  lo  anywhere
        !localhost   owner GID match 1337
 0      0 RETURN  all -- any  lo  anywhere   anywhere ! owner GID match 1337
 0      0 RETURN  all -- any  any anywhere   anywhere owner GID match 1337
 0      0 RETURN  all -- any  any anywhere   localhost
 0      0 ISTIO_REDIRECT  all -- any  any   anywhere    anywhere

Chain ISTIO_REDIRECT (1 references)
 pkts bytes target     prot opt in   out  source              destination
 0      0 REDIRECT   tcp -- any  any anywhere anywhere   redir ports 15001
```

用 iptables 进行流量劫持是最经典、最通用的手段，不过，iptables 重定向流量必须通过回环设备交换数据，即流量不得不多穿越一次协议栈，如图 15-6 所示。

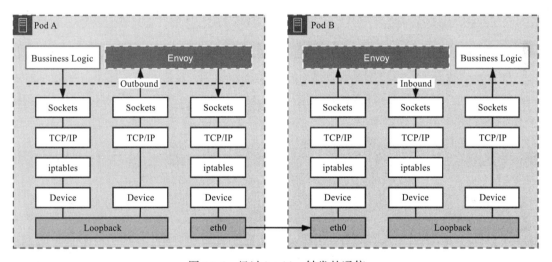

图 15-6　经过 iptables 转发的通信

这种方案在网络 I/O 不构成主要瓶颈的系统中并没有什么不妥，但在网络敏感的大并发场景下会损失一定的性能。目前，如何实现更优化的数据平面流量劫持，是服务网格发展的前沿研究课题之一。其中一种可行的优化方案是使用 eBPF（Extended Berkeley Packet Filter）技术，在 Socket 层面直接完成数据转发，而不需要再往下经过更底层的 TCP/IP 协议栈的处理，从而减少数据在通信链路的路径长度，如图 15-7 所示。

另一种可以考虑的方案是让服务网格与 CNI 插件配合来实现流量劫持，譬如 Istio 就有提供自己实现的 CNI 插件。只要安装了这个 CNI 插件，整个虚拟化网络都由 Istio 自己来控制，那自然就无须依赖 iptables，也不必存在 initContainers 配置和 istio-init 容器了。这种方案有很高的上限与自由度，不过，要实现一个功能全面、管理灵活、性能优秀、表现稳定的 CNI 网络插件绝非易事，连 Kubernetes 自己都迫不及待想从网络插件中脱坑，其麻烦程度可见一斑，因此目前这种方案使用得也并不广泛。

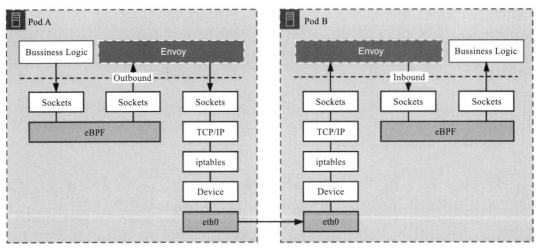

图 15-7　经过 eBPF 直接转发的通信

　　流量劫持技术的发展与服务网格的落地效果密切相关，有一些服务网格通过基座模式中的 SDK 也能达到很好的转发性能，但考虑到应用程序通用性和环境迁移等问题，无侵入式的低时延、低管理成本的流量劫持方案仍然是研究的主流方向。

3. 可靠通信

　　注入边车代理，劫持应用流量，最终的目的都是代理能够接管应用程序的通信，然而，代理接管了应用的通信之后，它会做什么呢？这个问题的答案是：不确定。代理的行为需要根据控制平面提供的策略来决定，传统的代理程序，譬如 HAProxy、Nginx 是使用静态配置文件来描述转发策略的，这种静态配置很难跟得上应用需求的变化与服务扩缩时网络拓扑结构的变动。Envoy 在这方面进行了创新，它将代理转发的行为规则抽象成 Listener、Router、Cluster 三种资源，以此为基础，又定义了应该如何发现和访问这些资源的一系列 API，现在这些资源和 API 被统称为"xDS 协议族"，如图 15-8 所示。自此以后，数据平面就有了如何描述各种配置

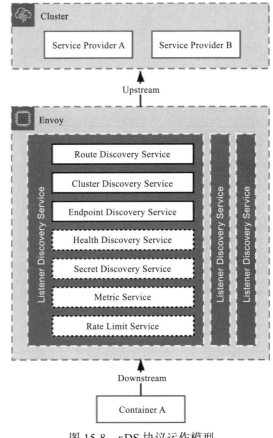

图 15-8　xDS 协议运作模型

和策略的事实标准，控制平面也有了与控制平面交互的标准接口。目前 xDS v3.0 协议族已经包含如表 15-1 所示的具体协议。

表 15-1　xDS v3.0 协议族

简称	全称	服务描述
LDS	Listener Discovery Service	监听器发现服务
RDS	Route Discovery Service	路由发现服务
CDS	Cluster Discovery Service	集群发现服务
EDS	Endpoint Discovery Service	集群成员发现服务
ADS	Aggregated Discovery Service	聚合发现服务
HDS	Health Discovery Service	健康度发现服务
SDS	Secret Discovery Service	密钥发现服务
MS	Metric Service	度量指标服务
RLS	Rate Limit Service	速率限制服务
ALS	gRPC Access Log Service	gRPC 访问日志服务
LRS	Load Reporting service	负载报告服务
RTDS	Runtime Discovery Service	运行时发现服务
CSDS	Client Status Discovery Service	客户端状态发现服务
ECDS	Extension Config Discovery Service	扩展配置发现服务

这里不会逐一介绍这些协议，但可以说清楚它们一致的运作原理，其中的关键是解释清楚这些协议的共同基础，即 Listener、Cluster、Router 三种资源的具体含义。

❑ Listener：Listener 可以简单理解为 Envoy 的一个监听端口，用于接收来自下游应用程序（Downstream）的数据。Envoy 能够同时支持多个 Listener，不同的 Listener 之间的策略配置是相互隔离的。

　　自动发现 Listener 的服务被称为 LDS（Listener Discovery Service，监听器发现服务），它是所有其他 xDS 协议的基础，如果没有 LDS（也没有在 Envoy 启动时静态配置 Listener 的话），其他所有 xDS 服务也就失去了意义，因为没有监听端口的 Envoy 不能为任何应用提供服务。

❑ Cluster：Cluster 是 Envoy 能够连接到的一组逻辑上提供相同服务的上游（Upstream）主机。Cluster 包含该服务的连接池、超时时间、Endpoint 地址、端口、类型等信息。具体到 Kubernetes 环境，可以认为 Cluster 与 Service 是对等的概念，Cluster 实际上承担了服务发现的职责。

　　自动发现 Cluster 的服务被称为 CDS（Cluster Discovery Service，集群发现服务），通常情况下，控制平面会将它从外部环境中获取的所有可访问服务全量推送给 Envoy。与 CDS 紧密相关的另一种服务是 EDS（Endpoint Discovery Service，集合成员发现服务）。当 Cluster 被标识为需要 EDS 时，则说明该 Cluster 的所有

Endpoint 的地址应该由 xDS 服务下发，而不是依靠 DNS 服务去解析。

❑ Router：Listener 负责接收来自下游的数据，Cluster 负责将数据转发送给上游的服务，而 Router 则决定 Listener 在接收到下游的数据之后，具体应该将数据交给哪一个 Cluster 处理，由此定义可知，Router 实际上是承担了服务网关的职责。

自动发现 Router 的服务被称为 RDS（Router Discovery Service，路由发现服务），Router 中最核心的信息是目标 Cluster 及其匹配规则，即实现网关的路由职能。此外，视 Envoy 中的插件配置情况，也可能包含重试、分流、限流等动作，实现网关的过滤器职能。

Envoy 的另外一个设计重点是 Filter 机制。Filter 通俗地讲就是 Envoy 的插件，通过 Filter 机制，Envoy 提供了强大的可扩展能力，插件不是无关重要的外围功能，很多 Envoy 的核心功能都使用 Filter 来实现的。譬如对 HTTP 流量的治理、Tracing 机制、多协议支持，等等。利用 Filter 机制，Envoy 理论上可以实现任意协议的支持以及协议之间的转换，可以对请求流量进行全方位的修改和定制，还可以保持较高的可维护性。

15.1.3　控制平面

如果说数据平面是行驶中的车辆，那控制平面就是车辆上的导航系统；如果说数据平面是城市的交通道路，那控制平面就是路口的指示牌与交通信号灯。控制平面的特点是不直接参与程序间通信，只会与数据平面中的代理通信，在程序不可见的背后，默默地完成下发配置和策略，指导数据平面工作。由于服务网格（暂时）没有大规模引入计算机网络中管理平面（Management Plane）等其他概念，所以控制平面通常也会附带地实现诸如网络行为的可视化、配置传输等一系列管理职能（其实还是有专门的管理平面的工具的，譬如 Meshery、ServiceMeshHub）。笔者仍然以 Istio 为例介绍控制平面的主要功能。

Istio 在 1.5 版本之前，也是采用微服务架构开发的。它将控制平面的职责分解为 Mixer、Pilot、Galley、Citadel 四个模块去实现，其中 Mixer 负责鉴权策略与遥测；Pilot 负责对接 Envoy 的数据平面，遵循 xDS 协议进行策略分发；Galley 负责配置管理，为服务网格提供外部配置感知能力；Citadel 负责安全加密，提供服务和用户层面的认证和鉴权、管理凭据和 RBAC 等安全相关能力。不过，经过两、三年的实践应用，很多用户都反馈 Istio 的微服务架构有过度设计的嫌疑。lstio 在定义项目目标时，曾非常理想化地提出控制平面的各个组件都应能独立部署，然而在实际应用场景里却并非如此，独立的组件反而带来了部署复杂、职责划分不清晰等问题。

从 1.5 版本起，Istio 重新回归单体架构，将 Pilot、Galley、Citadel 的功能全部集成到新的 istiod 之中，如图 15-9 所示。当然，这也并不是说完全推翻之前的设计，只是将原有的多进程形态优化成单进程的形态，之前各个独立组件变成了 istiod 的内部逻辑上的子模块而已。单体化之后出现的新进程 istiod 就承担了所有的控制平面职责，具体包括如下内容。

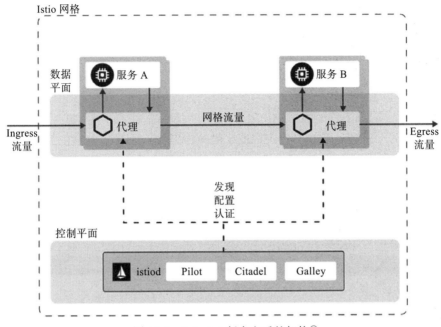

图 15-9　Istio 1.5 版本之后的架构[○]

- **数据平面交互**：这是满足服务网格正常工作所需的必要工作，具体包括以下几个方面。
  - 边车注入：在 Kubernetes 中注册 Mutating Webhook 控制器，实现代理容器的自动注入，并生成 Envoy 的启动配置信息。
  - 策略分发：接手了原来 Pilot 的核心工作，为所有的 Envoy 代理提供符合 xDS 协议的策略分发的服务。
  - 配置分发：接手了原来 Galley 的核心工作，负责监听来自多种支持配置源的数据，譬如 kube-apiserver，本地配置文件，或者定义为网格配置协议（Mesh Configuration Protocol，MCP）的配置信息。原来 Galley 需要处理的 API 校验和配置转发功能也包含在内。
- **流量控制**：这通常是用户使用服务网格的最主要目的，具体包括以下几个方面。
  - 请求路由：通过 VirtualService、DestinationRule 等 Kubernetes 自定义资源实现了灵活的服务版本切分与规则路由。譬如以服务的迭代版本号（如 v1.0 版、v2.0 版）、部署环境（如 Development 版、Production 版）作为路由规则来控制流量，实现诸如金丝雀发布这类应用需求。
  - 流量治理：包括熔断、超时、重试等功能，譬如通过修改 Envoy 的最大连接数，实现对请求的流量控制；通过修改负载均衡策略，在轮询、随机、最少访问等方

──────────
○　图片来自 Istio 官方文档：https://istio.io/latest/docs/ops/deployment/architecture/。

式间进行切换；通过设置异常探测策略，将满足异常条件的实例从负载均衡池中摘除，以保证服务的稳定性，等等。

○ 调试能力：包括故障注入和流量镜像等功能，譬如在系统中人为设置一些故障，来测试系统的容错稳定性和系统恢复的能力。又譬如通过复制一份请求流量，把它发送到镜像服务，从而满足 A/B 验证的需要。

❑ **通信安全**：包括通信中的加密、凭证、认证、授权等功能，具体包括以下几个方面。

○ 生成 CA 证书：接手了原来 Galley 的核心工作，负责生成通信加密所需私钥和 CA 证书。

○ SDS 服务代理：最初 Istio 是通过 Kubernetes 的 Secret 卷的方式将证书分发到 Pod 中的，从 Istio 1.1 版本之后改为通过 SDS 服务代理来解决，这种方式保证了私钥证书不会在网络中传输，仅存在于 SDS 代理和 Envoy 的内存中，证书刷新轮换也不需要重启 Envoy。

○ 认证：提供基于节点的服务认证和基于请求的用户认证，这项功能曾在 9.2.2 节中详细介绍过。

○ 授权：提供不同级别的访问控制，这项功能也曾在 9.2.3 节中详细介绍过。

❑ **可观测性**：包括日志、追踪、度量三大能力，具体包括以下几个方面。

○ 日志收集：程序日志的收集并不属于服务网格的处理范畴，通常会使用 ELK Stack 去完成，这里是指远程服务的访问日志的收集，对等的类比目标应该是以前 Nginx、Tomcat 的访问日志。

○ 链路追踪：为请求途经的所有服务生成分布式追踪数据并自动上报，运维人员可以通过 Zipkin 等追踪系统从数据中重建服务调用链，开发人员可以借此了解网格内服务的依赖和调用流程。

○ 指标度量：基于四类不同的监控标识（响应延迟、流量大小、错误数量、饱和度）生成一系列观测不同服务的监控指标，用于记录和展示网格中的服务状态。

15.2　服务网格与生态

服务网格目前仍然处于技术浪潮的早期，但其价值已被业界所普遍认可，几乎所有希望能够影响云原生发展方向的企业都已参与进来。从最早 2016 年的 Linkerd 和 Envoy，到 2017 年 Google、IBM 和 Lyft 共同发布的 Istio，再到后来 CNCF 将 Buoyant 的 Conduit 改名为 Linkerd2 再度参与 Istio 竞争。2018 年后，服务网格的话语权争夺战已全面升级至由云计算巨头直接主导。Google 将 Istio 搬上 Google Cloud Platform，推出了 Istio 的公有云托管版本 Google Cloud Service Mesh；亚马逊推出了用于 AWS 的 App Mesh；微软推出了 Azure 完全托管版本的 Service Fabric Mesh，发布了自家的控制平面 Open Service Mesh；阿里巴巴也推出了基于 Istio 的修改版 SOFAMesh，并开源了自己研发的 MOSN 代理。可以说，云

计算的所有 "玩家" 都正在布局服务网格生态。

　　市场繁荣的同时也带来了碎片化的问题，一个技术领域能够形成被业界普遍承认的规范标准，是这个领域从分头研究、各自开拓的萌芽状态，走向工业化生产应用的成熟状态的重要标志。标准的诞生可以说是每一项技术普及之路中都必须经历的 "成人礼"。前面我们曾接触过容器运行时领域的 CRI 规范、容器网络领域的 CNI 规范、容器存储领域的 CSI 规范，尽管服务网格诞生至今仅有数年时间，但作为微服务、云原生的前沿热点，它也正在酝酿自己的标准规范，即本节的主角：服务网格接口（ Service Mesh Interface，SMI ）与通用数据平面 API（ Universal Data Plane API，UDPA ），它们的关系如图 15-10 所示。

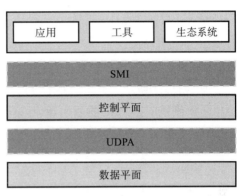

图 15-10　SMI 规范与 UDPA 规范

　　服务网格的实质是数据平面产品与控制平面产品的集合，所以在规范制订方面，很自然地分成了两类。SMI 规范提供了外部环境（实际上就是 Kubernetes）与控制平面交互的标准，使得 Kubernetes 及在其之上的应用能够无缝切换各种服务网格产品。UDPA 规范则提供了控制平面与数据平面交互的标准，使得服务网格产品能够灵活搭配不同的边车代理，针对不同场景的需求，发挥各类边车代理的功能或者性能优势。这两个规范并没有重叠，它们的关系与在容器运行时中介绍的 CRI 和 OCI 规范的关系颇有些相似。

15.2.1　服务网格接口

　　在 2019 年 5 月的 KubeCon 大会上，微软联合 Linkerd、HashiCorp、Solo、Kinvolk 和 Weaveworks 等一批云原生服务商共同宣布了 Service Mesh Interface 规范，希望能在各家的服务网格产品之上建立一个抽象的 API 层，然后通过这个抽象层来解耦和屏蔽底层服务网格实现，让上层的应用、工具、生态系统可以建立在同一个业界标准之上，从而实现应用程序在不同服务网格产品之间的无缝移植与互通。

　　如果你更熟悉 Istio 的话，不妨把 SMI 的作用理解为提供一套与 Istio 中 VirtualService、DestinationRule、Gateway 等私有概念对等的行业标准版本，只要使用 SMI 中定义的标准资源，应用程序就可以在不同的控制平面上灵活迁移，唯一的要求是这些控制平面都支持了 SMI 规范。

　　SMI 与 Kubernetes 是彻底绑定的，规范的落地执行完全依靠在 Kubernetes 中部署 SMI 定义的 CRD 来实现，这一点在 SMI 的目标中被形容为 "Kubernetes Native"，说明微软等云服务厂商已经认定容器编排领域不会有 Kubernetes 之外的候选项，这也是微软选择在 KubeCon 大会上公布 SMI 规范的原因。但是在另外一端，SMI 并不与包括行业第一的 Istio

或者微软自家 Open Service Mesh 在内的任何控制平面所绑定，这点在 SMI 的目标中被形容为 "Provider Agnostic"，说明微软看到了服务网格领域处于群雄混战的现状。Provider Agnostic 对消费者有利，但对目前处于行业领先地位的 Istio 肯定是不利的，所以 SMI 为何没有得到 Istio 及其背后的 Google、IBM 与 Lyft 的支持也就完全可以理解了。

在过去的两年里，Istio 无论是在发展策略还是在设计上（过度设计）的风评并不算好，业界一直在期待 Google 和 Istio 能做出改进，在持续两年的失望之后，已经有很多用户在考虑 Istio 以外的选择了。SMI 一发布就吸引了除 Istio 之外几乎所有的服务网格玩家参与进来，如图 15-11 所示。这恐怕并不仅仅是因为微软号召力大的缘故。为了对抗 Istio 的抵制，SMI 还提供了一个 Istio 的适配器，以便使用 Istio 的程序能平滑地迁移的 SMI 上，所以遗留代码并不能为 Istio 构建出特别坚固的壁垒。

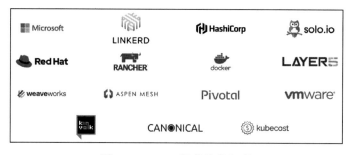

图 15-11　SMI 规范的参与者

2020 年 4 月，SMI 被托管到 CNCF，成为其中的一个 Sandbox 项目（Sandbox 是最低级别的项目，CNCF 只提供有限度的背书），如果能够经过孵化、毕业阶段的话，SMI 将有望成为公认的行业标准，这也是开源技术社区里民主管理的一点好处。

讲述了 SMI 的背景与价值，笔者再简要介绍一下 SMI 的主要内容。目前（v0.5 版本）的 SMI 规范包括四方面的 API 构成，分别如下。

❑ **流量规范**（Traffic Specs）：目标是定义流量的表示方式，譬如 TCP 流量、HTTP/1 流量、HTTP/2 流量、gRPC 流量、WebSocket 流量等该如何在配置中抽象及使用。目前 SMI 只提供了 TCP 和 HTTP 流量的直接支持，而且都比较简陋，譬如 HTTP 流量的路由中甚至不支持以 Header 作为判断条件。这暂时只能自我安慰地解释为 SMI 在流量协议的扩展方面是完全开放的，没有功能也能自己扩充，哪怕不支持或私有协议的流量也有可能使用 SMI 来管理。流量表示是路由和访问控制的必要基础，因为必须要以流量中的特征为条件才能进行转发和控制，流量规范中已经自带了路由能力，访问控制则被放到独立的规范中去实现。

❑ **流量拆分**（Traffic Split）：目标是定义不同版本服务之间的流量比例，提供流量治理的能力，譬如限流、降级、容错等，以满足灰度发布、A/B 测试等场景。SMI 的流量拆分是直接基于 Kubernetes 的 Service 资源来设置的，这样做的好处是使用者不需要学习理解新的概念，坏处是要拆分流量就必须定义出具有层次结构的 Service，即 Service 后面不是 Pod，而是其他 Service。而 Istio 中则是设计了 VirtualService 这样的新概念来解决相同的问题，通过 Subset 来拆分流量。至于两者孰优孰劣，这就见仁见智了。

- **流量度量**（Traffic Metric）：目标是为资源提供通用集成点，度量工具可以通过访问这些集成点来抓取指标。这部分完全遵循了 Kubernetes 的 Metrics API 进行扩充。
- **流量访问控制**（Traffic Access Control）：目标是根据客户端的身份配置，对特定的流量访问特定的服务提供简单的访问控制。SMI 绑定了 Kubernetes 的 ServiceAccount 来做服务身份访问控制，这里说的"简单"不是指它的使用简单，而是说它只支持 ServiceAccount 一种身份机制，在正式使用中这恐怕是不足以应付所有场景的，日后应该还需要继续扩充。

这四种 API 目前暂时均是 Alpha 版本，意味着它们还未成熟，随时可能发生变动。从目前版本来看，至少与 Istio 的私有 API 相比，SMI 没有明显优势，不过考虑 SMI 还处于项目早期阶段，不够强大也情有可原，希望未来 SMI 可以成长为一个足够坚实可用的技术规范，这有助于避免数据平面出现一家独大的情况，有利于竞争与发展。

15.2.2　通用数据平面 API

同样是 2019 年 5 月，CNCF 创立了一个名为"通用数据平面 API 工作组"（Universal Data Plane API Working Group，UDPA-WG）的组织，目标是制定类似于软件定义网络中 OpenFlow 协议的数据平面交互标准。工作组的名字被敲定的那一刻，就已经决定了所产出的标准名字必定叫"通用数据平面 API"（Universal Data Plane API，UDPA）。

如果不纠结于是否足够标准、是否由足够权威组织来制定的话，15.1 节介绍数据平面时提到的 Envoy xDS 协议族其实就已经完全满足了控制平面与数据平面交互的需要。事实上，Envoy 正是 UDPA-WG 工作组的主要成员，在 2019 年 11 月的 EnvoyCon 大会上，Envoy 的核心开发者、UDPA 的负责人之一，来自 Google 公司的 Harvey Tuch 做了一场以 "The Universal Dataplane API：Envoy's Next Generation APIs" 为题的演讲，详细而清晰地说明了 xDS 与 UDAP 之间的关系：UDAP 的研发就是基于 xDS 的经验，在未来 xDS 将逐渐向 UDPA 靠拢，最终将基于 UDPA 来实现。

图 15-12 是笔者在 Harvey Tuch 演讲 PPT 中截取的 UDPA 与 xDS 的融合时间表，在演讲中 Harvey Tuch 还提到了 xDS 协议的演进节奏会定为每年推出一个大版本，每个版本从发布到淘汰要经历 Alpha、Stable、Deprecated、Removed 四个阶段，每个阶段持续一年时间，简单地说就是每个大版本 xDS 在被淘汰前会有三年的固定生命周期。基于 UDPA 的 xDS v4 API 原本计划会在 2020 年发布，进入 Alpha 阶段，不过，截至 2020 年 10 月中旬，已经可以肯定地说上面所列的计划必然破产，因为从目前公开的资料来看，UDPA 仍然处于早期设计阶段，距离完备都尚有一段很长的路程，所以基于 UDPA 的 xDS v4 在 2020 年是铁定出不来了。

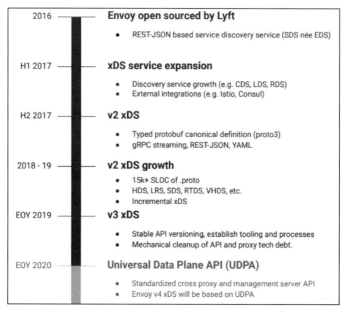

图 15-12 UDPA 规范与 xDS 协议融合时间表[⊖]

在规范内容方面，由于 UDPA 连 Alpha 状态都未能达到，目前公开的资料还很少。从 GitHub 和 Google 文档上能找到的部分设计原型文件来看，UDAP 的主要内容会分为传输协议（UDPA-TP，Transport）和数据模型（UDPA-DM，Data Model）两部分，且这两部分是独立设计的，以后完全有出现不同的数据模型共用同一套传输协议的可能。

15.2.3　服务网格生态

2016 年"Service Mesh"一词诞生至今不过短短四年时间，服务网格已经从研究理论变成在工业界中广泛采用的技术，用户的态度也从观望走向落地生产。目前，服务网格市场已形成初步的生态格局，尽管还没有决出最终的胜利者，但已经能基本看清这个领域里几个有望染指圣杯的玩家。下面，笔者按数据平面和控制平面，分别介绍一下目前服务网格产品的主要竞争者。在数据平面的产品主要有以下几个。

❑ Linkerd：2016 年 1 月发布的 Linkerd 是服务网格的鼻祖，使用 Scala 语言开发的 Linkerd-proxy 也就成为业界第一款正式的边车代理。一年后的 2017 年 1 月，Linkerd 成功进入 CNCF，成为云原生基金会的孵化项目，但此时的 Linkerd 其实已经显露出了明显的颓势：由于 Linkerd-proxy 运行需要 Java 虚拟机的支持，在启动时间、预热、内存消耗等方面相比晚它半年发布的挑战者 Envoy 均处于全面劣势，因而 Linkerd 很快就被 Istio 与 Envoy 的组合所击败，结束了它短暂的统治期。

⊖　图片来源：https://envoycon2019.sched.com/event/UxwL/the-universal-dataplane-api-udpa-envoys-next-generation-apis-harvey-tuch-google。

- **Envoy**：2016 年 9 月开源的 Envoy 是目前边车代理产品中市场占有率最高的一款产品，已经在很多个企业的生产环境里经受过大量检验。Envoy 最初由 Lyft 公司开发，后来由于 Lyft 与 Google、IBM 达成合作协议，所以 Envoy 就成了 Istio 的默认数据平面。Envoy 使用 C++ 语言实现，比起 Linkerd 在资源消耗方面有了明显的改善。此外，由于采用了公开的 xDS 协议进行控制，Envoy 并不只为 Istio 所私有，这个特性让 Envoy 被很多其他的管理平面选用，为它夺得市场占有率桂冠做出了重要贡献。2017 年 9 月，Envoy 加入 CNCF，成为 CNCF 继 Linkerd 之后的第二个数据平面项目。

- **nginMesh**：2017 年 9 月，在 NGINX Conf 2017 大会上，Nginx 官方公布了基于著名服务器产品 Nginx 实现的边车代理 nginMesh。nginMesh 使用 C 语言开发（有部分模块用了 Golang 和 Rust），是 Nginx 从网络通信踏入程序通信的一次重要尝试。Nginx 在网络通信和流量转发方面拥有其他厂商难以匹敌的成熟经验，本该成为数据平面的有力竞争者才对，然而结果却是 Nginx 在这方面的投入资源有限，方向摇摆，让 nginMesh 的发展一直都不温不火，最后在 2020 年宣告失败，项目转入"非活跃"（No Longer Under Active）状态。

- **Conduit/Linkerd 2**：2017 年 12 月，在 KubeCon 大会上，Buoyant 公司发布了 Conduit 的 0.1 版本。这是 Linkerd-proxy 被 Envoy 击败后，Buoyant 公司使用 Rust 语言重新开发的第二代的服务网格产品，最初是以 Conduit 命名，在 Conduit 加入 CNCF 后不久，与原有的 Linkerd 项目合并，被重新命名为 Linkerd 2（这样就只算一个项目了）。使用 Rust 重写后，Linkerd2-proxy 的性能与资源消耗方面都已不输 Envoy，但它的定位通常是作为 Linkerd 2 的专有数据平面，成功与否很大程度上取决于 Linkerd 2 的发展。

- **MOSN**：2018 年 6 月，来自蚂蚁金服的 MOSN 宣布开源，MOSN 是 SOFAStack 中的一部分，使用 Golang 语言实现，在阿里巴巴及蚂蚁金服中经受住了大规模的应用考验。由于 MOSN 是阿里技术生态的一部分，对于使用了 Dubbo 框架，或者 SOFABolt 这样的 RPC 协议的微服务应用，MOSN 往往能够提供额外的便捷性。2019 年 12 月，MOSN 也加入了 CNCF。

以上介绍的是知名度和使用率最高的一部分数据平面，笔者在选择时也考虑了不同程序语言实现的代表性，其他未提及的数据平面还有 HAProxy Connect、Traefik、ServiceComb Mesher 等，这里不再逐一介绍。除了数据平面，服务网格中另外一条争夺激烈的战线是控制平面产品，主要包括以下产品。

- **Linkerd 2**：Buoyant 公司的服务网格产品，无论是数据平面抑或是控制平面均使用了"Linkerd"和"Linkerd 2"的名字。现在 Linkerd 2 的身份已经从领跑者变成了 Istio 的挑战者，虽然代理的性能已赶上了 Envoy，但功能上 Linkerd 2 仍不足以与 Istio 媲美，在 mTLS、多集群支持、支持流量拆分条件的丰富程度等方面 Istio 都比 Linkerd 2 更有优势，毕竟两者背后的研发资源并不对等，一方是创业公司 Buoyant，另一方是 Google、IBM 等巨头。然而，相比 Linkerd 2，Istio 的缺点很大程度上也是由其功能丰富带来的，每个用户真的都需要支持非 Kubernetes 环境、多集群单控制平面、切换不同的数据平面等这类特性吗？在满足需要的前提下，更小的功能集合往往意味着更高的性能与易用性。

❑ Istio：Google、IBM 和 Lyft 公司联手打造的产品，以自己的 Envoy 为默认数据平面。Istio 是目前功能最强大的服务网格，如果你苦恼于这方面产品的选型，直接挑选 Istio 不一定是最合适的，但起码能保证这是不会有明显缺陷的选择；同时 Istio 也是市场占有率第一的控制平面，不少公司发布的服务网格产品都是在它的基础上派生增强而来，譬如蚂蚁金服的 SOFAMesh、Google Cloud Service Mesh 等。不过，服务网格毕竟比容器运行时、容器编排要年轻，Istio 在服务网格领域尽管占有不小的优势，但统治力还远远不能与容器运行时领域的 Docker 和容器编排领域的 Kubernetes 相媲美。

❑ Consul Connect：Consul Connect 是来自 HashiCorp 公司的服务网格，目标是将现有由 Consul 管理的集群平滑升级为服务网格的解决方案。如同 Connect 这个名字所预示的"连接"含义，Consul Connect 十分强调其整合集成的角色定位，不与具体的网络和运行平台绑定，可以切换多种数据平面（默认为 Envoy），支持多种运行平台，譬如 Kubernetest、Nomad 或者标准的虚拟机环境。

❑ OSM：OSM（Open Service Mesh）是微软公司在 2020 年 8 月开源的服务网格，同样以 Envoy 为数据平面。OSM 项目的其中一个主要目标是作为 SMI 规范的参考实现。同时，为了与强大却复杂的 Istio 进行差异化竞争，OSM 明确以"轻量简单"为卖点，通过减少边缘功能和对外暴露的 API 数量，降低服务网格的学习、使用成本。现在服务网格正处于群雄争霸的时期，在世界三大云计算厂商中，亚马逊的 AWS App Mesh 走的是专有闭源的发展路线，剩下就只有微软与 Google 具有相似体量，能够对等地竞争。但它们又选择了截然不同的竞争策略：OSM 开源后，微软马上将其捐献给 CNCF，成为开源社区的一部分；与此相对，尽管 CNCF 与 Istio 都有着 Google 的背景关系，但 Google 却不惜违反与 IBM、Lyft 之间的协议，拒绝将 Istio 托管至 CNCF，而是自建新组织转移了 Istio 的商标所有权。这种做法不出意外地遭到开源界的抗议，让观众产生了一种微软与 Google 身份错位的感觉。在云计算的激烈竞争中，似乎已经再也分不清楚谁是恶龙，谁是屠龙少年了。

上面未提到的控制平面还有许多，譬如 Traefik Mesh、Kuma 等，这里不再展开介绍。服务网格也许是未来的发展方向，但想要真正发展成熟并大规模落地还有很长的一段路要走。一方面，相当多的程序员已经习惯了通过代码与组件库去进行微服务治理，并且已经积累了很多的经验，能把产品做得足够成熟稳定，因此对服务网格的需求并不迫切；另一方面，目前服务网格产品的成熟度还有待提高，冒险迁移过于激进，也容易面临兼容性的问题。也许服务网格开始远离市场宣传的喧嚣后，才会真正落地。

第五部分 *Part 5*

技术方法论

Chapter 16 | 第 16 章

向微服务迈进

额外
知识

没有银弹

传说,能从普通人忽然变身的狼人是梦魇中最为可怖的怪物,人们一直尝试寻找
能对狼人一枪毙命的银弹。

软件亦有着狼人的特性,平常看似人畜无害的技术研发工作,转眼间就能变成一
只工期延误、预算超支、产品满身瑕疵的怪兽。我听到了管理者、程序员与用户
都在绝望地呼唤,大家都渴望能找到某种可以有效降低软件开发成本的银弹,让
软件开发成本也能如同电脑硬件的成本那样,稳定且快速地下降。

—— Fred Brooks,No Silver Bullet:Essence and Accidents of Software
Engineering, 1987

本书的主体内容是务实的,多谈具体技术,少谈方向理论,只在本章集中讨论几点与
分布式、微服务、架构等相关的相对务虚的话题。

IBM 大型机之父 Fred Brooks 在他的两本著作《没有银弹:软件工程的本质性与附属性
工作》和《人月神话:软件项目管理之道》里都反复强调一个观点:"**软件研发中任何一项
技术、方法、架构都不可能是银弹。**"这个结论已经被软件工程里无数事实所验证,现在对
于微服务也依然成立。本节,笔者将会谈到哪些场景适合使用微服务,以及一些已经被验
证过、被总结为经验的最佳的实践方式;而更主要的是想讨论哪些场景不适合微服务,微
服务存在哪些理解误区、应用前提,等等。

作为一本技术书的作者,如果有同学是因为看了此书,然后被带进微服务的"坑"里,
那笔者只强调一句"微服务不是银弹"也难以免责,所以,在你准备发起实际行动向微服
务迈进前,希望你能阅读一遍本章——向微服务迈进的"避坑"指南。

16.1　目的：微服务的驱动力

在讨论什么时候开始以及如何向微服务迁移之前，我们先来理清为什么需要微服务。凡事总该先有目的，有预期收益再谈行动才显得合理。有人会说迈向微服务的目的是追求更先进的架构形式。这话对，但没有什么信息量可言，任何一次架构演进的目的都是为了更加先进，应该没谁是为"追求落后"而重构系统的。有人会说微服务是信息系统发展的必然阶段，为了应对日益庞大的压力，获得更好的性能，自然会演进至能够扩缩自如的微服务架构。这个观点看似合理、具体、正确，实则争议颇大。笔者个人的态度是旗帜鲜明地反对以"获得更好的性能"为主要目的，将系统重构为微服务架构，性能有可能会作为辅助性的理由，但仅仅为了性能而选择分布式的话，那应该是 40 年前"原始分布式时代"所追求的目标。现代的单体系统同样会采用可扩缩的设计，同样能够集群部署，更重要的是云计算数据中心的处理能力几乎可以认为是无限的，那能够通过扩展硬件的手段解决问题就尽量别使用复杂的软件方法，其中原因在前面引用"银弹"时已经解释过：**硬件的成本能够持续稳定地下降，而软件开发的成本则不可能**。而且，性能也不会因为采用了微服务架构而凭空产生。把系统拆成多个微服务，一旦在某个关键地方依然卡住了业务流程，其整体的结果往往还不如单体，没有清晰的职责划分，导致扩展性失效，多加机器往往还不如单机。将前面这句话开头的性能替换为代码质量、生产力等词语往往也同样适用，具体不再赘述。

软件系统选择微服务架构，通常比较常见的、合理的驱动力来自组织外部、内部两方面，笔者先列举一些外部因素。

❑ **当意识到没有什么技术能够包打天下。**

举个具体例子，某个系统选用了处于 Tiobe 排行榜榜首多年的 Java 语言来开发，也会遇到很多想做但 Java 却不擅长的事情。譬如想做人工智能，进行深度学习训练，发现大量的库和开源代码都离不开 Python；想要引入分布式协调工具时，发现近几年 ZooKeeper 已经有被后起之秀 Go 的 etcd 蚕食替代的趋势；想做集中式缓存，发现无可争议的首选是 ANSI C 编写的 Redis，等等。很多时候为异构能力进行的分布式部署，并不是你想或者不想的问题，而是没有选择、不可避免的。

❑ **当个人能力因素成为系统发展的明显制约。**

对于北上广深的信息技术企业来说这个问题可能不会成为主要矛盾，在其他地区，不少软件公司即使有钱也很难招到大量靠谱的高端开发者。此时，无论是引入外包团队，抑或是让少量技术专家带领大量普通开发人员去共同完成一个大型系统，微服务都是一个更有潜力的选择。在单体架构下，没有什么有效阻断错误传播的手段，系统中"整体"与"部分"的关系没有物理的划分，系统质量只能靠研发与项目管理措施来尽可能地保障，少量的技术专家很难阻止大量螺丝钉式的程序员或者不熟悉原有技术架构的外包人员在某个不起眼的地方犯错并产生全局性的影响，不容易做出整体可靠的大型系统。这时微服务可以作为专家掌控架构约束力的技术手段，由高水平的开发、运维人员去保证关键的技术和业务服务质量，其他大量外围的功能即使不靠谱，甚至默认它们必定不靠谱，也能保证系统整体的稳定和局部的容错、自愈与快速迭代。

❑ **当遇到来自外部商业层面对内部技术层面提出的要求。**

对于那些以"自产自销"为主的互联网公司来说这一点体验不明显，但对于很多为企业提供信息服务的软件公司来说，甲方的要求往往才是具决定性的推动力。技术、需求上的困难也许能变通克服，但当微服务架构变成大型系统先进性的背书时，甲方的招投标文件技术规范明文要求系统必须支持微服务架构、分布式部署，那就没有多少讨价还价的余地了。

在系统和研发团队内部，也会有一些因素促使其向微服务靠拢。

❑ **变化发展特别快的创新业务系统往往会自主地向微服务架构靠近。**

需求人员喊着"要试错！要创新！要拥抱变化！"，开发人员喊着"资源永远不够！活干不完！"，运维人员喊着"你见过凌晨四点的洛杉矶吗！"，对于那种"一个功能上线平均活不过三天"的系统，如果团队本身能力能够支撑在合理的代价下让功能有快速迭代的可能，让代码能避免在类库层面的直接依赖而导致纠缠不清，让系统有更好的可观测性和回弹性（自愈能力），需求、开发、运维人员肯定都是很乐意接受微服务的，毕竟此时大家的利益一致，微服务的实施也会水到渠成。

❑ **大规模的、业务复杂的、历史包袱沉重的系统也可能主动向微服务架构靠近。**

这类系统最后的结局不外乎三种。

第一种是日渐臃肿，客户忍了，系统持续维持着，直到谁也替代不了却又谁也维护不了。笔者曾听说过国外有公司招聘 60、70 岁的爷爷辈程序员去维护 20 世纪由 COBOL 编写的系统，当然，笔者没有求证过这到底是网络段子还是确有其事。

第二种是日渐臃肿，客户忍不了了，痛下决心，宁愿付出一段时间内业务双轨运行，忍受在新、旧系统上重复操作，期间业务发生震荡甚至短暂停顿的代价，也要彻底淘汰整套旧系统，第二种情况笔者亲眼看见过不少。

第三种是日渐臃肿，客户忍不了，系统也很难淘汰。此时迫于外部压力，微服务会作为一种能够将系统部分拆除、修改、更新、替换的技术方案被严肃地论证，若在重构阶段有足够靠谱的技术人员参与，该大型系统的应用代码和数据库都逐渐分离独立，直至孵化出一个个可替换、可重生的微服务。微服务的先驱 Netflix 曾在多次演讲中说自己公司属于这一种的成功案例。

以上列举的这些内外部原因只是举例，肯定不是全部，促使你最终选择微服务的具体理由可能多种多样，相信你做出向微服务迈进的决策时，一定经过恰当的权衡，认为收益大于成本。微服务最主要的目的是对系统进行有效拆分，实现物理层面的隔离，微服务的核心价值就是拆分之后的系统能够让局部的单个服务有可能实现敏捷地卸载、部署、开发、升级，而局部的持续更迭，是系统整体具备 Phoenix 特性的必要条件。

16.2　前提：微服务需要的条件

现在笔者假设你所在的组织已经做出了要选择分布式微服务架构的决定。那下一件你要弄明白的事情就是，什么情况下可以开始微服务化，或者说，开始微服务时需要哪些前提条件？对于此问题，Martin Fowler 曾在文章 *Microservice Prerequisites* 中从技术角度专门讨论过，不过，笔者认为微服务的前提条件首要还是解决非技术方面的问题，准确地说是人的问题。分布式不是一项纯粹的技术性工作，如果不能满足以下条件，就应该尽量避免采用微服务。

额外
知识　系统的架构趋同于系统设计团队的沟通结构。

—— Melvin Conway，康威定律，1968 年

微服务化的第一个前提条件是**决策者与执行者都能意识到康威定律在软件设计中的关键作用**。

康威定律尝试使用社会学的方法去解释软件研发中的问题，其核心观点是"沟通决定设计"（Communication Dictate Design），如果技术层面紧密联系在一起的特性，在组织层面上强行分离开来，那结果会是沟通成本的上升，因为会产生大量跨组织的沟通；如果技术层面本身没什么联系的特性，在组织层面上强行安放在一块，那结果会是管理成本的上升，因为成员越多越不利于一致决策的形成。这些社会学、管理学的规律决定了假如产品和组织能够经受住市场竞争，长期发展的话，最终都会自发地调整成组织与产品互相匹配的状态。哪些特性在团队内部沟通，哪些特性需要跨团队的协作，将最终都会在产品中分别映射成与组织结构一致的应用内、外部的调用与依赖关系。

尽管稍微有些工作经验的员工和管理者思考一下都能理解康威定律所描述的现象，但是为了推进软件架构的微服务化而配合调整组织架构，通常不是一件容易的事情。西方有一句谚语叫作"所有技术上的决策实际都是政治上的决策"（All Technical Decisions Are Political Decisions），这里的"政治"是泛指如何与其他人协作将事情搞定，"技术"也是泛指所有战术层面行为，并不局限于信息技术。架构不仅仅是个技术问题，更是一种社交活动，甚至还可能会涉及利益的重新分配。譬如，产品在技术上的拆装重构相对容易，但为了做到组织与产品对齐，将某个组织的一部分权利、职能和人员拆分出来，该组织的领导是否愿意；将两个团队合并成一个新的团队，原有的团队负责人要如何安置等。这些问题不仅需要执行者有良好的社交能力，还需要更上层的决策者充分理解架构演变同步调整组织结构的必要性，为微服务化打破局部的利益藩篱。

微服务化的第二个前提条件是**组织中具备一些对微服务有充分理解、有一定实践经验的技术专家**。

笔者在 1.4 节中曾写到 "作为一个普通的服务开发人员，作为一个螺丝钉式的程序员，微服务架构是友善的。可是，微服务对架构者是满满的恶意，对架构能力要求已提升到史无前例的程度"。即使对微服务最乐观的支持者也无法否认它在架构方面带来了额外的复杂性。对于开发业务逻辑的普通程序员来说，即使代码出现缺陷也可以被快速修复升级，甚至有可能在 Kubernetes 的帮助下自动回弹，哪怕不能自愈，最起码错误也会被系统自动隔离，而不至于影响全局，弄崩整个系统。开发业务的普通程序员可以不去深究跟踪治理、负载均衡、故障隔离、认证授权、伸缩扩展这些系统性的问题，它们被隐藏于软件架构的最底层，被掩埋在基础设施之下。与此相对的另外一面，靠谱的软件架构应该要由深刻理解微服务的技术专家来设计建造，健壮的基础设施也离不开有经验的运维专家的持续运维，Kubernetes、Istio、Spring Cloud、Dubbo 等现成的开源工具能在此过程发挥很大的作用，但它们本身也有一定的复杂性。如果整个团队中缺乏能够在微服务架构中撑起系统主干的技术和运维专家，强行进行微服务化并不会有任何好处，至少收益不足以抵消复杂性增加而导致的成本。这些技术专家不需要很多（能多当然更好），但是必须有。如今在软件职场中阿里、腾讯等大厂出来的程序员受到追捧，除了企业带来的光环外，有大型系统浸染的经验，更有可能是技术专家也是主要原因之一。

微服务对普通程序员友善的背后，预示着未来的信息技术行业很可能也会出现 "阶级分层" 的现象，由于更先进的软件架构已经允许更平庸的开发者也同样能写出可运行、可用于生产的软件产品，同时又对精英开发者提出更多、更复杂的技术要求，长此以往，在开发者群体中会出现比现在还要明显的马太效应。如果把整个软件业界看作一个巨大的组织，它也应符合康威定律，软件架构的趋势将导致开发者的分层，从如今所有开发者都普遍被认为是 "高智商人群" 的状态，转变为大部分工业化软件生产工人加上小部分软件设计专家的金字塔结构。

微服务化的第三个前提条件是**系统应具有以自治为目标的自动化与监控度量能力**。

微服务是由大量松耦合服务互相协作构成的系统，将自动化与监控度量作为它的建设前提是顺理成章的。Martin Fowler 在 " Microservice Prerequisites"[⊖]中提出了微服务系统的三个技术前提都跟自动化与监控度量有关，具体如下所示。

- ❑ 环境预置（Rapid Provisioning）：即使不依赖云计算数据中心的支持，也有能力在短时间（原文是几个小时，如今 Kubernetes 重启一个 Pod 只需要数秒到数十秒）内迅速启动一台新的服务器。

- ❑ 基础监控（Basic Monitoring）：监控体系有能力迅速捕捉到系统中出现的技术问题（如异常、服务可用性变化）和业务问题（如订单交易量下降）。

- ❑ 快速部署（Rapid Deployment）：有能力通过全自动化的部署管道，将服务的变更迅速部署到测试或生产环境中。

⊖ 文章地址：https://martinfowler.com/bliki/MicroservicePrerequisites.html。

请注意 Martin Fowler 撰写这篇文章的时间是 2014 年，当时 Kubernetes 都还没有从闭源的 Borg 中诞生，虚拟化、自动化技术还是比较初级的水平。近年来，许多公司都构建起了 DevOps 文化，虚拟化与开发运维自动化有了长足发展，2014 年要专门强调的"前提条件"对今天的系统来说算不上什么困难。在这里笔者更希望强调的重点是"以自治为目标"，因为如果不是朝这个方向去努力的话，自动化最终会导向一个套娃式的悖论：即使所有运维都实现了自动化，同时有一个监控系统来随时恢复出现故障的服务，但是这个监控系统本身也需要被监控。如果启用另一个监控系统，同样这个监控系统也需要被监控。最终，不论自动化实现了多少层，顶层仍然必须是人，只有人能确保整体运维的连续性，所以永远也无法达到完全的自动化。而且，这些自动化与监控措施本身也会消耗资源，也会带来更高的复杂性。

微服务自动化的最终目的是构筑可持续的生态系统。这句话听起来很抽象，有点像主席台上领导的演讲词。笔者用一个具体的场景加以说明：如果将微服务比作水族馆里养的鱼，为了维持鱼的生存，管理员需要不断向水族馆内添加各种自动化设施，如人工照明、氧化剂、水过滤器、加热器等。这些设施最终仍然需要人花费精力去维护，本身就是耗费了大量成本。如果我们换一种思路，通过种植海洋植物提供氧气、通过藻类过滤水质、通过放养螺类清理鱼缸等，这样的水族馆就不再是依靠人工维护才能存在的水族馆了，它变成了一个小型的湖泊或海洋，理想状态下，这里的鱼类可以不需要人的干预就能长期存活。如图 16-1 所示。

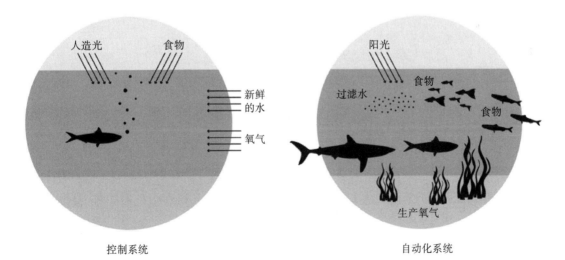

图 16-1　从人工控制系统到自动化生态系统

以生态自治为目标的自动化，并不是指要达到如此高的自动化程度之后才能开始微服务，只要满足与系统规模及目标相匹配的自动化能力，建设微服务的不同时期，由不同程度的人力去参与运维完全是合情合理的。退一步说，即使在信息化水平最高的大型互联网企业中，完全的生态自治在当前技术水平下仍然是一个过于理想化、难以全面落地的目标，不过，只有朝着这个目标去发展自动化与监控度量，才能避免"屠龙少年"最终变成"恶龙"，避免自动化与度量监控反过来成为人与系统的负担。

微服务化的第四个前提条件是**复杂性已经成为制约生产力的主要矛盾**。

在 1.2 节的开篇笔者就阐述了一个观点："对于小型系统，单体架构就是最好的架构"。系统进行任何改造的根本动力都是"这样做收益大于成本"。一般情况下，引入新技术在解决问题之前就带来复杂度的提升，反而会导致生产力下降。只有在业务已经发展到一定程度，单体架构与微服务架构的生产力曲线已经到达交叉点，此时开始进行微服务化才是有收益的，如图 16-2 所示。关于复杂度的问题，我们将在 16.4 节中更具体地探讨。

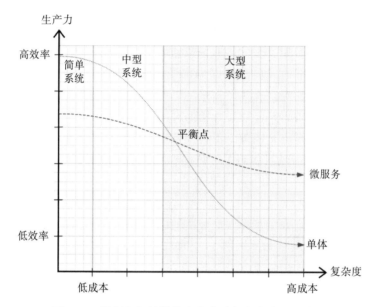

图 16-2　微服务与单体的生产力随复杂度变化的曲线

复杂性、生产力的性价比问题并不难理解，然而现实中很多架构师却不得不在这上面主动犯错。在新项目立项之初，往往都会定下令人心动的目标愿景，远景规划在战略上是有益的，可是多数技术决策都属于战术范畴，应该依据现实情况而不是远景规划去做决定。遗憾的是很多管理者，乃至技术架构师都不能真正接受演进式设计（Evolutionary Design），尤其不能接受一个具有良好设计的系统应该是能够被报废的观点，潜意识中总会希望系统建设能够一步到位，至少是"少走几步能到位"。

📷 额外
知识　长期来看，多数服务的结局都是报废而非演进。

—— Microservices，Martin Fowler

如果你不理解"主动犯错"，笔者可以举个具体例子，试想你就是一名架构师，项目立项中坚持要选择单体架构，此时你就要考虑到日后评审时，别的团队说他的产品采用了微服务架构，架构上比你的先进；考虑到招聘人员时，程序员听见你这里连微服务都没用，觉得制约了自己的发展前景；考虑到项目成功火爆了，几个月后你再提出进行微服务化，老板听了心里觉得你水平的确不行，之前采用单体是错误决定，导致现在要返工……

以上，便是笔者总结的开始微服务化的四个前提条件，如果你做技术决策时，能仅以技术上的收益为度量标准，根据这些前提就能判断应不应该采用微服务，那你工作的氛围是比较开明的；如果你做技术决策要考虑的收益不仅限于技术范畴之内，我也完全能够理解，毕竟，所有技术上的决策实际都是政治上的决策。

16.3　边界：微服务的粒度

当今软件业界，对本节的话题"识别微服务的边界"其实已取得了较为一致的观点，也找到了指导具体实践的方法论，即领域驱动设计（Domain-Driven Design，DDD）。囿于主题，在本书中甚少涉及该如何抽象业务、分析流程、识别边界、建立模型、映射到服务和代码等偏重理论的务虚话题，即使在这一章中，笔者也尽量规避了 DDD 中需要专门学习才能理解的概念，如界限上下文（Bounded Context）、语境映射（Context Map）、通用语言（Ubiquitous Language）、领域和子域（Domain、Sub Domain）、聚合（Aggregate）、领域事件（Domain Event）等。并非笔者认为业务流程与设计方法论不重要，而是如果要严谨、深刻地讨论这些话题，其篇幅足以独立地写出一本书。事实上，市场上已经有不少这样的书了，DDD 的发明人 Eric Evans 撰写的同名图书——《领域驱动设计：软件核心复杂性应对之道》便是其中翘楚。笔者个人是更推荐 Chris Richardson 撰写的颇具口碑的入门书——《微服务架构设计模式》，其叙述的主线就是在 DDD 指导下，如何将一个单体服务逐步拆分为微服务结构，如果你对这方面感兴趣，不妨一读。在本节，笔者会从业务之外的其他角度，从非功能性、研发效率等方面来探讨微服务的粒度与拆分。

系统设计是一种创作，而不是应试，不可能每一位架构师设计的服务粒度全都相同，微服务的大小、边界不应该只有唯一正确的答案或绝对的标准，但是应该有个合理的范围，笔者称其为微服务粒度的上下界。我们可以通过分析如果微服务的粒度太小或者太大会出现哪些问题，从而得出服务上下界应该定在哪里。

可能是受微服务名字中"微"的"蛊惑"，笔者听过不少人提倡微服务越小越好，最好做到一个 REST Endpoint 对应一个微服务，这种极端的理解肯定是错误的，如果将微服务粒度设计得过细，会受到以下几个方面的反噬。

- ❑ 从性能角度看，一次进程内的方法调用（仅计算调用，与方法具体内容无关），耗时在零（按方法完全内联的场景来计算）到数百个时钟周期（按最慢的虚方法调用无内联缓存要查虚表的场景来计算）之间；一次跨服务的方法调用里，网络传输、参数序列化和结果反序列化都是不可避免的，耗时要达到毫秒级别，你可以算一下这两者有多少个数量级的差距。远程服务调用里已经解释了"透明的分布式通信"是不存在的，因此，服务粒度大小必须考虑到消耗在网络上的时间与方法本身执行时间的比例，避免设计得过于琐碎，客户端不得不多次调用服务才能完成一项业务操作，譬如，将字符串处理这样的功能设计为一个微服务便是不合适的。这点要求从功能设计上看微服务应该是完备的。

❑ 从数据一致性角度看，每个微服务都有自己独立的数据源，如果多个微服务要协同工作，我们可以采用很多办法来保证它们处理数据的最终一致性，但如果某些数据必须要求保证强一致性的话，那它们本身就应当聚合在同一个微服务中，而不是强行启用 XA 事务来实现，因为参与协作的微服务越多，XA 事务的可用性就越差。这点要求从数据一致性上看微服务应该是内聚（Cohesion）的。

❑ 从服务可用性角度看，服务之间是松散耦合的依赖关系，微服务架构中无法也不应该假设被调用的服务具有绝对的可用性，服务可能因为网络分区、软件重启升级、硬件故障等任何原因发生中断。如果两个微服务都必须依赖对方可用才能正常工作，那就应当将其合并到同一个微服务中（注意这里说的是"彼此依赖对方才能工作"，单向的依赖是必定存在的）。这点要求从依赖关系上看微服务应该是独立的。

综合以上，我们可以得出第一个结论：**微服务粒度的下界是它至少应满足独立——能够独立发布、独立部署、独立运行与独立测试，内聚——强相关的功能与数据在同一个服务中处理，完备——一个服务包含至少一项业务实体与对应的完整操作。**

我们再来想想，如果微服务的粒度太大，会出现什么问题？从技术角度讲，并不会有什么问题，每个能正常工作的单体系统都能满足独立、内聚、完备的要求。微服务的上界并非受限于技术，而是受限于人，更准确地说，受限于人与人之间的社交协作。《人月神话》中最反直觉的一个结论是："为进度给项目增加人力，如同用水去为油锅灭火"（Adding Manpower to A Late Software Project Makes It Later）。为什么？ Fred Brooks 给出了简洁而有力的答案：

$$软件项目中的沟通成本 = n \times (n-1)/2，n\ 为参与项目的人数$$

为了能让你更直观地理解这个答案，笔者已经算好了一组数字：15 人参与的项目，沟通成本大约是 5 人项目的十倍，150 人参与的项目，沟通成本大约是 5 人项目的一千倍。你不妨回想一下自己在公司的工作体验，不可能有 150 人的团队而不划分出独立小组来管理的，除非这些人都从事流水线式的工作，协作时完全不需要沟通。此外，你也不妨回想一下自己的生活体验，我敢断言你的社交上界是不超过 5 个知己好友，15 个可信任的伙伴，35 个普通朋友，150 个说得上话的人。这句话的信心底气源于此观点是人类学家 Robin Dunbar 在 1992 年给出的科学结论，今天已被普遍认可，被称为"邓巴数"（Dunbar's Number），据说是人脑的新皮质大小限制了人能承受的社交数量，决定了邓巴数这个社交的上界。

有了以上铺垫，你应该更能理解前面许多文章中笔者为何采用"2 Pizza Team"作为微服务团队规模的"量词"了，并不是因为制造这个梗的人是 Jeff Bezos，是亚马逊 CEO、世界首富，而是因为两个 Pizza 能喂饱的人数大概就是 6 ～ 12 人，符合软件开发中团队管理的理想规模。

康威定律约束了软件的架构与组织的架构要保持一致，所以微服务的上界应该与 2 Pizza Team 能够开发的最大程序规模保持一致。那么，2 Pizza Team 能开发多大规模的程序呢？在人员数量固定的前提下，这个答案不仅与开发者的能力水平相关，更是与研发模式和周期相关。如果你的软件产品采用瀑布开发模式，可能需要一个月、两个月迭代一次；如果采用 Scrum 模式，可能会一周、两周完成一次冲刺；如果追求日构建、精益，甚至可能一天、两天就会集成构建出一个小版本，以上不同的研发方法，都会产生相应规模的上界。

综合以上，我们得出了第二个结论：**微服务粒度的上界是一个 2 Pizza Team 能够在一个研发周期内完成的全部需求范围。**

在上下界范围内，架构师会根据业务和团队的实际情况来灵活划定微服务的具体粒度。譬如下界的完备性要求微服务至少包含一项完整的业务，在不超过上界的前提下，要判断这个微服务包含两项、三项业务操作是否合理，需要根据这些操作本身是否有合理的逻辑关系来具体讨论。又譬如上界要求单个研发周期内处理掉一个微服务的全部需求，在不超过下界的前提下，一个周期就能完成属于两个、三个微服务的全部需求时，是缩短研发周期更合理，还是允许这个周期内同时开发几个微服务更合理，也可以根据实际情况具体讨论。

16.4　治理：理解系统复杂性

行文至此，本章的字里行间都有意无意地流露出微服务架构是复杂的，反复提醒读者三思而后行、慎重决策，却还没有解释复杂性具体是指什么、微服务到底有多么复杂、能不能量化、有没有解决的办法。对于最后这个问题，笔者其实并不能给出具体的解决复杂性的方法，在软件研发中估计永远无法找到。这节里，笔者将重点分析前三个问题，正确理解软件的复杂性，日后实际解决问题时方能有的放矢。

> 额外知识　治理就是让产品能够符合预期地稳定运行，并能够持续保持在一定的质量水平上。
> —— Magic Quadrant for SOA Governance，Gartner，2007 年

软件业的确经常会使用到"治理"这个词，听着高级，用着也贴切，譬如系统治理、业务治理、流程治理、服务治理，等等。这个词的确切含义是让产品（系统、业务、流程、服务）能够符合预期地稳定运行，并能够持续保持在一定的质量水平上。该定义把治理具体分解为"正确执行"（让软件符合预期地运行）和"持续保持"（让软件持续保持一定质量

水平地运行）两个层次的要求，笔者也会分别从静态与发展两种角度解释治理与复杂性的关系。

16.4.1 静态的治理

要求一个信息系统能够符合预期地运行，这听起来无论如何不算什么"高标准"。不过，当复杂性高到一定程度的时候，能达到正常运行确实就已经离不开治理了。笔者举例说明一下：一只存活的蜂王或者蚁后就能够满足一个昆虫族群稳定运行的需要，一位厨艺精湛的饭店老板也能够满足一家小饭馆稳定运行的需要，一个君圣臣贤的统治集团才能满足一个庞大帝国稳定运行的需求。治理好蜂群只要求蜂王活着即可，治理好饭馆要依赖老板个人的高明厨技，到了治理国家社稷就要求皇帝圣明大臣贤良才行，可见族群运作的复杂度越高，治理难度也越高。如果你还是没能将族群与个体的关系跟系统与服务的关系联系起来，那再看看图 16-3，仅凭直观感觉也能体会到，这些著名企业里由成百上千微服务互相调用依赖所构成的系统，能够正常运行并不简单。

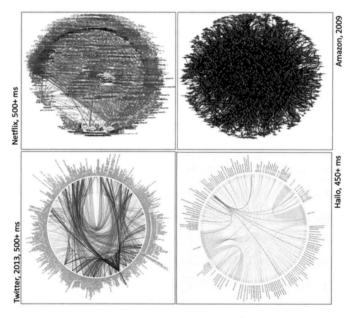

图 16-3　服务间交互关系⊖

说服你认可治理国家比治理一群蚂蚁要更复杂应该不难，但是说服两个软件系统各自的拥护者，分辨出哪一个系统更复杂却并不容易。决定复杂度高低的是微服务的个数吗？是类或文件的个数吗？是代码行数吗？是团队人员规模吗？答案很模糊，复杂是相对于人而言的，是一个主观标准，每个人都可以有不同的裁量。基于大型软件都是由开发人员互

⊖　图片来源：https://cloud-google-drive.blogspot.com/2019/11/adoption-of-cloud-native-architecture.html。

相协作完成的这个基本出发点，笔者用以下两个心理学概念来解释复杂性的来源。

❏ 复杂性来自认知负荷（Cognitive Load）：在软件研发中表现为人接受业务、概念、模型、设计、接口、代码等信息所带来的负担大小。系统中个体的认知负担越大，系统就越复杂，这点解释了为什么蚂蚁族群和国家的人口可能一样多，但治理国家比治理一群蚂蚁要更复杂。

❏ 复杂性来自协作成本（Collaboration Cost）：在软件研发中表现为团队共同研发时付出的沟通、管理成本。系统个体间协作的成本越高，系统就越复杂，这点解释了为什么小饭馆和国家的构成个体都同样是人类，但治理国家比治理一家饭馆要更复杂。

根据这两个概念，我们可以进一步量化地推导出前文已经使用过的一个结论：**软件规模小时微服务的复杂度高于单体系统，规模大时则相反**。这里的原因就是微服务的认知负荷较高，但是协作成本较低。

软件研发的协作成本，本质上来自协作的沟通复杂度。前一节讨论微服务粒度时已经使用过 Fred Brooks 的沟通成本的公式，沟通成本 $= n \times (n-1)/2$，可见随着规模增长，沟通复杂度呈平方级增长，借用算法复杂度的表示方法那就是 $O(N^2)$。在微服务架构下，组织的拆分与产品的拆分对齐（康威定律），微服务系统的交互分为服务内部的进程内调用和服务之间的网络调用，组织的沟通也被拆分为团队内部的沟通与团队之间的协作，这种分治措施有利于控制沟通成本的增长速度，此时沟通成本的复杂度，就能缩减至经典分治算法的时间复杂度，即 $O(N\log N)$。

软件研发的认知负荷，本质上来自技术的认知复杂度。每次技术进步都伴随着新知识、新概念的诞生，说技术进步会伴随复杂度升级也无不可。只是微服务或者分布式系统所提倡的许多理念，都选择偏向于机器而不是人，有意无意地加剧了该现象。举个具体例子，心理学研究告诉我们，与现实世界不符合的模型会带来更高的认知负荷，因此面向对象编程（OOP）这种以人类观察世界的视角去抽象系统的设计方式是利于降低认知负荷的，但分布式系统提倡面向资源编程（服务间交互是 REST，服务内部并不反对使用 OOP），服务之间的交互绝不提倡面向对象来进行。Martin Fowler 曾经在"Microservices and the First Law of Distributed Objects"⊖中强调分布式的第一原则就是不要分发对象（Don't Distribute Your Object）。微服务加剧认知负荷还体现在很多其他方面，如异步通信（异步比同步更难理解）、粗粒度服务接口（粗粒度 API 比细粒度 API 更难使用，关于这点在 Martin Fowler 的原文中也有详细的解释）、容错处理（服务容错比异常更为复杂）、去中心化（尽管中心化设计会降低可用性，但确实比非中心化有更高的可管理性）等。该结果并不让人感到意外，在 1.1 节中笔者就提到过，分布式系统早已放弃了 UNIX 所追求的"简单性是系统第一属性"的设计哲学。

由于认知负荷是与概念、模型、业务、代码的规模呈正比关系，这些工作都是由人来

⊖　文章地址：https://martinfowler.com/articles/distributed-objects-microservices.html。

做的，最终都能被某种比例系数放大之后反映到人员规模上，可以认为认知负荷的复杂度是 $O(k \times N)$（为便于讲解，这里将复杂度刻意写成未除消系数的形式），单体与微服务的差别是复杂度比例系数 k 的大小差别，微服务架构的 k 要比单体架构的 k 更大。软件研发的整体复杂度是认知负荷与协作成本两者之和，对于单体架构是 $O(k \times N)+O(N^2)$，对于微服务架构，整体复杂度就是 $O(k \times N)+O(N\log N)$，由于高次项的差异，N 的规模增加时单体架构的复杂度增长更快，这就定量地论证了"规模小时微服务的复杂度高于单体系统，规模大时则相反"的观点。

笔者用了千余字的篇幅，目的不是证明这个观点的正确，很多架构师仅凭经验也能直观感受出它是正确的。笔者的目的是想解释清楚软件研发的复杂性的来源与差距程度，并说明微服务中分治思想对控制软件研发复杂性的价值。假如只能用一个词来形容微服务解决问题的核心思想，笔者给的答案就是"分治"，这既是微服务的基本特征，也是微服务应对复杂性的手段。

16.4.2　发展的治理

我们再来看治理对动态发展方面的要求，"持续保持"是指采取某些措施，让软件系统能够持续保持一定的质量。"持续保持"听起来只是守成，应该至少不比建设困难。可是一个令人感到意外的结论是此目标其实不可能实现，如果软件系统长期接受新的需求输入，它的质量必然无法长期保持。软件研发中有一个概念"架构腐化"（Architectural Decay）专门形容此现象：架构腐化只能延缓，无法避免。

架构腐化与生物的衰老过程很像，原因都来自于随时间发生的微妙变化，如果你曾经参与过多个项目或产品的研发，应该能对以下场景有所共鸣：在项目开始的时候，团队会花很多时间去决策该选择什么技术体系、哪种架构、怎样的平台框架，甚至具体到开发、测试和持续集成工具。此时就像小孩子在选择自己钟爱的玩具，笔者相信无论决策的结果如何，团队都会欣然选择他们所想选择的，并且坚信他们的选择是正确的。事实也确实如此，团队选择的解决方案通常能够解决技术选型时就能预料到的那部分困难。但真正困难的地方在于，随着时间的流逝，团队对该项目质量的持续保持能力会逐渐下降，一方面是高级技术专家不可能持续参与软件稳定之后的迭代过程，反过来，如果持续绑定在同一个达到稳定之后的项目上，也很难培养出技术专家。老人的退出、新人的加入使得团队总是需要理解旧代码同时完成新功能的成员，技术专家偶尔来评审一下或救一救火，充其量只能算临时抱佛脚；另一方面是代码会逐渐失控，时间长了一定会有某些并不适合放进最初设计中的需求出现，工期紧、任务重、业务复杂、代码不熟悉等都会成为欠下一笔技术债的妥协理由，原则底线每一次被细微地突破，都可能被破窗效应撕裂放大成触目惊心的血痕，最终累积到每个新人到来就马上能嗅出老朽腐臭味道的程度。

架构腐化是软件动态发展中出现的问题，任何静态的治理方案都只能延缓，不能根治，必须在发展中才能找到彻底解决的办法。治理架构腐化唯一有效的办法是演进式的设计，这点与生物族群的延续也很像，流水不腐，户枢不蠹。

　　演进式设计在之前已经提到过多次，它是微服务中提倡的主要特征之一，也是作为技术决策者的架构师应该具备的发展式思维。架构师（Architect）一词是软件行业从建筑行业引进的舶来词，Arch 本身就是拱形建筑的含义。有很多资料都把软件架构师解释为给建筑设计骨架、绘制图纸的建筑架构师，这其实潜藏着极大的误导。一个复杂的软件与一栋复杂的建筑看似有可比性，两者的演进过程却截然不同。万丈高楼也是根据预先设计好的完整详尽的图纸准确施工而建成的，但是任何一个大型的软件系统都绝不可能这样建造出来。演进式设计与建筑设计的关键区别是，它不像是"造房子"，更像是"换房子"。举个具体的例子你就能明白：

- ❏ 在校求学的你住着六人间宿舍；
- ❏ 初入职场的你搬进了单间出租屋；
- ❏ 新婚燕尔的你买下属于自己的两室一厅；
- ❏ 孩子上学时，你换上了大户型的学区房；
- ❏ 孩子离家读书时，你也终于走上人生巅峰，换了一套梦想中的大别墅。

　　对于你住进大别墅的这个过程，后一套房子并不是前一套房子的"升级版本"，两套房子之间只有逻辑意义上的继承关系，没有实质血源上的继承关系，你最后的大别墅绝对不是在最初的六人间宿舍基础上添砖加瓦扩建而来的。同理，大型软件的建设是一个不断推倒重来的演进过程，前一个版本对后一个版本的价值在于它满足了这个阶段用户的需要，让团队成功适应了这个阶段的复杂度，可以向下一个台阶迈进。对于最终用户来说，一个能在演进过程中逐步为用户提供价值的系统，体验也要远好于一个"憋大招"的系统——哪怕这大招最终能成功憋出来。这个道理就如图 16-4 这幅关于理想交通工具的漫画所示。

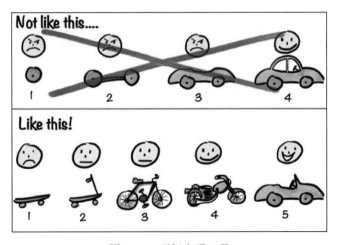

图 16-4　理想交通工具

图片来源：https://m.dotdev.co/the-agile-bicycle-829a83b18e7。

🔘 **额外知识** **演进式设计**

演进式设计是 ThoughtWorks 提出的架构方法，无论是代际的演进还是渐进的演进，都带有不少争议，它不仅是建造的学问，也是破坏的学问。Neal Ford 在 *Building Evolutionary Architectures: Support Constant Change* 一书中比较详细地阐述了演进式架构的思想，获得不少关注，却不见得其中所有观点都能得到广泛认可。如果你是管理者，大概很难接受正是那些正常工作的系统带来了研发效率的下降的观点；如果你是程序员，估计不一定能接受代码复用性越高、可用性越低这样与之前认知相悖的结论。

笔者强调的演进式设计，不应被过度解读成系统最终都是会腐化，项目最终被推倒重建，针对特定阶段的努力就没有什么作用。静态的治理措施当然有它的价值，我们无法避免架构腐化，却完全有必要依靠良好的设计和治理，为项目的质量维持一段合理的"保质期"，让它在合理的生命周期中发挥价值。

复杂性本身不是洪水猛兽，无法处理的复杂性才是。刀耕火种的封建时代无法想象机器大生产中的复杂协作，蒸汽革命时代同样难以想象数字化社会中信息的复杂流动。先进的生产力都伴随着更高的复杂性，需要有与生产力符合的生产关系来匹配，敏锐地捕捉到生产力的变化，随时调整生产关系，这才是架构师治理复杂性的终极方法。

附录 A　*Appendix A*

技术演示工程实践

除文字讲述外，笔者还在 GitHub 上建立了若干配套的代码工程，这是针对不同架构、技术方案（单体架构、微服务、服务网格、无服务架构等）的演示程序。它们是书中所述知识的实践示例，亦可作为新创建实际项目时可参考引用的基础代码。鉴于图书的时效性，建议读者在使用时先到以下地址获取最新的版本。

- ❏ 文档工程：
  - ◯ 本书网站，https://icyfenix.cn
  - ◯ Vuepress 支持的文档工程，https://github.com/fenixsoft/awesome-fenix
- ❏ 前端工程：
  - ◯ Mock.js 支持的纯前端演示，https://bookstore.icyfenix.cn
  - ◯ Vue.js 2 实现前端工程，https://github.com/fenixsoft/fenix-bookstore-frontend
- ❏ 后端工程：
  - ◯ Spring Boot 实现单体架构，https://github.com/fenixsoft/monolithic_arch_springboot
  - ◯ Spring Cloud 实现微服务架构，https://github.com/fenixsoft/microservice_arch_springcloud
  - ◯ Kubernetes 为基础设施的微服务架构，https://github.com/fenixsoft/microservice_arch_kubernetes
  - ◯ Istio 为基础设施的服务网格架构，https://github.com/fenixsoft/servicemesh_arch_istio
  - ◯ AWS Lambda 为基础的无服务架构，https://github.com/fenixsoft/serverless_arch_awslambda

A.1 单体架构：Spring Boot

单体架构是 Fenix's Bookstore 服务端的起始版本，它与此后基于微服务（Spring Cloud、Kubernetes）、服务网格（Istio）、无服务（Serverless）架构风格实现的其他版本，在业务功能上的表现是完全一致的。如果你不是带着解决某个具体问题，了解某项具体工具、技术的目的而来，而是有较充裕的时间，希望了解软件架构的全貌与发展，笔者推荐以此工程入手来探索现代软件架构，因为单体架构的结构是相对直观且易于理解的，对后面接触的其他架构风格也能起到良好的铺垫作用。

A.1.1 运行程序

通过以下几种途径运行程序，浏览最终的效果。

1）通过 Docker 容器方式运行：

```
$ docker run -d -p 8080:8080 --name bookstore icyfenix/bookstore:monolithic
```

然后访问 http://localhost:8080，系统预置了一个用户（user 为 icyfenix，pw 为 123456），也可以注册新用户来测试。

默认会使用 HSQLDB 的内存模式作为数据库，并在系统启动时自动初始化 Schema，完全开箱即用。但这同时也意味着当程序运行结束时，所有的数据都不会被保留。

如果希望使用 HSQLDB 的文件模式，或者其他非嵌入式的独立的数据库，也是很简单的。以常用的 MySQL/MariaDB 为例，程序中也已内置了 MySQL 的表结构初始化脚本，你可以使用环境变量 "PROFILES" 来激活 Spring Boot 中针对 MySQL 所提供的配置，命令如下所示：

```
$ docker run -d -p 8080:8080 --name bookstore icyfenix/bookstore:monolithic -e
    PROFILES=mysql
```

此时你需要通过 Docker link、Docker Compose 或者直接在主机的 Host 文件中提供一个名为 "mysql_lan" 的 DNS 映射，使程序能顺利连接到数据库。关于数据库的更多配置，可参考源码中的 application-mysql.yml。

2）通过 Git 上的源码，以 Maven 方式运行：

```
# 克隆获取源码
$ git clone https://github.com/fenixsoft/monolithic_arch_springboot.git

# 进入工程根目录
$ cd monolithic_arch_springboot

# 编译打包
# 采用Maven Wrapper，此方式只需要机器安装有JDK 8或以上版本即可，无须包括Maven在内的其他任何依赖
# 如在Windows下应使用mvnw.cmd package代替以下命令
$ ./mvnw package

# 运行程序，地址为localhost:8080
```

```
$ java -jar target/bookstore-1.0.0-Monolithic-SNAPSHOT.jar
```

然后访问 http://localhost:8080，系统预置了一个用户（user 为 icyfenix，pw 为 123456），也可以注册新用户来测试。

3）通过 Git 上的源码，在 IDE 环境中运行：

❑ 以 IntelliJ IDEA 为例，Git 克隆本项目后，在 File → Open 菜单选择本项目所在的目录，或者 pom.xml 文件，以 Maven 方式导入工程。

❑ IDEA 将自动识别出这是一个 Spring Boot 工程，并定位启动入口为 Bookstore-Application，待 IDEA 内置的 Maven 自动下载完所有的依赖包后，运行该类即可启动。

❑ 如果你使用其他的 IDE，没有对 Spring Boot 的直接支持，亦可自行定位到 Bookstore-Application，这是一个带有 main() 方法的 Java 类，运行该类即可启动。

❑ 可通过 IDEA 的 Maven 面板中 Lifecycle 里面的 package 来对项目进行打包、发布。

❑ 在 IDE 环境中修改配置（如数据库等）会更加简单，具体可以参考工程中 application.yml 和 application-mysql.yml 中的内容。

A.1.2　技术组件

Fenix's Bookstore 单体架构后端应尽可能采用标准的技术组件进行构建，而不依赖于具体的实现，技术组件列举如下。

❑ JSR 370：Java API for RESTful Web Services 2.1（JAX-RS 2.1）
RESTful 服务方面，采用的实现为 Jersey 2，亦可替换为 Apache CXF、RESTeasy、WebSphere、WebLogic 等。

❑ JSR 330：Dependency Injection for Java 1.0
依赖注入方面，采用的实现为 Spring Boot 2 中内置的 Spring Framework 5。虽然在多数场合中尽可能地使用了 JSR 330 的标准注解，但仍有少量地方由于 Spring 在对 @Named、@Inject 等注解的支持表现上与本身提供的注解差异，使用了 Spring 的私有注解。如替换成其他的 CDI 实现，如 HK2，则需要较大的改动。

❑ JSR 338：Java Persistence 2.2
持久化方面，采用的实现为 Spring Data JPA。可替换为 Batoo JPA、EclipseLink、OpenJPA 等实现，只需将使用 CrudRepository 所省略的代码手动补全即可，无须其他改动。

❑ JSR 380：Bean Validation 2.0
数据验证方面，采用的实现为 Hibernate Validator 6，可替换为 Apache BVal 等其他验证框架。

❑ JSR 315：Java Servlet 3.0
Web 访问方面，采用的实现为 Spring Boot 2 中默认的 Tomcat 9 Embed，可替换为 Jetty、Undertow 等其他 Web 服务器。

有以下组件仍然依赖了非标准化的技术实现，具体如下。

❑ JSR 375：Java EE Security API specification 1.0

认证 / 授权方面，在 2017 年才发布的 JSR 375 中仍然没有包含对 OAuth 2 和 JWT 的直接支持，因后续实现微服务架构时对比的需要，单体架构中选择了 Spring Security 5 作为认证服务，Spring Security OAuth 2.3 作为授权服务，Spring Security JWT 作为 JWT 令牌支持，并未采用标准的 JSR 375 实现，如 Soteria。

❑ JSR 353/367：Java API for JSON Processing/Binding

JSON 序列化 / 反序列化方面，由于 Spring Security OAuth 的限制（使用 JSON-B 作为反序列化器时的结果与 Jackson 等有差异），采用了 Spring Security OAuth 默认的 Jackson，并未采用标准的 JSR 353/367 实现，如 Apache Johnzon、Eclipse Yasson 等。

A.1.3　工程结构

Fenix's Bookstore 单体架构后端参考（并未完全遵循）了 DDD 的分层模式和设计原则，整体分为以下四层。

❑ 资源层（Resource）：对应 DDD 中的用户接口（User Interface）层，负责向用户显示信息或者解释用户发出的命令。请注意，这里指的"用户"不一定是使用用户界面的人，可以是位于另一个进程或计算机的服务。由于本工程采用了 MVVM 前后端分离模式，这里所指的用户实际上是前端的服务消费者，所以这里以 RESTful 中的核心概念"资源"来命名。

❑ 应用层（Application）：对应 DDD 中的应用层，负责定义软件本身对外暴露的能力，即软件本身可以完成哪些任务，并负责对内协调领域对象来解决问题。根据 DDD 的原则，应用层要尽量简单，不包含任何业务规则或者知识，只为下一层中的领域对象协调任务，分配工作，使它们互相协作，这一点在代码上表现为应用层中一般不会存在任何条件判断语句。在许多项目中，应用层都会被选为包裹事务（从代码进入此层事务开始，到退出此层事务提交或者回滚）的载体。

❑ 领域层（Domain）：对应 DDD 中的领域层，负责实现业务逻辑，即表达业务概念，处理业务状态信息以及业务规则这些行为，此层是整个项目的重点。

❑ 基础设施层（Infrastructure）：对应 DDD 中的基础设施层，向其他层提供通用的技术能力，譬如持久化能力、远程服务通信、工具集等。

A.2　微服务：Spring Cloud

直至现在，在由不同编程语言、不同技术框架所开发的微服务系统中，基于 Spring Cloud 的解决方案仍然是最主流的选择。这个结果既是 Java 在服务端应用所积累的深厚根基的体现，也是 Spring 在 Java 生态系统中统治地位的体现。从 Spring Boot 到 Spring Cloud

的过渡，令现存数量极为庞大的、基于 Spring 和 Spring Boot 的单体系统得以平滑地迁移到微服务架构中，且这些系统的大部分代码都无须修改，或少量修改即可保留重用。在微服务时代的早期，Spring Cloud 就集成了 Netflix OSS（以及 Spring Cloud Netflix 进入维护期后对应的替代组件）这类成体系的微服务套件，基本上也能算"半透明地"满足了在微服务环境中必然会面临的服务发现、远程调用、负载均衡、集中配置等非功能性的需求。

笔者个人一直不太倾向于 Spring Cloud Netflix 这种以应用代码去解决基础设施功能问题的"解题思路"，以自顶向下的视角来看，这既是虚拟化的微服务基础设施完全成熟之前必然会出现的应用形态，也是微服务进化过程中必然会被替代的过渡形态。不过，笔者的看法无关紧要，基于 Spring Cloud Netflix 的微服务在当前是主流，直至未来不算短的一段时间内仍会是主流，而且以应用的视角来看，能自底向上观察基础设施在微服务中面临的需求和挑战，能用我们最熟悉的 Java 代码来分析问题，也有利于对微服务的整体思想的深入理解，所以将它作为我们了解的第一种微服务架构的实现是十分适合的。

A.2.1 需求场景

小书店（Fenix's Bookstore）生意日益兴隆，客人、货物、营收都在持续增长，业务越发复杂，对信息系统并发与可用方面的要求也越来越高。由于业务属性和质量属性要求的提升，信息系统需要更多的硬件资源去支撑，这是合情合理的，但是，如果我们把需求场景列得更具体些，便会发现"合理"的背后有许多无可奈何之处。

❏ 譬如，制约软件质量与业务能力提升的最大因素是人而非硬件。多数企业即使有钱也很难招到大量的靠谱的开发人员。此时，无论是引入外包团队，还是让少量技术专家带着大量普通水平的开发人员去共同完成一个大型系统就成为必然的选择。在单体架构下，没有什么有效阻断错误传播的手段，系统中"整体"与"部分"的关系没有物理的划分，所以只能靠研发与项目管理措施来尽可能地保障系统质量，少量的技术专家很难阻止大量螺丝钉式的程序员或者不熟悉原有技术架构的外包人员在某个不起眼的地方犯错并产生全局性的影响，并不容易做出整体可靠的大型系统。

❏ 譬如，技术异构的需求从可选渐渐成为必须。Fenix's Bookstore 的单体版本是以目前应用范围最广的 Java 编程语言来开发，但依然可能遇到很多想做 Java 却不擅长的事情。譬如想做人工智能，进行深度学习训练，发现大量的库和开源代码都离不开 Python；想要引入分布式协调工具，发现近几年 ZooKeeper 已经有被后起之秀 Go 的 etcd 蚕食替代的趋势；想做集中式缓存，发现无可争议的首选是 ANSI C 编写的 Redis，等等。很多时候为异构能力进行的分布式部署，并不是你想或者不想的问题，而是没有选择、不可避免的。

微服务的需求场景还有很多，这里就不多列举了，总之，系统发展到一定程度，我们总能找到充分的理由去拆分与重构它。在笔者设定的演示案例中，准备把单体的 Fenix's Bookstore 拆分成为"用户""商品""交易"三个能够独立运行的子系统，它们将在一系列非功能性技术模块（认证、授权等）和基础设施（配置中心、服务发现等）的支撑下互相协作，以统一的 API 网关对外提供与原来单体系统功能一致的服务，应用视图如图 A-1 所示。

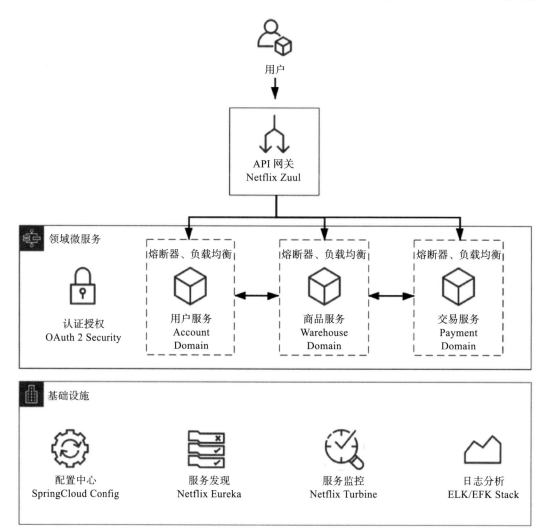

图 A-1　Spring Cloud 应用视图

A.2.2　运行程序

通过以下几种途径运行程序，浏览最终的效果。

1）通过 Docker 容器方式运行。

微服务涉及多个容器的协作，通过 link 单独运行容器已经被 Docker 官方声明为不提倡的方式，所以在工程中提供了专门的配置，以便使用 docker-compose 来运行：

```
# 下载docker-compose配置文件
$ curl -O https://raw.githubusercontent.com/fenixsoft/microservice_arch_
springcloud/master/docker-compose.yml

# 启动服务
$ docker-compose up
```

然后访问 http://localhost:8080，系统预置了一个用户（user:icyfenix，pw:123456），也可以注册新用户来测试。

2）通过 Git 上的源码，以 Maven 方式编译、运行。

笔者已经在配置文件中设置好了各个微服务默认的地址和端口号，以便于本地调试。如果要在同一台机运行这些服务，并且每个微服务都只启动一个实例的话，那不加任何配置、参数即可正常以 Maven 方式编译、以 Jar 包形式运行。由于各个微服务需要从配置中心里获取具体的参数信息，因此唯一的要求是"配置中心"的微服务必须作为第一个启动的服务进程。具体的操作过程如下所示：

```
# 克隆获取源码
$ git clone https://github.com/fenixsoft/microservice_arch_springcloud.git

# 进入工程根目录
$ cd microservice_arch_springcloud

# 编译打包
# 采用Maven Wrapper，此方式只需要机器安装有JDK 8或以上版本即可，无须包括Maven在内的其他任何依赖
# 克隆后你可能需要使用chmod给mvnw赋予执行权限，如在Windows下应使用mvnw.cmd package代替以下命令
$ ./mvnw package

# 工程将编译出七个SpringBoot Jar
# 启动服务需要运行以下七个微服务组件
# 配置中心微服务：localhost:8888
$ java -jar ./bookstore-microservices-platform-configuration/target/bookstore-
    microservice-platform-configuration-1.0.0-SNAPSHOT.jar
# 服务发现微服务：localhost:8761
$ java -jar ./bookstore-microservices-platform-registry/target/bookstore-
    microservices-platform-registry-1.0.0-SNAPSHOT.jar
# 服务网关微服务：localhost:8080
$ java -jar ./bookstore-microservices-platform-gateway/target/bookstore-
    microservices-platform-gateway-1.0.0-SNAPSHOT.jar
# 安全认证微服务：localhost:8301
$ java -jar ./bookstore-microservices-domain-security/target/bookstore-
    microservices-domain-security-1.0.0-SNAPSHOT.jar
# 用户信息微服务：localhost:8401
$ java -jar ./bookstore-microservices-domain-account/target/bookstore-
    microservices-domain-account-1.0.0-SNAPSHOT.jar
# 商品仓库微服务：localhost:8501
$ java -jar ./bookstore-microservices-domain-warehouse/target/bookstore-
    microservices-domain-warehouse-1.0.0-SNAPSHOT.jar
# 商品交易微服务：localhost:8601
$ java -jar ./bookstore-microservices-domain-payment/target/bookstore-
    microservices-domain-payment-1.0.0-SNAPSHOT.jar
```

由于在命令行启动多个服务，通过容器实现各服务隔离、扩展等都较烦琐，笔者提供了一个 docker-compose.dev.yml 文件，便于开发期调试使用：

```
# 使用Maven编译出JAR包后，可使用以下命令直接在本地构建镜像运行
$ docker-compose -f docker-compose.dev.yml up
```

以上两种本地运行的方式可任选其一。服务全部启动后，在浏览器访问 http://localhost:8080，系统预置了一个用户（user:icyfenix，pw:123456），也可以注册新用户来测试。

3）通过 Git 上的源码，在 IDE 环境中运行：

❑ 以 IntelliJ IDEA 为例，Git 克隆本项目后，在 File → Open 菜单选择本项目所在的目录，或者 pom.xml 文件，以 Maven 方式导入工程。

❑ 待 Maven 自动安装依赖后，即可在 IDE 或者 Maven 面板中编译全部子模块的程序。

❑ 本工程下面八个模块，除 bookstore-microservices-library-infrastructure 外，其余均是 Spring Boot 工程，将这七个工程的 Application 类加入 IDEA 的 Run Dashboard 面板中。

❑ 在 Run Dashboard 中先启动 bookstore-microservices-platform-configuration 微服务，然后可一次性启动其余六个子模块的微服务。

4）配置与横向扩展。

工程中预留了一些环境变量，便于配置和扩展，譬如，想要在非容器的单机环境中模拟热点模块的服务扩容，就需要调整每个服务的端口号。预留的这类环境变量包括：

```
# 修改配置中心的主机和端口，默认为localhost:8888
CONFIG_HOST
CONFIG_PORT

# 修改服务发现的主机和端口，默认为localhost:8761
REGISTRY_HOST
REGISTRY_PORT

# 修改认证中心的主机和端口，默认为localhost:8301
AUTH_HOST
AUTH_PORT

# 修改当前微服务的端口号
# 譬如，你打算在一台机器上扩容四个支付微服务以应对促销活动的流量高峰
# 可将它们的端口设置为8601（默认）、8602、8603、8604等
# 真实环境中，它们可能是在不同的物理机、容器环境下，这时扩容无须调整端口
PORT

# SpringBoot采用Profile配置文件，默认为default
# 譬如，服务默认使用HSQLDB的内存模式作为数据库，如需调整为MySQL，可将此环境变量调整为mysql
# 因为笔者默认预置了名为applicaiton-mysql.yml的配置，以及HSQLDB和MySQL的数据库脚本，
# 如果你需要支持其他数据库、修改程序中其他的配置信息，可以在代码中自行加入另外的初始化脚本
PROFILES

# Java虚拟机运行参数，默认为空
JAVA_OPTS
```

A.2.3　技术组件

Fenix's Bookstore 采用基于 Spring Cloud 的微服务架构，微服务部分主要采用 Netflix OSS 组件进行支持，具体分析如下。

- ❑ 配置中心：默认采用 Spring Cloud Config，亦可使用 Spring Cloud Consul、Spring Cloud Alibaba Nacos 代替。
- ❑ 服务发现：默认采用 Netflix Eureka，亦可使用 Spring Cloud Consul、Spring Cloud ZooKeeper、etcd 等代替。
- ❑ 服务网关：默认采用 Netflix Zuul，亦可使用 Spring Cloud Gateway 代替。
- ❑ 服务治理：默认采用 Netflix Hystrix，亦可使用 Sentinel、Resilience4j 代替。
- ❑ 进程内负载均衡：默认采用 Netfilix Ribbon，亦可使用 Spring Cloud Loadbalancer 代替。
- ❑ 声明式 HTTP 客户端：默认采用 Spring Cloud OpenFeign。声明式的 HTTP 客户端其实没有找替代品的必要性，如果需要，可考虑 Retrofit，或者使用 RestTemplete 乃至更底层的 OkHTTP、HTTPClient 以命令式编程来访问，只是需要多写一些代码而已。

尽管 Netflix 套件的使用人数很多，但考虑到 Spring Cloud Netflix 已进入维护模式，笔者均列出了上述组件的替代品。这些组件几乎都是声明式的，这确保了它们的替代成本相当低廉，只需更换注解，修改配置，无须改动代码。在阅读源码时你也会发现，三个"platform"开头的服务，基本上不存在任何实际代码。

对于其他与微服务无关的技术组件（REST 服务、安全、数据访问，等等），笔者已在 Fenix's Bookstore 单体架构中介绍过，在此不再重复。

A.3　微服务：Kubernetes

2017 年，笔者曾在文章中描述 Kubernetes 为"后微服务时代"的开端，这一年也是容器生态发展历史中具有里程碑意义的一年。在这一年，长期作为 Docker 竞争对手的 RKT 容器一派的领导者 CoreOS 宣布放弃自己的容器管理系统 Fleet，并将会把所有容器管理的功能移至 Kubernetes 之上去实现。在这一年，容器管理领域的独角兽 Rancher Labs 宣布放弃其内置了数年的容器管理系统 Cattle，提出"All-in-Kubernetes"战略，从 2.0 版本开始把 1.x 版本能够支持多种容器管理工具的 Rancher，"反向升级"为只支持 Kubernetes 一种容器的管理系统。在这一年，Kubernetes 的主要竞争者 Apache Mesos 在 9 月正式宣布了"Kubernetes on Mesos"集成计划，对 Kubernetes 提供支持，使其能够与 Mesos 的其他一级框架（如 HDFS、Spark 和 Chronos 等）进行集群资源动态共享、分配与隔离。在这一年，Kubernetes 的最大竞争者 Docker Swarm 的母公司 Docker，终于在 10 月被迫宣布 Docker 要同时支持 Swarm 与 Kubernetes 两套容器管理系统，事实上承认了 Kubernetes 的统治地位。这场已经持续了三四年时间，以 Docker Swarm、Apache Mesos 与 Kubernetes 为主要竞争者的"容器战争"终于有了明确的结果，Kubernetes 登基加冕是容器发展中一个时代的终章，也是软件架构发展下一个纪元的开端。

A.3.1　需求场景

当引入了基于 Spring Cloud 的微服务架构后，Fenix's Bookstore 初步解决了扩容缩容、独立部署、运维和管理等问题，满足了产品经理不断提出的日益复杂的业务需求。可是，对于团队的开发人员、设计人员、架构人员来说，并没有感觉到工作变得轻松，微服务中的各种新技术名词，如配置中心、服务发现、网关、熔断、负载均衡等，就足够一名新手学习很长一段时间；从产品角度来看，各种 Spring Cloud 的技术套件，如 Config、Eureka、Zuul、Hystrix、Ribbon、Feign 等，也占据了产品的大部分编译后的代码容量。之所以在微服务架构里，我们选择应用层面而不是基础设施层面去解决这些分布式问题，完全是因为由硬件构成的基础设施，跟不上由软件构成的应用服务的灵活性的无奈之举。当 Kubernetes 统一了容器编排管理系统之后，这些纯技术性的底层问题，便开始有了被广泛认可和采纳的基础设施层面的解决方案。为此，Fenix's Bookstore 也迎来了它在"后微服务时代"中的下一次架构演进，这次升级的目标主要有如下两点。

❑ **目标一：尽可能缩减非业务功能代码的比例。**

在 Fenix's Bookstore 中，用户服务（Account）、商品服务（Warehouse）、交易服务（Payment）三个工程是真正承载业务逻辑的服务，认证授权服务（Security）可以认为是同时涉及了技术与业务，而配置中心（Configuration）、网关（Gateway）和服务注册中心（Registry）则是纯技术性。我们希望尽量消除这些纯技术性的工程，以及那些依附在其他业务工程上的纯技术组件。

❑ **目标二：尽可能在不影响原有代码的前提下完成迁移。**

得益于 Spring Framework 4 中的 Conditional Bean 等声明式特性的出现，对于近年来新发布的 Java 技术组件，声明式编程（Declarative Programming）已经逐步取代命令式编程（Imperative Programming）成为主流的选择。在命令式编程的支持下，我们可以从目的而不是过程的角度去描述编码意图，使得代码几乎不会与具体技术实现产生耦合，若要更换一种技术实现，只需要调整配置中的声明便可做到。

从升级结果来看，如果仅以 Java 代码的角度来衡量，本工程与此前基于 Spring Cloud 的实现没有丝毫差异，两者的每一行 Java 代码都是一模一样的；真正的区别在于 Kubernetes 的实现版本中直接删除了配置中心、服务注册中心的工程，而在其他工程的 pom.xml 中也删除了对如 Eureka、Ribbon、Config 等组件的依赖。取而代之的是新增了若干个以 YAML 配置文件为载体的 Skaffold 和 Kubernetes 的资源描述，这些资源描述文件，将会动态构建出 DNS 服务器、服务负载均衡器等一系列虚拟化的基础设施，去代替原有的应用层面的技术组件。升级改造之后的应用架构如图 A-2 所示。

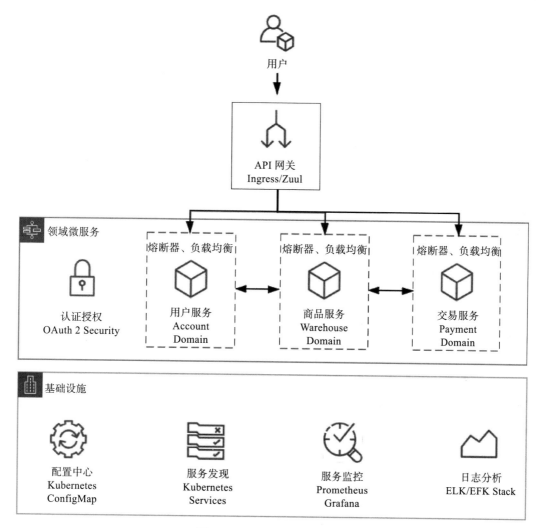

图 A-2　Kubernetes 应用视图

A.3.2　运行程序

在已经部署 Kubernetes 集群的前提下，通过以下几种途径运行程序，浏览最终的效果。

1）直接在 Kubernetes 集群环境上运行。

工程在编译时已通过 Kustomize 生成集成式的资源描述文件，可通过该文件直接在
Kubernetes 集群中运行程序：

```
# 资源描述文件
```

```
$ kubectl apply -f https://raw.githubusercontent.com/fenixsoft/microservice_
  arch_kubernetes/master/bookstore.yml
```

命令执行过程中一共需要下载几百 MB 的镜像，尤其是 Docker 中没有各层基础镜像缓存时，请根据自己的网速保持一定的耐心。未来 GraalVM 对 Spring Cloud 的支持更成熟一些后，可以考虑采用 GraalVM 来改善这一点。当所有的 Pod 都处于正常工作状态后，在浏览器访问 http://localhost:30080，系统预置了一个用户（user:icyfenix, pw:123456），也可以注册新用户来测试。

2）通过 Skaffold 在命令行或 IDE 中以调试方式运行。

一般开发基于 Kubernetes 的微服务应用，是在本地针对单个服务编码、调试完成后，通过 CI/CD 流水线部署到 Kubernetes 中进行集成的。如果只是针对集成测试，这并没有什么问题，但同样的做法应用在开发阶段就相当不便了，我们不希望每做一处修改都要经过一次 CI/CD 流程，这将非常耗时且难以调试。

Skaffold 是 Google 在 2018 年开源的一款加速应用在本地或远程 Kubernetes 集群中构建、推送、部署和调试的自动化命令行工具，对于 Java 应用来说，它可以做到监视代码变动，自动打包出镜像，将镜像打上动态标签并更新部署到 Kubernetes 集群，为 Java 程序注入开放 JDWP 调试的参数，并根据 Kubernetes 的服务端口自动在本地生成端口转发。以上都是根据 skaffold.yml 中的配置来进行的，开发时 skaffold 通过 dev 指令来执行这些配置，具体的操作过程如下所示：

```
# 克隆获取源码
$ git clone https://github.com/fenixsoft/microservice_arch_kubernetes.git && cd
  microservice_arch_kubernetes

# 编译打包
$ ./mvnw package

# 启动Skaffold
# 此时将会自动打包Docker镜像，并部署到Kubernetes中
$ skaffold dev
```

服务全部启动后，访问 http://localhost:30080，系统预置了一个用户（user 为 icyfenix，pw 为 123456），也可以注册新用户来测试。

由于面向的是开发环境，基于效率原因，笔者并没有像传统 CI 工程那样直接使用 Maven 的 Docker 镜像来打包 Java 源码，这决定了构建 Dockerfile 时，要监视的变动目标将是 Jar 文件而不是 Java 源码，Skaffold 的执行是由 Jar 包的编译结果来驱动的，只在进行 Maven 编译、输出了新的 Jar 包后才会更新镜像。这样做一方面是考虑到在 Maven 镜像中打包不便于利用本地的仓库缓存，尤其在国内网络中，速度实在难以忍受；另一方面是笔者其实并不希望每保存一次源码，都自动构建和更新一次镜像，毕竟比起传统的 HotSwap 或者 Spring Devtool Reload 来说，更新镜像重启 Pod 是一个更加重负载的操作。未来 CNCF 的 Buildpack 成熟之后，应该可以绕过笨重的 Dockerfile，对打包和容器热更新做更

精细化的控制。

另外，对于有 IDE 调试需求的同学，推荐采用 Google Cloud Code（Cloud Code 同时提供了 VS Code 和 IntelliJ Idea 的插件）来配合 Skaffold 使用，毕竟是同一个公司出品的产品，搭配起来能获得几乎与本地开发单体应用一致的编码和调试体验。

A.3.3　技术组件

Fenix's Bookstore 采用基于 Kubernetes 的微服务架构，并采用 Spring Cloud Kubernetes 做了适配，其中主要的技术组件如下所示。

❑ **环境感知**：Spring Cloud Kubernetes 本身引入了 Fabric 8 的 Kubernetes Client 作为容器环境感知器，不过引用的版本相当陈旧，如 Spring Cloud Kubernetes 1.1.2 版本中采用的是 Fabric 8 Kubernetes Client 4.4.1 版本，在 Fabric 8 提供的兼容性列表中该版本只支持到 Kubernetes 1.14 版本，实测在 1.16 版本上也能用，但是在 1.18 版本上无法识别到最新的 Api-Server，因此 Maven 引入依赖时需要手工处理，排除旧版本，引入新版本（本工程采用的是 4.10.1 版本）。

❑ **配置中心**：采用 Kubernetes 的 ConfigMap 来管理，通过 Spring Cloud Kubernetes Config 自动将 ConfigMap 的内容注入 Spring 配置文件中，并实现动态更新。

❑ **服务发现**：采用 Kubernetes 的 Service 来管理，通过 Spring Cloud Kubernetes Discovery 自动将 HTTP 访问中的服务转换为 FQDN。

❑ **负载均衡**：采用 Kubernetes Service 本身的负载均衡能力实现（就是 DNS 负载均衡），可以不再需要 Ribbon 这样的客户端负载均衡了。Spring Cloud Kubernetes 从 1.1.2 版本开始已经移除了对 Ribbon 的适配支持，也（暂时）没有对其代替品 Spring Cloud LoadBalancer 提供适配。

❑ **服务网关**：网关部分仍然保留了 Zuul，未采用 Ingress 代替。这里有两点考虑，一是 Ingress Controller 不算是 Kubernetes 的自带组件，它可以有不同的选择（KONG、Nginx、Haproxy 等），同时也需要独立安装，作为演示工程，出于环境复杂度最小化考虑未使用 Ingress；二是 Fenix's Bookstore 的前端工程是存放在网关中的，移除 Zuul 之后也仍然要维持一个前端工程的存在，不能进一步缩减工程数量，也就削弱了移除 Zuul 的动力。

❑ **服务熔断**：仍然采用 Hystrix，Kubernetes 本身无法做到精细化的服务治理，包括熔断、流控、监视等，我们将在基于 Istio 的服务网格架构中解决这个问题。

❑ **认证授权**：仍然采用 Spring Security OAuth 2，Kubernetes 的 RBAC 授权可以解决服务层面的访问控制问题，但 Security 是跨越了业务和技术的边界的，认证授权模块本身仍承担着对前端用户的认证、授权职责，这部分是与业务相关的。

A.4 服务网格：Istio

当软件架构演进至基于 Kubernetes 实现的微服务时，已经能够相当充分地享受到虚拟化技术发展的红利，如应用能够灵活地扩容缩容、不再畏惧单个服务的崩溃消亡、立足应用系统更高层来管理和编排各服务之间的版本、交互。可是，单纯的 Kubernetes 仍然不能解决我们面临的所有分布式技术问题，如 A.3.3 节介绍里，笔者已经说明仅靠 Kubernetes 本身的虚拟化基础设施，难以做到精细化的服务治理，譬如熔断、流控、观测等；即使那些它可以提供支持的分布式能力，譬如通过 DNS 与服务来实现的服务发现与负载均衡，也只能说是初步解决了分布式中如何调用服务的问题而已，仍不能满足根据不同的配置规则、协议层次、均衡算法等去调节负载均衡的执行过程这类高级的配置需求。

Kubernetes 提供的虚拟化基础设施是我们尝试从应用中剥离分布式技术代码踏出的第一步，但只从微服务的灵活与可控这一点而言，其实基于 Kubernetes 实现的版本与上一个 Spring Cloud 版本里用代码实现的效果（功能强大、灵活程度）相比是有所倒退的，这也是当时我们未放弃 Hystrix、Spring Security OAuth 2 等组件的原因。

Kubernetes 给予了我们强大的虚拟化基础设施，这是一把好用的锤子，但我们却不必把所有问题都看作钉子，不必只局限于纯粹基础设施的解决方案。现在，基于 Kubernetes 构筑的服务网格（Service Mesh）是目前最先进的架构风格，即通过中间人流量劫持的方式，以介于应用和基础设施之间的边车代理（Sidecar）来做到既让用户代码可以专注业务需求，不必关注分布式的技术，又能实现几乎不亚于此前 Spring Cloud 时代的那种通过代码来解决分布式问题的可配置、安全和可观测性。这一个目标，现在已成为最热门的服务网格框架 Istio 的 Slogan："Connect, Secure, Control, And Observe Services"（连接、安全、控制和观测服务）。

A.4.1 需求场景

得益于 Kubernetes 的强力支持，Fenix's Bookstore 已经能够依赖虚拟化基础设施进行扩容缩容，将用户请求分散到数量动态变化的 Pod 中处理，应对相当规模的用户量了。不过，随着 Kubernetes 集群中 Pod 的数量规模越来越庞大，到一定程度之后，已经不可能依靠运维人员人工来跟进微服务中出现的各种问题了：一个请求在哪个服务上调用失败了？是 A 调用 B 吗？还是 C 调用 D 时出错了？为什么这个请求、页面忽然卡住了？为什么调度到这个 Node 上的服务比其他 Node 慢那么多？这个 Pod 有 Bug，消耗了大量的 TCP 链接数……

而另外一方面，随着 Fenix's Bookstore 程序规模与用户规模的壮大，开发团队的人员数量也变得越来越多。尽管根据不同微服务进行拆分，可以将每个服务的团队成员都控制于 "2 Pizza Teams"（12 人）的范围以内，但一个很现实的问题是高端技术人员的数量总是有限的，如何让普通、初级的程序员依然做出靠谱的代码，成为这一阶段技术管理者要重点思考的难题。这时候,团队内部出现了一种声音:微服务太复杂,已经学不过来了,让我们回归单体吧。

在上述故事背景下,Fenix's Bookstore 迎来了它的又一次技术架构的演进,这次进化的目标主要有以下两点。

❑ **目标一:实现在大规模虚拟服务下可管理、可观测的系统。**

必须找到某种方法,针对应用系统整体层面,而不是针对单一微服务来连接、调度、配置和观测服务的执行情况。此时,可视化整个系统的服务调用关系,动态配置调节服务节点的断路、重试和均衡参数,针对请求统一收集服务间的处理日志等功能就不再是系统锦上添花的外围功能了,而是关乎系统能否正常运行、运维的必要支撑点。

❑ **目标二:在代码层面,裁剪技术栈深度,回归单体架构中基于 Spring Boot 的开发模式,而不是 Spring Cloud 或者 Spring Cloud Kubernetes 的技术架构。**

我们并不是要去开历史的倒车,相反,我们是很贪心地希望开发重新变得简单的同时,又不放弃现在微服务带来的一切好处。在这个版本的 Fenix's Bookstore 里,所有与 Spring Cloud 相关的技术组件,如上个版本遗留的 Zuul 网关、Hystrix 断路器,还有上个版本新引入用于感知适配 Kubernetes 环境的 Spring Cloud Kubernetes 都将会被拆除掉。如果只观察单个微服务的技术堆栈,它与最初的单体架构几乎没有任何不同——甚至更加简单了,连从单体架构开始一直保护着服务调用安全的 Spring Security 都被移除掉(由于 Fenix's Bookstore 借用了 Spring Security OAuth 2 的密码模式作为登录服务的端点,所以在 Jar 包层面 Spring Security 还是存在的,但其用于安全保护的 Servlet 和 Filter 已经被关闭)。

从升级目标可以明确地得到一种导向,我们必须控制住服务数量膨胀后传递到运维团队的压力,让"每个运维人员能支持服务的数量"这个比例指标有指数级地提高才能确保微服务下运维团队的健康运作。对于开发团队,我们可以只要求一小部分核心成员对微服务、Kubernetes、Istio 等技术有深刻的理解,其余大部分开发人员,仍然可以基于最传统、普通的 Spring Boot 技术栈来开发功能。升级改造之后的应用架构如图 A-3 所示。

A.4.2 运行程序

在已经部署 Kubernetes 与 Istio 的前提下,通过以下几种途径运行程序,浏览最终的效果。

1)在 Kubernetes 无 Sidecar 状态下运行。

在业务逻辑的开发过程中,或者其他不需要双向 TLS、认证授权支持、可观测性支持等非功能性能力增强的环境里,可以不启动 Envoy(但还是要安装 Istio 的,因为用到了 Istio Ingress Gateway),工程在编译时已通过 Kustomize 生成集成式的资源描述文件:

```
# Kubernetes without Envoy资源描述文件
$ kubectl apply -f https://raw.githubusercontent.com/fenixsoft/servicemesh_
    arch_istio/master/bookstore-dev.yml
```

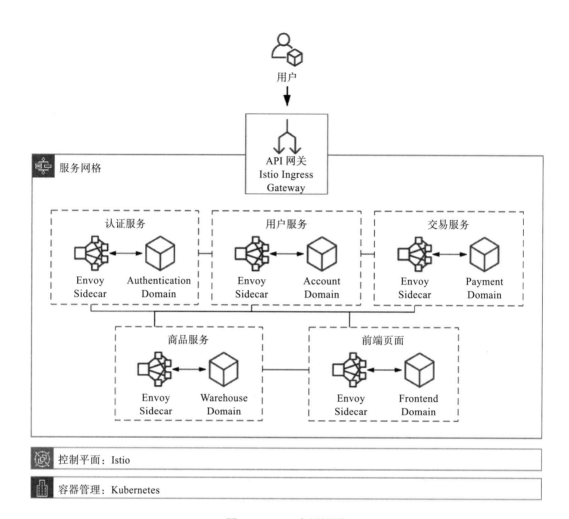

图 A-3 Istio 应用视图

请注意资源文件中对 Istio Ingress Gateway 的设置是针对 Istio 默认安装编写的，即以"istio-ingressgateway"作为标签，以 LoadBalancer 形式对外开放 80 端口，对内监听 8080 端口。在部署时可能需要根据实际情况进行调整，你可观察以下命令的输出结果来确认这一点：

```
$ kubectl get svc istio-ingressgateway -nistio-system -o yaml
```

访问 http://localhost，系统预置了一个用户（user 为 icyfenix，pw 为 123456），也可以注册新用户来测试。

2）在 Istio 服务网格环境上运行。

工程在编译时已通过 Kustomize 生成集成式的资源描述文件，可通过该文件直接在 Kubernetes with Envoy 集群中运行程序：

```
# Kubernetes with Envoy 资源描述文件
$ kubectl apply -f https://raw.githubusercontent.com/fenixsoft/servicemesh_
   arch_istio/master/bookstore.yml
```

当所有的 Pod 都处于正常工作状态后，访问 http://localhost，系统预置了一个用户
（user 为 icyfenix，pw 为 123456），也可以注册新用户来测试。

3）通过 Skaffold 在命令行或 IDE 中以调试方式运行。

这个运行方式与此前调试 Kubernetes 服务是完全一致的，这里不再赘述。

4）调整代理自动注入。

在项目提供的资源文件中，默认是允许边车代理自动注入 Pod 的，这会导致服务需要
有额外的容器初始化过程。开发期间，我们可能需要关闭自动注入以提升容器频繁改动、
重新部署时的效率。如需关闭代理自动注入，请自行调整 bookstore-kubernetes-manifests
目录下的 bookstore-namespaces.yaml 资源文件，根据需要将 istio-injection 修改为 enable
或者 disable。如果关闭了边车代理，意味着你的服务丧失了访问控制（以前是基于 Spring
Security 实现的，在 Istio 版本中这些代码已经被移除）、断路器、服务网格可视化等一系列
依靠 Envoy 代理所提供的能力。但这些能力是纯技术性的，与业务无关，并不影响业务功
能正常使用，所以在本地开发、调试期间关闭代理是可以考虑的。

A.4.3　技术组件

Fenix's Bookstore 采用基于 Istio 的服务网格架构，其中主要的技术组件如下所示。

❑ **配置中心**：通过 Kubernetes 的 ConfigMap 来管理。

❑ **服务发现**：通过 Kubernetes 的 Service 来管理，由于已经不再引入 Spring Cloud
Feign，所以在 OpenFeign 中，直接使用短服务名进行访问。

❑ **负载均衡**：未注入边车代理时，依赖 KubeDNS 实现基础的负载均衡，一旦有了
Envoy 的支持，就可以配置丰富的代理规则和策略。

❑ **服务网关**：依靠 Istio Ingress Gateway 来实现，已经移除了 Kubernetes 版本中保留
的 Zuul 网关。

❑ **服务容错**：依靠 Envoy 来实现，已经移除了 Kubernetes 版本中保留的 Hystrix。

❑ **认证授权**：依靠 Istio 的安全机制来实现，实质上已经不再依赖 Spring Security 进行
ACL 控制，但 Spring Security OAuth 2 仍然以第三方 JWT 授权中心的角色存在，为
系统提供终端用户认证，为服务网格提供令牌生成、公钥 JWKS 等支持。

A.5　无服务：AWS Lambda

无服务架构（Serverless）与微服务架构本身没有继承替代关系，它们并不是同一种层
次的架构，无服务的云函数可以作为微服务的一种实现方式，甚至可能是未来很主流的实

现方式。在本书中我们的话题主要还是聚焦在如何解决分布式架构下的种种问题，相对而言无服务架构并非重点，不过为了保证架构演进的完整性，笔者仍然建立了无服务架构的简单演示工程。

不过，由于无服务架构原理上就决定了它对程序的启动性能十分敏感，这天生就不利于 Java 程序，尤其不利于 Spring 这类启动时组装的 CDI 框架，因此基于 Java 的程序，除非使用 GraalVM 做提前编译、将 Spring 的大部分 Bean 提前初始化，或者迁移至 Quarkus 这类以原生程序为目标的框架上，否则是很难实际用于生产的。

运行程序

Serverless 架构的 Fenix's Bookstore 是基于亚马逊 AWS Lambda 平台运行，这是最早商用，也是目前全球规模最大的 Serverless 运行平台。从 2018 年开始，中国的主流云服务厂商，如阿里云、腾讯云都推出了各自的 Serverless 云计算环境，如需在这些平台上运行 Fenix's Bookstore，应根据平台提供的 Java SDK 对 StreamLambdaHandler 的代码进行少许调整。

在已经完成 AWS 注册、配置 AWS CLI 环境以及 IAM 账号的前提下，可通过以下几种途径运行程序，浏览最终的效果。

1）通过 AWS SAM（Serverless Application Model，无服务应用模型）Local 在本地运行。

AWS CLI 中附有 SAM CLI，但是版本较旧，可通过如下地址[⊖]安装最新版本的 SAM CLI。另外，SAM 需要 Docker 运行环境支持，可参考此处部署。

首先编译应用出二进制包，执行以下标准 Maven 打包命令即可：

```
$ mvn clean package
```

根据 pom.xml 中 assembly-zip 的设置，打包将不会生成 SpringBoot Fat JAR，而是生成适用于 AWS Lambda 的 ZIP 包。打包后，确认已在 target 目录生成 ZIP 文件，且文件名称与代码中提供的 sam.yaml 中配置的一致，在工程根目录下运行如下命令启动本地 SAM 测试：

```
$ sam local start-api --template sam.yaml
```

在浏览器访问 http://localhost:3000，系统预置了一个用户（user:icyfenix，pw:123456），也可以注册新用户来测试。

2）通过 AWS Serverless CLI 将本地 ZIP 包上传至云端运行。

确认已配置 AWS 凭证后，工程中已经提供了 serverless.yml 配置文件，确认文件中 ZIP 的路径与实际 Maven 生成的一致，然后在命令行执行：

```
$ sls deploy
```

⊖ 地 址 为 https://docs.aws.amazon.com/serverless-application-model/latest/developerguide/serverless-sam-cli-install.html。

此时 Serverless CLI 会自动将 ZIP 文件上传至 AWS S3，然后生成对应的 Layers 和 API Gateway，运行结果如下所示：

```
$ sls deploy
Serverless: Packaging service...
Serverless: Uploading CloudFormation file to S3...
Serverless: Uploading artifacts...
Serverless: Uploading service bookstore-serverless-awslambda-1.0-SNAPSHOT-
    lambda-package.zip file to S3 (53.58 MB)...
Serverless: Validating template...
Serverless: Updating Stack...
Serverless: Checking Stack update progress...
..............
Serverless: Stack update finished...
Service Information
service: spring-boot-serverless
stage: dev
region: us-east-1
stack: spring-boot-serverless-dev
resources: 10
api keys:
  None
endpoints:
  GET - https://cc1oj8hirl.execute-api.us-east-1.amazonaws.com/dev/
functions:
  springBootServerless: spring-boot-serverless-dev-springBootServerless
layers:
  None
Serverless: Removing old service artifacts from S3...
```

访问输出结果中的地址（譬如上面显示的 https://cc1oj8hirl.execute-api.us-east-1.amazonaws.com/dev/）即可浏览结果。

需要注意，由于 Serverless 对响应速度的要求本来就较高，所以不建议再采用 HSQLDB 数据库来运行程序，每次冷启动都重置一次数据库本身也并不合理。代码中提供了 MySQL 的 Schema，建议采用 AWS RDB MySQL/MariaDB 作为数据库来运行。

Appendix B
附录 B

部署 Kubernetes 集群

部署 Kubernetes 曾经是一件相当麻烦的事情，在早期版本中，Kubelet、Api-Server、etcd、Controller-Manager 等每一个组件都需要自己单独去部署，还要创建自签名证书来保证各个组件之间的网络访问。随着 Kubernetes 的后续版本不断改进（如提供了自动生成证书、Api-Server 等组件改为默认静态 Pod 部署方式），部署和管理 Kubernetes 集群正在变得越来越容易。

尽管使用 Rancher 或者 KubeSphere 这样更高层次的管理工具，可以更"傻瓜式"地部署和管理 Kubernetes 集群，但 kubeadm 作为官方提供的用于快速安装 Kubernetes 的命令行工具，仍然是一项应该掌握的基础技能。kubeadm 随着新版的 Kubernetes 同步更新，时效性也会比其他更高层次的管理工具更好。现在 kubeadm 无论是部署单控制平面（Single Control Plane，单 Master 节点）集群还是高可用（High Availability，多 Master 节点）集群，都已经有了很优秀的易用性，手工部署 Kubernetes 集群已经不是什么太复杂、太困难的事情了。本文以 Debian 系的 Linux 为例，介绍通过 kubeadm 部署集群的全过程。

额外知识 注意事项

1）安装 Kubernetes 集群，需要从谷歌的仓库中拉取镜像，由于国内访问谷歌的网络受阻，需要通过在 Docker 中预先拉取好所需镜像等方式解决。

2）集群中每台机器的 Hostname 不要重复，否则会对 Kubernetes 从不同机器收集状态信息时造成干扰，被认为是同一台机器。

3）安装 Kubernetes 最小需要 2 核处理器、2 GB 内存，且为 x86 架构（暂不支持 ARM 架构）。对于物理机器来说，今时今日要找一台不满足以上条件的机器很难，但对于云主机来说，尤其是囊中羞涩、只购买了云计算厂商中最低配置的同学，就要注意一下是否达到了最低要求，不清楚的话请在 /proc/cpuinf、/proc/meminfo 中确认一下。

4）确保网络通畅——这听起来像是废话，但确实有相当一部分的云主机如果不设置 SELinux、iptables、安全组、防火墙时，内网各个节点之间、与外网之间会存在默认的访问障碍，导致部署失败。

B.1　注册 apt 软件源

由于 Kubernetes 并不在主流 Debian 系统自带的软件源中，所以要手工注册，然后才能使用 apt-get 安装。

官方的 GPG Key 地址为 https://packages.cloud.google.com/apt/doc/apt-key.gpg，其中包括的软件源的地址为 https://apt.kubernetes.io/（该地址最终又会被重定向至 https://packages.cloud.google.com/apt/）。如果能访问 google.com 域名的机器，采用以下方法注册 apt 软件源是最佳的方式：

```
# 添加GPG Key
$ sudo curl -fsSL https://packages.cloud.google.com/apt/doc/apt-key.gpg | sudo
    apt-key add -

# 添加Kubernetes软件源
$ sudo add-apt-repository "deb https://apt.kubernetes.io/kubernetes-xenial main"
```

对于不能访问 google.com 的机器，就要借助国内的镜像源来安装了。虽然在这些镜像源中我已遇到过不止一次同步不及时的问题（官方源中已经发布了软件的更新版本，而镜像源中还是旧版的），还有其他一些一致性问题，但是总归比没有强。国内常用的 apt 源有阿里云的 apt、中科大的 apt 等，具体介绍如下。

额外知识

阿里云：

1）GPG Key，http://mirrors.aliyun.com/kubernetes/apt/doc/apt-key.gpg

2）软件源，http://mirrors.aliyun.com/kubernetes/apt

中科大：

1）GPG Key，https://raw.githubusercontent.com/EagleChen/kubernetes_init/master/kube_apt_key.gpg

2）软件源，http://mirrors.ustc.edu.cn/kubernetes/apt

它们的使用方式与官方源注册过程是一样的，只需替换里面的 GPG Key 和软件源的 URL 地址即可，譬如阿里云：

```
# 添加GPG Key
$ curl -fsSL http://mirrors.aliyun.com/kubernetes/apt/doc/apt-key.gpg | sudo
```

```
    apt-key add -

# 添加Kubernetes软件源
$ sudo add-apt-repository "deb http://mirrors.aliyun.com/kubernetes/apt
    kubernetes-xenial main"
```

添加源后记得执行一次更新:

```
$ sudo apt-get update
```

B.2 安装 kubelet、kubectl、kubeadm

下面简要列出了这三个工具组件的作用。

❑ kubeadm:引导启动 Kubernate 集群的命令行工具。

❑ kubelet:在群集中所有计算机上运行的组件,用来执行如启动 Pods 和 Containers 等
操作。

❑ kubectl:用于操作运行中集群的命令行工具。

```
$ sudo apt-get install kubelet kubeadm kubectl
```

B.3 初始化集群前的准备

在使用 kubeadm 初始化集群之前,还有一些必需的前置工作要妥善处理。

首先,基于安全性(如在官方文档中承诺的 Secret 只会在内存中读写,不会落盘)、利
于保证节点同步一致性等原因,从 1.8 版本开始,Kubernetes 就在它的文档中明确声明了它
默认不支持 Swap 分区,在未关闭 Swap 分区的机器中,集群将直接无法启动。关闭 Swap
的命令为:

```
$ sudo swapoff -a
```

上面这个命令是一次性的,只在当前这次启动中生效,要彻底关闭 Swap 分区,需要在
文件系统分区表的配置文件中直接除掉 Swap 分区。你可以使用文本编辑器打开 /etc/fstab,
注释其中带有 swap 的行即可,或使用以下命令直接完成修改:

```
# 还是先备份一下
$ yes | sudo cp /etc/fstab /etc/fstab_bak

# 进行修改
$ sudo cat /etc/fstab_bak | grep -v swap > /etc/fstab
```

📷 额外
知识   **可选操作**

当然,在服务器上使用的话,如果服务器除了 Kubernetes 还有其他用途的服务的
话(除非实在太穷,否则建议不要这样混用;一定要混用的话,宁可把这些服务

搬到 Kubernetes 上），关闭 Swap 的影响有可能会很大。关闭 Swap 有可能会对其他服务产生不良的影响，这时需要修改每个节点的 kubelet 配置，去掉必须关闭 Swap 的默认限制，具体操作为：

```
$ echo "KUBELET_EXTRA_ARGS=--fail-swap-on=false" >> /etc/sysconfig/kubelet
```

其次，由于 Kubernetes 与 Docker 默认的 cgroup（资源控制组）驱动程序并不一致，Kubernetes 默认为 systemd，而 Docker 默认为 cgroupfs。

> **额外知识　更新信息**
>
> 从 1.18 版本开始，Kubernetes 默认的 cgroup 驱动已经默认修改成 cgroupfs 了，这时候再进行改动反而又会不一致。

在这里我们要修改 Docker 或者 Kubernetes 其中一个的 cgroup 驱动，以便两者统一。根据官方文档 "CRI installation" 中的建议，对于使用 systemd 作为引导系统的 Linux 的发行版，使用 systemd 作为 Docker 的 cgroup 驱动程序可以使服务器节点在资源紧张的情况表现得更为稳定。

这里选择将各个节点上 Docker 的 cgroup 驱动修改为 systemd，具体操作为编辑（无则新增）/etc/docker/daemon.json 文件，加入以下内容即可：

```
{
    "exec-opts": ["native.cgroupdriver=systemd"]
}
```

然后重新启动 Docker 容器：

```
$ systemctl daemon-reload
$ systemctl restart docker
```

B.4　预拉取镜像（可选）

预拉取镜像并不是必需的，本来在初始化集群时系统就会自动拉取 Kubernetes 中要使用到的 Docker 镜像组件，也提供了一个 "kubeadm config images pull" 命令来一次性完成拉取，这都是因为如果要手工来进行这项工作，实在非常非常非常地烦琐。

但对于许多人来说这项工作往往又是无可奈何的，Kubernetes 的镜像都存储在 k8s.gcr.io 上，如果你的机器无法直接或通过代理访问到 gcr.io（Google Container Registry。笔者敲黑板：这也是属于谷歌的网址），初始化集群时自动拉取就无法顺利进行，所以就不得不手工预拉取。

预拉取的意思是，由于 Docker 只要查询到本地有相同（名称和 tag 完全相同、哈希相同）的镜像，就不会访问远程仓库，那只要从 GitHub 上拉取到所需的镜像，再将 tag 修改成与官方一致，就可以跳过网络访问阶段。

首先使用以下命令查询当前版本需要哪些镜像：

```
$ kubeadm config images list --kubernetes-version v1.17.3

k8s.gcr.io/kube-apiserver:v1.17.3
k8s.gcr.io/kube-controller-manager:v1.17.3
k8s.gcr.io/kube-scheduler:v1.17.3
k8s.gcr.io/kube-proxy:v1.17.3
k8s.gcr.io/pause:3.1
k8s.gcr.io/etcd:3.4.3-0
k8s.gcr.io/coredns:1.6.5
......
```

这里必须使用 --kubernetes-version 参数指定具体版本，因为尽管每个版本需要的镜像信息在本地是有存储的，但若不加，Kubernetes 将向远程 GCR 仓库查询最新的版本号，会因网络无法访问而导致问题。但加版本号的时候切记不能照抄上面命令中的"v1.17.3"，而是要与你安装的 kubelet 版本保持一致，否则在初始化集群控制平面的时候会提示控制平面版本与 kubectl 版本不符。

得到这些镜像名称和 tag 后，可以从 DockerHub 上找存有相同镜像的仓库来拉取，至于具体有哪些公开仓库，考虑到以后阅读本文时 Kubernetes 的版本应该会有所差别，所以需要你自行到网站上查询一下。笔者比较常用的是名为"anjia0532"的仓库，有机器人自动跟官方同步，相对比较及时。

```
#以k8s.gcr.io/coredns:1.6.5为例，每个镜像都要这样处理一次
$ docker pull anjia0532/google-containers.coredns:1.6.5

#修改tag
$ docker tag anjia0532/google-containers.coredns:1.6.5 k8s.gcr.io/coredns:1.6.5

#修改完tag后就可以删除掉旧镜像了
$ docker rmi anjia0532/google-containers.coredns:1.6.5
```

B.5　初始化集群控制平面

到了这里，终于可以开始 Master 节点的部署了，先确保 kubelet 是开机启动的：

```
$ sudo systemctl start kubelet
$ sudo systemctl enable kubelet
```

接下来使用 su 直接切换到 root 用户（而不是使用 sudo），然后使用以下命令开始部署：

```
$ kubeadm init --kubernetes-version v1.17.3 --pod-network-cidr=10.244.0.0/16
```

这里使用 --kubernetes-version 参数（要注意版本号与 kubelet 一致）的原因与前面预拉取是一样的，避免额外的网络访问；另外一个参数"--pod-network-cidr"在稍后介绍完 CNI 网络插件时会去说明。

当看到如图 B-1 所示的信息之后，说明集群主节点已经安装完毕了。

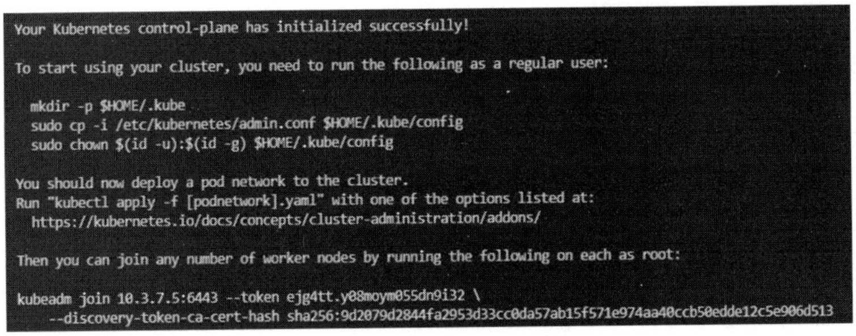

```
Your Kubernetes control-plane has initialized successfully!

To start using your cluster, you need to run the following as a regular user:

  mkdir -p $HOME/.kube
  sudo cp -i /etc/kubernetes/admin.conf $HOME/.kube/config
  sudo chown $(id -u):$(id -g) $HOME/.kube/config

You should now deploy a pod network to the cluster.
Run "kubectl apply -f [podnetwork].yaml" with one of the options listed at:
  https://kubernetes.io/docs/concepts/cluster-administration/addons/

Then you can join any number of worker nodes by running the following on each as root:

kubeadm join 10.3.7.5:6443 --token ejg4tt.y08moym055dn9132 \
    --discovery-token-ca-cert-hash sha256:9d2079d2844fa2953d33cc0da57ab15f571e974aa40ccb50edde12c5e906d513
```

图 B-1　初始化集群控制平面

信息先恭喜你已经把控制平面安装成功了，但还有三行"you need……""you should……""you can……"开头的内容，这是三项后续的"可选"工作，下面继续介绍。

B.6　为当前用户生成 kubeconfig

使用 Kubernetes 前需要为当前用户先配置好 admin.conf 文件。切换至需配置的用户后，进行如下操作：

```
$ mkdir -p $HOME/.kube
$ sudo cp -i /etc/kubernetes/admin.conf $HOME/.kube/config
$ sudo chown $(id -u):$(id -g) $HOME/.kube/config
```

B.7　安装 CNI 插件（可选）

CNI 即"容器网络接口"，在 2016 年，CoreOS 发布了 CNI 规范。2017 年 5 月，CNI 被 CNCF 技术监督委员会投票决定接收为托管项目，从此成为不同容器编排工具（Kubernetes、Mesos、OpenShift）可以共同使用的、解决容器之间网络通信的统一接口规范。部署 Kubernetes 时，我们可以有两种网络方案使得以后受管理的容器之间进行网络通信。

❑ 使用 Kubernetes 的默认网络；

❑ 使用 CNI 及其插件。

第一种方案，尤其不在 GCP 或者 AWS 的云主机上，没有它们的命令行管理工具时，需要大量的手工配置，基本上是反人类的。实际通常都会采用第二种方案，使用 CNI 插件来处理容器之间的网络通信，所以本节虽然标识了"可选"，但其实也并没选择不安装 CNI 插件的余地。

Kubernetes 目前支持的 CNI 插件有：Calico、Cilium、Contiv-VPP、Flannel、Kube-router、Weave Net 等多种，每种网络提供了不同的管理特性（如 MTU 自动检测）、安全特性（如是否支持网络层次的安全通信）、网络策略（如 Ingress、Egress 规则）、传输性能（甚至对 TCP、UDP、HTTP、FTP、SCP 等不同协议来说也有不同的性能表现）以及主机的性能消耗。如果你还需要阅读本文来部署 Kubernetes 环境的话，那不用纠结了，直接使用 Flannel 是较为合适的，它是最精简的 CNI 插件之一，没有安全特性的支持，主机压力小，安装便捷，效率也不错，使用以下命令安装 Flannel 网络：

```
$ curl --insecure -sfL https://raw.githubusercontent.com/coreos/flannel/master/
    Documentation/kube-flannel.yml | kubectl apply -f -
```

如果使用 Flannel，注意要在创建集群时加入 "--pod-network-cidr" 参数，指明网段划分。如果你是跟着本文去部署的话，这个操作之前已经包含，此处就不用再加入了。

B.8　移除 Master 节点上的污点（可选）

污点（Taint）是 Kubernetes Pod 调度中的概念，在这里可通俗地理解为在 Kubernetes 决定在集群中的哪一个节点建立新的容器时，要先排除带有特定污点的节点，以避免容器在 Kubernetes 不希望运行的节点中创建、运行。默认情况下，集群的 Master 节点是会带有特定污点的，以避免容器分配到 Master 中创建。但对于许多学习 Kubernetes 的同学来说，并没有多么宽裕的机器数量，往往是建立单节点集群或者最多只有两、三个节点的集群，这样如果 Master 节点不能运行容器就显得十分浪费了。如需移除掉 Master 节点上的所有污点，在 Master 节点上执行以下命令即可：

```
$ kubectl taint nodes --all node-role.kubernetes.io/master-
```

做到这步，如果你只有一台机器的话，那 Kubernetes 的安装已经宣告结束了，可以使用此环境来完成后续所有的部署。你也可以通过 cluster-info 和 get nodes 子命令来查看一下集群的状态，如图 B-2 所示。

图 B-2　通过命令查看集群状态

B.9　调整 NodePort 范围（可选）

Kubernetes 默认的 NodePort 范围为 30000 ~ 32767，如果你是在测试环境，集群前端没有专门布置负载均衡器的话，那就经常需要通过 NodePort 来访问服务，但只能使用 30000 以上的端口，虽然能避免冲突，但并不够方便。为了方便使用低端口，可能需要修改此范围，调整 Api-Server 的启动参数，具体操作如下（如果是高可用部署，需要对每一个

Master 节点进行修改）。

- [ ] 修改 /etc/kubernetes/manifests/kube-apiserver.yaml 文件，在 spec.containers.command 中增加一个参数 --service-node-port-range=1-32767
- [ ] 重启 Api-Server，现在 Kubernetes 基本都是以静态 Pods 模式部署，Api-Server 是一个直接由 kubelet 控制的静态 Pod，删除后它会自动重启：

```
# 获得 apiserver 的 pod 名字
export apiserver_pods=$(kubectl get pods --selector=component=kube-apiserver -n
    kube-system --output=jsonpath={.items..metadata.name})
# 删除 apiserver 的 pod
kubectl delete pod $apiserver_pods -n kube-system
```

- [ ] 验证修改结果，可以在 pod 中看到该参数即可：

```
kubectl describe pod $apiserver_pods -n kube-system
```

B.10　启用 kubectl 命令自动补全功能（可选）

由于 kubectl 命令十分常用，而且 Kubernetes 许多资源名称都带有随机字符，要手工输入很容易出错，强烈推荐启用命令自动补全的功能，这里仅以 bash 和笔者常用的 zsh 为例，如果你使用其他 shell，需自行调整：

```
# bash:
$ echo 'source <(kubectl completion bash)' >> ~/.bashrc
$ echo 'source /usr/share/bash-completion/bash_completion' >> ~/.bashrc

# zsh:
$ echo 'source <(kubectl completion zsh)' >> !/.zshrc
```

B.11　将其他 Node 节点加入 Kubernetes 集群中

在安装 Master 节点时，输出的最后一部分内容会如下所示：

```
Then you can join any number of worker nodes by running the following on each as root:

    kubeadm join 10.3.7.5:6443 --token ejg4tt.y08moym055dn9i32 \
    --discovery-token-ca-cert-hash sha256:9d2079d2844fa2953d33cc0da57ab15f571e9
        74aa40ccb50edde12c5e906d513
```

这部分内容是告诉用户，集群的 Master 节点已经建立完毕，其他节点的机器可以使用"kubeadm join"命令加入集群。这些机器只要完成 kubeadm、kubelet、kubectl 的安装即可，其他所有步骤，如拉取镜像、初始化集群等，都可以使用该命令加入集群，而无须其他操作。需要注意的是，该 Token 的有效时间为 24 小时，如果超时，需使用以下命令重新获取：

```
$ kubeadm token create --print-join-command
```

推荐阅读

推荐阅读